在线手绘立体草图的计算机处理与分析

王淑侠　高满屯　李汝鹏　著

西北工業大學出版社

西　安

图书在版编目(CIP)数据

在线手绘立体草图的计算机处理与分析/王淑侠，高满屯，李汝鹏著. —西安：西北工业大学出版社，2019.5

ISBN 978-7-5612-6486-7

Ⅰ.①在… Ⅱ.①王… ②高… ③李… Ⅲ.①机械制图-计算机制图 Ⅳ.①TH126

中国版本图书馆 CIP 数据核字(2019)第083239号

ZAIXIAN SHOU HUI LITI CAOTU DE JISUANJI CHULI YU FENXI

在线手绘立体草图的计算机处理与分析

责任编辑：付高明　　**策划编辑**：付高明

责任校对：华一瑾　　**装帧设计**：李　飞

出版发行：西北工业大学出版社

通信地址：西安市友谊西路127号　　邮编：710072

电　　话：(029)88491757，88493844

网　　址：www.nwpup.com

印 刷 者：陕西向阳印务有限公司

开　　本：787 mm×1 092 mm　1/16

印　　张：14.5

字　　数：380千字

版　　次：2019年5月第1版　2019年5月第1次印刷

定　　价：60.00元

前　　言

随着人们对数字化设计自动化要求的提高，人们希望计算机不仅能够从事 CAD 设计中详细设计阶段的工作，还希望通过计算机将概念设计与详细设计阶段进行自动融合，从而实现将 CAD 技术延伸到设计全过程。为此，人们已经开始针对设计早期阶段——具有抽象、模糊和非精确特征的草图设计过程寻求计算机智能支持，针对设计思维、草图理解和草图行为等的交叉学科研究不断深入，已成为设计领域的一个重要研究方向。草图信息的模糊性、用户输入的随意性使草图本身存在一定误差，导致草图与用户的设计意图产生一定偏差，这给计算机解释草图带来很大困难。在线草图解释的目标是在用户绘制约束最小的情况下，达到最佳的解释效率和效果。在线手绘物体立体草图的计算机解释是实现数字化设计自动化所面临的首要问题，是实现计算机辅助概念设计及真正意义上 3D 场景输入研究所必需越过的难关。该研究成果有重要的理论价值，可应用于计算机辅助设计、概念设计、人机交互及计算机视觉系统等，该领域的研究必将对数字化设计自动化水平的提高起推动作用。

在线手绘图的计算机解释按绘制目标不同分为平面草图（流程图、电路图等）识别和物体立体草图解释两类，目前国内外学者对前者进行了较为深入的研究，随着人们对数字化设计自动化要求的不断提升，将 CAD 技术延伸到设计全程成为亟待解决的问题，而在线手绘物体立体草图的计算机解释是解决该问题的根本瓶颈。

针对上述问题，本书对在线手绘图识别和单幅线图 3D 重构理论进行研究，以在线手绘物体立体草图为研究对象，研究速度特征提取难题中绘制速度较均匀的特征提取理论及算法，引入数位板压力特征推导基于多重特征的笔划分割理论及算法；提出基于时空特性的同类型及不同类型线元间多笔划重复绘制的判定与聚类理论及算法；推导基于上下文关系的在线手绘曲面立体草图的端点融合方法，及基于 3D 重构的在线手绘平面物体立体线图规整方法，从而构建草图规整理论及算法；开发一套在线手绘物体立体草图的原型系统，对上述理论、算法进行验证及优化。全书内容分为 6 章：

第 1 章：绪论。首先介绍研究内容及意义、国内外研究现状、基本概念及分类、预处理，以及所开发的原型系统。

第 2 章：介绍在线手绘图的笔画分割方法，包括基于几何特征的笔画分割方法、基于速度特征的笔画分割方法和基于混合特征的笔划分割方法。

第 3 章：介绍单笔画识别方法，主要包括基于二次曲线的手绘图识别方法和基于模糊理论的手绘图识别方法。

第 4 章：介绍在线手绘图的多笔画判定与聚类方法，包括基于时空关系的多笔画判定与聚类方法，基于笔画容差带的多笔画判定与聚类方法，和基于区域公共边界的多笔画判定与聚类方法。

第5章:在线手绘平面立体草图的端点融合与规整,包括基于容差带的端点融合方法和基于角度直方图的端点融合方法。

第6章:介绍了线图的完整性分析与补线规整,包括基于坐标系权重准则的在线手绘平面立体的规整,并给出了详尽的案例分析。

本书是笔者在做博士研究生期间的博士论文,以及本人在该方向上指导的硕士研究生论文的基础上编写而成的。参加本书部分章节编写的还有高满屯教授,王守霞博士和张茜硕士等。写作本书曾参阅了相关文献资料,在此,谨向其作者深致谢枕。

本书的出版得到了国家自然科学基金(编号:51105310)、陕西省自然科学基础研究计划资助项目(编号:2016JM6054)和浙江大学 CAD&CG 国家重点实验室开放课题(编号:A1615)的资助,同时还得到了西北工业大学出版社的大力支持,在此一并表示衷心的感谢!

由于笔者水平有限,书中难免还存在一些缺点和不足,敬请广大读者批评指正。

编著者

2018年12月

目　录

第1章　概述 …… 1

1.1　产品设计与在线草图解释 …… 1
1.2　国内外研究现状分析 …… 4
1.3　基本概念及预处理 …… 6

参考文献 …… 12

第2章　基于混合特征的笔画分割 …… 14

2.1　引言 …… 14
2.2　基于几何特征的笔画分割 …… 15
2.3　基于速度特征的笔画分割 …… 22
2.4　基于混合特征的笔画分割 …… 31
2.5　笔画分割算法比较 …… 37
2.6　本章小结 …… 39

参考文献 …… 39

第3章　在线手绘图的单笔画识别 …… 42

3.1　引言 …… 42
3.2　基于阈值的单一线元识别 …… 43
3.3　基于模糊理论的单一线元识别 …… 60

参考文献 …… 75

第4章　在线多笔画手绘图识别 …… 77

4.1　引言 …… 77
4.2　基于时空关系的多笔画识别 …… 80
4.3　在线多笔画重复绘制草图识别算法 …… 102

4.4 基于区域公共边界的在线多笔画草图聚类算法 …… 124

参考文献 …… 137

第5章 在线手绘平面立体草图的端点融合 …… 140

5.1 引言 …… 140
5.2 基本假设 …… 142
5.3 基于容差带的端点融合 …… 143
5.4 基于角度直方图的端点融合规整 …… 167

参考文献 …… 184

第6章 线图的完整性分析及补线规整 …… 186

6.1 引言 …… 186
6.2 基于坐标系权重准则的在线手绘平面立体的规整 …… 188
6.3 案例分析 …… 212
6.4 本章小结 …… 226

参考文献 …… 226

第1章 概 述

基于手绘图的新一代 Post-WIMP 用户交互界面的引入，向人类提出新的挑战，计算机自动解释手绘图是计算机视觉、计算机辅助设计及人机交互系统研究中的重要问题之一。手绘图信息的模糊性、用户输入的随意性使手绘图本身存在一定误差，这给计算机解释手绘图带来很大困难。本书旨在研究支持概念设计的在线手绘图识别问题。

1.1 产品设计与在线草图解释

1.1.1 传统产品设计

图 1-1 所示为产品的理想设计过程[1]。一个新产品的诞生是由于市场需求的出现，而市场需求是指人们对产品的品种规格、使用功能、质量、外观以及其他辅助功能等方面的要求。首先，根据市场需求进行相关的问题分析、问题陈述，分析市场上现有的大量案例，取长补短；然后，利用视觉语言把人们对事物属性的认识表达出来，并从大量的初始意向设计方案中选定既有创意又满足市场需求的最优方案；最后，在相应的CAD系统中进行具体的详细设计过程，并得到相应的产品工程图。当然，如果要后期投入生产，还需要结合实践的生产设计过程。

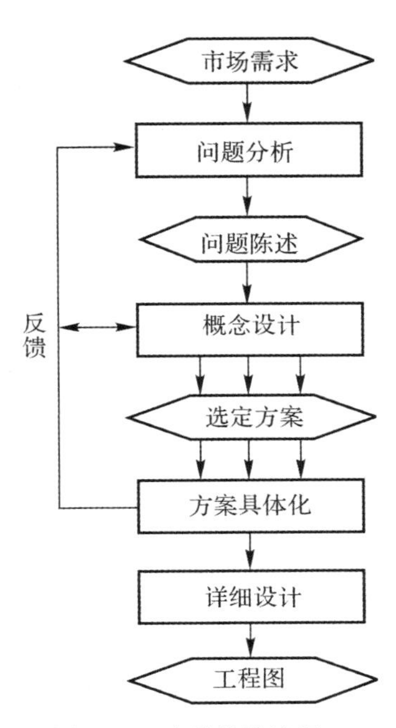

图 1-1 产品设计流程

1. 概念设计

作为产品设计过程的早期阶段，概念设计旨在寻找一种形象、直观、简易又高效的形式来表达一种创新设计思维，提供产品方案，从而获得产品的基本形式或者形状[2]。研究表明，产品大部分成本在概念设计阶段就已确定[3]。广义上讲，概念设计阶段包括从产品需求分析到详细设计之前的设计过程，如功能设计、原理分析、形状以及初步结构设计等。该阶段占整个设计工作量的10%，一旦该过程确定，产品设计的75%左右也就被确定了。在产品的整个设计生命周期中，概念设计对产品的成本、质量、环保性、可靠性和安全性等会产生极其重要的影响[4]。然而在该阶段中，没有具体的零件形状，其设计信息通常是不精确的、模糊的甚至未知的，因此，一旦产生设计缺陷则后续的设计过程也无法将其弥补。

在概念设计阶段，设计人员几乎不受约束限制，而且具有较大的创新空间。因此，概念设计不仅最能体现出设计者的经验、智慧和创造性，也是设计过程中最重要、最具创造性的一个阶段[5]。而一名优秀的产品设计师，不仅要有好的构思、创意，还需要通过一定的表现形式将其表达出来。Ullman 等[6]认为，由于人的短期记忆效应(STM)，及时地将设计者大脑中各种创意构思进行具体可视化是非常有必要的。只有得到了最初的灵感，才可以对其各个部分进行推敲完善，从而得到理想的设计方案。

该阶段的设计构思要想被快速感知转换必须通过某种特定的载体转化，而手绘草图正好满足概念设计的要求。手绘草图是一种表达工具和手段，一种自然而直接的思想外化和通信交流的方式，而并非目的。其最显著的特点在于快速灵活、简单易实现、记录性强以及塑型强。手绘草图本身的绘制就是设计者创意、构思的表达，它抛开了许多细节以及具有繁琐菜单命令的绘图工具的束缚。在绘图过程中，设计者根据自己的设计经验或者已有参考资料来生成产品设计方案。因此，对于产品的具体尺寸、位置、颜色并不苛刻要求，排除了不必要的细节干扰，可以极大限度地对设计者稍纵即逝的灵感和思想进行捕捉，也使得设计者可以探索更多的可能性方案。然后对一系列可能性方案进行分析、修改和综合并最终得到完整的符合要求的设计方案。在视觉方面，手绘草图绘制速度快、线条优美自然，给人一种强烈的艺术感染力，也符合人们的形象思维过程，同时也可以很好地支持快速 3D 可视化。

总而言之，手绘图的基本特征主要表现为抽象性、不精确性、不确定性、模糊性和随意性等。作为概念设计的辅助手段，草图绘制能够快速地表达设计意图，在工业应用中发挥重要的作用。正是因为草图的上述特征优点，使得草图设计不可或缺，更不可由计算机所取代。

通过调查研究发现，手绘草图设计是产品设计人员通常惯用的设计方式，概念设计得到的图形几乎也都以手绘图的形式存在。然而草图本身也存在一些自身难以克服的缺点：①在手绘草图过程中，一旦经过多次的修改和校正之后，草图方案便会变得模糊不清甚至难以修改；②纸质的设计方案不易保存且容易损坏，导致难以再次调用、搜索，甚至创新点的遗失；③如果需要较大的修改变动，则需要进行重新绘图，从而大大增加了设计者的工作量；④同时不可能把整个设计过程都保存下来，即使将画好的各个部分都收集起来也无法组成一个完整的方案，即缺少有效的交互功能，为单向的设计工作模式。

2. 传统 CAD 设计

CAD 技术是数字化设计的基本手段，它也是产品设计过程后期中的详细设计阶段，它利用计算机替人类完成设计任务，并将产品的设计生产过程进行数字化、智能化，其应用范围覆盖工程设计、制造业、电气和电子电路、仿真模拟和动画制作以及服装、医疗诸多领域。相对于传统的设计手段，CAD 技术(如 AutoCAD，SolidWorks，Maya 等模块化的建模系统)对于详细设计过程可以提供较大的帮助，其具有较强的建模能力，并得到精确的工程模型，也可以对 3D 虚拟模型进行真实渲染、仿真实验、实例调用和效果评估等。随着现代科技的发展以及 CAD 技术与一系列相关学科相结合，相信未来的 CAD 技术会更加智能化，从而更加全面地支持产品设计开发过程。

传统 CAD 系统虽然可以进行精确、完整的几何建模，但其本身并非是为了早期的概念设计阶段而开发的，仅仅可以作为设计方案确定后的绘图工具，而不是辅助设计工具。当前，大多数 CAD 建模系统采用 WlMP(Windows，Icon，Menu，Pointer)的交互方式，设计者往往会被繁琐的键盘输入、菜单选择和按钮操作打断，阻碍用户创造性思维的流畅发挥[7]。同时，其建模周期长，建模过程复杂，在分析和综合性能方面也不能很好地支持设计者转瞬即逝的创作灵感。该模式下的设计不仅增加了用户的学习时间和难度，而且存在浪费时间、降低效率以及限制设计师思维和能力的问题。只有提供自然和谐的用户交互方式，CAD系统才能在真正意义上成为支持产品创新设计的辅助工具[8]。

总而言之，传统CAD工具的局限性主要表现在以下三方面[9]：

(1)产品设计初期要求过于精确。传统的CAD并没有从设计大体要求进行着手，而是跳过了早期概念设计阶段直接进入到后期的详细设计阶段，使得设计者需要兼顾太多细节(如尺寸、材质等)，从而阻碍了创意思维的流畅表达。

(2)设计工具本身的复杂性。繁琐的参数设置以及软件环境要求长期的专业学习和经验累积才可以将其熟练掌握。往往一个设计者在进行产品的初始构想时，这些都是阻碍创造性工作的罪魁祸首。

(3)难于描述具有自然手绘风格的物体。大部分CAD传统工具都是通过对现有的规则模型(如立方体、圆柱体、球体等)进行各种可能的组合来完成设计者意图的表达。规则化、棱角分明的物体难以体现自然、随意的风格。虽然CAD传统工具也支持自由曲面的绘制，但是很难使其达到自然流畅的效果，如果要做到这点，需要很大的工作量才可以细致地描绘出每一个细节。

即使CAD技术发展再迅速、成熟，也无法为整个产品设计过程提供全面的支持。而且CAD技术在处理手绘草图方面具有较弱的能力，更不能将手绘草图转换为3D物体结构信息，其精确性不适用于早期概念设计中的定性、模糊、非精确信息的描述及表达[10]。同时，CAD技术在支持产品设计过程中的不足不仅制约了其在实际生产中的应用，而且限制了产品设计开发技术的发展，同时它也成为设计自动化的瓶颈。因此，新的需求也急需人们去研究新的建模模式。

1.1.2 基于在线草图的产品设计

由于人们对于交互式技术需求的急切渴望，启发我们将其引入以辅助概念设计，将自然笔式用户界面应用到概念设计的过程中去。若CAD系统可以支持手绘草图的输入和处理，从而将手绘草图和计算机技术结合起来，即综合两者的优势，那么CAD技术将迎来革命性的改革。因此，人们提出计算机辅助草图技术(Computer aided sketch，CAS)，即在线草图设计技术，该课题也受到国内外专家和研究人员的重视和青睐。在在线草图设计系统中，用户可以通过鼠标或手写板输入任意的手绘草图，并可以将其快速转化为符合用户意图的模型。其不仅具备WIMP类系统的强大建模能力，又具有手绘草图的快速、自然，可与人进行交互的优点。现已存在的草图设计系统，如用于建筑设计的SketchUp，Sweet Home 3D等市场软件，都可以说是在线产品设计中的“铅笔”，在系统界面中直接进行图纸绘制并进行三维的拉伸重构，也可以通过导入CAD图纸方案进行数据输入，且图纸为闭合曲线。

在线手绘草图技术很好地弥补了传统设计方法的不足之处，计算机的智能记忆功能可以弥补传统手绘设计缺少的设计记忆；可以实现任意修改与恢复的操作，同时保证设计步骤清晰明了；还可以很好地解决信息的搜索、分类、组织以及整合的问题。同时，在线草图设计技术在纸上手绘草图和传统CAD草图设计技术之间架起了一座桥梁，综合了两种方式各自的优势特征，一方面为用户提供了一个便捷、自然、直接的智能草图界面[11]；另一方面又可以将草图信息数字化，解释模糊草图，并进一步实现数字化几何建模。实现将CAD技术延伸到设计全过程，则能有效缩短设计周期。在在线手绘草图界面中，设计师从开始就可以直接进行自由手绘以及创意设计，随之平稳地进入详细设计阶段，这对于产品的创新性以及高效性具有巨大的意义。计算机也可以及时捕捉设计师头脑中原始、不准确的物体形态，并对其进行推理并得到准确的决策。因此，在线草图设计技术对于加快新产品的研发，提升产品创新水平，提高市场竞争力，推动制造业自动化纵向发展等各方面，都具有重要的应用价值。

在线手绘草图设计系统的基本要求可概括为设计界面简洁、清晰；可以接受手绘草图输入，即进行建模的能力；可以对草图进行智能识别、规整，即进行模型编辑；可以与CAD系统之间通过相应的接口进行数据传输；或可以独立进行草图的3D重构。在线手绘草图设计系统的最终目标是在对用户绘制约束最小的情况下，对输入的手绘草图进行识别，理解、领会设计者的绘制意图并重构出相应的3D物体模型。

1.2　国内外研究现状分析

1.2.1　国内外现状

在线手绘草图设计系统是计算机视觉系统或计算机辅助设计CAD系统研制过程中的一个重要问题。当设计者进行2D草图绘制时，许多3D信息也随之丢失，这对于3D物体的重构造成很大的困难。但是，对于人类而言，还是可以很轻松地判断和推理出该2D图像所表达出来的立体形状、结构以及大小。但是对于计算机来说，通过手绘草图的特征信息来推测用户的设计意图是极其困难的[12]。尽管如此，目前已经存在大量的相关在线手绘草图设计系统的研究。

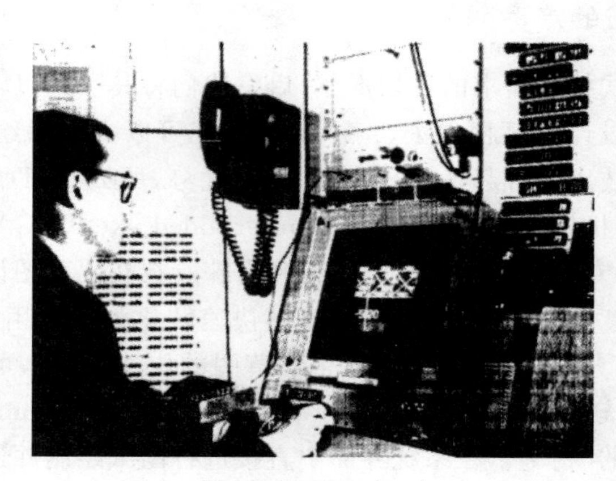

图1－2　Sketchpad

早在1963年，Sutherland在博士论文中描述了第一个图形化的计算机程序Sketchpad[13]，如图1－2所示。在该系统中，用户可以使用激光笔在系统界面上输入图形，并对其进行操作。它标志着计算机图形学的正式诞生，计算机图形学在设计领域的应用之初就是立足提供一种可以进行自由绘图的产品的自动绘图平台。但是由于计算机本身特性和识别技术的限制，Sketchpad 并未取得理想的结果。同时其开发了一个非常有发展前景的技术，在此之后一系列关于草图界面研究工作也相继展开。1982 年，Kato 等人研制出一个 2D 手绘图系统[14]，可以识别和处理圆、直线、流程图以及中文字符等。Viking[15]是一个基于交互式草图解释的建模界面，允许用户创建各种线条，但是需要用户花费大量时间进行各种细节的转换且要求输入草图简单。Pegasus[16]是一个支持快速几何绘图设计的原型系统，其中介绍了草图美化和预测式绘图两种交互式技术，它根据几何约束生成几个候选笔画供用户选择，该过程使得草图结果更加符合用户的设计意图。ErgoSketch 系统[17]支持手势操作、3D 交互以及 3D 立体视图的显示。Meyer[18]描述了一个基于 Pad＋＋系统的交互式绘图软件包系统 EtchaPad，通过该系统用户可以生成简单的草图，并直接对其进行操作。SKETCH[19]是一个基于手势的 3D 场景勾画造型环境，它通过对一组预定义的手势进行组合摆放、编辑并在 2D 视域直接建立 3D 场景。Digital Clay[20]是一个基于 2D 草图的 3D 重建系统，用户可以按照自己的方式进行绘制且只支持矩形草图。系统 FSR[21]专注于草图识别的早期阶段，包括图元识别和笔画分割等。Zou[22]开发了一个针对由 2D 草图进行重建得到的 3D 模型的美化校正系统，最终得到满足用户意图的形状以及基于模型合适的维度。另外，许多的在线草图设计系统不仅限于产品概念了，也可以用于其他特定的识别特征，如电路图识别[23]，化学分子结构图的识别，卡通动画领域[24]以及建筑设计图[25]等。

在线手绘图识别技术一般包含数据采集与预处理技术、笔画分割技术、单笔画识别技术和多笔画识别技术等，在线手绘图恢复三维景物信息领域还包括端点融合与规整技术。

1.2.2 问题分析

在概念设计中，从手绘图恢复三维景物信息的主要方法之一是先从手绘图中抽取出场景的线图，再根据线图来解释三维景物信息，人非常容易理解手绘图，但使计算机理解手绘图并不容易。

计算机解释绘图主要分为 5 个阶段：

(1)将手绘图(概念设计)或图像(计算机视觉)转换为线图；

(2)对线图进行标记，得到线图的拓扑结构；

(3)从线图识别物体的面，得到线图对应的三维物体拓扑结构；

(4)依据一定的知识，判别线图中哪些直线对应的空间直线是平行或垂直的、线图中哪些区域对应的空间平面是平行或垂直等；

(5)恢复三维物体的结构。

在线手绘图识别就是将手绘图进行线图转换，是实现支持概念设计的三维景物信息恢复的前提条件；对线图进行标记和从线图识别物体的面属于对线图解释的定性分析；判别线图中线、面的平行或垂直等关系以及恢复三维物体的结构属于对线图解释的定量分析。在线手绘图识别与解释研究可促进和推动人机交互界面的发展，是实现计算机支持的概念设计的基础，从而实现将 CAD 技术延伸到设计全过程。研究成果可用于人机交互及计算机视觉系统，有重要的理论意义和应用前景。但目前相关的研究工作并不充分，而且还没有一个适用性较强的算法框架。

1.3 基本概念与预处理

笔画分割是在线手绘图识别的核心和关键课题。为后续章节的展开奠定理论基础，本节给出一些基本概念和笔画的预处理方法。

1.3.1 基本概念与分类

1. 基本概念

现在给出本书用到的一些基本概念。

(1) 笔画：将鼠标按键→移动→松键的过程中，由采样点序列形成的一条轨迹称为单笔画，简称笔画，并将第一个采样点和最后一个采样点称为笔画的起点和终点或首尾点，将采样点的累积弦长作为笔画长度。

(2) 线元：表现为单纯线型的最基本的几何线条称为线元，本书研究的线元包括：直线段、折线段、椭圆、圆、椭圆弧、圆弧、抛物线、双曲线。

(3) 单一线元，复合线元：一条可直接被识别为线元的笔画，称为单一线元，否则称为复合线元。

(4) 常速笔画，匀速笔画：当采样点个数与笔画长度的比值不大于长度阈值 $\xi_{\max}$（本书中取0.15)，且笔画的平均速度 $\bar{v}$ 大于一个给定平均速度的阈值 $v_{\max}$（本文中取400）时，定义该笔画为常速笔画，否则为匀速笔画。

(5) 笔画分割：将笔画进行分解，使其成为数条笔画的组合，以便使这几条笔画可以被识别为单一线元，此过程称为笔画分割。

(6) 前期分割，后期分割：在进行单一线元识别前，对笔画进行的分割称为前期分割；若笔画未被识别为单一线元，对笔画进行的分割称为后期分割。

(7) 拟合直线段(折线段，二次曲线)：将笔画的采样点序列按照某种拟合方式进行直线段(折线段，二次曲线）拟合得到的直线段(折线段，二次曲线)，称为笔画的拟合直线段(折线段，二次曲线)，简称拟合直线段(折线段，二次曲线)。

(8) 多笔画：由若干条笔画构成的表达一个线元的笔画序列，称为多笔画。

(9) 逆序笔画：对一条笔画的采样点序列 $\mathrm{str}=\{p_i;i=1,2,\cdots,k\}$，其中 $p_i=(X_i,Y_i,t_i)\in\{p_i\}$，进行倒序处理，得到的点序列 $\overleftarrow{\mathrm{str}}=\{p_i;i=k,k-1,\cdots,1\}$ 构成一条新笔画称其为原笔画 str 的逆序笔画，简称逆序笔画，用“←”代表逆序，为了与逆序笔画区别，将 str 称为顺序笔画。两条笔画的笔迹重合，只是绘图的方向相反。从笔画的采样点序列获得逆序笔画的处理过程称为笔画逆序处理。

(10) 草图：按多笔画绘制的先后顺序构成的笔画序列，其中的笔画可以是顺序笔画也可以是逆序笔画，统称为多笔画草图，简称草图，可用 $Sc=\{\mathrm{str}_i;1\leqslant i\leqslant n\}$ 表示，其中 str_1 的起点和 str_n 的终点分别称为草图的起点和终点，n 为草图的笔画数，各条笔画长度的总和被称为草图长度。若无特殊说明，笔画为顺序笔画。

(11) 广义笔画：按多笔画绘制方法得到的草图为 $Sc=\{\mathrm{str}_i;1\leqslant i\leqslant n\}$，其中 $\mathrm{str}_i=\{p_{ij};$

$1 \leqslant j \leqslant k_i\}$，$p_{ij}=(X_{ij}, Y_{ij}, t_{ij}) \in \{p_{ij}\}$，依次将草图中每条笔画的采样点进行合并得到点序列 $\{p_{11}, p_{12}, \cdots, p_{1k_1}, p_{21}, p_{22}, \cdots, p_{2k_2}, \cdots, p_{n1}, p_{n2}, \cdots, p_{nk_n}\}$，将该采样点序列称为一条笔画，为了与前面介绍的笔画相区别，将其命名为广义笔画，该笔画的采样点个数为 $k_1+k_2+\cdots+k_n$。

(12)多笔画拟合直线段(折线段，二次曲线)：将多笔画绘制中各笔画采样点序列的集合按照某种拟合方式进行直线段(折线段，二次曲线)拟合获得的直线段(折线段，二次曲线)，称为多笔画拟合直线段(折线段，二次曲线)。

2. 分类

手势，即用笔或者鼠标输入的能够激发执行命令的标志或者笔画。手势的分类如图 1－3 所示。

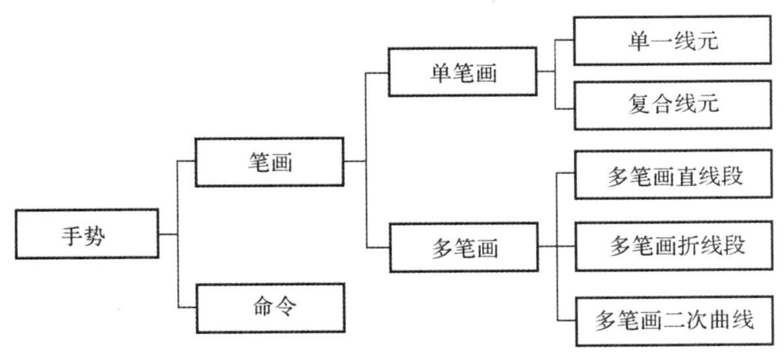

图 1－3　手势的分类

笔画按其输入特征分为单笔画和多笔画。按其识别过程中是否需要分割，将单笔画分为单一线元和复合线元，如图 1－4 所示。

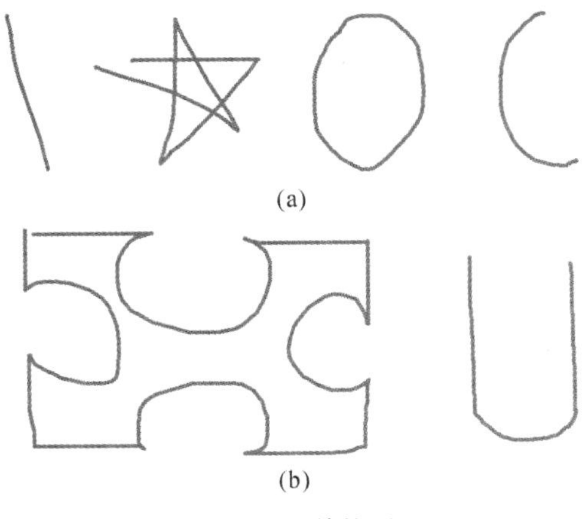

图 1－4　单笔画

(a)单一线元；(b)复合线元

按识别结果的不同，将多笔画分为 3 种，如图 1－5 所示。将识别结果为直线段、折线段和二次曲线的多笔画绘制分别称为多笔画直线段、多笔画折线段和多笔画二次曲线，并相应地将其对应的 3 种多笔画识别过程称为直线段的多笔画识别、折线段的多笔画识别和二次曲线的多笔画识别。

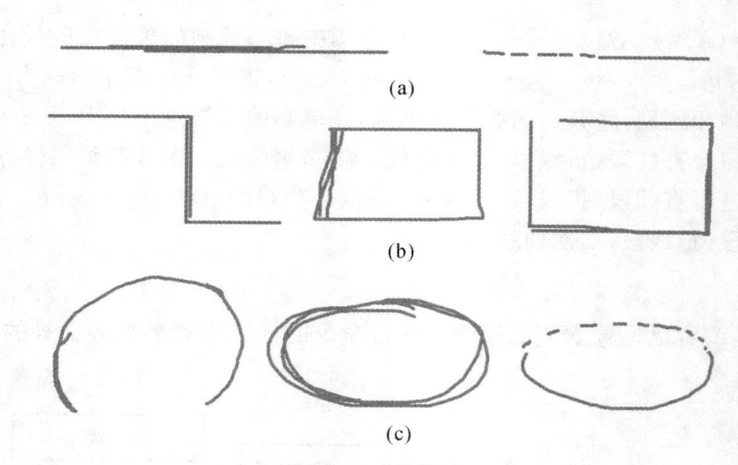

图 1-5　多笔画

(a)多笔划直线段；（b)多笔划折线段；（c)多笔划二次曲线

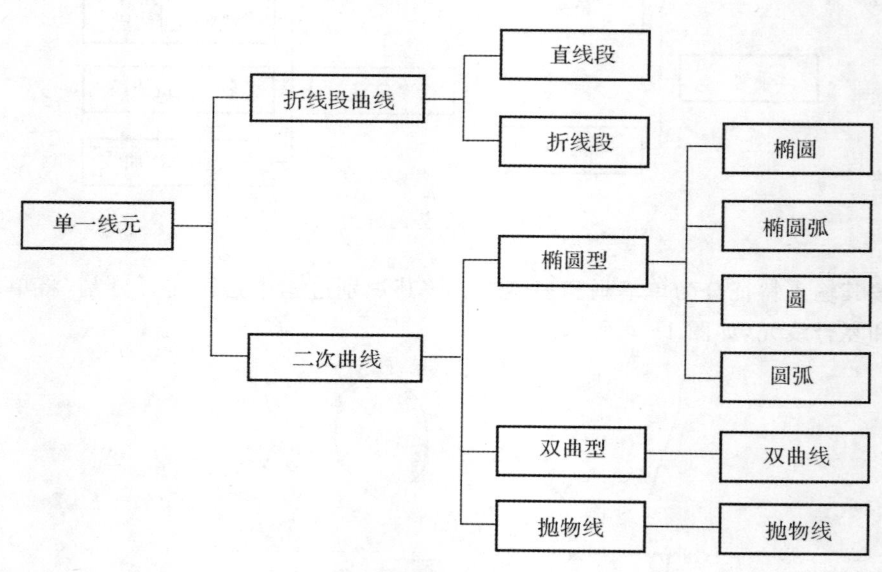

图 1-6　单一线元分类

手绘图中单一线元除二次曲线外，以直线段和折线段为主。已有文献通常将折线段分割成直线段或单折线段(具有一个公共端点的两条直线段)的组合，使识别的计算工作量增大，还要对笔画的连接信息进行妥善保存，否则将给信息本来就不完整的手绘图后期处理工作带来不必要的负担。本书将单一线元分为两类：折线段曲线和二次曲线，如图 1-6 所示。折线段曲线包括直线段和折线段；二次曲线包括椭圆型、双曲型和抛物型 3 大类型，将其又细分为椭圆、椭圆弧、圆、圆弧、双曲线和抛物线 6 种具体形状。按照识别结果是否封闭，将二次曲线分为封闭二次曲线(椭圆和圆)和非封闭二次曲线(椭圆弧、圆弧、双曲线和抛物线)。为后面叙述方便，将直线段、折线段、二次曲线分别用 L,F,C 来表示。

按照绘制草图的方法不同，将单笔画绘制分为简单绘制和一笔重复绘制，如图 1-7 所示。复合线元的一笔重复绘制在实践中很少出现，因此本书仅对单一线元的一笔重复绘制问题予以讨论。若无特殊说明，后面章节提到的笔画均指简单绘制的笔画。

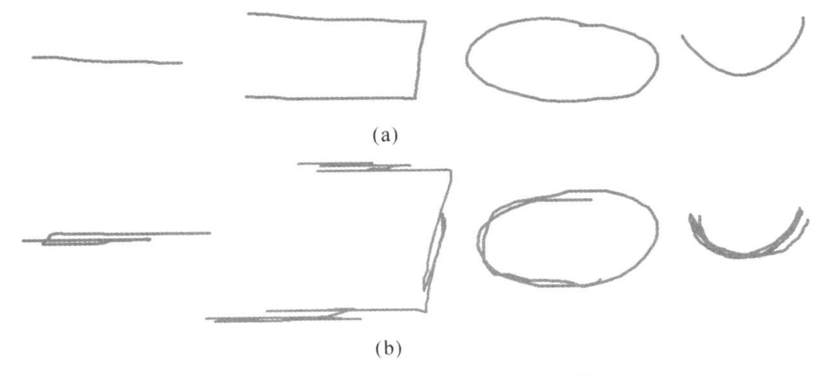

(a)

(b)

图 1－7　简单绘制与一笔重复绘制
(a)简单绘制；(b)一笔重复绘制

1.3.2　笔画预处理

为提取笔尖移动的速度信息，本书对笔画的坐标数据采用等时间间隔的重采样方法，获得的笔画采样点序列为$\{p_i;0\leqslant i\leqslant k\}$，其中 $p_i=(X_i,Y_i,t_i)\in\{p_i\}$。

1. 多笔画预处理

多笔画预处理目的是将时间上连续的多笔画绘制尽可能地按一条笔画进行处理，从而可以更好地解决断点续连、重复绘制和虚线的绘制问题。

连续绘制的两条笔画，其前一笔终点和后一笔起点的绘制时间间隔，称为这两条笔画的时间间断，简称时间间断。如果单纯采用时间间断作为判断时间上连续的两条笔画是否应合并为一条笔画的准则，则要求用户在绘制不能连接成一条笔画的两笔之间的时间间断必须大于阈值，而对可以连接成一条笔画的两笔之间的时间间断则小于该阈值，这样将会对用户输入的随意性造成限制。为给用户更大的绘制自由度，通过分析笔画间的空间特征，一般用户在绘制虚线或发生断点续连及重复绘制时，前一笔终点与后一笔起点位置一般相距很近。故本书通过增加空间的约束信息，来保证用户更大的绘制自由度。

连续绘制的两条笔画其前一笔终点和后一笔起点之间的距离，称为这两条笔画的距离间断，简称距离间断。同时利用时间间断和距离间断可以对时间上连续的笔画进行多笔画判断。为解决不同绘制速度下阈值固定可能出现的问题，本书使用自适应阈值 ζ_1 和 ζ_2 进行处理，ζ_1 和 ζ_2 均由前一条笔画的逼近折线段折点序列的自身属性决定。

若连续的 n 条笔画其时间间断均小于自适应阈值ζ_1，且距离间断均小于自适应阈值 ζ_2，则将其判定为可以合并为一条笔画的多笔画绘制，将这种多笔画绘制称为多笔画重复绘制，将其它的多笔画绘制称为多笔画非重复绘制。

多笔画重复绘制识别结果的线型可能为实线也可能为虚线，若被判定为虚线，则通过创建虚线画刷进行显示输出。本书通过多笔画草图的笔画数 n，草图长度 Ls 和广义笔画长度 Lg 对识别结果的线型是否为虚线进行判定。思路如下，若草图中各条笔画的平均长度 Ls/n 大于给定阈值(本书取 800)或笔画数 n 小于给定阈值(本书取 3)，则线型被判定为实线；若草图中各相邻笔画间的间隔总长度大于草图中笔画的平均长度，即$(Lg-Ls)>Ls/n$，则为虚线，否则为实线。

2. 折线化逼近

折线化逼近是指将笔画用折线段进行逼近，采用自顶而下的多直线段分裂方法[26]，反复增加顶点数进行笔画的折线化逼近，并对其阈值进行自适应改进。

为了便于后面叙述，给出折线段的一些基本概念。

依次连接点序列 $Z=\{z_i;0\leqslant i\leqslant d\}$ 形成一条折线段，其中 z_0，z_d 分别为折线段的首尾点；$z_i(0\leqslant i\leqslant d)$ 称为折线段的折点，i 为该折点在折线段中的点号；由折点依次构成的序列 $\{z_i;0\leqslant i\leqslant d\}$ 称为该折线段的折点序列；以折点 z_i 为起点、z_{i+1} 为终点形成的直线段，称为折线段的一个子段，简称子段，i 称为该子段在折线段中的段号，折线段的子段数为 d；将子段两端点之间的欧氏距离，称为该子段的长度，将所有子段长度的总和，称为折线段的长度。为便于叙述，将 $z_i(0<i<d)$ 称为折线段的狭义折点，由狭义折点依次构成的序列 $\{z_1,\cdots,z_{d-1}\}$ 称为折线段的狭义折点序列。

(1) 多直线段分裂。多直线段分裂算法的输入值是笔画的采样点序列 $\{p_i;0\leqslant i\leqslant k\}$，其中 $p_i=(X_i,Y_i)\in\{p_i\}$。由于直线段的两个端点对应两个采样点，拟合直线段在这两个采样点之间进行，因此仅需要精确计算对应端点的两个采样点坐标。

将采样点序列的第一个采样点 (X_0,Y_0) 和最后一个采样点 (X_k,Y_k) 连接起来，得到直线的隐式函数方程为

$$Ax+By+C=0 \tag{1-1}$$

其中 $A=(Y_k-Y_0)$，$B=(X_0-X_k)$，$C=(X_kY_0-X_0Y_k)$，笔画上任意一个采样点 (X_i,Y_i) 与上述直线的距离为

$$d_i=\frac{|AX_i+BY_i+C|}{\sqrt{A^2+B^2}} \tag{1-2}$$

最大规范误差为

$$\varepsilon=\frac{\max\limits_i(d_i)}{\sqrt{A^2+B^2}} \tag{1-3}$$

如图 1-8 所示的采样点曲线，将第一个和最后一个采样点连成的直线段作为曲线的初始拟合，用 AB 标记。在采样点中计算最大规范误差，如果该误差值高于某一阈值，则在离直线段 AB 最远的采样点上设置一个折点，用 C 来标记。这样，将形成两个拟合直线段 AC 和 CB，笔画也被分割成对应于两个新直线段的两条笔画。在新分割成的每条笔画中，重复上述的分裂算法，形成两个新的直线段及对应的两个更小的笔画。这样的分裂过程可以一直进行下去，直到所有的直线段对应的最大规范误差均低于某一阈值为止。由直线段序列构成的折线段称为笔画的逼近折线段，简称逼近折线段，将得到逼近折线段的过程称为折线化逼近。

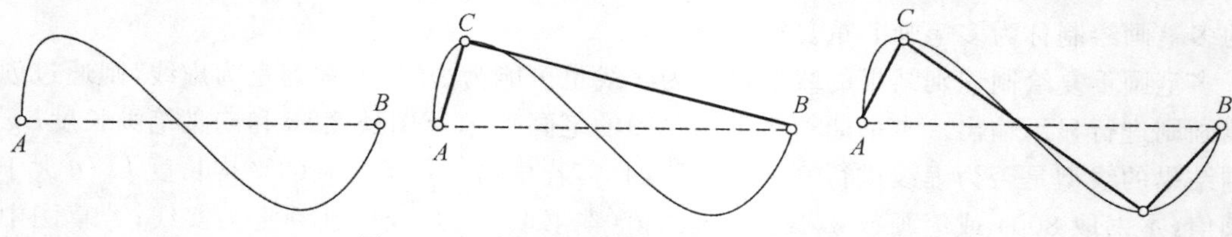

图 1-8　多直线段分裂示意图(从左向右)

(2) 自适应判别 。在折线化逼近中，要考虑手绘草图自身的模糊性。若折线化逼近的阈值 ε_z 为一个定值，则在判别中会出现一些问题，如图 1－9 所示，两条笔画的采样点的最大规范误差均为 ε。若 $\varepsilon < \varepsilon_z$，则两条笔画的折线化逼近结果均为直线段，导致后期识别结果也均为直线段，但理想的识别结果应分别是折线段和直线段。由此可见，折线化逼近的阈值 ε_z 与笔画采样点的累积弦长有关。

图 1－9　阈值与笔画累积弦长的关系

图 1－10 所示中两条笔画 ABD 和 $ABCD$ 的采样点到其首尾点的最大规范误差均为 ε，若 $\varepsilon < \varepsilon_z$，则两条笔画折线化逼近的结果均为直线段，导致后期识别结果也均为直线段，但理想的识别结果应分别是直线段和折线段。通过实验发现，折线化逼近的阈值 ε_z 与折点范围 $\| F_1F_2 \|$ 内误差符号是否变化有关。折点范围是指以可能折点 B 为中心的笔画上一段有效范围。

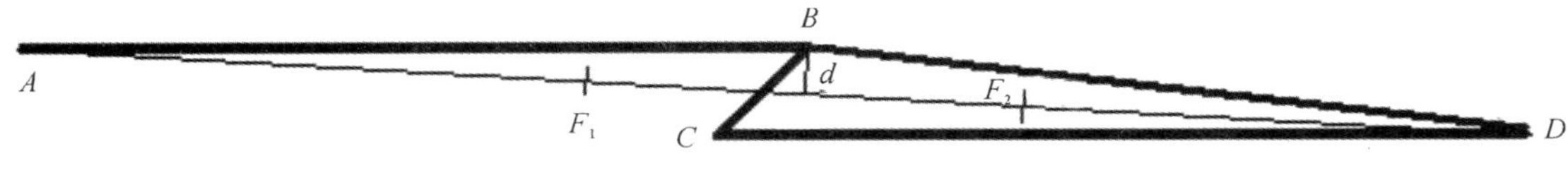

图 1－10　折点范围的确定

在大量实验基础上，将折线化逼近的阈值 ε_z 定义为关于笔画首尾连线长度 L_1、笔画长度 L、笔宽 D 及折点范围内误差符号是否变化的函数，构造函数为

$$\varepsilon_z = c_z c_f (L_1/L + n) D \tag{1-4}$$

式中，c_z 为折线化逼近程度系数，可通过实验或经验确定，其中 c_z 取 0.2 和 1.4，并分别将其得到的逼近折线段的折点称为密折点和折点；c_f 为误差符号变化因子，在折点范围 $|| F_1F_2 || = 2 || OF_1 || = L_1/3$ 内，若误差符号改变则 c_f 取 0.5，否则取 1.0，如图 1－10 所示；n 为控制笔画首尾连线长度与笔画长度比值的参数，可通过实验或经验确定(其中 n 取 0.5)。

(3) 伪折点消除。定义：设通过折线化逼近获得的笔画逼近折线段的折点序列为 $\{s_i; 0 \leqslant i \leqslant u\}$，其中 $s_i = (X_i, Y_i, t_i) \in \{s_i\}$，该序列中存在的非理想折点称为伪折点，如图 1－11 所示。

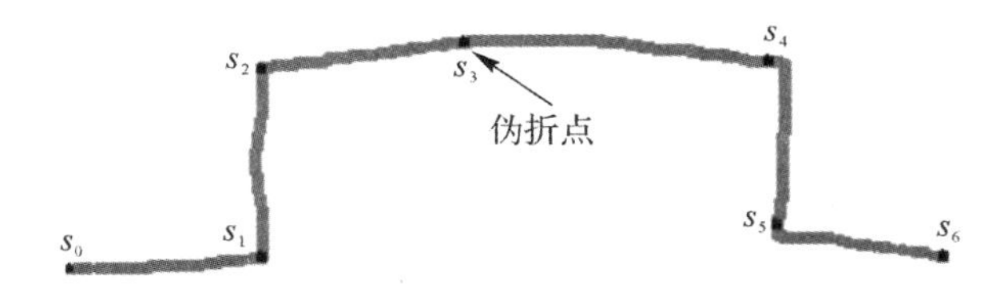

图 1－11　存在伪折点的折点序列

伪折点出现的主要原因是由于笔画晃动等造成待处理笔画的采样点到首尾连线的最大规范误差位置未出现在理想的折点处。本书通过判断 3 个连续折点 s_{i-1}, s_i, s_{i+1} 之间的位置关系消除伪折点。首先连接折点 s_{i-1}, s_{i+1} 组成一条直线段 LL，然后判断 s_i 与直线段 LL 的位置关

系。伪折点的判定原则为：从折点 s_i 向直线段做垂线，垂足在 LL 上且折点 s_i 到 LL 的垂直距离小于一个阈值 ε_z（其定义同公式(2-4)，c_f 取 1.0)，则 s_i 为伪折点。伪折点的去除算法如下：

1) 依次对折点序列中折点组合 s_{i-1}，s_i，s_{i+1} 进行处理，其中 $i=1,2,\cdots u-1$。得到 s_{i-1} 和 s_{i+1} 组成的直线段 LL，求 s_i 到 LL 的垂足 O，若 O 在直线段 LL 上，则继续；否则对下一个折点组合进行上述处理。

2) 计算 s_i 到 LL 的距离 d，若其对应的规范误差小于阈值 ε_z，则 s_i 为伪折点，从折点序列中去除伪折点，进行下一个折点组合的判断；否则直接进入下一个折点组合，直到遍历完所有折点组合。

若无特殊说明，后面章节中提到的笔画逼近折线段的折点序列均指进行伪折点去除后的折点序列。

参考文献

[1] HOWLAND H C. Invention and Evolution: Design in Nature and Engineering. by Michael French[J]. Quarterly Review of Biology, 1994, 70(4).

[2] 孙守迁，包恩伟. 计算机辅助概念设计研究现状和发展趋势[J]. 中国机械工程，1999，10(6):697-700.

[3] ULLMAN D G. The Mechanical Design Process, 3/e[J]. Mechanical Engineers Handbook Materials & Mechanical Design, 1997, 27(8):518.

[4] HSU W, WOON I M Y. Current research in the conceptual design of mechanical products[J]. Computer-Aided Design, 1998, 30(5):377-389.

[5] 张建明，魏小鹏，张德珍. 产品概念设计的研究现状及其发展方向[J]. 计算机集成制造系统，2003，9(8).

[6] ULLMAN D G, WOOD S, CRAIG D. The importance of drawing in the mechanical design process[J]. Computers & graphics, 1990, 14(2):263-274.

[7] MASRY M, KANG D, LIPSON H. A freehand sketching interface for progressive construction of 3D objects[J]. Computers & Graphics-Uk, 2005, 29(4):563-275.

[8] CHEN C P, XIE S. Freehand drawing system using a fuzzy logic concept[J]. 1999, 31(5):359-360.

[9] 张立珊. 面向产品概念设计的三维草图技术研究[D]. 杭州：浙江大学，2006.

[10] OLSEN L, SAMAVATI F F, SOUSA M C, et al. Sketch-based modeling: A survey[J]. Computers & Graphics, 2009, 33(1):85-103.

[11] ZELEZNIK R C, HERNDON K P, HUGHES J F. SKETCH: an interface for sketching 3D scenes[C]// SKETCH: an interface for sketching 3D scenes. ACM SIGGRAPH 2007 courses. ACM:19.

[12] JOHNSON K, CHANG C, LIPSON H. Neural Network Based Reconstruction of a 3D Object from a 2D Wireframe[J]. arXiv preprint arXiv:10072442, 2010.

[13] SUTHERLAND I E. Sketchpad: a man-machine graphical communication system

[M]. City, 1963.

[14] KATO O, IWASE H, YOSHIDA M, et al. Interactive hand - drawn diagram input system[C]// Interactive hand - drawn diagram input system. Proc IEEE Conference on Pattern Recognition and Image Processing (PRIP 82). 544 - 549.

[15] PUGH D. Designing solid objects using interactive sketch interpretation[C]// Designing solid objects using interactive sketch interpretation. Symposium on Interactive 3d Graphics, Si3d '92, Cambridge, Ma, Usa, March 29 - April. 117 - 126.

[16] IGARASHI T, KAWACHIYA S, TANAKA H, et al. Pegasus: a drawing system for rapid geometric design: 286511, Los Angeles, California, USA: ACM, 1998: 24 - 25.

[17] FORSBERG A S, LAVIOLA J J, ZELEZNIK R C. ErgoDesk: A Framework for Two - and Three - Dimensional Interaction at the ActiveDesk[J]. Proceedings of the Second International Immersive Projection Technology Workshop, 1998: 11 - 12.

[18] MEYER J. EtchaPad—disposable sketch based interfaces[C]// EtchaPad—disposable sketch based interfaces. Conference Companion on Human Factors in Computing Systems. ACM: 195 - 196.

[19] ZELEZNIK R C, HERNDON K P, HUGHES J F. SKETCH: an interface for sketching 3D scenes[C]// SKETCH: an interface for sketching 3D scenes. Conference on Computer Graphics & Interactive Techniques. 163 - 170.

[20] SCHWEIKARDT E, GROSS M D. Digital clay: deriving digital models from freehand sketches[J]. Automation in Construction, 2000, 9(1): 107 - 115.

[21] WANG S - X, GAO M - T, QI L - H. Freehand Sketching Interfaces: Early Processing for Sketch Recognition[M]. // JACKO J. Human - Computer Interaction Interaction Platforms and Techniques. City: Springer Berlin Heidelberg, 2007: 161 - 170.

[22] Zou H, Lee Y. Constraint - based beautification and dimensioning of 3D polyhedral models reconstructed from 2D sketches[J]. Computer - Aided Design, 2007, 39(11): 1025 - 1036.

[23] Jun - Wen X U, Liao D X, Wang S X, et al. Recognition of On - line Sketched Electrical Diagrams[J]. Science Technology & Engineering, 2007.

[24] Zhang S H, Chen T, Zhang Y F, et al. Vectorizing Cartoon Animations[J]. IEEE Transactions on Visualization & Computer Graphics, 2008, 15(4): 618 - 629.

[25] China F D. Architecture: Form, space, and order [M]. City: John Wiley & Sons, 2014.

[26] 孙家广,胡事民. 计算机图形学基础教程[M]. 2 版. 北京:清华大学出版社, 2009.

第2章 基于混合特征的笔画分割

2.1 引 言

笔画分割是草图识别的重要的第一步，该步骤将笔画分割为一组连续的几何线元。其中，几何线元是草图识别的最基本的构件，就像是钢梁如何形成一个复杂结构建筑，这些几何线元又可以重新组成更复杂的形状[1]。最常见的几何线元有直线段、圆弧和曲线，还有更复杂的形状如椭圆弧、螺旋线、涡状线等。笔画分割使原始笔画数据可以转化为对机器更友好的形式。然而，影响笔画分割的因素非常复杂，除了绘制速度、曲率和曲线转角等几何因素外，还涉及到用户所使用的设备环境图形构成及其上下文 、用户绘制习惯及状态和心境等诸多因素的影响[2]。如何对笔画进行分割，且同时满足精度、效率和适应性标准，是草图识别的关键技术问题之一，而至今没有方法可以达到这些标准[3]。

现有的大多数笔画分割方法采用速度、曲率等信息确定笔画分割点。Yu 等人[4]的笔画分割方法首先试用一个几何线元拟合笔画，如果拟合效果不好，则依据最大曲率点分割笔画，然后在得到的子段中重复上述过程，最后在后处理阶段中将分段结果合并。ShortStraw[5]的笔画分割方法首先对笔画进行重采样，然后依次计算与每个重采样点左右相邻的两个重采样点的距离——“稻草值”，该“稻草值”可以指示该点的局部曲率，所有“稻草值”低于某一固定阈值的重采样点都被认为是候选分割点；然后以一个自顶而下的程序检测每一个子段的线性拟合结果，如果拟合失败，则在该子段中继续增加分割点。ShortStraw 只针对折线段的分割处理，最终将笔画表示为折线段。只将曲率作为笔画分割依据[6,7]的方法易受到用户输入噪声的影响。一些研究采用多尺度方法辨别分割点处由于噪声引起的小尺度曲率变化，这种基于尺度空间的笔画分割方法[8,9]通过不同尺度的高斯平滑方程对曲线上的点进行平滑得到不同密度的特征点表示笔画，该分割方法的优点是适合处理噪声比较大的笔画，缺点在于输入尺度的敏感性使分割点检测困难，且计算复杂度很高，所需时间也较长[10]。文献[11]提出的基于几何特征的笔画分割方法则不受用户主观因素限制。书中首先给出基于折线化逼近的笔画分割方法得到笔画的折点序列；其次，通过根据折点序列的凸凹性将笔画分为凸笔画和凹笔画并分别给出分割算法；最后，通过单一笔画合并对误分割问题进行处理；书中的单笔画识别是在基于模糊理论的在线手绘图识别[12]基础上，在作者自主开发的原型系统 FSR_JS 上加以验证和实现，可识别的最基本的几何线条包括直线段、折线段椭圆、圆、椭圆弧、圆弧、双曲线和抛物线。

基于笔速的分割方法是考虑“人们勾画拐角时速度有意识地变慢”的特性，将笔画的极小速度点定义为笔画的分割点，该方法增加了用户绘制约束。Sezgin 提出基于速度和曲率的分割方法[13]，该方法以速度平均值的90%作为阈值，将低于阈值的速度曲线进行分组，在各组中以速度值最小点作为速度特征点。该方法在一定程度上解决了速度特征的提取问题，但仍存在许多不足，如局部噪声可能导致分组错误、阈值相对固定可能导致算法对笔画噪声敏感，而且当用户的绘图速度较均匀时，该特征提取方法失效。Wolin 的“分类—合并—重复”技术[14]以速度最小值点和曲率最大值点为候选分割点，然后基于拟合误差对各子段进行合并。Istraw[15]在 Shortstraw 基础上，增加了局部速度最小值点作为候选分割点，该系统可以将笔画表示为直线与圆弧的组合。SpeedSeg[16]主要利用速度信息进行笔画分割，该方法将速度最小值低于某一阈值且曲率达到最大值的采样点作为候选分割点，然后采用改进的启发式算法合并和分割这些子段，然而，它依赖于预先设定的参数。上述笔画分割方法都依赖于局部特征，且参数必须根据用户，环境，线元类型的变化去手动调整。即使这些方法在被调整过的数据集中可以达到高准确度，但是在其他数据集中表现不佳。文献[17]首先给出一些基本概念，然后给出了基于速度特征的笔画分割方法，包括笔画预处理、速度特征提取和分割点修正。

ClassSeg[18]采用一个通用的目的机器学习的方法可以扩展到包含任何数量、各种类型的特征，并且可以自动优化阈值。但是，ClassSeg 依然采用局部决策建立分割点，没有给出全局最优的解决方法。冯桂焕等人提出一种将几何特征（局部方向信息与局部曲率信息）和隐马尔可夫模型结合的笔画图元分解方法，通过寻找与模型的最佳匹配实现笔画图元分解的目的，能够描述任意由直线段和圆弧构成的笔画，且能够处理传统方法不能处理的平滑过渡曲线，该文是在综合利用草绘上下文信息的基础上进行笔画分割。

一些笔画分割方法用到了动态规划算法，例如，Vincenzo Deufemia 等人将动态规划算法用于匹配给定的笔画到模板[19]；Liu Yin 等人使用基于罚函数的动态规划算法（PBDP）进行笔画分割[20]；Kolesnikov[21]通过动态规划算法建立最小描述长度规则。这些方法受到预定义的模板或固定的代价函数限制，不能达到分割问题中的用户适应性需求。在 PBDP 基础上，Liu[22]又提出“全局＋局部”的基于动态规划的笔画分割框架（QPBDP），无需任何先验知识及判断笔画类型就可以最小化整体感知误差，与 PBDP 相比，减少了计算量，并给出一个基准数据库以评价笔画分割的性能。DPFrag[3]提出综合使用机器学习，动态规划算法和自适应代价函数的快速笔画分割方法，避免了繁冗的参数调整。

由于分割方法种类繁多，而且与应用紧密相关，因此，通常无法构造出一种通用的分割算法。不同的应用，对分割方法提出的要求可能完全不同，因此对算法的性能进行比较是十分困难的。

2.2 基于几何特征的笔画分割

将待识别笔画进行分解，使其成为几条表示特定图元类型的笔画的组合，称为笔画分割。基于几何特征的笔画分割包括笔画预处理、几何特征及分割点提取和分割点修正三部分内容，其中笔画的几何特征提取部分是按照笔画的分类包括凸笔画的分割点提取和凹笔画的凸化分割处理。基于几何特征的笔画分割算法的具体流程如图2-1所示，稍后将依次对各部分内容进行详细介绍。

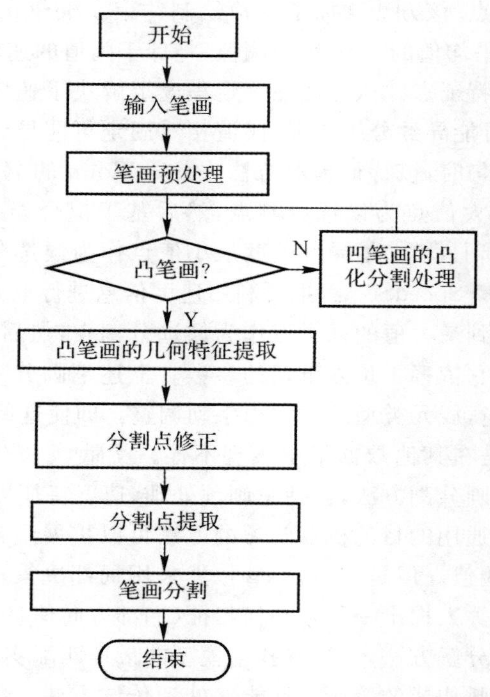

图 2-1　基于几何特征的笔画分割流程

2.2.1　分割点提取

根据对笔画进行折线化逼近处理得到的折点的方向，将笔画分为凸笔画和凹笔画。凸笔画和凹笔画的定义如下：在折点序列 $\{s_i; 0 \leqslant i \leqslant m\}$ 中，将矢量 $s_{i-1}s_i$ 与 $s_i s_{i+1}$ $(0 < i < m)$ 叉乘的矢量的方向记为折点 s_i 的方向，并规定首尾折点的方向与其相邻的折点的方向相同。通过判断折点方向是否变化，将折点转向连续相同的折点归为一组，若只有一组折点，则称该笔画为凸笔画，否则为凹笔画，如图 2-2 所示。从凸笔画的定义可知，单一线元中除折线段外均为凸笔画，凹笔画是由若干个凸笔画组合而成的。将按照笔画的几何特征对笔画进行的分割称为基于几何特征的笔画分割，包括凸笔画分割和凹笔画分割。

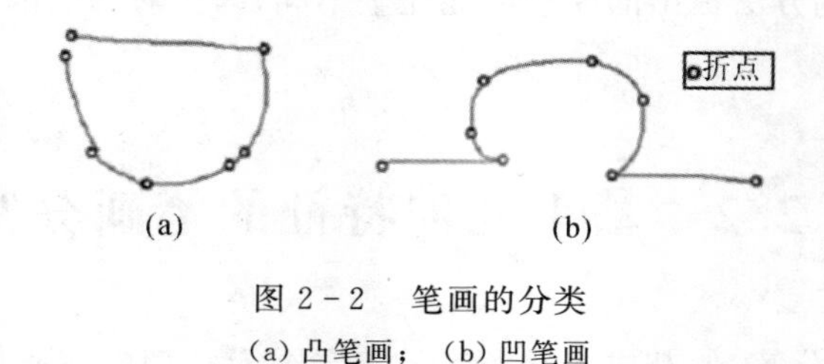

图 2-2　笔画的分类

(a) 凸笔画；(b) 凹笔画

1. 凸笔画的分割点提取

通过实验发现，按用户的绘制意图，凸笔画一般由若干条单一线元组成，且单一线元条数不会太多。因此,规定凸笔画的几何特征提取原则为“将笔画分割成跨度最大的几条子笔画的组合”。

设笔画的折点序列$\{s_i;0\leqslant i\leqslant m\}$,其中$s_i=(X_i,Y_i)\in\{s_i\}$,在折点序列中以折点$s_i$,$s_j$截取笔画得到的部分笔画称为以$s_i$,$s_j$为首尾点的子笔画,简称子笔画,其中$0\leqslant i<j\leqslant m$,称$t=j-i$为该子笔画的跨度。由相邻两个折点$s_{j-1}$和$s_j$之间的采样点构成的子笔画称为单跨度子笔画,标记为$l_j$,由单跨度子笔画形成的序列$\{l_j;1\leqslant j\leqslant n\}$称为单跨度子笔画序列。现在给出凸笔画的分割点提取算法。

Step1. 对输入笔画的进行单一线元拟合[12],计算拟合误差δ并与阈值δ_{max}进行比较。若$\delta<\delta_{max}$,则笔画被识别为单一线元,证明该笔画不需要分割,进入 Step 4。

Step2. 依次去掉单跨度子笔画l_1, l_2,…,l_j,直到剩余的子笔画可被识别为单一线元,将s_j作为一个几何分割点,将笔画分为前后两个子笔画。

Step3. 对 Step2 中剩余的子笔画重复 Step1 ~ Step3.

Step4. 结束。

2. 凹笔画的凸化分割处理

凹笔画的凸化分割处理是将原始笔画分割成几个凸笔画的组合,便可按凸笔画的分割点提取算法得到凹笔画的分割点。具体方法为:依次对由连续的三个折点构成的两个向量进行叉乘,将叉乘符号相同的组成一组。由此可知折点序列被分成几组、每组中第一个折点在折点序列中序号及每组中的折点的个数。若只有一组,则直接进行凸笔画的分割点提取,若组数大于 1,则按“单位长度内所跨折点数最大”的原则从各组中确定凹笔画的几何特征点,最后根据所得几何特征点对凹笔画分割得到凸笔画。图 2-3 所示中折点共分为 6 组依次为:$\{s_0, s_1\}$,$\{s_2, s_3, s_4, s_5\}$,$\{s_6\}$,$\{s_7\}$,$\{s_8, s_9, s_{10}, s_{11}\}$,$\{s_{12}, s_{13}\}$。

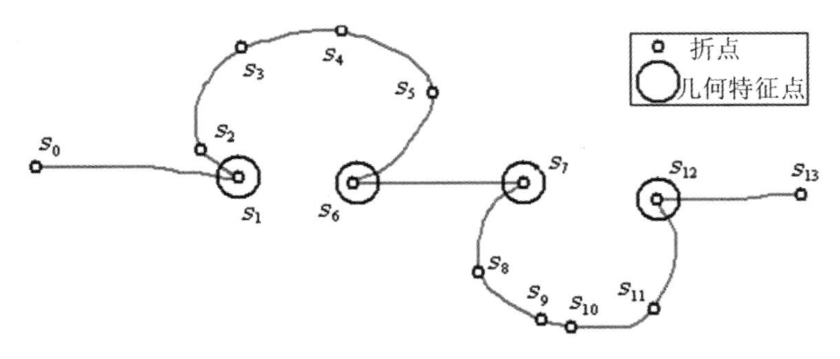

图 2-3　凹笔画分割点的确定

设笔画的折点序列为$\{s_i;0\leqslant i\leqslant m\}$,$s_i=(X_i,Y_i)\in\{s_i\}$。变量$j$用于标记折点分组的组号,$\{S_j\}$用于标记第$j$组第一个折点的在$\{s_i\}$中的点号,$j$和$S_j$的初始值均设为 0。用数组 **g**[ ] 存放几何特征点的点号。笔画的凸凹性判定及凹笔画的凸化分割处理详细算法过程描述如下:

Step1. 按i增大的方向,依次对由连续的三个折点s_{i-1},s_i,s_{i+1}($0<i<m$)构成的两个向量$\overrightarrow{s_{i-1}s_i}$与$\overrightarrow{s_is_{i+1}}$叉乘,将所得矢量的方向记为折点$s_i$的方向,用$w_i$标记,则$w_i=(X_i-X_{i-1})(Y_{i+1}-Y_i)-(X_{i+1}-X_i)(Y_i-Y_{i-1})$;令$w_0=w_1$,$w_{m-1}=w_m$。

Step 2. 依次计算 w_i 与 w_{i+1} 的乘积($0 \leqslant i < m$)，若 $w_i w_{i+1} < 0$，则 $S_j = i+1, j = j+1$。

Step 3. 若 $j = 0$，则该笔画被判定为凸笔画，跳至 Step 7；否则该笔画被判定为凹笔画。

Step 4. 确定凹笔画的几何特征点。几何特征点从每组的最后一个折点或其下一组的第一个折点中选出，确定原则为“单位长度内所跨折点数最大”。具体思路为使笔画采样点序列的单位长度内，尽可能使折点个数的平方最大。在第 n 组和第 $n+1$ 组($0 \leqslant n \leqslant j$)中确定几何特征点的判断函数见式(2-1)和式(2-2)：若 $\delta_n \geqslant \delta_{n+1}{}'$，则将第 $n+1$ 组中的第一个折点作为几何特征点，并将其点号 S_{n+1} 存入 $\boldsymbol{g}[\,]$ 中；否则将第 n 组中的最后一个折点作为几何特征点，并将其点号 E_n 存入 $\boldsymbol{g}[\,]$，其中 $E_n = S_{n+1} - 1$，则有

$$\delta_n = \frac{(E_n - S_n + 1)^2}{L_n} \tag{2-1}$$

$$\delta_{n+1}{}' = \frac{(E_{n+1} - S_{n+1} + 1)^2}{L_{n+1}{}'} \tag{2-2}$$

式中，$E_n - S_n + 1$ 表示第 n 组中的折点个数；L_n 表示由第 n 组中第一个折点与第 $n+1$ 组中第一个折点构成的子笔画长度；$L_{n+1}{}'$ 表示由第 n 组中最后一个折点与第 $n+1$ 组中最后一个折点构成的子笔画长度。

Step 5. 去除 $\boldsymbol{g}[\,]$ 中重复的点号，由此得到笔画的所有除首尾点外的几何特征点的点号。

Step 6. 依据特征点的点号对笔画的采样点序列进行分段，得到子笔画。

Step 7. 依次对上述步骤中得到的子笔画进行凸笔画的分割点提取。

图 2-3 所示笔画几何特征点提取的一些相关信息见表 2-1。可见各组间的几何特征点为：$s_1, s_6, s_7, s_7, s_{12}$，去掉重复的几何特征点便得到最终笔画的几何特征点 s_1, s_6, s_7, s_{12}。

表 2-1　笔画几何特征点提取的相关信息

组号 n	0	1	2	3	4	5
折点构成	s_0，s_1	s_2，s_3，s_4，s_5	s_6	s_7	s_8，s_9，s_{10}，s_{11}	s_{12}，s_{13}
S_n，E_n	0，1	2，5	6，6	7，7	8，11	12，13
L_n，$L_{n+1}{}'$	122.27，211.46	239.90，28.44	78.41，78.41	112.34，213.60	238.14，79.54	
δ_n，$\delta_{n+1}{}'$	0.0327，0.0757	0.0667，0.0355	0.0128，0.0128	0.0090，0.0751	0.0695，0.0503	
几何特征点	s_1	s_6	s_7	s_7	s_{12}	

通过实验发现，凹笔画的几何特征点提取结果与笔画折点的相对个数有关，增加折点个数则几何特征提取的准确性提高；但折点过多则可能导致由于噪声引起的几何特征提取失败或运算时间增加。因此，只有适当增加折点个数才能得到更高效的几何特征点。由式(2-1)可知，折点个数与阈值成反比，阈值减小则折点数目增加。因此本书采用较小的阈值对笔画进行折线化处理，从而使折点数目增加。为了得到更高效的几何特征点，通过实验本书将 c_z 取为 1.4。图 2-4 给出了两种不同折线化逼近程度系数下的几何特征提取结果。

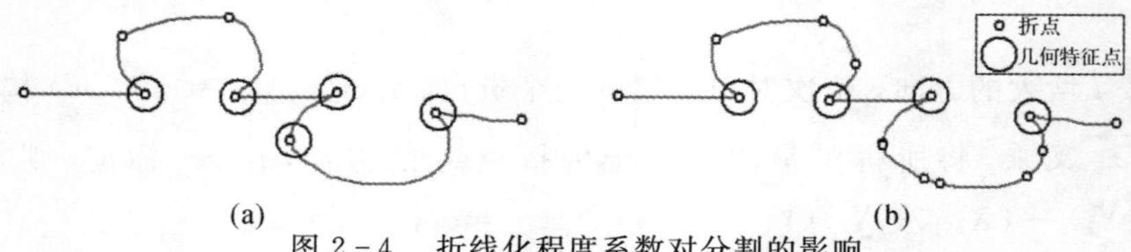

图 2-4　折线化程度系数对分割的影响

(a) c_z 取 0.2；(b) c_z 取 1.4

2.2.2　分割点修正

上述笔画分割过程中可能会将一条表示单一线元的笔画误分割为几条子笔画，如将一条折线段分割成几条折线段曲线(包括直线段和折线段)的组合，为保证后期处理时信息的完整性，在进行笔画分割后需将误分割的子笔画进行合并处理：若两条连续的子笔画都为折线段曲线或由该两条子笔画按采样点绘制顺序合并而成的一条笔画能够再次被识别为某种单一线元，则认为该两条子笔画本属于一条笔画，将连接该两条子笔画的分割点从原笔画的分割点序列中去除。按上述方法遍历所有相邻的子笔画，直到所有满足合并要求的连续的子笔画都被合并为一条笔画，从而得到修正后的笔画分割点序列，使笔画被分割为跨度最大的几个子段的组合。

2.2.3　实验分析

根据上述算法，通过 Visual C++自主开发了在线手绘图分割的原型系统(FSR_JS)。该系统可以进行笔画的输入、输出，单一线元的识别，以及基于几何特征的笔画分割。在 Intel (R) i5－4430 CPU 3.00GHz，4.00GB 内存，500G 硬盘的硬件环境下，对该系统进行了测试分析，输入设备为 Wacom 数位板。

为了对基于几何特征的笔画分割算法的正确率进行分析，首先给出一些定义。设笔画的折点数为 u，理想分割点数 v 是用户本身绘制意图想要的分割点数；w 是利用笔画凸凹性进行的笔画处理得到的分割点数，命名为修正前的分割点数，所用分割时间记为 t，w' 为通过单一线元合并得到的修正后的笔画几何分割点数，通过修正后的笔画分割时间记为 t'；笔画修正前的分割点数 w 中有效分割点数 r，笔画修正后的分割点数 w' 中有效分割点数 r'。考虑算法得到的分割点数有时多于或少于理想的分割点数 w，本书给出进行单一线元合并前、后的笔画分割正确率 δ 和 δ' 的计算公式，有

$$\text{正确率}=\frac{\text{有效分割点数}}{\text{Max(分割点数，理想分割点数)}}\times 100\% \tag{2-3}$$

现在给出 7 条在线手绘笔画进行基于几何特征的笔画分割的过程，见表 2－2。首先是通过折线化逼近得到的笔画的折点位置及其个数，其中小圆圈代表折点；其次是采用基于几何特征得到的笔画分割点及其个数，其中黑点代表几何特征点，为了显示单一线元合并前后分割效果，分割给出了修正前的分割点和修正后的分割点；最后给出了理想的分割及识别结果。

表 2－2　基于几何特征的笔画分割过程

笔画	预处理		笔画分割				理想结果	
	折点	u	修正前分割点	w	修正后分割点	w'	分割和识别结果	v
1	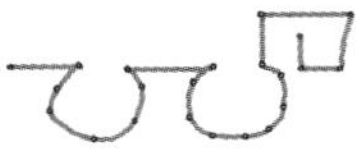	22		6		6		6
2	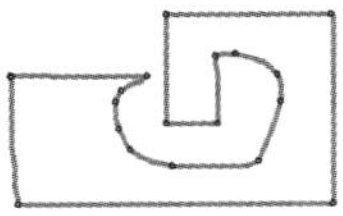	19	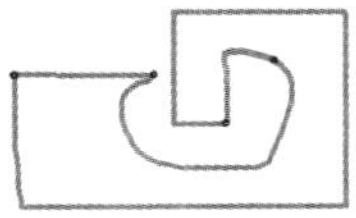	5	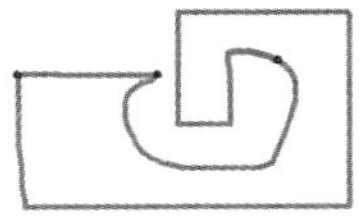	4	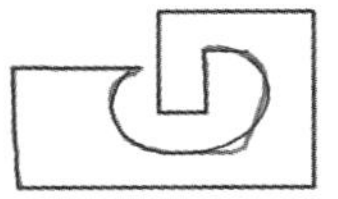	4

续 表

笔 画	预处理		笔画分割				理想结果	
	折点	u	修正前分割点	w	修正后分割点	w'	分割和识别结果	v
3	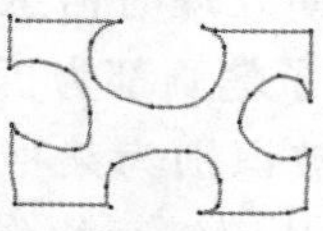	37	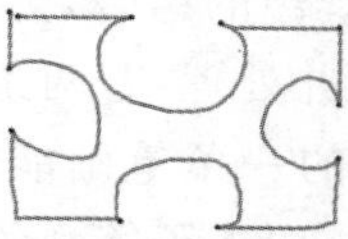	11	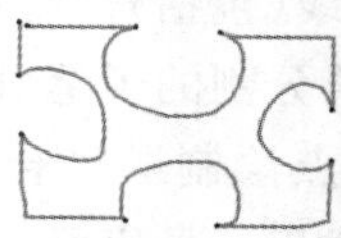	10	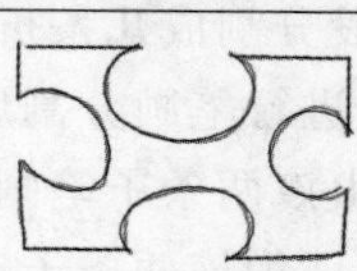	10
4	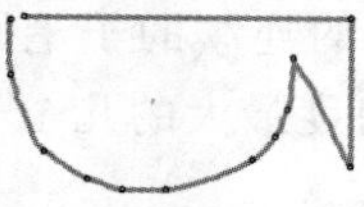	13	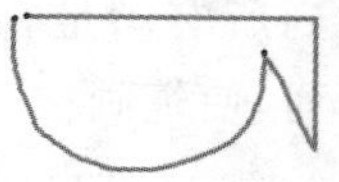	3	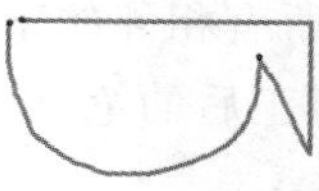	3	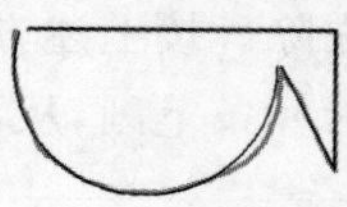	3
5	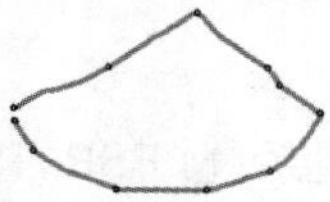	11	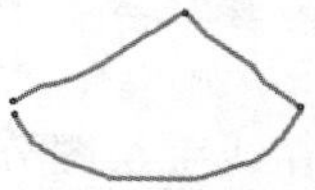	4	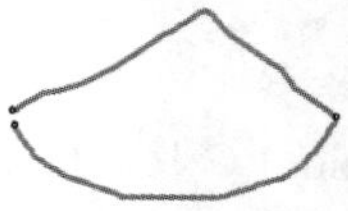	3		3
6		7	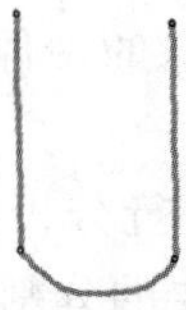	4		4	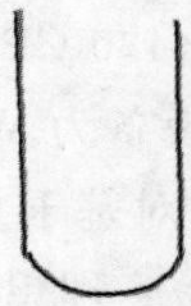	4
7		14		4	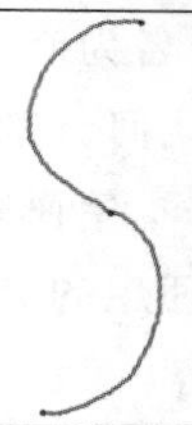	3		3

表 2－3　基于几何特征提取的关键值比较

No.	u	v	w	r	t/ms	δ	w'	r'	t'/ms	δ'
1	6	22	6	6	211	100%	6	6	221	100%
2	4	18	5	3	450	60%	4	3	475	80%
3	10	37	11	10	422	91%	10	10	443	100%
4	3	13	3	3	183	100%	3	3	190	100%
5	3	11	4	3	254	75%	3	3	266	100%
6	4	7	4	4	352	100%	4	4	367	100%
7	3	14	4	3	309	75%	3	3	324	100%

由表 2－2 可以看出，笔画 1，4，6 采用基于几何特征的笔画分割得到的分割结果符合理想分割要求；而笔画 3，5，7 的笔画分割结果均存在一个多余的冗余分割点，通过单一线元合并能有效解决误分割的问题；笔画 2 的笔画分割结果存在漏点及多一个冗余点的情况。

结合表 2－3 可以看出，采用几何特征得到的分割点具有一定的鲁棒性。修正前和修正后的笔画分割正确率比较如图 2－5 所示，可以看出，通过简单的分割点修正处理能有效提高笔画的分割效率。然而，当笔画分割中漏点与冗余点同时存在时，仍不能完全避免笔画分割错误。

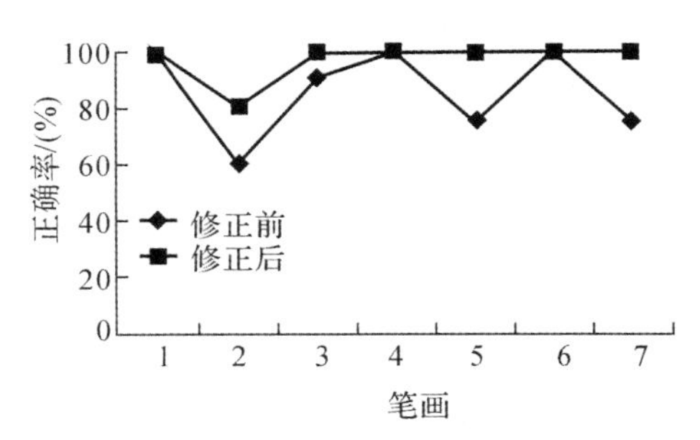

图 2－5　分割点修正前，后的分割正确率比较

如图 2－6 所示，本书选取了 7 个测试样本，其中，圆圈代表本书的理想分割点，小圆点代表现有基于几何特征的笔画分割算法[11]的理想分割点，也代表本书折线段笔画的理想折点；笔画的首、末 2 点自动作为分割点来处理，不列入考察范畴。实验数据来自 7 个受试者，每个图形绘制 5～8 遍不等，对图形绘制方向以及大小没有规定，但要求输入笔画的组成图元为本书能够识别的图元类型，最后得到 250 个样本。为与现有基于几何特征分割算法进行比较，采用了文献[11]以误确认率和误否认率相结合的方式对算法性能进行评估，图 2－7 所示为本书算法与文献[11]算法的性能比较，其中样本 1～样本 2 是对折线段笔画的折点的检测能力的评估，误确认率定义为系统接受的伪分割点占所有被接受为分割点的个数的比例；误否认率定义为被拒绝的真实分割点占所有真实分割点的比例。

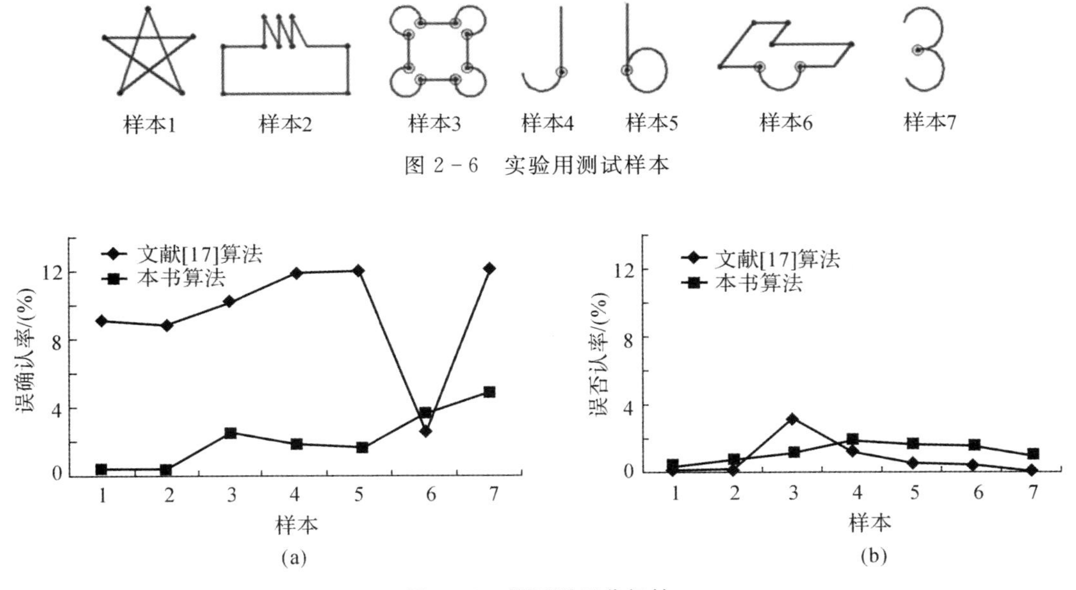

图 2－7　笔画图元分解结

(a)误确认率比较；（b)误否认率比较

由样本1，样本2可知，由笔画的折线化逼近处理可准确地求出折线段笔画的折点，本书对折线段笔画不进行分割，并且对打断的折线段笔画进行合并处理，从而避免折线段被打散为若干子段，防止线段之间连接关系丢失；样本3～样本7表明，本书算法误确认率明显优于现有基于几何特征的笔画分割方法，但误否认率略高于文献[11]算法，分析发现当用户绘制圆弧过于随意或识别算法对其进行了错误的识别，将笔画整体识别成单一线元，从而造成分割点丢失。如样本4被识别为椭圆弧；或将圆弧过分割为一系列小段圆弧与折线段曲线，通过分割点修正处理，折线段(直线段)子笔画可能会与其他折线段(直线段)子笔画合并，从而同时造成分割点丢失和对圆弧的过分割。由此可见，本书分割效率建立在对线元正确识别的基础上，如果识别算法的识别效率提高，本书分割算法的误否认率和误确认率必将会提高。

2.2.4 小结

本节给出了基于几何特征的笔画分割方法，首先对笔画进行预处理得到折点序列；然后，依据折点的方向将笔画分为凸笔画和凹笔画，通过分析比较给出了两类笔画的几何特征提取原则及相应的提取算法；最后采用单一线元合并方法对误分割的子笔画进行合并处理，有效提高了笔画的分割效率。本节以可识别的基本几何线元作为分割依据，保存了线元间的的连接信息，有效避免了笔画过分割导致的计算机重构三维物体中信息缺失问题。通过算例对书中提出的基于几何特征的笔画分割算法加以验证和比较，由实验结果可知，书中的算法可以很好地解决笔画的分割问题，为后期的笔画识别工作奠定了基础。本节仅利用笔画的几何特征进行笔画分割处理，没有考虑非几何特征(速度、加速度、压力等)在笔画分割中的作用，因此后期将对非几何特征对笔画分割的影响进行深入研究。

2.3 基于速度特征的笔画分割

基于速度特征的笔画分割包括笔画预处理、速度特征提取和分割点修正三部分内容，其中速度特征点提取部分按照笔画的分类包括常速笔画和和准匀速笔画的速度特征提取。基于速度特征的笔画分割算法的具体流程如图2-8所示，稍后将依次对各部分内容进行详细介绍。

2.3.1 速度特证提取

现有速度特征提取一般采用基于平均值的方法[13]。Sezgin以速度平均值的90%作为阈值，将低于阈值的速度曲线分组，在各组中以速度值最小点作为速度特征点。该方法在一定程度上解决了速度特征的提取问题，但仍存在许多不足：局部噪声可能导致分组错误，阈值相对固定可能导致算法对笔画噪声敏感，绘图速度较均匀时特征会提取失效。

本书针对现有速度特征提取问题，进行了深入研究，提出以下解决办法：

(1)对速度曲线进行平滑处理，有效避免局部噪声影响。

(2)采用速度平均值及其上下偏差作为三线阈值，有效避免了算法对笔画噪声敏感的问题。

(3)提出了常速笔画和准匀速笔画的概念，当采样点个数与笔画累积长度的比值不大于一个给定值ξ_{max}(本书取0.15)且笔画平均速度$\bar{v}$大于一个给定值v_{max}(本书取400)时，该笔画被定义为常速笔画，否则为准匀速笔画。

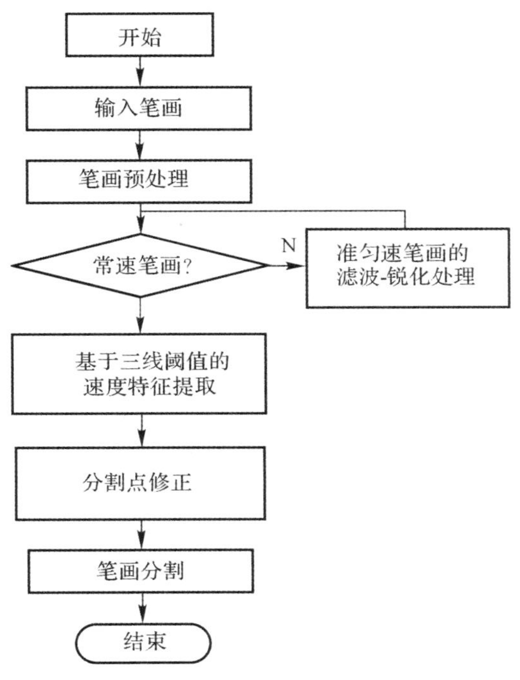

图 2-8　基于速度特征的笔画分割流程图

(4) 给出了三线阈值分割的常速笔画分割方法，而对绘制速度较均匀的准匀速笔画则通过滤波-锐化处理将其转化为常速笔画进行处理。通过采用平滑滤波及线性锐化处理方法，能减少采样点个数并增强速度曲线峰值特征，从而将准匀速笔画转化为常速笔画，该方法称为滤波一锐化处理。

1. 常速笔画的速度特征提取

设$\{p_i;\ i=0,\ 1,\ 2,\ \cdots,\ n\}$、$\{v_i;\ i=0,\ 1,\ 2,\ \cdots,\ n\}$分别为笔画采样点序列及对应的速度序列，其中 n 为采样点个数，首尾点的速度取零。常速笔画的分割算法如下：

Step1. 对笔画采样点的速度曲线进行两点间平滑处理。

Step2. 计算采样点平均速度 $\bar{v}$，用 $\bar{v}$ 将采样点分为低速点($v_i \leqslant \bar{v}$)和高速点($v_i > \bar{v}$)；分别对两类点计算其相对于 $\bar{v}$ 的上偏差 v_h 和下偏差 v_l，如图 2-9 所示，其中横坐标为采样点序号，纵坐标为采样点的速度值。

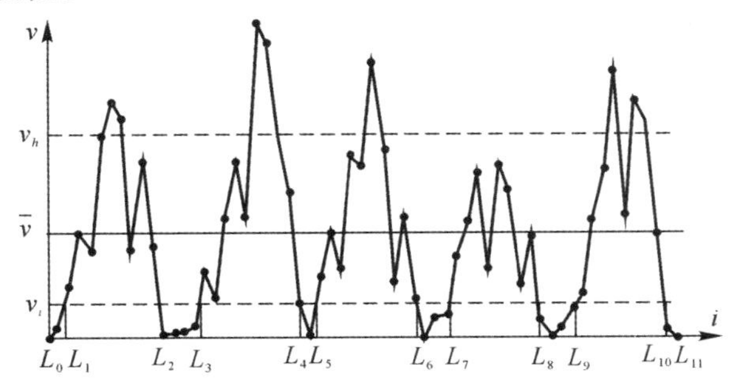

图 2-9　采样点的速度曲线及相应的高低速曲线段

Step3. 等值线 v_l 与速度曲线相交将速度曲线分割为多个曲线段，定义交点在横坐标上的投影为 $L_i(0<i<n)$，设 L_0 和 L_n 为速度曲线的首尾两点在横坐标上的投影。对两相邻 L_i $(0\leqslant i\leqslant n)$ 构成的区间上的曲线段进行分类，若曲线段在等值线 v_l 下方则称其为低速曲线段，否则称其为高速曲线段。其特征分别为为：首尾两曲线段均为低速段曲线；低速段曲线与高速段曲线交叉出现；每个曲线段中至少包含一个采样点的速度值，如图2-9所示。以往的研究中，研究者通常认为每个低速曲线段中应有一个速度特征点。但实验中发现，当用户绘制自由度增大时，低速曲线段中可能不存在速度特征点。为此，本书以 v_h 和 $\bar{v}$ 为基准对低速段曲线进行如下修正，设 $j=1$：

a) 若第 j 个高速曲线段与等值线 v_h 相交，进入步骤 c)；

b) 若高速曲线段与等值线 $\bar{v}$ 相交且交点个数大于给定值(本书取 3)，进入步骤 c)；否则，判定该高速曲线段受到噪声或绘图速度影响，需将其与前后相邻的低速曲线段合并，构成新的低速曲线段。

c) 对下一个高速曲线段($j=j+1$) 进行以上操作。

Step4：在修正后的低速曲线段中，分别选取最小速度点作为速度特征点，即速度分割点。

将上述算法称为“三线阈值”分割法，采用这种分割方法可以很好的解决常速笔画的速度特征提取问题，但对准匀速笔画仅通过上述处理仍无法获得较好的速度分割点。

2. 准匀速笔画的速度特征提取

若可将准匀速笔画转化为常速笔画，便可按常速笔画的进行分割处理。加权平均的平滑滤波处理可使单位长度内的采样点个数减少，从而增大其与笔画累积长度的比值，但通过该处理会使平均速度变小，为避免该影响可采用线性锐化处理方法增强速度曲线峰值特征。因此，本书采用滤波－锐化处理方法减少采样点个数并增强速度曲线峰值特征，从而将准匀速笔画转化为常速笔画。对转化后的笔画进行笔画分割，根据映射关系反求准匀速笔画的速度分割点段。采用速度分割点段进行分割更符合准匀速笔画自身具有的模糊特性要求。对笔画进行平滑滤波处理，其加权平均的采样点个数，记为 T_{d}。按式(2-4) 计算，其中 n_s 为控制系数(本书取 0.04)，则有

$$T_{\mathrm{d}}=\left\lceil\frac{n}{L(\xi_{\max}-n_s)}\right\rceil \tag{2-4}$$

准匀速笔画的分割算法如下：

Step1. 对笔画速度曲线进行坐标变换，得到以速度平均值为横轴的速度曲线；除首尾采样点外，依次将连续的 T_{d} 个采样点进行平滑滤波处理，直到剩余的采样点的个数小于 T_{d} 为止；再进行锐化处理，滤波－锐化处理公式为

$$v_i'=\begin{cases}-\bar{v}T_{\mathrm{v}}, & i=0;i=\lfloor(n-1)/T_{\mathrm{d}}+2\\ \dfrac{T_{\mathrm{v}}}{T_{\mathrm{d}}}\sum_{j=(i-1)(T_{\mathrm{d}}-1)+1}^{(T_{\mathrm{d}}-1)i+1}(v_j-\bar{v}), & 0<i<\lfloor(n-1)/T_{\mathrm{d}}+2\end{cases} \tag{2-5}$$

式中，T_{v} 为线性锐化系数，按下面的经验公式确定，有

$$T_{\mathrm{v}}=\frac{v_{\max}}{\bar{v}} \tag{2-6}$$

Step2. 将$\{v_i';i=0,1,2,\cdots,\lfloor(n-1)/T_{\mathrm{d}}+2\}$ 作为某一笔画采样点的速度值序列，易证，

该笔画为常速笔画，对其进行特征点提取，得到转化后的速度分割点序列。

Step3. 反求转化后的速度分割点对应的采样点段。易知，首尾点对应采样点的首尾点；除首尾点外，分割点序列中的第 i 点与采样点段序号的对应关系为

$$i \rightarrow [(i-1)(T_{\mathrm{d}}-1)+1, (T_{\mathrm{d}}-1)i+1] \tag{2-7}$$

理论上，平滑滤波处理时，若剩余点个数小于 T_{d}，则应将其平滑滤波跨度减小后求其速度均值。但由于连续的 T_{d} 个点中速度分割点段至多只有一个，本书已将速度点序列的末尾点定义为速度分割点，故在剩余点个数小于 T_{d} 时不会再出现其他速度分割点。

2.3.2　分割点修正

上述笔画分割过程中可能会将一条表示一个几何线元的笔画误分割为几条子笔画，如将一条折线段分割成几条折线段曲线（包括直线段和折线段）的组合，在进行笔画分割后需将误分割的子笔画进行合并处理：若两条连续的子笔画都为折线段曲线或由该两条子笔画按采样点绘制顺序合并而成的一条笔画能够再次被识别为某种单一线元，则将连接该两条子笔画的分割点从原笔画的分割点序列中去除。按上述方法遍历所有相邻的子笔画，直到所有满足合并要求的连续的子笔画都被合并为一条笔画，从而得到修正后的笔画分割点序列，使笔画被分割为跨度最大的几个子段的组合。

2.3.3　实验分析

根据上述算法，在 Windows 7 环境下利用 Visual C ++ 自主开发了基于速度特征的在线手绘图分割的原型系统(FSR_SS)，如图 2 - 11 所示。该系统可以进行笔画的输入，分割及识别。在 Intel CPU 3GHz，4GB 内存的环境下，对该系统进行了大量测试分析。

为了对基于速度特征的笔画分割算法的正确率进行分析，首先给出一些定义。设笔画的折点数为 N，理想分割点数 N_t 是用户本身绘制意图想要的分割点数；N_s 是仅利用笔画速度特征进行的笔画处理得到的分割点数，命名为修正前的分割点数，所用分割时间记为 t，N_s' 为通过单一笔画合并得到的修正后的笔画速度分割点数，通过修正后的笔画分割时间记为 t'；笔画修正前的分割点数 N_s 中有效分割点数 N_r，笔画修正后的分割点数 N_s' 中有效分割点数 N_r'。考虑算法得到的分割点数有时多于有时少于理想的分割点数 N_t，本书给出进行单一笔画合并前、后的笔画分割正确率 δ 和 δ' 的计算公式，有

$$\text{正确率} = \frac{\text{有效分割点数}}{\mathrm{Max}(\text{分割点数，理想分割点数})} \times 100\% \tag{2-8}$$

1. 笔画分割过程解析

现在给出 7 条在线手绘笔画进行基于速度特征的笔画分割的过程，如图 2 - 10 所示。首先是通过折线化逼近得到的笔画的折点位置及其个数，其中小圆圈代表折点；其次是采用基于速度特征得到的笔画分割点及其个数，其中黑点代表几何特征点，为了显示单一线元合并前后分割效果，分割给出了修正前的分割点和修正后的分割点；最后给出了理想的分割及识别结果。

笔画	预处理		笔画分割				理想结果	
	折点	N	修正前分割点	N_s	修正后分割点	$N_s{}'$	分割和识别结果	N_t
1	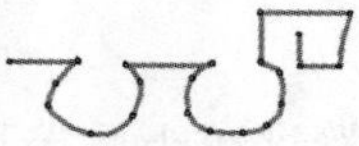	22		11	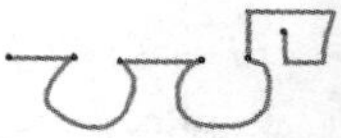	6		6
2	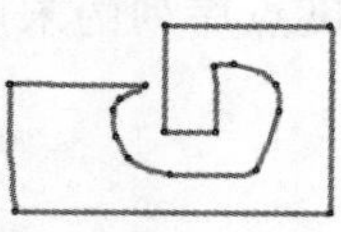	19	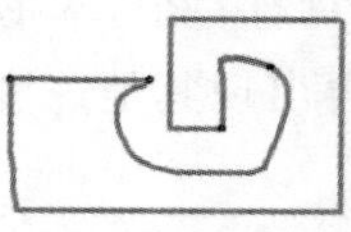	10	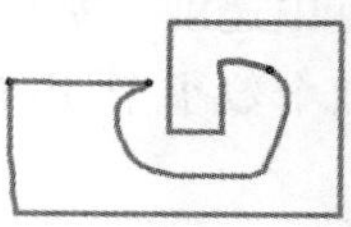	4	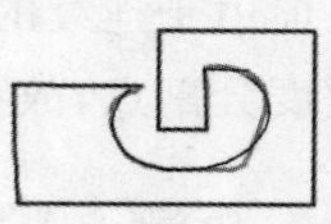	4
3	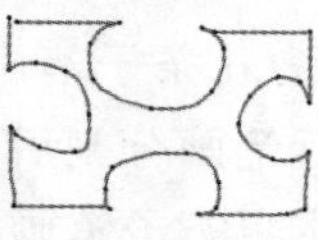	37	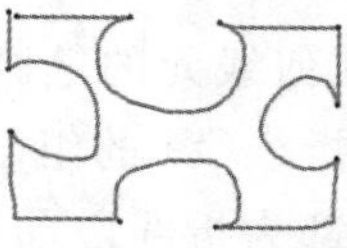	13	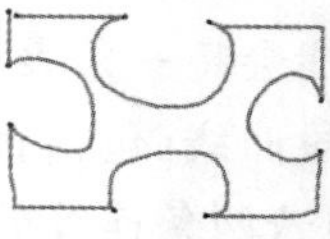	10		10
4	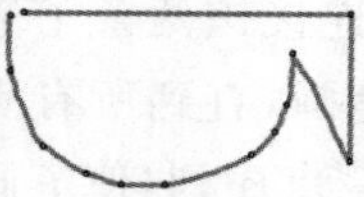	13	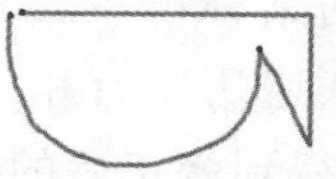	7	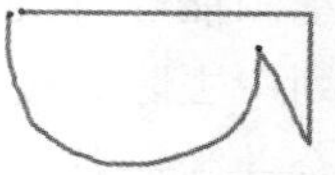	3	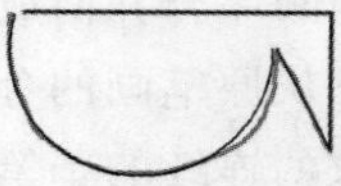	3
5	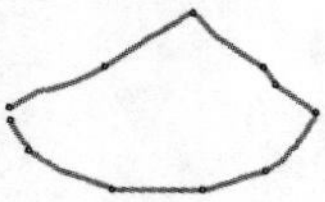	11	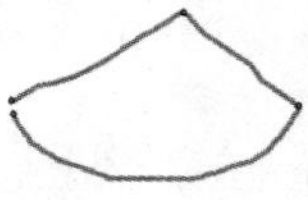	5		3		3
6		7	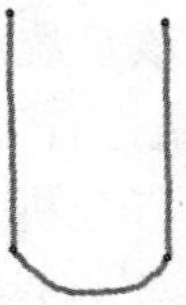	3		3	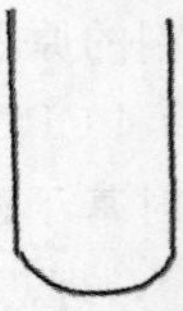	4
7		14		4		4		3

图 2-10　基于速度特征的笔画分割过程

由图 2-10 可知，前三条笔画采用基于速度特征的笔画分割具有较好的效果。笔画 4 和 5 的采用基于速度特征的笔画分割得到的速度分割点均存在一个误分割点，主要原因均来自于在对笔画分割点进行后期修正时误将不同类型的笔画进行了合并在一起，从而导致理想的分割点被屏蔽；若想解决此类分割错误，可以通过在笔画分割修正前简单增加人机交互判定方式，从而通过人为干预避免此类分割错误。笔画 6 在采用基于速度特征的笔画分割得到的分割点中漏掉了一个理想的分割点，而且该点是在分割点修正前的速度特征提取中便存在的，因此，算是一个完全的漏点问题，很难仅通过速度特征提取进行修复。

表 2-4　表基于速度特征提取的关键值比较

No.	N_t	N	N_s	N_r	t/ms	δ	$N_s{}'$	$N_r{}'$	t'/ms	δ'
1	6	22	11	6	225	55%	6	6	236	100%
2	4	18	10	4	351	40%	4	4	368	100%
3	10	37	13	10	309	77%	10	10	324	100%
4	3	13	7	3	141	43%	3	2	149	67%
5	3	11	5	3	238	60%	3	2	249	67%
6	4	7	3	3	85	75%	3	3	88	75%
7	3	14	4	3	281	75%	4	3	292	75%

结合图 2-10 和表 2-4 可以看出，基于速度特征的上述 7 条笔画分割结果可以看出，采用速度特征得到的笔画分割正确率在 67%以上，当笔画分割中漏点与冗余分割点同时存在时，通过单一笔画修正能一定程度上提高笔画分割正确率，但仍不能完全避免出现笔画分割错误。修正前和修正后的笔画分割正确率比较如图 2-11 所示，由表可见，通过简单的单一笔画合并，能有效提高笔画的分割效率。

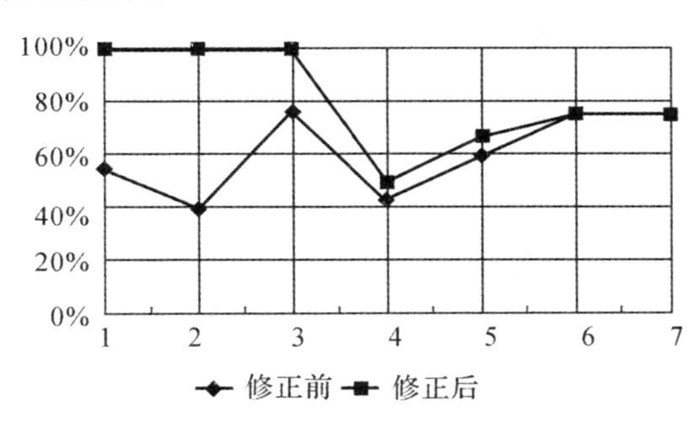

图 2-11　分割点修正前、后的正确率比较

2. 速度特征提取算法比较分析

算例 1：五角星的速度特征提取。

图 2-12、图 2-13 是对 Sezgin 算法和文中算法进行常速和准匀速手绘五角星图形的速度特征点提取的比较，小圆圈代表提取得到的速度特征点。图 2-14、图 2-15 是对速度特征提取中两种算法的速度波形分析比较。两种算法比较见表 2-5。

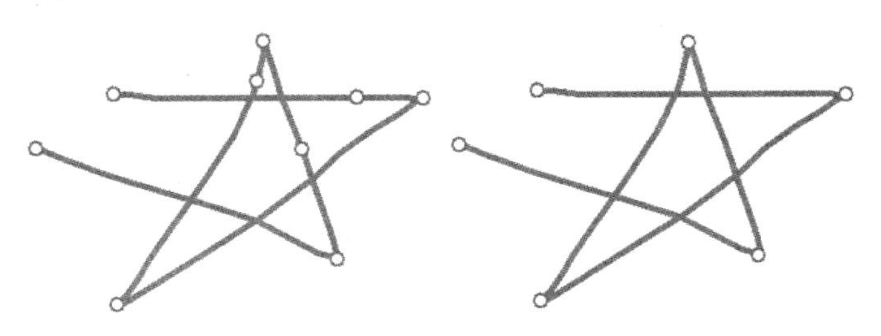

图 2-12　常速五角星速度特征提取(采样点:61)

(a)Sezgin 算法(N_s:9)；　(b)本书算法(N_s:6)

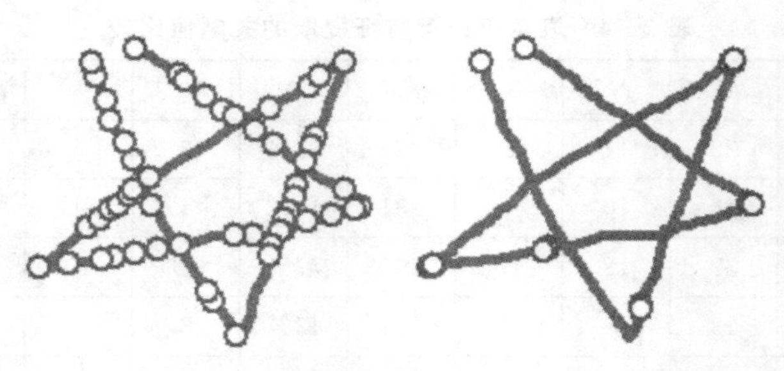

图 2-13　准匀速五角星速度特征提取(采样点:342)

(a)Sezgin 算法(N_s:54)；(b)本书算法(N_s:7)

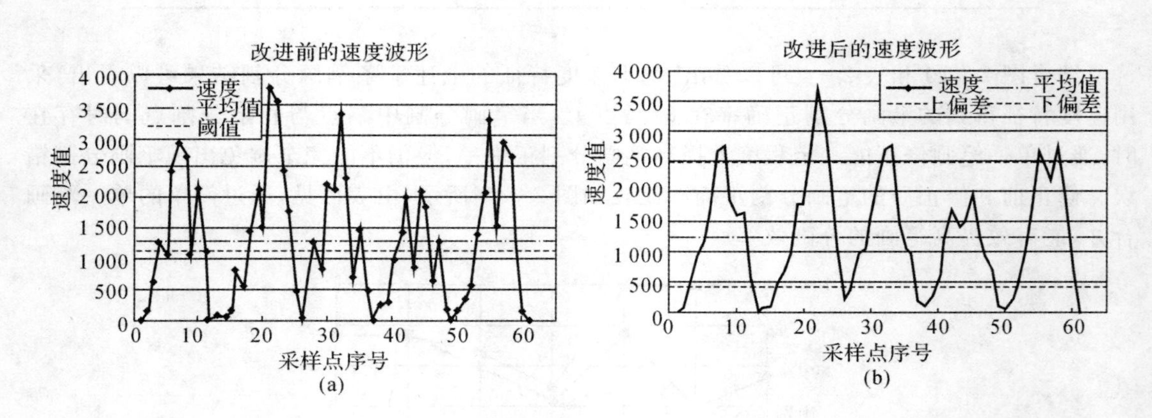

图 2-14　常速五角星速度特征提取波形比较(采样点:61)

(a)Sezgin 算法；(b)本书算法

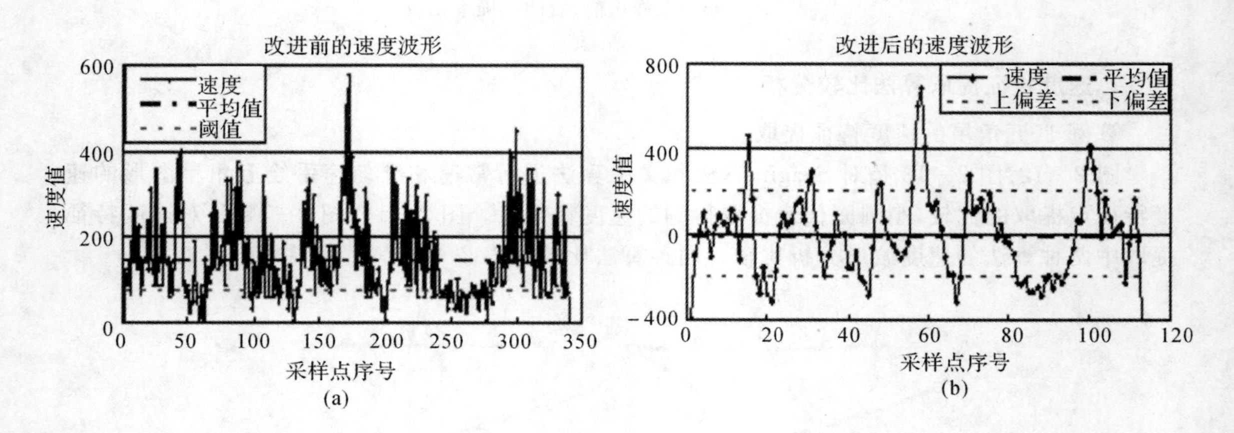

图 2-15　准匀速五角星速度特征提取波形比较(采样点:342)

(a)Sezgin 算法；(b)本书算法

表 2-5　两种算法提取的关键值比较

采样点数	Nt	算法类型	处理后点数	速度平均值	下偏差	上偏差	分割时间	Ns	Nr	δ
常速(61)	6	Sezgin 算法	61	1275.2936	1147.764	无	0.047	9	6	66.7%
		本书算法	61	1274.2007	398.6311	2462.2654	0.062	6	6	100%
准匀速(342)	6	Sezgin 算法	342	148.0975	133.2878	无	0.094	54	6	11.1%
		本书算法	113	−5.4618	−190.8298	204.2037	0.203	7	6	85.7%

算例 2：曲线图形的速度特征提取。

图 2-16、图 2-17 是对 Sezgin 算法和本书算法进行常速和准匀速手绘五角星图形的速度特征点提取的比较，小圆圈代表提取得到的速度特征点。图 2-18、图 2-19 是对速度特征提取中两种算法的速度波形分析比较。两种算法的比较见表 2-6。

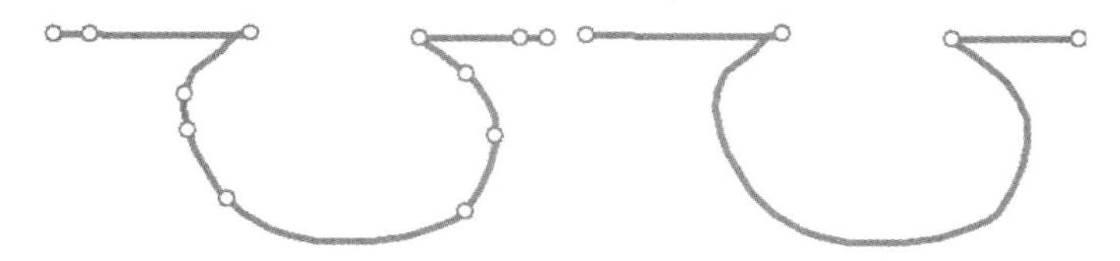

图 2-16　常速五角星速度特征提取(采样点：69)

(a)Sezgin 算法(N_s：12)；　(b)本书算法(N_s：4)

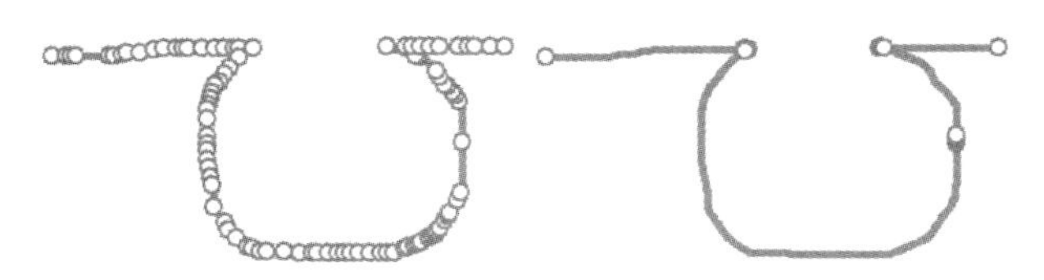

图 2-17　准匀速五角星速度特征提取(采样点：451)

(a)Sezgin 算法(N_s：94)；　(b)本书算法(N_s：5)

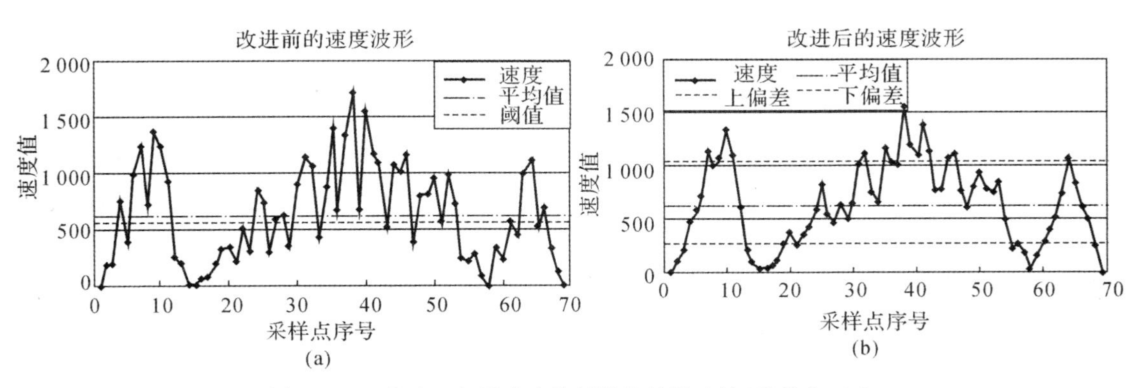

图 2-18　常速五角星速度特征提取波形比较(采样点：69)

(a)Sezgin 算法；　(b)本书算法

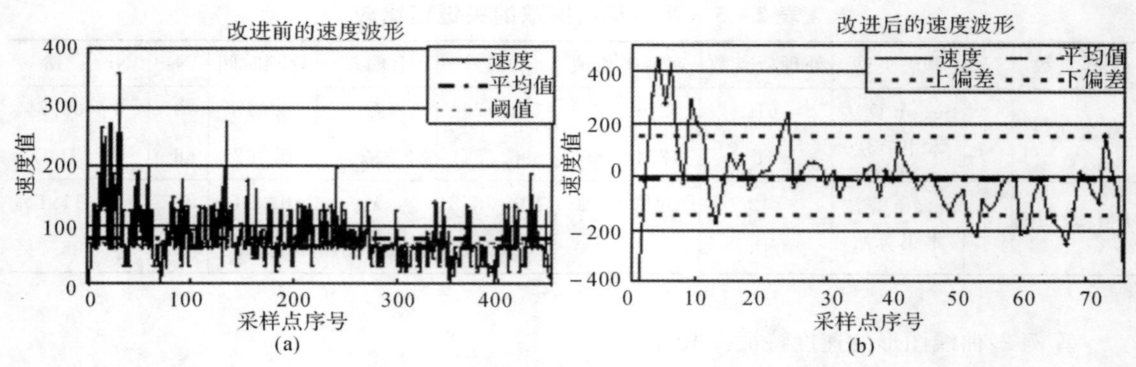

图 2-19 准匀速五角星速度特征提取波形比较(采样点:451)

(a)Sezgin 算法； (b)本书算法

表 2-6 两种算法提取的关键值比较

采样点数	N_t	算法类型	处理后点数	平均速度	下偏差	上偏差	分割时间	N_s	N_r	δ/(%)
常速(69)	4	Sezgin 算法	69	631.3971	568.2574	无	0.064	12	4	33.3%
		本书算法	69	630.4913	258.7164	1033.3684	0.078	4	4	100%
准匀速(451)	4	Sezgin 算法	451	78.1695	70.35255	无	0.789	94	4	4.3%
		本书算法	76	−9.4454	−147.2009	149.613	0.907	5	4	80%

图 2-12、图 2-16 是在常速绘制的情况下分别采用 Sezgin 算法和本书算法得到的速度特征提取情况，由图可见，在常速绘制情况下本书算法的提取精度更高；图 2-13、图 2-17 是在准匀速绘制的情况下采用 Sezgin 算法和本书算法提取得到的速度特征点情况，由图可知，在准匀速绘制情况下，Sezgin 算法完全失效，而本书算法的提取较准确。通过图 2-14、图 2-18的常速笔画速度特征提取中速度曲线波形的比较分析，可见对于常速绘制的笔画，本书算法是在 Sezgin 算法的基础上增加了平滑处理和三线阈值来判断速度特征点，从而有效地避免了由于噪声导致的速度特征的误提取；对于准匀速绘制的手绘图，如图 2-15、图 2-19 所示，本书算法是在 Sezgin 算法基础上增加了滤波—锐化处理，从而有效地减少了采样点个数并增强了速度曲线峰值特征。

表 2-5、表 2-6 给出了常速和准匀速绘制五角星和曲线图形分别通过 Sezgin 算法和本书算法得到的关键数据比较。从表中可以看出，因为 Sezgin 算法未对采样点进行处理，所以处理前后的采样点个数未发生变化，而本书算法对准匀速笔画的采样点进行滤波处理，因此处理后的点数明显减少；在常速绘制中，由于本书算法进行了平滑处理，因此两种算法得到的平均速度发生微小变化。在准匀速绘制中，本书算法采用了坐标变换因此出现了速度平均值小于零的情况；本书算法以速度平均值和上下偏差作为三线阈值，而 Sezgin 算法采用单一阈值，因此最终得到的速度采样点的个数明显不同。

从笔画分割方法的处理时间和笔画分割的正确率上分析，在常速绘制下，由表 2-5、表 2-6可以看出本书算法的笔画分割时间均略高于 Sezgin 算法，但本书的分割时间仍然是满足用户的绘制要求的，不会打扰用户的绘图灵感，更重要的是针对上述算例本书算法的分割正确率为 100%，而 Segin 算法的分割正确率不高于 66.7%，因此在正确率明显提高的情况下，常速绘制笔画的分割时间稍有增加是可以接收的。在准匀速绘制情况下，由表 2-5、表 2-6 可以看出，尽管本书的笔画分割时间均明显高于 Segin 算法，但 Segin 算法对于准匀速绘制笔画的分割正确率不高于 11.1%，已接近失效，而本书算法对准匀速笔画的分割正确率在 80%以上。总之，尽管本书算法与 Segin 算法相比在笔画分割时间上稍有增加，但从图 2-12、图 2-13和 2-16、图 2-17 中可以看出，常速绘制情况下，本书算法的分割正确率明显提高，而在准匀速绘制情况下，Sezgin 算法已失效，而本书算法则得到了较为合理的提取结果，因此本书算法是可行的。

2.3.4　小结

本节给出了基于速度特征的笔画分割方法，首先对笔画进行预处理得到反映笔画特征的折点序列。然后，依据速度特征等信息系统自动对笔画进行常速笔画和准匀速笔画的分类，通过对各类笔画的特征进行分析比较，分别给出了相应笔画的速度特征提取算法。对于前者给出“三线阈值”的速度特征提取算法，可有效避免基于平均速度特征的速度特征提取算法的弊端；对于后者，则通过“滤波-锐化”处理将准匀速笔画转化为常速笔画，并针对笔画特征的模糊性提出以点段形式表示准匀速笔画的速度特征。最后采用单一线元合并方法对误分割的子笔画进行合并处理。通过算例对本书提出的基于速度特征的笔画分割算法加以验证和比较，由实验结果可知，本书的算法可以快速地解决笔画的分割问题，为后期的笔画识别工作奠定了一定基础。同时也发现，仅利用速度特征提取算法进行笔画，由于用户绘制的随意性会导致分割错误，若能与其他分割方法（如几何特征或压力特征）相结合，在既保证分割速度的前提下，又能提高分割正确率，将是后期继续研究的方向。

2.4　基于混合特征的笔画分割

单纯考虑几何特征的笔画分割会受到绘图噪声影响；而速度特征只能近似反映手绘图的某种特性，用户的绘图状态对速度特征影响很大，因此单纯考虑速度特征的笔画分割效果并不鲁棒。为避免上述两种分割方法的不足，将速度特征和几何特征相结合，通过映射处理得到新的特征，将该特征命名为混合特征。通过混合分割点对笔画进行的分割称为基于混合特征的笔画分割，将笔画在识别前进行的分割称为前期分割；若笔画未被识别为单一线元，则对其再次进行的分割称为后期分割。该方法可以有效地避免上述两种分割方法的不足，并提出“分割一识别一分割一合并”的笔画识别原则，即先进行前期分割，然后进行单一线元识别，再进行后期分割，最终进行线元合并，图 2-20 所示为基于混合特征的笔画分割算法流程图。

2.4.1　前期分割

通过上述方法，可得到原始笔画的折点序列$\{s_i;0\leqslant i\leqslant u\}$，几何分割点序列$\{g_j;0\leqslant j\leqslant z\}(z\leqslant u)$ 和速度分割点段序列$\{q_r;0\leqslant r\leqslant w\}(w\leqslant u)$，其中 q_r 为第 r 个点段中的采样点序列 $q_r=\{q_{rj};0\leqslant j\leqslant d\}$，$d$ 为锐化处理的跨度。如图 2-21 所示，笔划共 7 个折点，其序列为$\{s_0, s_1, s_2, s_3, s_4, s_5, s_6\}$；几何分割点共 3 个，其序列为$\{g_0, g_1, g_2\}$，速度分割点段共 4 个，其序

列为$\{q_0, q_1, q_2, q_3\}$。

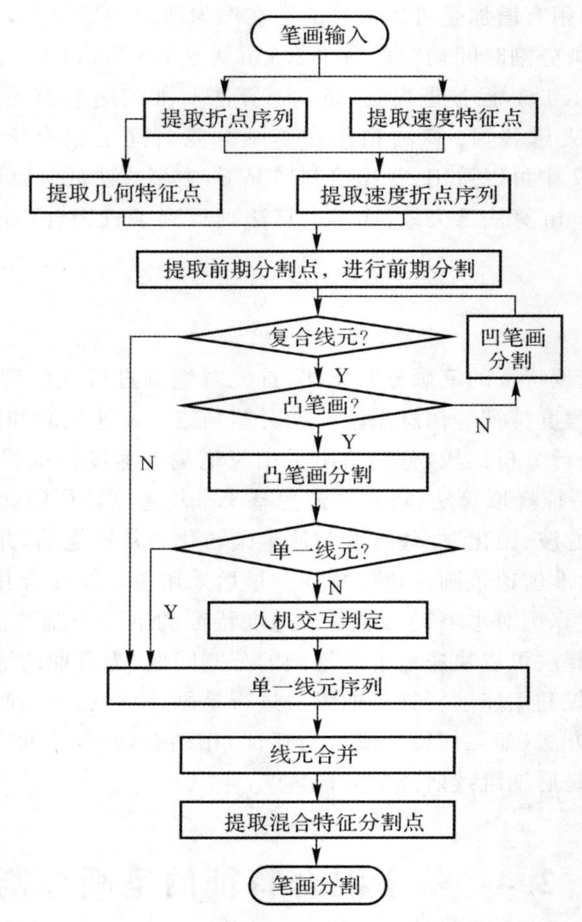

图 2-20　基于混合特征的笔画分割算法流程图

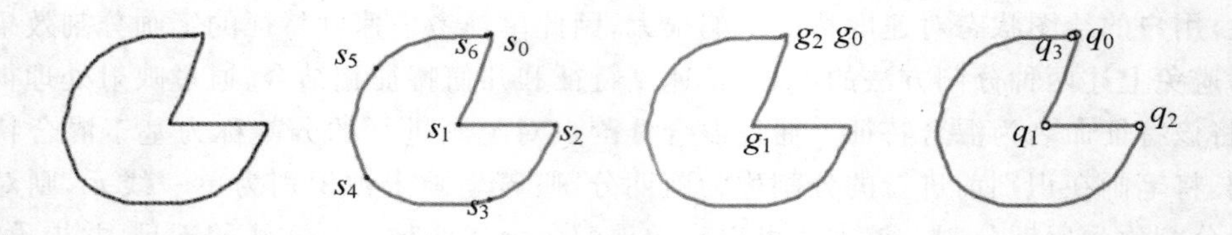

图 2-21　笔划特征点序列

(a) 采样点序列；(b) 折点序列；(c) 几何分割点序列；(d) 速度分割点段序列

前期分割由两次特征映射构成,速度分割点段序列与折点序列进行映射得到的对应点,书中定义为速度折点;几何分割点序列和速度折点序列进行映射得到前期分割点,为了提高前期分割的效率,这里的几何分割点仅只凹笔画的分割点序列。算法如下:

Step1:如果速度分割点段锐化处理的跨度为1,如图2-21(d)所示,得到速度分割点q_r的时间t_r,遍历折点序列得到连续的两个折点s_i,s_{i+1}所构成的时间段$[t_i, t_{i+1}]$,使得$t_r \in [t_i, t_i + 1]$;依次计算q_r和s_i,s_{i+1}两点间的距离,并将距离较近的折点s_i(或s_{i+1})作为q_r与折点序列的

映射点，即 s_i（或 s_{i+1}）为 q_r 的速度折点。

Step2：如果速度分割点段锐化处理的跨度大于1，得到速度分割点段 $\{q_{rj};0 \leqslant j \leqslant d\}$ 的时间段 $[t_{r0},t_{rd}]$，遍历折点序列，得到连续的两个折点 s_i,s_{i+1} 所构成的时间段 $[t_i,t_{i+1}]$，使得 $t_{r0} \in [t_i,t_{i+1}]$ 或 $t_{rs} \in [t_i,t_{i+1}]$；依次计算 s_i,s_{i+1} 与 q_{r0},q_{rd} 的距离，并将其分别记为 d_1,d_2；若 $d_1 < d_2$，则取 s_i 为速度分割点段与折点的映射点，即速度折点；否则取 s_{i+1} 为速度折点。

Step3：按上述方法，依次对所有速度分割点段与折点进行映射，得到速度折点序列 $\{z_t,0 \leqslant t \leqslant w\}$。

Step4：依次判断速度折点序列中相邻两点是否重合，若重合则仅保留一个，从而得到最终的速度折点序列 $\{z_t';0 \leqslant t \leqslant r\}(r \leqslant w)$，如图 2－22(a) 所示。

Step5：将几何分割点序列与速度折点序列进行映射得到位置基本重合的点，形成前期分割点序列，$\{Sz_t;0 \leqslant t \leqslant r;0 \leqslant t \leqslant z\}$，如图 2－22(b) 所示，用前期分割点序列将笔画进行分割。

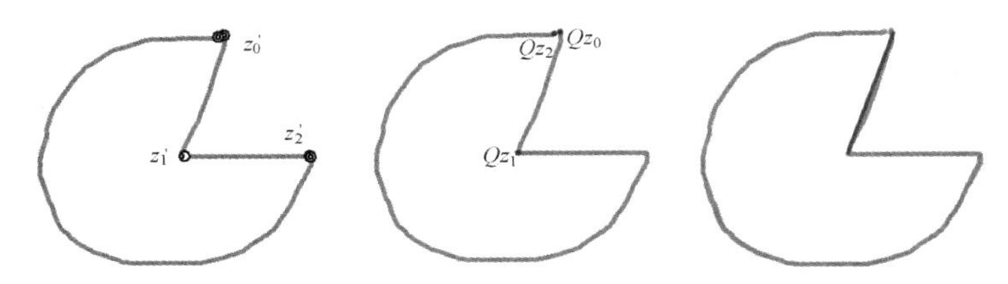

图 2－22　前期分割中特征点提取

(a) 速度折点序列；(b) 前期分割点序列；(c) 单一线元识别

2.4.2　后期分割

对前期分割得到的各子笔画进行单一线元识别，仍不是单一线元的需要进行后期分割，如图 2－22(b) 所示，笔画被分成 2 个子笔画 Qz_0Qz_1 和子笔画 Qz_1Qz_2，其中第一条子笔画被直接识别为单一线元，如图 2－22(c) 所示，而第二条子笔画仍需继续分割处理。本书首先通过笔画的凸凹性对其进行分类，然后分别加以处理将得到的特征点作为后期分割点，分割算法如下：

Step1：通过笔画的凸凹性定义，判断笔画是否为凸笔画，如图 2－23(a)所示；若是凸笔画，则进入 Step3。

Step2：进行凹笔画分割，对各子笔画进行单一线元识别，若均被识别为单一线元，则结束；否则对识别出的凸笔画进入下一步。

Step3：基于速度折点的凸笔画分割，如图 2－23(b)所示，若分割后的各子笔画均被识别为单一线元，则结束。

Step4：基于折点的凸笔画分割，若分割后的各子笔画均被识别为单一线元，则结束；否则，将无法识别的子段以红色显示，等待用户人机交互判定[19]。

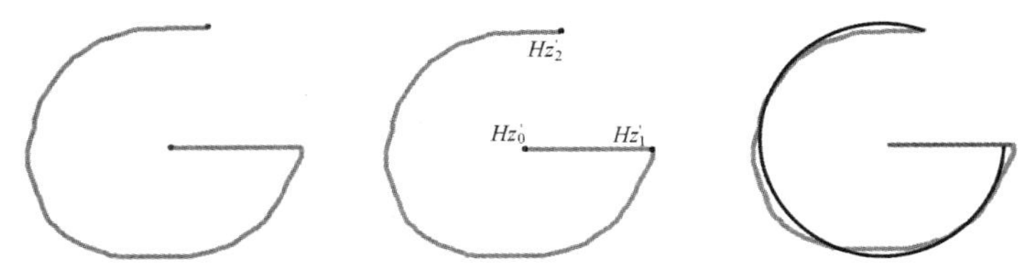

图 2－23　后期分割的特征点提取

(a)待分割子笔画；(b)特征点提取；(c)子笔画的识别

2.4.3 线元合并

笔画分割过程中可能会将折线段曲线分割成几个折线段曲线的组合，如图 2-24(a)所示，为了保证后期处理时信息的完整性，在进行笔画“分割—识别—再分割”后需将分割后的折线段曲线进行合并处理。若存在两个连续的折线段曲线则对其进行合并，从而使笔画被分割为跨度最大的几个子段的组合，如图 2-24(b)所示，将相邻的折线段曲线进行合并，其修正后的分割点序列为$\{Sz_0', Sz_1', Sz_2'\}$，从而将原本分割为 3 段的笔画优化为 2 段子笔画，笔画最终识别结果如图 2-24(c)所示。

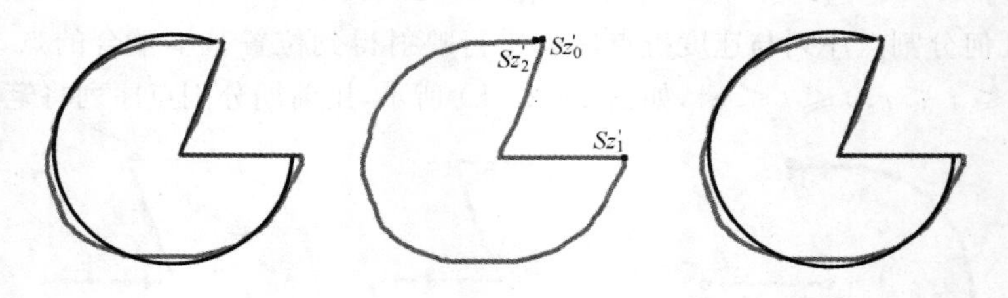

图 2-24 单一线元合并
a)子笔画识别； b)线元合并； c)笔画识别

2.4.4 实验分析

根据上述算法，在 Windows 环境下利用 Visual C++自主开发了在线手绘图分割的原型系统(FSR_HS)。该系统可以进行笔画的输入、分割及识别，笔画分割方法包括基于几何特征的笔画分割【基于几何特征的笔画分割】，基于速度特征的笔画分割【基于速度特征的】，和基于混合特征的笔画分割方法。在 Intel(R) i5-4430 CPU 3.00GHz，4.00GB 内存，500G 硬盘的软硬件环境下，对该系统进行了大量测试分析。

为对三种算法的正确率进行比较，首先给出三个概念：理想分割点数 N_t 是用户本身绘制意图想要的分割点数；算法分割点数 N_s 是不同算法对笔画进行处理得到的分割点数；有效分割点数 N_r 是不同算法对比花进行处理得到的算法分割点数中有效的分割点数。考虑不同算法得到的分割点数 N_s 有时多于有时少于理想的分割点数 N_t，本书给出一种计算分割正确率 δ 的公式为

$$\delta=\frac{N_r}{\mathrm{Max}(N_s, N_t)}\times 100\%$$

现在给出 7 条笔画通过不同特征提取方法得到的笔画分割结果的比较分析，如图 2-25 所示。第一列为通过折线化逼近得到的笔画的折点位置及其个数，其中小圆圈代表折点；第二列为采用基于几何特征得到的笔画分割点及其个数，其中黑点代表几何特征点；第三列为采用基于本书速度特征提取算法得到的笔画分割点及其个数，其中圆圈代表速度特征点；第四列为基于混合特征得到的笔画分割点及其个数，其中黑点代表混合特征点；最后一列给出了采用基于混合特征得到的笔画分割方法结果的识别结果及理想的笔画分割点数。

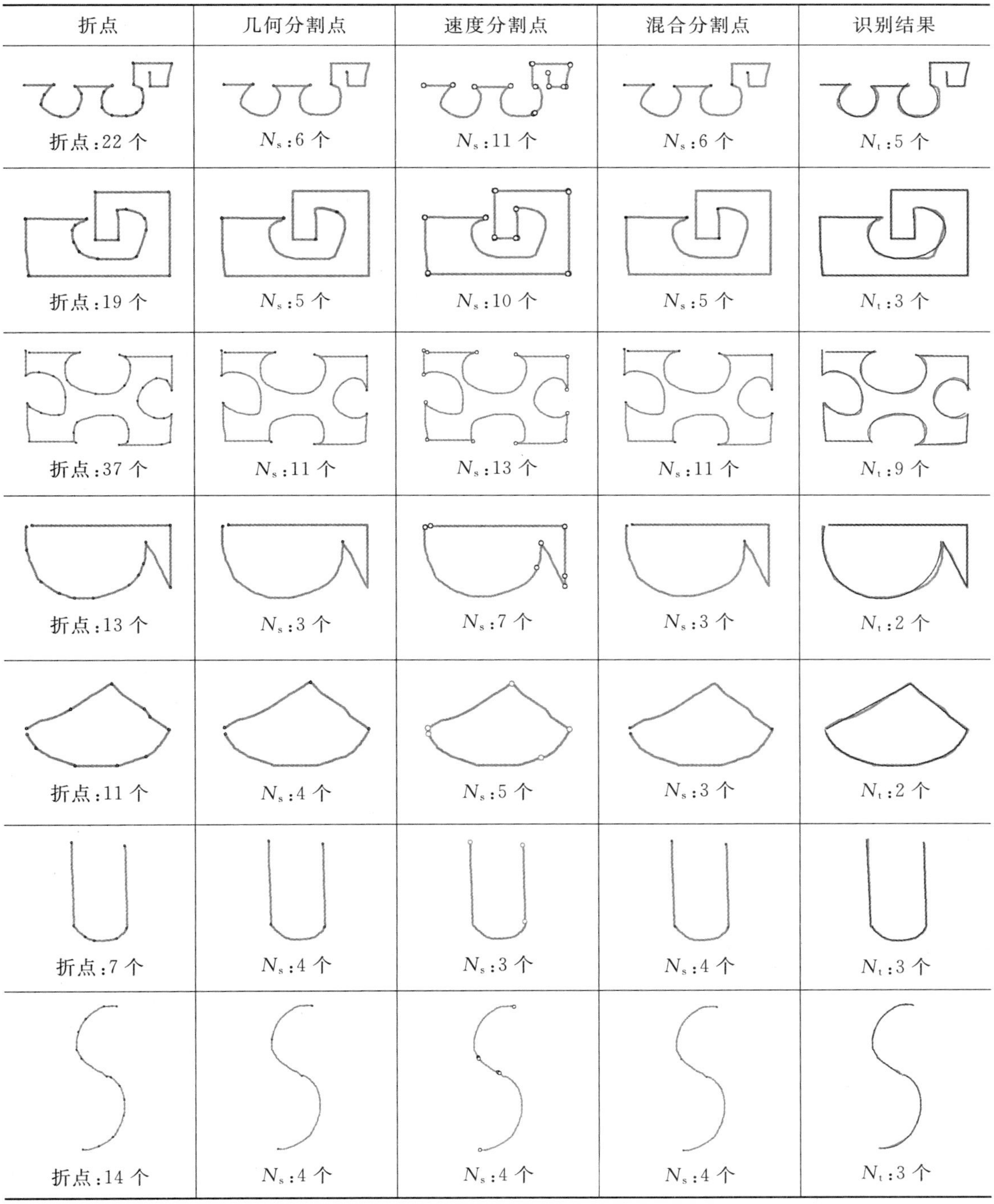

折点	几何分割点	速度分割点	混合分割点	识别结果
折点:22 个	N_s:6 个	N_s:11 个	N_s:6 个	N_t:5 个
折点:19 个	N_s:5 个	N_s:10 个	N_s:5 个	N_t:3 个
折点:37 个	N_s:11 个	N_s:13 个	N_s:11 个	N_t:9 个
折点:13 个	N_s:3 个	N_s:7 个	N_s:3 个	N_t:2 个
折点:11 个	N_s:4 个	N_s:5 个	N_s:3 个	N_t:2 个
折点:7 个	N_s:4 个	N_s:3 个	N_s:4 个	N_t:3 个
折点:14 个	N_s:4 个	N_s:4 个	N_s:4 个	N_t:3 个

图 2-25　不同笔画分割方法的比较

笔画 1 采用基于速度特征的笔画分割得到的速度分割点存在一个冗余点段，采用几何特征和混合特征得到的分割效果较好；笔画 2 采用速度分割和混合分割得到的分割结果较好，而采用几何特征进行分割，若只采用基于折点的凸笔画分割容易造成分割错误，而采用基于速度折点的分割效果则较好，速度折点又是通过混合特征获得，所以采用基于速度折点的凸笔画分割方法也是一种混合特征分割法；笔画 3 采用三种分割方法的分割结果均很好；笔画 4 采用几何分割和混合分割效果较好，采用速度分割方法会存在少量冗余点；笔画 5 和笔画 6 是凸笔画，其中以混合特征效果最佳，速度分割中会存在少点或多点现象；笔画 6 是由折线段曲线和二次曲线光滑连接构成的笔画，笔画 7 是由二次曲线和二次曲线光滑连接构成的笔画，其中笔画 6 只有速度分割中存在少点问题，其它两种分割方法均较好，但笔画 7 采用上述三种分割方法得到的分割结果均存在一个冗余点。

表 2-7　两种算法提取的关键值比较

笔画序号	N_t	折点数	N_s	N_r	基于几何特征分割			N_s	N_r	基于几何特征分割			N_s	N_r	基于几何特征分割		
					时间 ms	时间 N_s	δ/(%)			时间 ms	时间 N_s	δ/(%)			时间 ms	时间 N_s	δ/(%)
1	6	22	6	6	211	35.17	100%	11	6	225	20.45	54.55%	6	6	197	32.83	100%
2	4	18	5	4	450	90	80%	10	4	351	35.1	40%	5	4	323	64.6	80%
3	10	37	11	10	422	38.36	90.91%	13	10	309	23.77	76.92%	11	10	436	39.64	90.91%
4	3	13	3	3	183	61	100%	7	3	141	22.43	42.86%	3	3	183	61	100%
5	3	11	4	3	254	63.5	75%	5	3	238	47.6	60%	3	3	239	79.67	100%
6	4	7	4	4	352	88	100%	3	4	85	28.33	75%	4	4	282	70.5	100%
7	3	14	4	3	309	77.25	75%	4	3	281	70.25	75%	4	3	225	56.25	75%

结合图 2-25 和表 2-7 可以看出，通过上述 7 条笔画在采用三种不同分割方式进行分割的结果可以看出，采用几何特征和速度特征得到的分割点并不鲁棒，而且会将原本可以直接被识别为单一线元的折线段进行不必要的分段，从而还需要通过单一线元合并进行连接；而采用基于混合特征得到的分割结果均能较好地将折线段作为一个整体进行处理，从而很好地避免了单一线元合并的处理过程，基本符合设计者的要求。由图 2-25 可知，本书算法主要应用于非平滑过渡的笔画；对平滑过渡笔画 6,7 的特征提取可知，本书算法也适合于由折线段曲线和二次曲线平滑过渡的笔画，对由两条二次曲线平滑过渡的笔画分割效果并不理想。

分析图 2-26、图 2-27 可知，本书提出的三种分割算法的适用性，基于几何特征的笔画分割正确率较高且更适合于凹笔画分割，但提取时间较长；基于速度特征进行笔画分割所需的时间最短，适合于精度要求不高的快速特征提取；基于混合特征的笔画分割算法由于对笔画进行多次扫描处理所以特征提取时间偏长，但提取正确率最高。

2.4.5　小结

本节给出了基于几何特征和基于速度特征的笔画分割方法的优缺点，在此基础上提出了基于混合特征的笔画分割方法，并提出了“分割—识别—再分割”的笔画识别原则。文中对三种笔画分割方法进行了比较分析，基于混合特征的笔画分割方法能有效地预防其余两种分割方法的不足，分割正确率更高；但在对分割速度要求较高时，可采用基于速度特征的笔画分割方法。文中主要针对单笔画的分割进行处理，这仅是在线手绘图的三维重构研究的一部分，后期将对多笔画识别及手绘图重构进行研究。

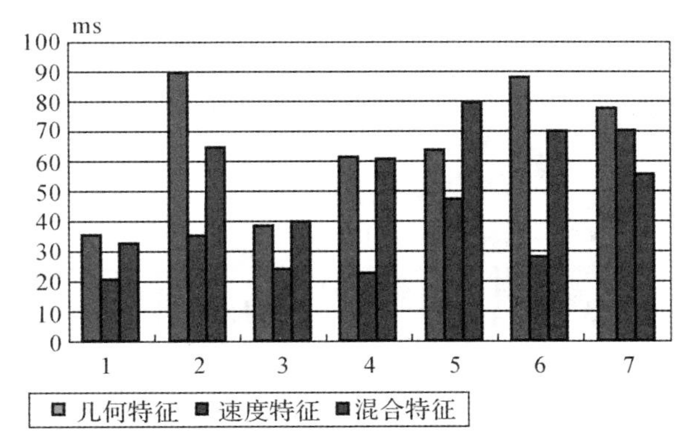

图 2-26 特征点的平均提取时间比较

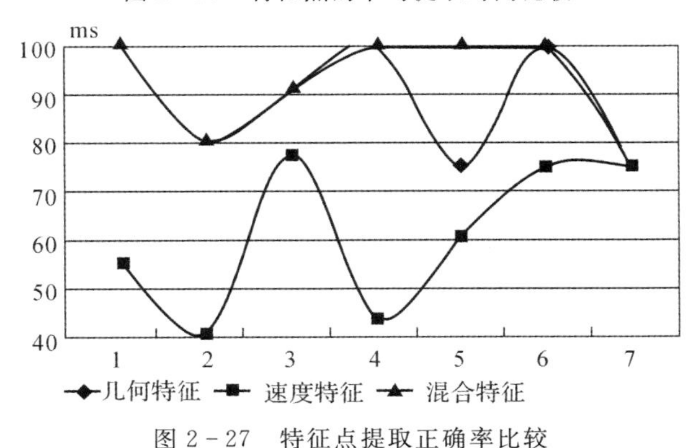

图 2-27 特征点提取正确率比较

2.5 笔画分割算法比较

图 2-28～图 2-31 给出了 4 条笔画(笔画 1,2,3,4)分别采用本书提出的基于几何特征、基于速度特征和基于混合特征进行笔画分割的结果。其中,图(a)为输入的笔画;图(b)为笔画逼近折线段的折点情况,小圆圈代表折点;图(c)为基于几何特征的笔画分割结果,小圆圈代表几何特征点;图(d)为基于速度特征的笔画分割结果,其中圆圈代表速度特征点段;图(e)为基于混合特征的笔画分割结果,其中黑点代表混合特征点;图(f)为采用基于混合特征的分割方法,按照“分割—识别—再分割”的识别原则得到的识别结果。

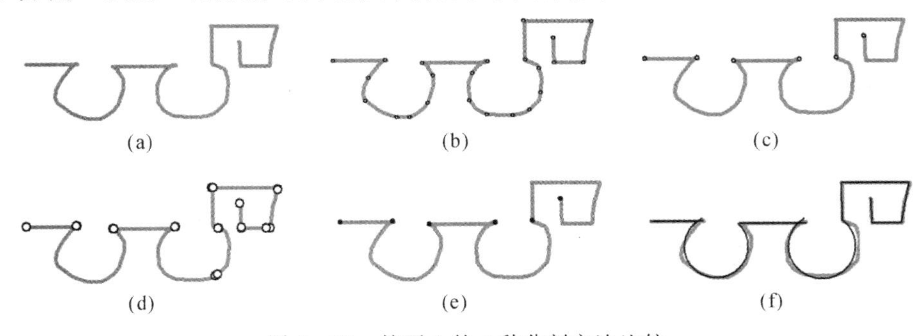

图 2-28 笔画 1 的 3 种分割方法比较

(a)笔划 1; (b)折点; (c)几何特征点; (d)速度特征点; (e)混合特征点; (f)识别结果

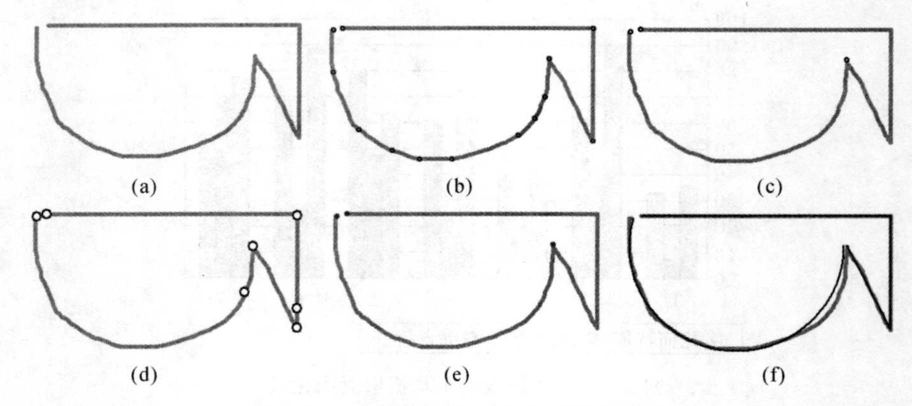

图 2-29　笔画 2 的 3 种分割方法比较

(a)笔划 2；(b)折点；(c)几何特征点；(d)速度特征点；(e)混合特征点；(f)识别结果

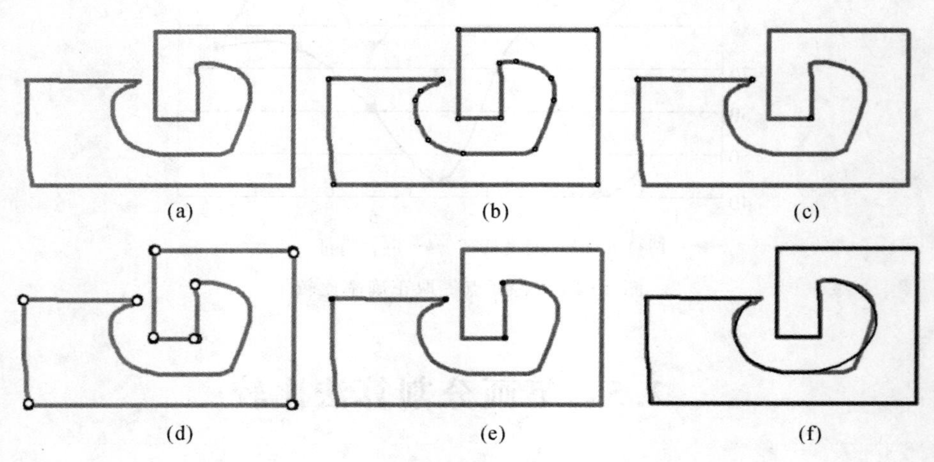

图 2-30　笔画 3 的 3 种分割方法比较

(a)笔划 3；(b)折点；(c)几何特征点；(d)速度特征点；(e)混合特征点；(f)识别结果

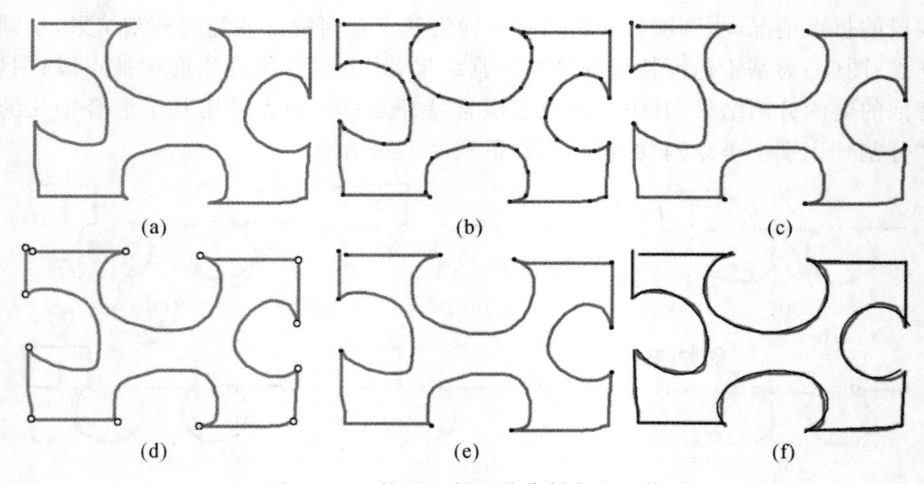

图 2-31　笔画 4 的 3 种分割方法比较

(a)笔划 4；(b)折点；(c)几何特征点；(d)速度特征点；(e)混合特征点；(f)识别结果

由上述算例可知，笔画 1，2 采用基于速度特征的笔画分割得到的速度特征点段均存在一个冗余点段，而采用几何特征和混合特征得到的分割效果较好；笔画 3 采用基于速度特征和基于混合特征分割得到的分割结果较好，而采用基于几何特征的笔画分割，若只采用基于折点的凸笔画分割容易造成分割错误，而采用基于速度折点的凸笔画分割效果则较好，但从理论上讲，速度折点是通过将速度特征与笔画逼近折线段的折点进行映射得到，因此采用基于速度折点的凸笔画分割方法也是一种基于混合特征的分割法；笔画 4 采用 3 种分割方法得到的分割结果均很好。通过上述 4 条笔画在采用 3 种不同分割方式进行分割的结果可以看出，采用基于几何特征和基于速度特征得到的分割点中均存在分割错误；而采用基于混合特征得到的分割效果均符合设计者的要求。

2.6　本章小结

本章给出 3 种笔画分割方法，分别为基于几何特征的笔画分割方法、基于速度特征的笔画分割方法和基于混合特征的笔画分割方法。

在基于几何特征的笔画分割中将笔画分为凸笔画和凹笔画，凹笔画几何特征提取目标是将其分割成几个凸笔画的组合。

针对现有速度特征提取方法的不足，将笔画分为常速和匀速两类。对于常速笔画给出采用速度平均值和上下偏差的“三线阈值分割法”。通过滤波一锐化处理方法将匀速笔画转化为常速笔画，并依对应关系得到匀速笔画的速度特征点段。

通过映射处理将几何特征和速度特征相结合得到混合特征，提出“分割一识别一再分割”的笔画识别原则，并给出线元合并方法，从而使笔画被分割为跨度最大的几个子段的组合。

通过将本书方法与现有速度特征提取方法进行比较，证明本书的速度特征提取方法精度更高；通过实验对 3 种笔画分割方法进行比较分析，得知基于混合特征的笔画分割方法能有效弥补其余两种分割方法的不足，分割正确率更高。

参考文献

[1]　Wolin A. Segmenting hand - drawn strokes[J]. 2010.

[2]　孙正兴，冯桂焕，周若鸿. 基于草图的人机交互技术研究进展[J]. 计算机辅助设计与图形学学报，2005，17(9)：1889 - 1899.

[3]　TUMEN R S，SEZGIN M. DPFrag：Trainable Stroke Fragmentation Based on Dynamic Programming[M]. City：IEEE Computer Society Press，2013：59 - 67.

[4]　Yu B，CAI S. A domain - independent system for sketch recognition[C]. A domain - independent system for sketch recognition. International Conference on Computer Graphics and Interactive Techniques in Australasia and Southeast Asia 2003，Melbourne，Australia，February. 141 - 146.

[5]　Wolin A，Eoff B，Hammond T. ShortStraw：a simple and effective corner finder for

polylines[C]. ShortStraw: a simple and effective corner finder for polylines. Eurographics Conference on Sketch - Based Interfaces and Modeling. 2008:33 - 40.

[6] Calhoun C, Stahovich T F, Kurtoglu T, et al. Recognizing Multi - Stroke Symbols [C]. Recognizing Multi - Stroke Symbols. AAAI Spring Symposium - Sketch Understanding. 2002:15 - 23.

[7] Jenkins D L, Martin R R. Applying constraints to enforce users' intentions in free - hand 2 - D sketches[M]. City:Institution of Electrical Engineers, 1992:31—49.

[8] Dudek G, Tsotsos J K. Shape Representation and Recognition from Multiscale Curvature[M]. Elsevier Science Inc., 1997:170 - 189.

[9] Sezgin T M, Davis R. Scale - space based feature point detection for digital ink[C]. ACM SIGGRAPH. 2006:29.

[10] 冯桂焕，孙正兴，Viard - Gaudin C. 使用几何特征与隐 Markov 模型的手绘笔画图元分解[J]. 软件学报，2009，20(1):1 - 10.

[11] 王淑侠，王守霞，王关峰，等. 基于几何特征的在线手绘草图分割[J]. 计算机辅助设计与图形学学报，2015，27(9):1686 - 1693.

[12] 王淑侠，高满屯，齐乐华. 基于模糊理论的在线手绘图识别[J]. 模式识别与人工智能，2008，21(3):317 - 325.

[13] Sezgin T M, Stahovich T, Davis R. Sketch based interfaces: early processing for sketch understanding[C]. The Workshop on Perceptive User Interfaces. 2001:1 - 8.

[14] Wolin A, Paulson B, Hammond T. Sort, merge, repeat: an algorithm for effectively finding corners in hand - sketched strokes[C]. Eurographics Symposium on Sketch - Based Interfaces and Modeling. 2009:93 - 99.

[15] Xiong Y, Jr L V. A ShortStraw - based algorithm for corner finding in sketch - based interfaces[J]. Computers & Graphics, 2010, 34(5):513 - 527.

[16] Herold J, Stahovich T F. SpeedSeg: A technique for segmenting pen strokes using pen speed[J]. Computers & Graphics, 2011, 35(2):250 - 264.

[17] 王淑侠，张茜，王守霞，等. 基于速度特征的在线手绘笔画快速分割方法[J]. 西北工业大学学报，2016，34(2):235 - 240.

[18] Herold J, Stahovich T F. ClassySeg: a machine learning approach to automatic stroke segmentation[J]. Computers & Graphics, 2014, 38(1):357 - 364.

[19] Deufemia V, Risi M. A dynamic stroke segmentation technique for sketched symbol recognition[C]. Iberian Conference on Pattern Recognition and Image Analysis. 328 - 335.

[20] Liu Y, Yu Y, Liu W. Online segmentation of freehand stroke by dynamic programming[C]. Document Analysis and Recognition, 2005 Proceedings Eighth International Conference on. 2005:197 - 201 Vol. 1.

[21] Kolesnikov A. Segmentation and multi - model approximation of digital curves[J]. Pattern Recognition Letters, 2012, 33(9):1171 - 1179.

[22] Liu W, Tong L, Yu Y, et al. Online stroke segmentation by quick penalty - based dynamic programming[J]. Iet Computer Vision, 2013, 7(5):311 - 319.

第3章　在线手绘图的单笔画识别

3.1 引　　言

草图识别的基本功能是通过早期的处理将初始笔画转换为想要的几何对象[1]。表现为单纯线型的最基本的几何线条称为线元[2]4。线元的识别方法有很多,就笔画的特征提取方法可将草图识别方法分为基于几何特征的草图识别和基于非几何特征的草图识别。前者通过对采样点序列的坐标进行拟合或对采样点的最小包络矩等几何特征的比较来判断笔画类型。该方法是从图像处理领域演变而来的,优点是既适合于在线识别也适合于离线识别,但计算量大。后者通过对采样点的速度和加速度等非几何特征的比较来判定笔画类型,该方法计算量小,但由于是通过分析笔画的非几何特征进行类型识别,因此识别正确率受用户绘图习惯的影响,且不适于离线识别。目前,尚未有将笔画的几何特征与非几何特征综合考虑进行草图识别的研究报道。

单笔画手绘图的识别方法有很多,可分为基于几何特征的识别和基于非几何特征的识别。前者通过对采样点序列的坐标进行拟合或对采样点的最小包络矩等几何特征的比较来判断笔画所属的类型。该方法是从图像处理领域演变而来的,优点是既适合于在线识别也适合于离线识别,但计算量大。后者通过对采样点的速度和加速度等非几何特征的比较来判定笔画所属的类型,该方法计算量小,但由于是通过分析笔画的非几何特征进行线元识别,因此识别正确率受用户绘图习惯的影响,且不适于离线识别。

二次曲线段是表示直线段、圆弧段序列以及椭圆和高次弧段序列的有效方法,二次曲线拟合手绘图比椭圆或圆弧拟合更具有一般性,对图形进行二次曲线拟合已得到广泛研究[3~7]。文献[6]研究了钣金 CAD 草图绘制系统,该系统假定图形仅由直线和椭圆(弧)组成,而未考虑在实际应用中经常出现的双曲线和抛物线。目前已有方法一般采用最小二乘法进行二次曲线拟合,但如果误差不服从正态分布,最小二乘法就不是最佳的拟合方法。而在手绘图中由于手(或者笔)的抖动,导致输入(笔画)数据点经常会有较大的波动,用最小二乘拟合图形会存在将回归线推向远离正确位置的潜在危险,因此文献[7]采用最小中值二乘法对图形进行二次曲线拟合,最小识别单元包括:直线段、折线段、椭圆、椭圆弧、圆、圆弧、双曲线和抛物线。

在线元的识别方法中,一些考虑了笔画的模糊特征,但由于按最大隶属度原则判定识别结果,从而失去了模糊识别的意义[8~13],而且这些方法采用笔画的几何特征构造模糊隶属函数,使可识别的线元范围减小,且不易扩充。另一些则没有考虑笔画输入的模糊特征,文献[4]通过最小二乘法(LS)对输入笔画的采样点进行拟合,从而得到唯一识别结果,但局部噪声对 LS

的识别结果影响很大，经常会造成识别结果严重失真。文献[7]对该方法进行改进利用最小中值二乘法(LMS)对笔画进行拟合，从而有效减小局部噪声对识别结果的影响。但该方法采用自适应阈值对线元类型进行判定只能得到唯一结果，缺少类型间的模糊比较与人机交互式的笔画判定，当笔画噪声较大时，用该方法得到的笔画类型存在出错的可能性。由于手绘图自身的模糊性和不确定性，有时需要人为参与判定，但上述方法均不支持人机交互处理。

文献[14]采用模糊推理方法对基于几何特征的草图进行识别研究，开创性地进行了基于混合特征(几何特征和速度特征)的草图识别研究，并对两者进行比较。该方法在必要时通过人机交互判定识别结果，可识别的线元包括：直线、折线段、椭圆、椭圆弧、圆、圆弧、抛物线和双曲线。

3.2 基于阈值的单一线元识别

在第1章的基本概念中已经将单笔画分为单一线元和复合线元，单一线元又分为两类：折线段曲线和二次曲线。折线段曲线包括直线段和折线段；二次曲线包括椭圆型、双曲型和抛物型三大类，又细分为椭圆、椭圆弧、圆、圆弧、双曲线和抛物线6种具体形状。

本章的研究对象为单一线元的识别，按照折线段曲线和二次曲线的分类分别对其进行定义、判定和拟合；并对二次曲线的离散显示方法进行讨论。图3-1所示为基于阈值的单一线元识别流程。

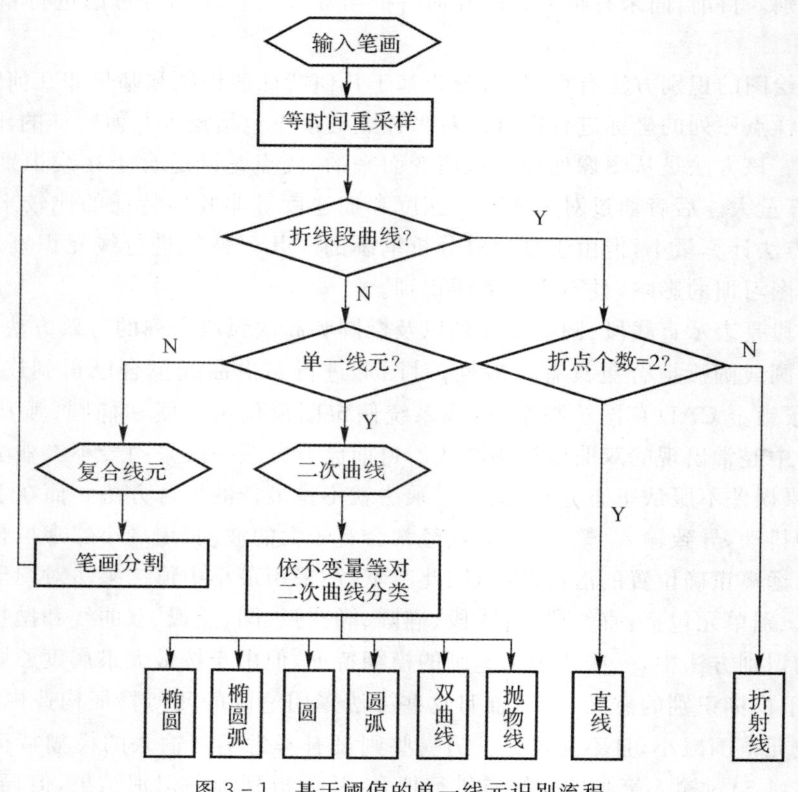

图3-1 基于阈值的单一线元识别流程

3.2.1 折线段曲线的识别

现在分别给出包括直线段和折线段的折线段曲线定义、判定和拟合方法。

1. 定义

(1)直线段。与直线方程定义的标准直线不同，手绘直线是借助图形交互设备绘制的。人们通常根据以下原则来判断笔画是否为直线段：笔画首尾点距离与笔画长度的比值是否大于一个给定的阈值。本书将笔画首尾点距离与笔画长度的比值定义为直线率。

设输入笔画的采样点序列为$\{p_i;0\leqslant i\leqslant k\}$，其中$p_i=(X_i,Y_i)\in\{p_i\}$。笔画首尾点距离$d$为

$$d=\|p_0-p_k\|=\sqrt{(X_0-X_k)^2+(Y_0-Y_k)^2} \tag{3-1}$$

笔画长度L为

$$L=\sum_{i=1}^{k}\|p_i-p_{i-1}\|=\sum_{i=1}^{k}\sqrt{(X_i-X_{i-1})^2+(Y_i-Y_{i-1})^2} \tag{3-2}$$

则直线率R_z为

$$R_z=\frac{d}{L} \tag{3-3}$$

由于$L\geqslant d\geqslant 0$，故$R_z\in[0,1]$。可以看出，直线率R_z越趋近于1，笔画是直线段的可能性越大。直线率R_z的判定阈值可由实验或经验确定。

(2)折线段。不同于手绘直线段，手绘折线段要复杂一些。通过笔画的逼近折线段的折点序列将笔画进行分段，对分段后的每条子笔画进行直线段拟合，计算相邻拟合直线段的交点，得到笔画的拟合折线段。本书通过计算折线段率来判别笔画是否为折线段。

设笔画的采样点序列为$\{p_i;0\leqslant i\leqslant k\}$，其中$p_i=(X_i,Y_i)\in\{p_i\}$；笔画的逼近折线段的折点序列为$\{s_i;0\leqslant i\leqslant u\}(u<k)$；拟合折线段的折点序列为$\{z_i;0\leqslant i\leqslant u\}(u<k)$，其中$z_i=(x_i,y_i)\in\{z_i\}$；由逼近折线段的折点序列将笔画分为$u$条子笔画，其子笔画序列为$\{str_i;1\leqslant i\leqslant u\}(u<k)$，将$z_{i-1}$和$z_i$连接得到拟合折线段第$i$段的直线方程为

$$\frac{y-y_{i-1}}{x-x_{i-1}}=\frac{y_i-y}{x_i-x} \tag{3-4}$$

式(3-4)可以改写为隐式方程，有

$$A_ix+B_iy+C_i=0 \tag{3-5}$$

其中$A_i=(y_{i-1}-y_i)$，$B_i=(x_i-x_{i-1})$，$C_i=(x_{i-1}y_i-x_iy_{i-1})$。子笔画$str_i$上任意采样点$(X_{ij},Y_{ij})$到上述直线的垂直距离$d_{ij}$为

$$d_{ij}=\frac{|A_iX_{ij}+B_iY_{ij}+C_i|}{\sqrt{A_i^2+B_i^2}} \tag{3-6}$$

折线段率R_h为

$$R_\text{h}=\frac{\sum_{i=1}^{u}\left(\frac{\sum_{j=1}^{N_i}d_{ij}}{N_i}\right)}{u} \tag{3-7}$$

其中N_i为第i条子笔画的采样点数。

由于$d_{ij}\geqslant 0$，故$R_\text{h}\in[0,+\infty]$。可以看出，折线段率R_h越趋近于0，笔画是折线段的可

能性越大。折线段率 R_h 的判定阈值可由实验或经验确定。

2. 折线段曲线的判定

折线段曲线判别的好坏直接影响后序是否需要对笔画继续进行二次曲线的判别。实验发现，很难找到一个通用的判别方法对折线段曲线进行判定，因此本书分别对直线段和折线段进行判定，通过拟合折线段的折点个数判别折线段曲线是直线段还是折线段。若折点个数为 2，代表拟合折线段只有首尾两点，因此认为笔画可能是直线段；若折点个数大于 2，则认为笔画可能为折线段。本书将折线段曲线识别结果的判定分为直线段的判定和折线段的判定。

(1) 直线段判定。由手绘直线段的定义可知，只要笔画首尾点连线的距离 d 和笔画长度 L 已知，便可依公式(3-3) 计算直线率 R_z。通过实验，本书将直线段的判定阈值 δ_l 取为 0.96。设直线段的判别因子 L_b 为

$$L_b = \begin{cases} 1, & R_z \geqslant \delta_l \\ 0, & R_z < \delta_l \end{cases} \tag{3-8}$$

当 $L_b = 1$ 时，笔画为直线段；当 $L_b = 0$ 时，笔画不是直线段。

(2) 折线段判定。经过大量实验验证，折线段的判定阈值 δ_z 与笔画长度等有关，经验公式为

$$\delta_z = n(0.7^{u-1})L/D \tag{3-9}$$

式中，n 为系数(本书 n 取 15)；u 为折线段的子段数；L 为笔画长度；D 为屏幕横向分辨率(本书取 1 024)。依据公式(3-7) 计算折线率 R_h。设折线段判别因子 Z_b 为

$$Z_b = \begin{cases} 1, & R_h \leqslant \delta_z \\ 0, & R_h > \delta_z \end{cases} \tag{3-10}$$

当 $Z_b = 1$ 时，笔画为折线段；$Z_b = 0$ 时，笔画不是折线段。

3. 折线段曲线判定

通过直线段和折线段的判定，可得到判定笔画是否为折线段曲线的方法。设折线段曲线的判别因子 ZQ_b 为

$$ZQ_b = L_b \cup Z_b \tag{3-11}$$

其中 $\cup$ 代表“或者”。由式(3-11) 可知，ZQ_b 的取值为 0 或 1，若 $ZQ_b = 1$，则笔画为折线段曲线，否则笔画不是折线段曲线。

4. 折线段曲线的拟合

图形拟合是为了寻找与输入笔画最为相似的图形。设一条笔画的采样点序列为 $\{p_i; 0 \leqslant i \leqslant k\}$，其中 $p_i = (X_i, Y_i) \in \{p_i\}$，笔画逼近折线段的折点序列 $\{s_i; 0 \leqslant i \leqslant u\}$，其中 $s_i = (X_i, Y_i) \in \{s_i\}$。利用该折点序列将笔画分割成 u 条子笔画，其子笔画序列为 $\{str_i; 1 \leqslant i \leqslant u\}$，通过对各条子笔画进行直线段拟合可得到拟合折线段。

采用最小二乘拟合直线段，需要解线性方程组，拟合效果的好坏依赖于采样点集的坐标系，当直线接近竖直时，拟合效果有时非常差。最小中值二乘法是一种非常简单的技术，并被证明是解决存在大量局外点的回归问题的有效方法。最小中值二乘法可以容错高达 50% 的局外点，也就意味着数据点集内有一半的数据可以取任意值而不会严重地影响回归结果。

图 3-2 所示为采用最小二乘和最小中值二乘对笔画采样点序列进行拟合的结果，采样点序列在设备坐标系中的像素坐标见表 3-1。当数据集合包含一些局外点时，使用最小二乘法

可能拟合出明显的错误结果，如图 3－2(b) 所示；而最小中值二乘法通过对数据的各种子集进行测试，从中选择一个产生最佳拟合的子集，可有效避免最小二乘法的不足。因此，本书采用最小中值二乘法对直线段进行拟合。

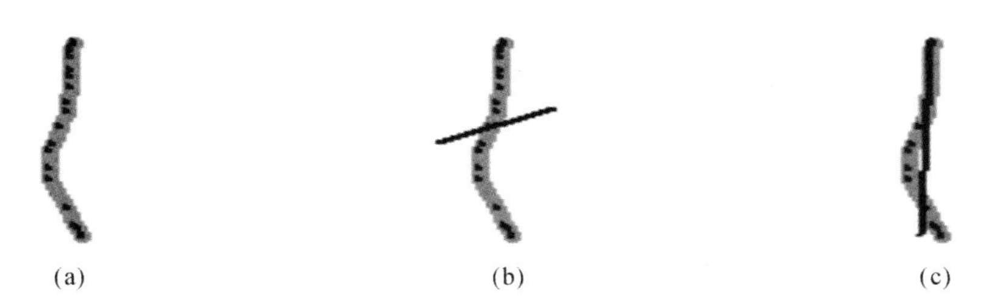

图 3－2　对笔画进行最小二乘和最小中值二乘拟合的比较

(a)笔画采样点；(b)最小二乘拟合；(c)最小中值二乘拟合

表 3－1　笔画采样点序列的像素坐标(从左到右，从上到下)

512 627	512 626	511 623	510 622	508 614	503 601	503 596
503 588	504 585	506 577	508 570	508 566	509 559	509 554
509 551	509 545	509 542	509 541	510 539	510 538	510 538

在给定的直角坐标系中，设平面上直线的方程为

$$y = kx + b \tag{3-12}$$

依据最小中值二乘原理，直线的拟合模型可表示为

$$\hat{\delta} = \hat{k}_i x_i + \hat{b}_i - y_i \tag{3-13}$$

式中，$\hat{k}_i$，$\hat{b}_i$ 分别是 k_i，b_i 的估计值。

设再采样点个数为 m，构造直线段拟合的误差度量函数为

$$\varphi_i(k_i, b_i) = \sum_{j=1}^{m} (\hat{k}_i x_i + \hat{b}_i - y_i)^2 \tag{3-14}$$

要使 φ_i 达到最小值，采用最小二乘法对上式求偏导、整理得线性方程组为

$$\left.\begin{aligned} k_i \sum_{j=1}^{m} x_i^2 + b_i \sum_{j=1}^{m} x_i - \sum_{j=1}^{m} x_i y_i = 0 \\ k_i \sum_{j=1}^{m} x_i - \sum_{j=1}^{m} y_i + m b_i = 0 \end{aligned}\right\} \tag{3-15}$$

可求出直线段的系数 k_i，b_i，通过极小化残差平方中值公式(则式(3－16))可得最小中值二乘的直线段拟合系数 k，b，则

$$\min_{X_S} \underset{i}{med} \ (\delta_i - \hat{\delta}_i)^2 \tag{3-16}$$

依次对子笔画序列 $\{str_i; 1 \leqslant i \leqslant u\}$ 中的各条子笔画的采样点序列进行最小中值二乘的直线拟合，得到拟合直线序列 $\{L_i; 1 \leqslant i \leqslant u\}$，将各相邻拟合直线 L_j，L_{j+1} 的交点作为拟合折线段曲线的折点；从笔画的首尾点分别向 L_1，L_u 做垂线，其垂足作为拟合折线段的首尾点，这样就得到了拟合折线段。

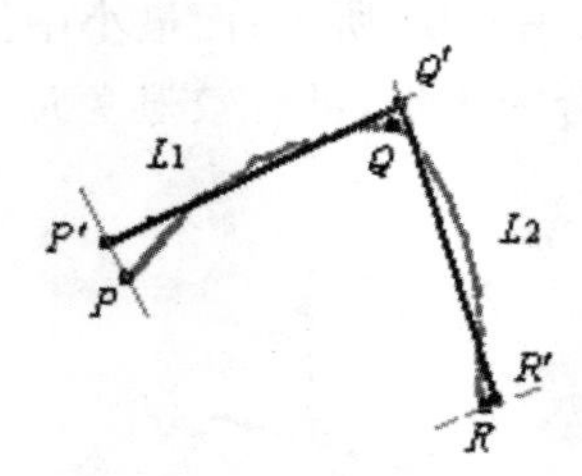

图 3-3　拟合折线段的折点确定

笔画的逼近折线段折点序列$\{s_i;0\leqslant i\leqslant u\}$将笔画分割成$u$条子笔画，其子笔画序列为$\{\mathrm{str}_i;1\leqslant i\leqslant u\}$，对各条子笔画进行直线段拟合获得拟合折线段的折点序列$\{z_i;0\leqslant i\leqslant u\}$。据此可知：拟合折线段与逼近折线段的折点个数相同，子段数相同，且与由逼近折线段的折点分割得到的子笔画的条数相同且一一对应。为方便起见，将该子笔画序列也称为由拟合折线段的折点序列分割得到的，并设$\mathrm{str}(i,j)(i<j)$代表由拟合折线段（逼近折线段）的第i个折点到第j个折点组成的折线段对应的子笔画。

3.2.2　二次曲线的识别

若笔画不是折线段曲线，则需要对其进行二次曲线识别，以判定笔画是否为单一线元，若为二次曲线则对其进行具体类型的判定和拟合；否则，说明笔画是复合线元，需要进行笔画分割。

1. 定义及分类

与手绘直线段和折线段一样，手绘二次曲线（简称二次曲线）也是由人借助图形交互设备绘制而成的。手绘二次曲线与由二次曲线方程定义的二次曲线不同，为了区别，本书将由二次曲线方程定义的二次曲线称为标准二次曲线。

(1) 二次曲线的定义。为了便于给出手绘二次曲线及其各类型的定义，首先介绍标准二次曲线中关于不变量的一些知识。

曲线方程一般是随着坐标系的改变而改变的。然而，既然这些方程都是代表同一条曲线，它们的系数应该有某些共同的特征，即这些特征是不随坐标系的改变而改变的。关于曲线方程系数的一个确定的函数，如果在任意一个直角坐标变换下它的函数值不变，那么就称这个函数是这条曲线的一个正交不变量，简称为不变量。不变量与直角坐标系的选择无关，它反映了曲线本身的几何性质。

在给定的直角坐标系中，设平面上标准二次曲线的一般方程为

$$Ax^2+Bxy+Cy^2+Dx+Ey+F=0 \tag{3-17}$$

式中，A,B,C不全为零。令

$$I_1=A+C,\quad I_2=\begin{vmatrix} A & \frac{B}{2} \\ \frac{B}{2} & C \end{vmatrix},\quad I_3=\begin{vmatrix} A & \frac{B}{2} & \frac{D}{2} \\ \frac{B}{2} & C & \frac{E}{2} \\ \frac{D}{2} & \frac{E}{2} & F \end{vmatrix},\quad K_1=\begin{vmatrix} A & \frac{D}{2} \\ \frac{E}{2} & F \end{vmatrix}+\begin{vmatrix} C & \frac{E}{2} \\ \frac{B}{2} & F \end{vmatrix} \tag{3-18}$$

则 I_1, I_2, I_3 是标准二次曲线的不变量，K_1 在旋转下不变，为标准二次曲线的半不变量。对于 $I_2 = I_3 = 0$ 的标准二次曲线，K_1 在平移下也不变。由不变量得到标准二次曲线的类型和形状，见表 3-2。

表 3-2　由不变量判别标准二次曲线类型和形状

类　型	类　别	识别标志	化简后方程
椭圆型 $I_2>0$	1. 椭圆	I_3 与 I_1 异号	$\lambda_1 x*^2+\lambda_2 y*^2+I_3/I_2=0$，其中 λ_1,λ_2 是方程 $\lambda^2-I_1\lambda+I_2=0$ 的两实根
	2. 虚椭圆	I_3 与 I_1 同号	
	3. 一个点	$I_3=0$	
双曲型 $I_2<0$	4. 双曲线	$I_3\neq 0$	
	5. 一对相交直线	$I_3=0$	
抛物型 $I_2=0$	6. 抛物线	$I_3\neq 0$	$I_1 y*^2\pm 2\sqrt{-I_3/I_1}\,x*=0$
	7. 一对平行直线	$I_3=0$；　$K_1<0$	$I_1 y*^2+K_1/I_1=0$
	8. 一对虚平行直线	$I_3=0$；　$K_1>0$	
	9. 一对重合直线	$I_3=0$；　$K_1=0$	

本书利用标准二次曲线的不变量等来确定手绘二次曲线的具体类型。对笔画的采样点序列 $\{p_i; 0\leqslant i\leqslant k\}$ 进行二次曲线拟合得到拟合二次曲线的一般方程，如公式(3-17)所示，其中 $p_i=(X_i, Y_i)\in\{p_i\}$。笔画采样点序列中第 i 点到拟合二次曲线的偏差 S_i 为

$$S_i = AX_i^2 + BX_iY_i + CY_i^2 + DX_i + EY_i + F \tag{3-19}$$

笔画的采样点序列到二次曲线偏差的样本均值 S_p 为

$$S_p = \frac{\sum_{i=0}^{k} S_i}{k+1} \tag{3-20}$$

设二次曲线率 R_e 为采样点序列到二次曲线偏差的样本方差 D_p，则有

$$R_e = D_p = \frac{\sum_{i=0}^{k} (S_i - S_p)^2}{k+1} \tag{3-21}$$

易知 $R_e\in[0, +\infty]$，可以看出，二次曲线率 R_e 越趋近于 0，笔画是二次曲线的可能性越大。二次曲线率 R_e 的判定阈值可由实验或经验确定。

(2) 二次曲线的分类。笔画被识别为二次曲线后，需要对二次曲线的具体类型进行判定。二次曲线包括椭圆型、双曲型和抛物型等 3 大类型，若二次曲线为椭圆型，则可将笔画的拟合二次曲线方程转化为椭圆的标准方程，即

$$\frac{(x-X)^2}{a^2} + \frac{(y-Y)^2}{b^2} = 1 \tag{3-22}$$

其中 $O(X, Y)$ 为椭圆中心。

如图 3-4 所示，笔画起点 p_0 与椭圆中心 O 连线得到 l_1，笔画终点 p_k 与椭圆中心 O 连线得到 l_2，将 l_1 与 l_2 的夹角 α 称为笔画的空程夹角，简称空程夹角。

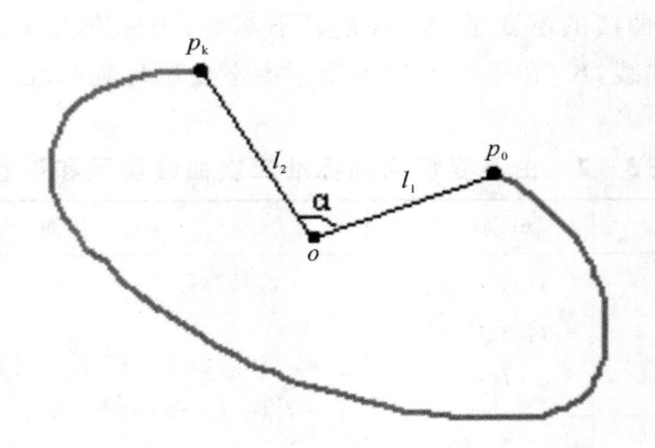

图 3-4 手绘椭圆型

通过对笔画拟合二次曲线的不变量和空程夹角的判断，可以对手绘二次曲线的具体类型进行分类，见表 3-3。

表 3-3 由不变量和空程夹角判别二次曲线类型

类型识别	类 型	类 别	识别标志	备 注
$I_2>R_x, I_1\cdot I_3<0$	椭圆型	椭圆	$I_1^2-4I_2>R_y, \alpha<R_b$	R_x：类型阈值， R_y：圆阈值， R_b：封闭性阈值， 均可由实验及经验确定。 本书取： $R_x=0.01, R_y=0.30$, $R_b=\pi/6$
		椭圆弧	$I_1^2-4I_2>R_y, \alpha\geqslant R_b$	
		圆	$I_1^2-4I_2\leqslant R_y, \alpha<R_b$	
		圆弧	$I_1^2-4I_2\leqslant R_y, \alpha\geqslant R_b$	
$I_2<-R_x, I_3\neq 0$	双曲型	双曲线		
$\lvert I_2\rvert\leqslant R_x, I_3\neq 0$	抛物型	抛物型		

2. 二次曲线的拟合与判定

对图形进行二次曲线拟合得到广泛的研究。有文献将研究限定在钣金 *CAD* 系统上，假定手绘图是由直线段和椭圆(弧)组成，未考虑双曲线和抛物线。

(1)二次曲线拟合。在手绘图中，由于手(或者笔)的抖动，导致输入笔画的采样点经常会有较大的波动，从而使误差有不服从正态分布的情况。如果误差不服从正态分布，采用最小二乘拟合图形时会存在将回归线推向远离正确位置的潜在危险，因此用最小二乘法拟合笔画就不是最佳的拟合方法。由于误差的影响，用最小二乘法对二次曲线进行拟合会存在将笔画拟合为表 3-2 所示的虚曲线现象，而虚曲线是无轨迹的。因此，本书采用最小中值二乘法对笔画的采样点进行二次曲线拟合，在考虑残差平方中值的约束下，添加防止二次曲线被拟合成虚曲线的约束条件，有效避免了笔画被拟合成虚曲线的问题，并在一定程度上解决了抖动的影响，因而使算法达到一定的鲁棒性。

改进的最小中值二乘拟合算法如下：设有 n 个数据点和 p 个参数的拟合模型：

Step1：在 n 个采样点集中，随机地选择 $m(m\geqslant p)$ 个点，要保证这 m 个点尽可能均匀地分布在采样点序列中。

Step2：用二次曲线模型拟合这 m 个采样点，得到拟合二次曲线。

Step3：计算所有采样点到该拟合二次曲线的残差平方中值。

Step4：重复进行上述拟合过程，直到得到足够小的残差平方中值且拟合二次曲线不是虚曲线。如果满足上述条件，则判定笔画为二次曲线；否则，若重复次数达到了某个给定值，则判定笔画不是二次曲线，即笔画为复合线元。

依据最小中值二乘原理，二次曲线的拟合模型可表示为

$$\hat{\delta}_i = \hat{A}_i x_i^2 + \hat{B}_i x_i y_i + \hat{C}_i y_i^2 + \hat{D}_i x_i + \hat{E}_i y_i + F \tag{3-23}$$

式中，$\hat{A}_i, \hat{B}_i, \hat{C}_i, \hat{D}_i, \hat{E}_i$ 分别是 A_i, B_i, C_i, D_i, E_i 的估计值。

构造二次曲线拟合的误差度量函数为

$$\varphi_i(A_i, B_i, C_i, D_i, E_i) = \sum_{j=1}^{m} (A_i x_{ij}{}^2 + B_i x_{ij} y_{ij} + C_i y_{ij}{}^2 + D_i x_{ij} + E_i y_{ij} + F)^2 \tag{3-24}$$

要使 φ_i 达到最小值，采用最小二乘法对上式求偏导、整理可得线性方程组：

$$\begin{bmatrix} \sum_{j=1}^{m} x_{ij}^4 & \sum_{j=1}^{m} x_{ij}^3 y_{ij} & \sum_{j=1}^{m} x_{ij}^2 y_{ij}^2 & \sum_{j=1}^{m} x_{ij}^3 & \sum_{j=1}^{m} x_{ij}^2 y_{ij} \\ \sum_{j=1}^{m} x_{ij}^3 y_{ij} & \sum_{j=1}^{m} x_{ij}^2 y_{ij}^2 & \sum_{j=1}^{m} x_{ij} y_{ij}^3 & \sum_{j=1}^{m} x_{ij}^2 y_{ij} & \sum_{j=1}^{m} x_{ij} y_{ij}^2 \\ \sum_{j=1}^{m} x_{ij}^2 y_{ij}^2 & \sum_{j=1}^{m} x_{ij} y_{ij}^3 & \sum_{j=1}^{m} y_{ij}^4 & \sum_{j=1}^{m} x_{ij} y_{ij}^2 & \sum_{j=1}^{m} y_{ij}^3 \\ \sum_{j=1}^{m} x_{ij}^3 & \sum_{j=1}^{m} x_{ij}^2 y_{ij} & \sum_{j=1}^{m} x_{ij} y_{ij}^2 & \sum_{j=1}^{m} x_{ij}^2 & \sum_{j=1}^{m} x_{ij} y_{ij} \\ \sum_{j=1}^{m} x_{ij}^2 y_{ij} & \sum_{j=1}^{m} x_{ij} y_{ij}^2 & \sum_{j=1}^{m} y_{ij}^3 & \sum_{j=1}^{m} x_{ij} y_{ij} & \sum_{j=1}^{m} y_{ij}^2 \end{bmatrix} \begin{bmatrix} A_i \\ B_i \\ C_i \\ D_i \\ E_i \end{bmatrix} = -F \begin{bmatrix} \sum_{j=1}^{m} x_{ij}^2 \\ \sum_{j=1}^{m} x_{ij} y_{ij} \\ \sum_{j=1}^{m} y_{ij}^2 \\ \sum_{j=1}^{m} x_{ij} \\ \sum_{j=1}^{m} y_{ij} \end{bmatrix} \tag{3-25}$$

其中设 $F = -100$，由全主元消去法可求出最小中值二乘的二次曲线拟合系数向量 $X_s(A_i \quad B_i \quad C_i \quad D_i \quad E_i)$，由极小化残差平方中值公式(3-26)可得到最小中值二乘法拟合二次曲线的系数向量 $X_s(A \quad B \quad C \quad D \quad E)$。考虑到笔画在欧几里得空间的不变性，本文采用归一化处理方法，设 $A^2 + \frac{B^2}{2} + C^2 = 2$，使系数在控制范围内变化，从而有利于阈值的确定，则有

$$\min_{X_s} \operatorname*{med}_{i} (\delta_i - \hat{\delta}_i)^2 \tag{3-26}$$

(2) 二次曲线判定。通过上节介绍可知，判断笔画是否为二次曲线，首先要确定防止拟合二次曲线为虚曲线的约束条件和二次曲线拟合精度的残差平方中值的控制阈值。

按表3-2和表3-3的二次曲线分类，可以推导出拟合二次曲线为虚曲线的约束条件。设椭圆型、双曲型和抛物型出现虚曲线的判别因子分别为

$$BL_t = \begin{cases} 1, & I_2 > R_x \cap I_1 I_3 < 0 \\ 0, & \text{其他} \end{cases}$$

$$BL_s = \begin{cases} 1, & I_2 < -R_x \cap I_3 \neq 0 \\ 0, & \text{其他} \end{cases} \tag{3-27}$$

$$BL_p = \begin{cases} 1, & |I_2| < R_x \cap I_3 \neq 0 \\ 0, & \text{其他} \end{cases}$$

其中 $\cap$ 代表“并且”，若判别因子为1，则代表对应类型不是虚曲线，否则代表对应类型为虚曲线。由此，二次曲线为虚曲线的判别因子 BL 为

$$BL = \begin{cases} 1, & BL_t \cup BL_s \cup BL_p \\ 0, & \text{其他} \end{cases} \tag{3-28}$$

其中 $\cup$ 代表“或者”，若判别因子为1，则代表二次曲线不是虚曲线，否则为虚曲线。

在二次曲线拟合精度设定方面，通过实验发现拟合二次曲线的残差平方中值的阈值和笔画长度、显示设备（显示器）的横向分辨率有关。设二次曲线阈值为

$$\delta_e = e^{\frac{3L}{FB}} - 1 \tag{3-29}$$

式中，L 为笔画长度；FB 为显示器的横向分辨率（本书取1 024）。

依据手绘二次曲线的定义，由公式(3-19)～公式(3-21)计算二次曲线率 R_e。若 $R_e < \delta_e$，则笔画为二次曲线，否则判定不是单一线元，而是需要分割的复合线元。

识别二次曲线算法如下：

Step1：由笔画采样点个数及二次曲线方程参数个数确定需要进行最小中值二乘拟合的再采样点个数 m，计算公式为

$$m = \begin{cases} n-2, & 7 \leqslant n < 25 \\ 20, & 25 \leqslant n < 40 \\ n/2, & n \geqslant 40 \end{cases} \tag{3-30}$$

Step2：在采样点序列中随机选取 m 个再采样点，进行最小中值二乘的二次曲线拟合得到系数向量 $X_s(ABCDE)$。

Step3：按公式(3-18)，由系数向量计算不变量 I_1, I_2, I_3, K_1。

Step4：依据公式(3-28)，判断拟合二次曲线是否为虚曲线。若是，则舍弃该拟合结果，重复Step2-Step4；若拟合次数达到给定值（本书取为50次），则判定笔画为复合线元，转入Step6。

Step5：计算残差平方中值，判断残差平方中值是否大于阈值 δ_e，若大于，则舍弃该拟合结果，重复Step2-Step5；否则，判定笔画为二次曲线，转入Step6；若拟合次数达到给定值（本书取为50次），则判定笔画为复合线元。

Step6：结束。

(3) 具体类型判定。笔画被判定为二次曲线后，需要判定笔画属于椭圆型、双曲型和抛物型中的哪一种类型，若为椭圆型则需要判定是椭圆、椭圆弧、圆、圆弧中的哪一种。

通过二次曲线的分类可以很容易地对具体类型进行判定，判定二次曲线具体类型的算法如下：

Step1：计算二次曲线不变量 I_1, I_2, I_3。

Step2：将 I_2 与二次曲线类型阈值 R_x（本书取0.01）进行比较，若 $I_2 > R_x$，则二次曲线为椭圆型；若 $I_2 < -R_x$，则二次曲线为双曲型，即双曲线，转入Step6；若 $-R_x \leqslant I_2 \leqslant R_x$，则笔画为抛物型，即抛物线，转入Step6。

Step3：若笔画为椭圆型，则需通过比较空程夹角与封闭性阈值（本书取 $\pi/6$）的大小判断具体类型。若 $\alpha \geqslant R_b$，则笔画为非封闭二次曲线；若 $\alpha < R_b$，则笔画是封闭二次曲线，转Step5。

Step4：通过比较 $I_1^2 - 4I_2$ 与圆阈值（本书取为0.30）判断二次曲线是椭圆弧还是圆弧。若

$I_1^2 - 4I_2 > R_y$，则笔画为椭圆弧，否则为圆弧，转入 Step6。

Step5：通过比较 $I_1^2 - 4I_2$ 与圆阈值（本书取为 0.30）判断二次曲线是椭圆还是圆。若 $I_1^2 - 4I_2 > R_y$，则笔画为椭圆，否则为圆。

Step6：结束。

(4) 端点的确定。若笔画被识别为包括椭圆弧、圆弧、双曲线或抛物线的非封闭二次曲线，则需要确定二次曲线的端点。本书确定二次曲线端点的方法如下，首先得到笔画首尾点的连线方程，然后求其与笔画的拟合二次曲线的交点，将两个交点作为该拟合二次曲线的首尾点，如图 3-5 所示。

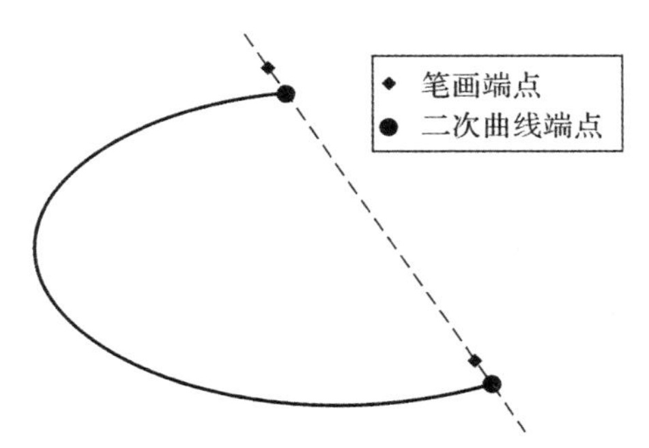

图 3-5　笔画与相应二次曲线的端点关系

为满足后期椭圆（弧）离散化显示的要求，需要计算拟合二次曲线首尾点的离心率。通过公式(3-31) 将绝对坐标系下的二次曲线的端点坐标 $P_s(x, y)$ 转换到相对坐标系 $P_s'(x', y')$，有

$$\begin{aligned} x' &= (x - x_o)\cos(k) + (y - y_o)\sin(k) \\ y' &= (y - y_o)\cos(k) - (x - x_o)\sin(k) \end{aligned} \tag{3-31}$$

设 r_a 为椭圆（弧）的长轴半径，则二次曲线端点 $P_s'(x', y')$ 的离心角 φ 为

$$\varphi = \begin{cases} \mathrm{acos}(x'/r_a), & x' \geqslant 0, y' \geqslant 0 \\ -\mathrm{acos}(x'/r_a), & x' \geqslant 0, y' < 0 \\ \pi - \mathrm{acos}(-x'/r_a), & x' < 0, y' \geqslant 0 \\ \pi + \mathrm{acos}(-x'/r_a) & \text{其他} \end{cases} \tag{3-32}$$

将拟合椭圆（弧）的首尾点代入公式(3-31) 和公式(3-32)，便可得到其首尾点对应的离心角。规定椭圆（弧）起点的离心角范围[0,2π)，终点的离心角大于起点的离心角；若笔画为椭圆，则规定其起点的离心角为 0，终点的离心角为 2π。

3. 参数特征的提取

利用最小中值二乘得到拟合二次曲线，其系数向量为 $X_s(A\quad B\quad C\quad D\quad E)$，由该向量不仅可以得到二次曲线的不变量特征，还可以得到其他一些重要参数特征，下面将二次曲线按中心曲线（椭圆型或双曲型）和非中心曲线（抛物型）依次介绍其主要参数特征的提取方法。

(1) 中心曲线参数特征的提取。若二次曲线为中心曲线，则通过求解公式

$$\left.\begin{aligned} F_1(x, y) &= Ax + \frac{B}{2}y + \frac{D}{2} = 0 \\ F_2(x, y) &= \frac{B}{2}x + Cy + E = 0 \end{aligned}\right\} \tag{3-33}$$

可得到二次曲线中心坐标 $\bar{o}(x_o,y_o)$：

$$x_o=\frac{\begin{vmatrix}-D/2 & B/2\\ -E/2 & C\end{vmatrix}}{I_2}\quad y_o=\frac{\begin{vmatrix}-A & D/2\\ -B/2 & E/2\end{vmatrix}}{I_2}\tag{3-34}$$

二次曲线的特征方程为

$$\lambda^2-I_1\lambda+I_2=0\tag{3-35}$$

求解可得两个特征根 λ_1,λ_2，由公式(3-36)可得其相应的主方向：

$$\begin{cases}l_1:m_1=B/2:(\lambda_1-A)=(\lambda_1-C):B/2\\ l_2:m_2=B/2:(\lambda_2-A)=(\lambda_2-C):B/2\end{cases}\tag{3-36}$$

由公式(3-33)、公式(3-37)可分别求出 $l_1:m_1,l_2:m_2$ 的主直径为

$$lF_1(x,y)+mF_2(x,y)=0\tag{3-37}$$

令 $n_i=l_i:m_i,i=1,2$，则主直径方程为

$$Z_i:(An_i+\frac{B}{2})x+(\frac{B}{2}n_i+C)y+\frac{D}{2}n_i+\frac{E}{2}=0\tag{3-38}$$

整理得到主直径的斜率，即椭圆长轴或双曲线实轴对应的斜率，即

$$k_i=\begin{cases}\dfrac{An_i+\dfrac{B}{2}}{\dfrac{B}{2}n_i+C}, & \dfrac{B}{2}n_i+C\neq 0\\ \dfrac{\pi}{2}, & \dfrac{B}{2}n_i+C=0\end{cases}\tag{3-39}$$

特征根 λ_1,λ_2 与二次曲线一般方程的化简方程的对应关系为

$$\lambda_1x*^2+\lambda_2y*^2+I_3/I_2=0\tag{3-40}$$

若二次曲线为椭圆型，可得长、短轴半径 r_a,r_b 为

$$r_a=\sqrt{-\frac{I_3}{I_2(\lambda_1+\lambda_2-\lambda)}},\quad r_b=\sqrt{-\frac{I_3}{I_2\lambda}}\tag{3-41}$$

其中 $\lambda=\begin{cases}\lambda_2, & |\lambda_1|>|\lambda_2|\\ \lambda_1, & \text{其他}\end{cases}$，若二次曲线为双曲型，可得实、虚轴半径 r_a,r_b 为

$$r_a=\sqrt{-\frac{I_3}{I_2\lambda}},\quad r_b=\sqrt{\frac{I_3}{I_2(\lambda_1+\lambda_2-\lambda)}}\tag{3-42}$$

其中

$$\lambda=\begin{cases}\lambda_1, & \lambda_1I_3>0\\ \lambda_2, & \text{其他}\end{cases}$$

由公式(3-41)和公式(3-42)可以知道：若二次曲线为椭圆型，则 λ_1,λ_2 同号，且由 λ_1,λ_2 绝对值的大小可判断相对坐标系下长轴位置，即若 $|\lambda_1|>|\lambda_2|$，则长轴在 x 轴上；若 $|\lambda_1|<|\lambda_2|$，则长轴在 y 轴上；若 $|\lambda_1|=|\lambda_2|$ 表示二次曲线为圆(弧)。若二次曲线为双曲型，则 λ_1,λ_2 异号，且由 λ_1 与 I_3 是否同号可判断实轴位置，即若 $\lambda_1I_3>0$，则实轴在 x 轴上；否则实轴在 y 轴上。

(2) 非中心曲线参数特征的提取。若二次曲线为非中心曲线，则 $I_2=0$，由公式(3-35)可得一个非零特征根 λ_1，从而计算二次曲线的主方向，有

$$l_1:m_1=(\lambda_1-C)/(B/2)\tag{3-43}$$

令 $n_1 = l_1 : m_1$ 可得主直径方程为

$$Z: A_0 x + B_0 y + C_0 = 0 \tag{3-44}$$

其中 $A_0 = An_1 + B/2, B_0 = (Bn_1/2 + C), C_0 = (Dn_1/2 + E/2)$。上式与二次曲线的一般方程(3-17)求交，将距离笔画上某一采样点较近的交点作为抛物线的顶点 $C_{en}(x_0, y_0)$。

4. 系数向量的修正

若笔画被识别为圆、圆弧或抛物线，则其拟合二次曲线的系数向量只是一种近似，需要对其进行修正。

(1) 圆(弧)的修正。若笔画为圆(弧)，则首先通过系数向量得到二次曲线的不变量 I_1，I_2，I_3，由其计算二次曲线的特征根 λ_1, λ_2，有

$$\lambda_{1,2} = \frac{I_1 \pm \sqrt{I_1^2 - 4I_2}}{2} \tag{3-45}$$

取其平均值作为修正后圆(弧)的特征根 λ'，有

$$\lambda' = \frac{\lambda_1 + \lambda_2}{2} \tag{3-46}$$

由表 3-2 可知，修正后圆(弧)的半径为

$$r' = \sqrt{-I_3/I_2/\lambda'} \tag{3-47}$$

由公式(3-34)得到圆心 $\bar{o}(x_o, y_o)$，可得到修正后的圆(弧)的标准方程为

$$(x - x_0)^2 + (y - y_0)^2 = r'^2 \tag{3-48}$$

整理可得修正后二次曲线一般方程的系数向量 $X_s(A' \quad B' \quad C' \quad D' \quad E')$。

(2) 抛物线的修正。若笔画被识别为抛物线，则渐近线方程过顶点且与主直径方向垂直，由顶点坐标 $C_{en}(x_0, y_0)$ 和主直径公式(3-44)可得渐近线方程为

$$-B_0(x - x_0) + A_0(y - y_0) = 0 \tag{3-49}$$

整理得

$$Z': A_1 x + B_1 y + C_1 = 0 \tag{3-50}$$

其中 $A_1 = -B_0, B_1 = A_0, C_1 = (B_0 x_0 - A_0 y_0)$。将主直径 Z 与渐近线 Z' 方程法化，并令

$$\left.\begin{aligned} x' &= A_1 x + B_1 y + C_1 \\ y' &= A_0 x + B_0 y + C_0 \end{aligned}\right\} \tag{3-51}$$

其中 $A_i = \dfrac{(An_i + B/2)}{D_i}, B_i = \dfrac{(Bn_i/2 + C)}{D_i}, C_i = \dfrac{Dn_i/2 + E/2}{D_i}, n_i = l_i : m_i, D_i = \sqrt{A_i^2 + B_i^2}$。令由二次曲线一般方程(3-17)简化后得到的抛物线标准方程为

$$y'^2 = 2tpx' \tag{3-52}$$

其中 t 为符号函数，p 为抛物线焦参数的绝对值，则

$$p = \sqrt{-I_3/I_1^3} \tag{3-53}$$

将二次曲线上的已知点(x_s, y_s)(本书取起点)代入式(3-54)，可判断 t 的符号，有

$$t = \begin{cases} 1, & A_1 x_s + B_1 y_s + C_1 > 0 \\ 0, & A_1 x_s + B_1 y_s + C_1 = 0 \\ -1, & A_1 x_s + B_1 y_s + C_1 < 0 \end{cases} \tag{3-54}$$

将公式(3-51)代入(3-52)，整理可得修正后的系数向量 $X_s(A' \quad B' \quad C' \quad D' \quad E')$，则

$$\left.\begin{aligned} A' &= A_0^2 \\ B' &= 2A_0B_0 \\ C' &= B_0^2 \\ D' &= 2A_0C_0 - 2tpA_1 \\ E' &= 2B_0C_0 - 2tpB_1 \\ F' &= C_0^2 - 2tpC_1 \end{aligned}\right\} \tag{3-55}$$

5. 算例

图 3-6 所示为手绘抛物线修正前后的比较，取 $R_x = 0.5$，$R_y = 0.30$，$R_b = \pi/6$。其中图(a)为输入笔画；(b) 为参数修正前的离散显示结果与笔画的比较；(c) 为参数修正后的离散显示结果与笔画的比较；(d) 为修正前后离散显示结果的比较，浅色为修正前的，深色为修正后的。

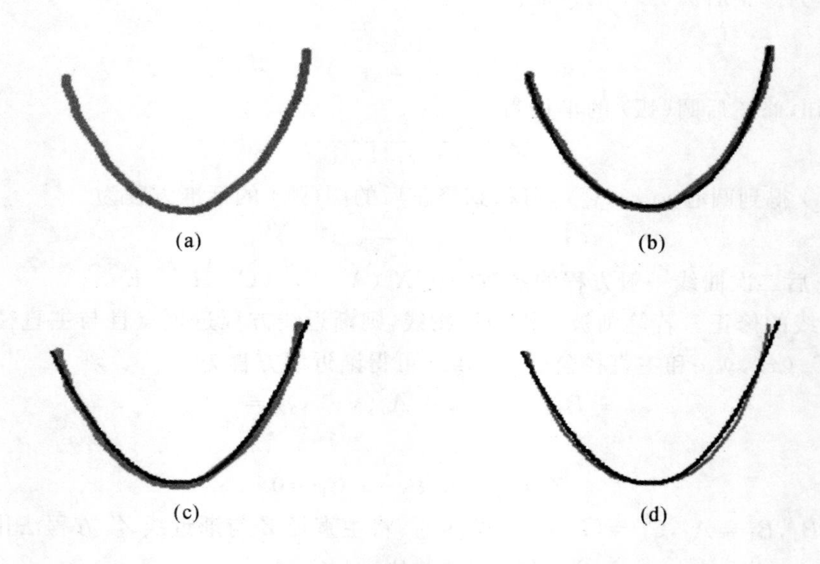

图 3-6　二次曲线方程修正前后的比较

表 3-4 给出了二次曲线方程修正前后的各项参数特征值的比较，其中各参数值的小数点后均仅保留 4 位数字。从表中可知，修正前虽然笔画被识别为抛物线，但由系数向量得到的不变量在标准二次曲线分类中确定的类型仍为椭圆型，因此需要对其系数向量进行修正，使其符合标准二次曲线分类中抛物线的要求。

3.2.3　二次曲线的显示

在计算机上描绘一段二次曲线实际上是用一些连续的直线段进行逼近。由于 VC++ 没有绘制一般二次曲线的函数，故本文通过二次曲线的参数拟合进行识别结果的显示。本节首先介绍现有二次曲线参数拟合理论，然后提出椭圆(弧)参数拟合的新方法。

表 3-4　二次曲线方程修正前后的各项参数特征值比较

<table>
<tr><td colspan="2">参数特征</td><td colspan="2">修正前</td><td>修正后</td></tr>
<tr><td colspan="2">类型</td><td colspan="2">椭圆弧</td><td>抛物线</td></tr>
<tr><td rowspan="6">二次曲线一般方程系数</td><td>A</td><td colspan="2">−1.381 4</td><td>0.999 0</td></tr>
<tr><td>B</td><td colspan="2">0.072 2</td><td>−0.063 5</td></tr>
<tr><td>C</td><td colspan="2">−0.298 7</td><td>0.001 0</td></tr>
<tr><td>D</td><td colspan="2">1 941.670 6</td><td>−1 401.774 7</td></tr>
<tr><td>E</td><td colspan="2">−2.854 9</td><td>92.448 7</td></tr>
<tr><td>F</td><td colspan="2">−677 630.110 0</td><td>480 748.952 0</td></tr>
<tr><td colspan="2">中心(顶点)</td><td colspan="2">704.912 2,80.444 8</td><td>706.988 0,229.473 5</td></tr>
<tr><td colspan="2" rowspan="2">特征</td><td>长轴半径</td><td>149.0439</td><td rowspan="2">焦参数:−23.941 8</td></tr>
<tr><td>短轴半径</td><td>69.1378</td></tr>
<tr><td colspan="2">主方向倾角</td><td colspan="2">1.537 4</td><td>1.539 0</td></tr>
<tr><td colspan="2" rowspan="2">离散特征</td><td>起点离心角</td><td>0.304 8</td><td rowspan="2">控制点 P_1(715.326 1,326.492 9)</td></tr>
<tr><td>终点离心角</td><td>2.737 8</td></tr>
<tr><td colspan="2">起点</td><td colspan="2">643.321 2, 141.095 5</td><td>641.126 6, 141.404 1</td></tr>
<tr><td colspan="2">终点</td><td colspan="2">772.315 8, 122.955 6</td><td>777.155 6, 122.275 0</td></tr>
<tr><td rowspan="3">不变量</td><td>I_1</td><td colspan="2">−1.680 1</td><td>1.000 0</td></tr>
<tr><td>I_2</td><td colspan="2">0.411 3</td><td>0.000 0</td></tr>
<tr><td>I_3</td><td colspan="2">2 718.279 6</td><td>−573.208 4</td></tr>
</table>

1. 二次曲线的参数拟合

对一般的二次多项式,从理论上讲一定有对应的参数方程。假如构造出的参数方程为

$$Q(t)=\frac{at^2+bt+c}{1+e_1t+e_2t^2},\quad t\in[0,1] \tag{3-56}$$

式中,a,b,c 为常数向量;e_1,e_2 是常数,当 $e_1=e_2=0$ 时,表示抛物线;当 $e_1=1$,$e_2=0$ 时,表示双曲线;当 $e_1=0$,$e_2=1$ 时,表示椭圆型。其对应的参数方程为

$$\begin{cases} x(t)=\dfrac{a_xt^2+b_xt+c_x}{1+e_1t+e_2t^2} \\ y(t)=\dfrac{a_yt^2+b_yt+c_y}{1+e_1t+e_2t^2} \end{cases},\quad t\in[0,1] \tag{3-57}$$

其中 a_x,b_x,c_x,a_y,b_y,c_y 为参数方程的系数。给定3个控制点 P_0,P_1,P_2,如图3-7所示,并规定曲线的边界条件:

(1) 当 $t=0$ 时,曲线过 P_0 点,且与 $\overline{P_0P_1}$ 相切;

(2) 当 $t=1$ 时,曲线过 P_2 点,且与 $\overline{P_1P_2}$ 相切。

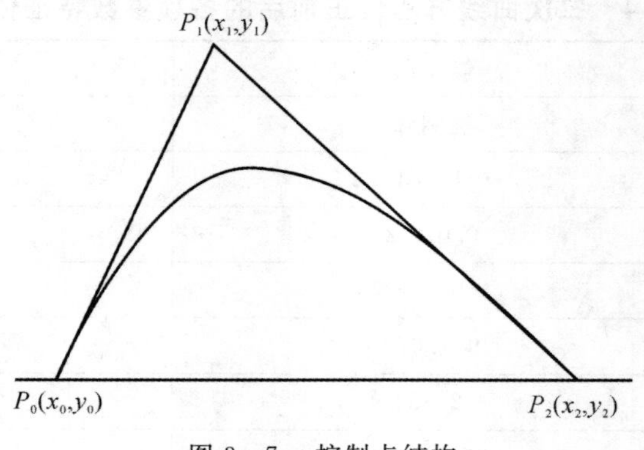

图 3-7　控制点结构

将边界条件代入公式(3-57)可得下列关系式：

$$\left.\begin{aligned}
&c_x = x_0\\
&c_y = y_0\\
&\frac{a_x + b_x + c_x}{1 + e_1 + e_2} = x_2\\
&\frac{a_y + b_y + c_y}{1 + e_1 + e_2} = y_2\\
&b_x - e_1 x_0 = k(x_1 - x_0)\\
&b_y - e_1 y_0 = k(y_1 - y_0)\\
&\frac{(2a_x + b_x)(1 + e_1 + e_2) - (a_x + b_x + c_x)(e_1 + 2e_2)}{(1 + e_1 + e_2)^2} = l(x_2 - x_1)\\
&\frac{(2a_y + b_y)(1 + e_1 + e_2) - (a_y + b_y + c_y)(e_1 + 2e_2)}{(1 + e_1 + e_2)^2} = l(y_2 - y_1)
\end{aligned}\right\} \quad (3-58)$$

从而可解出：

$$\left.\begin{aligned}
&k = 2 + e_1\\
&L = \frac{2 + e_1}{1 + e_2 + e_2}\\
&c_x = x_0\\
&c_y = y_0\\
&b_x = -2x_0 + (2 + e_1)x_1\\
&b_y = -2y_0 + (2 + e_1)y_1\\
&a_x = x_0 - (2 + e_1)x_1 + (1 + e_1 + e_2)x_2\\
&a_y = y_0 - (2 + e_1)y_1 + (1 + e_1 + e_2)y_2
\end{aligned}\right\} \quad (3-59)$$

因此，只要给定控制点 P_0，P_1，P_2 的点坐标，就可以确定曲线的位置。再给定 e_1，e_2 便可确定曲线的形状。为了绘制二次曲线还应给定步长 $\mathrm{d}t$，t 从0到1变化，得到每点的 x，y 坐标用直线段相连便得到逼近二次曲线。

2. 椭圆(弧)参数拟合的新方法

若使用上述的二次曲线参数拟合方法，由于循环增量是一个固定常数，显示结果光滑性较差，有时会导致失真，而且计算椭圆(弧)控制点的方法复杂，故本书借鉴B样条曲线离散原理得到椭圆(弧)离散的新方法。

如图3-8所示，从椭圆型曲线上的一点S出发，画一条直线交曲线于点P，然后再从点P出发，画另一条直线交曲线于点Q依此类推。

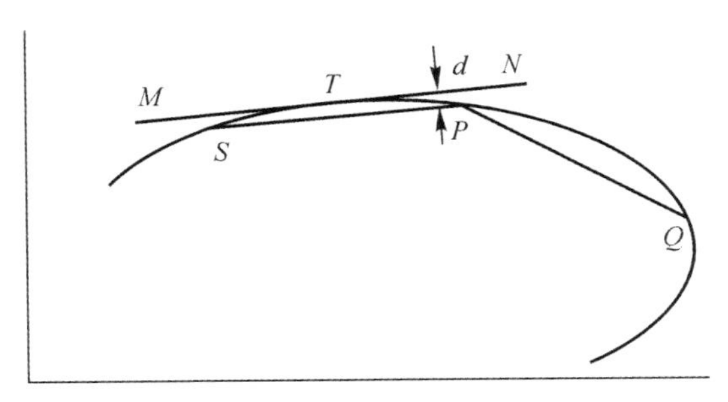

图3-8　椭圆离散原理图

要想让曲线的显示更加准确，不失真，需要做的就是在曲线中曲率较大的地方多取几个点，具体离散步骤如下。

在椭圆(弧)上做一条切线MN和直线SP平行，T为切点。求出这两条平行线之间的距离d(即点T到直线SP的距离)，如果$d>\delta$(δ为离散精度)，则S点不动，移动P点至P_1，缩短线段SP的长度，再做曲线的一条切线M_1N_1，使其和线段SP_1平行，求出SP_1和M_1N_1的之间的距离d_1，第二次判断$d_1\leqslant\delta$是否成立，若不成立，继续上面的过程，直至找到一点P_n，使$d_n\leqslant\delta$；如果$d_n\leqslant\delta$，则说明点P_n满足条件，接下来让P_n点成为新的S点，重复前面的过程，继续查找下一点，直到最后把整段曲线离散完为至。

根据上述离散椭圆(弧)的方法可知，在离散过程中首要解决的问题是如何得到平行于SP的切线MN的切点，为此给出下述定理。

定理：已知椭圆(弧)的方程为$\begin{cases}x=a\cos\theta\\y=b\sin\theta\end{cases}$，该曲线上两不同位置的点$S(x_1,y_1)$和$P(x_2,y_2)$，与$SP$连线平行且与椭圆相切的直线$L$，令其切点$T$处的离心角为$\varphi$，则$\varphi=a\tan\left(\dfrac{b(x_1-x_2)}{a(y_2-y_1)}\right)$。

证明：设二次曲线的一般方程为$Ax^2+Bxy+Cy^2+Dx+Ey+F=0$，令

$$\left.\begin{aligned}F_1(x,y)=Ax+By+D\\F_2(x,y)=Bx+Cy+E\end{aligned}\right\}\tag{3-60}$$

过二次曲线上一点$T(x_0,y_0)$，与椭圆相切的直线方程为

$$\frac{x-x_0}{-F_2(x_0,y_0)}=\frac{y-y_0}{F_1(x_0,y_0)}\tag{3-61}$$

将椭圆的参数方程转化为一般方程，整理得

$$b^2x^2+a^2y^2-a^2b^2=0 \tag{3-62}$$

将二次曲线的系数向量代入公式(3-60)，整理得

$$\left.\begin{aligned}F_1(x,y)&=b^2x\\F_2(x,y)&=a^2y\end{aligned}\right\} \tag{3-63}$$

将其代入公式(3-61)，整理得椭圆的切线方程为

$$a^2y_0y+b^2x_0x+a^2y_0^2-b^2x_0^2=0 \tag{3-64}$$

由该切线的斜率与 SP 连线平行，可得

$$\frac{b^2x_0}{-a^2y_0}=\frac{y_2-y_1}{x_2-x_1} \tag{3-65}$$

由 $T(x_0,y_0)$ 的离心角为 φ，可知

$$\left.\begin{aligned}x_0&=a\cos\varphi\\y_0&=b\sin\varphi\end{aligned}\right\} \tag{3-66}$$

将其代入公式(3-65)，整理得

$$\tan\varphi=\frac{b(x_1-x_2)}{a(y_2-y_1)} \tag{3-67}$$

得证。

3.2.4 算例

为了便于观察，识别结果相对于笔画向右平移 15 个象素，向下平移 15 个象素，即显示的识别结果相对于原始笔画向右下方向平移。

图 3-9 和图 3-10 所示为手绘折线段曲线的识别结果，其中图 3-9 为简单折线段的识别，图 3-10 为复杂折线段的识别。图 3-11 和图 3-12 所示为二次曲线的识别结果，其中图 3-11 为椭圆型的识别，图 3-12 为双曲线和抛物线的识别。通过上述算例可以看出，基于阈值的单一线元识别可以得到很好的识别结果。

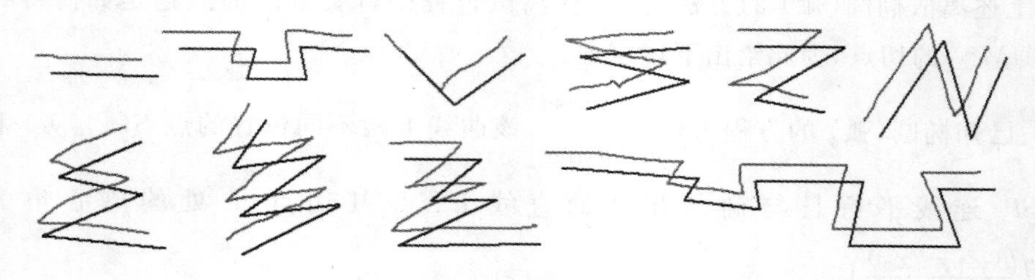

图 3-9　简单折线段识别

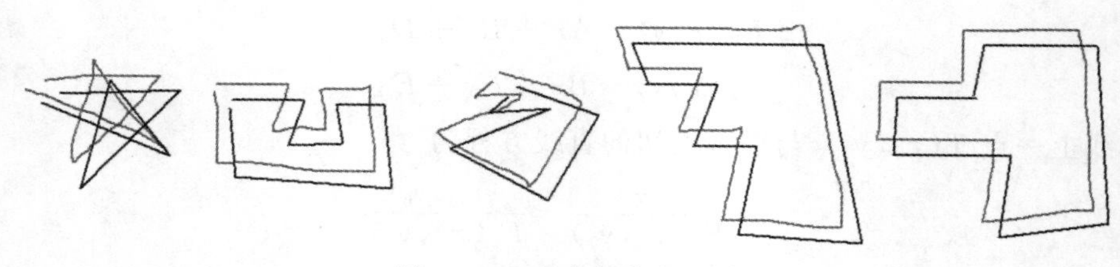

图 3-10　复杂折线段识别

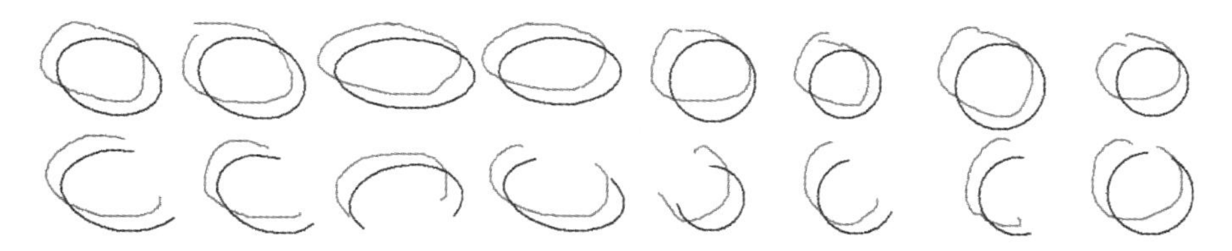

图3-11　椭圆型识别

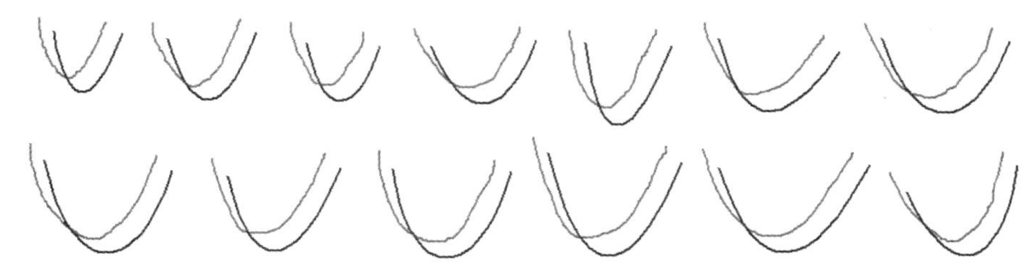

图3-12　双曲线和抛物线识别

3.2.5　小结

按照识别的先后顺序，分别对折线段曲线和二次曲线进行基于阈值的在线手绘图识别。在折线段曲线识别中，给出直线段和折线段的定义，提出直线段、折线段和折线段曲线的判定方法，最后给出折线段曲线的拟合方法。在二次曲线识别中，按照二次曲线不变量的性质，给出二次曲线的定义及分类。给出二次曲线各具体类型的判定方法和非封闭二次曲线端点的确定方法。提出针对圆(弧)和抛物线的系数向量的修正方法。给出椭圆(弧)的离散显示方法。最后通过算例对本章提出的基于阈值的单一线元识别方法进行验证。

基于阈值的单一线元识别虽然基本达到了预期的识别目标，但还存在以下不足：采用基于阈值的方法对笔画进行识别，当用户绘制的笔画很模糊时，按照先识别折线段曲线后识别二次曲线的顺序，如果阈值选取不理想，笔画可能会被提前识别为一种线元，而不再进行后面的识别；在笔画识别时缺少人机交互功能；不能识别一笔重复绘制的直线段；对封闭性的检测条件过于严格，不能识别重复绘制的封闭二次曲线。

3.3　基于模糊理论的单一线元识别

基于阈值的单一线元识别方法，该方法依据单一线元的分类，首先判定笔画是否为折线段曲线，若不是则进行二次曲线识别。采用该方法对单一线元识别可以达到一定的识别率，但正确率的高低与阈值的选取直接挂钩，该方法在笔画识别时缺少人机交互功能，而且不能识别重复绘制的笔画。

本节讨论基于模糊理论的单一线元识别方法，在识别中增加了人机交互的判定模式。本章研究对象增加了对重复绘制的直线段和重复绘制的封闭二次曲线的识别。

3.3.1 模糊理论

草图信息的模糊性和用户输入的随意性是手绘草图的主要特性，该特性使得手绘图利于快速表达创造性思维。但手绘图通常与用户的设计意图会存在一定偏差，例如用户想绘制一个圆，但实际绘制出来的可能只是一个近似的圆，这给计算机解释手绘图带来很大困难。考虑到实时系统的高效性要求，本书中的模糊隶属函数主要采用三角形和左右梯形隶属函数，见式(3-68)和图3-13。

$$u_1(x)=\begin{cases}1, & x\leqslant \text{Min}\\ \dfrac{\text{Ave}-x}{\text{Ave}-\text{Min}}, & \text{Min}<x\leqslant \text{Ave}\\ 0, & \text{其他}\end{cases}$$

$$u_2(x)=\begin{cases}\dfrac{x-\text{Min}}{\text{Ave}-\text{Min}}, & \text{Min}\leqslant x\leqslant \text{Ave}\\ 0, & \text{其他}\\ \dfrac{\text{Max}-x}{\text{Max}-\text{Ave}}, & \text{Ave}<x\leqslant \text{Max}\end{cases} \tag{3-68}$$

$$u_3(x)=\begin{cases}1, & x\geqslant \text{Max}\\ \dfrac{x-\text{Ave}}{\text{Max}-\text{Ave}}, & \text{Ave}<x<\text{Max}\\ 0, & \text{其他}\end{cases}$$

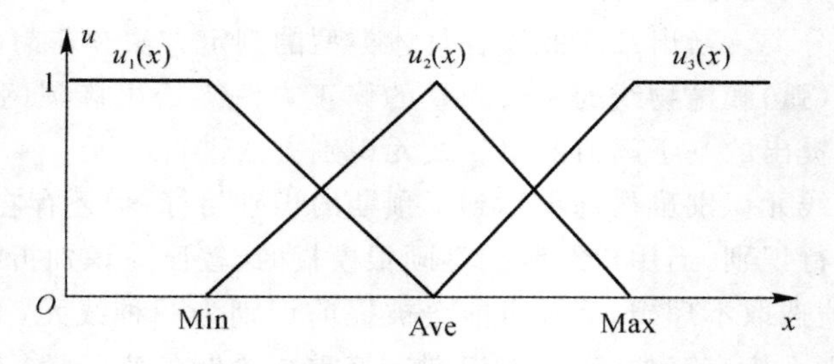

图3-13　三角形和左右梯形隶属函数

容易证明，左右梯形隶属函数是三角形隶属函数的特殊情况。为此，公式(3-69)构造了的通用三角形隶属函数的表达式，只要确定左跨度(aq)、中心点(a)、右跨度(ah)，就可得到该函数，用$U(x,aq,a,ah)$表示，如图3-14所示。

$$U(x,aq,a,ah)=\begin{cases}1+\dfrac{x-a}{aq}, & a-aq\leqslant x\leqslant a\\ 0, & \text{其他}\\ 1-\dfrac{x-a}{ah}, & a<x\leqslant a+ah\end{cases} \tag{3-69}$$

其中$aq>0,ah>0$，通过调节aq,a,ah可得到各种样式的三角形隶属函数和左右梯形隶属函数，式(3-69)为式(3-68)的通用表达形式，其对应关系为

$$u_1(x)=U(x,+\infty,\mathrm{Min},\mathrm{Ave}-\mathrm{Min})$$
$$u_2(x)=U(x,\mathrm{Ave}-\mathrm{Min},\mathrm{Ave},\mathrm{Max}-\mathrm{Ave}) \quad (3-70)$$
$$u_3(x)=U(x,\mathrm{Max}-\mathrm{Ave},\mathrm{Max},+\infty)$$

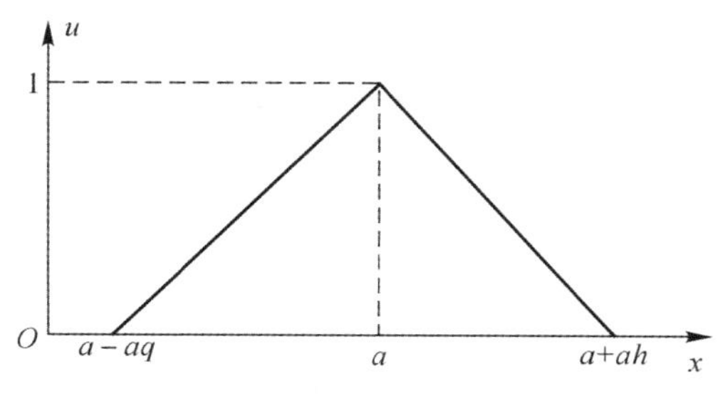

图 3 - 14　通用三角形隶属函数

3.3.2　折线段曲线的模糊识别

折线段曲线包括直线段和折线段，现在分别给出其相应的模糊识别方法。

1. 直线段的模糊识别

手绘直线段经常采用以下原则来判断输入笔画是直线段的隶属程度：输入笔画的长度越接近笔画两端点间的几何距离，是直线段的可能性越大。该准则可以有效地识别一般的手绘直线段，但当手绘直线段很短且噪声很大的情况下，该方法得到的识别结果经常会很不理想，而且该准则不适用于手绘图中经常出现的重复绘制的直线段，包括一笔重复绘制的直线段和多笔画绘制的直线段。

综合考虑绘制短直线段、一笔重复绘制及多笔画绘制的特征，给出更通用的判断输入笔画是直线段的隶属程度的方法：笔画最小包络矩的宽长比越小，是直线段的可能性越大。采用经典 *Graham* 扫描算法得到笔画的凸包，然后采用极值法得到草图的最小包络矩形，如图 3 - 15 所示。

图 3 - 15　笔画的最小包络矩形

分别设 b,l 为最小包络矩形的宽度和长度，设 $r=b/l$，由于 $l\geqslant b>0$，所以 $r\in(0,1]$，可以看出 r 越小，笔画是直线段的可能性就越大。通过实验，笔画是直线段的隶属函数为

$$dom=U(r,+\infty,0.055p,0.025) \quad (3-71)$$

其中 p 为特征系数，可以通过实验和经验确定。在 FSR 系统中，当笔画很短时 p 取 4.3；一笔重复绘制的笔画 p 取 1.9；其他笔画的特征系数取值与笔画采样点序列偏离首尾点连线距离的符号变化次数 n 有关，$p=\min(1.45^{n+1},3.6)$。

可以看出，$dom\in[0,1]$，且越趋近于 1，笔画是直线段的可能性越大。将笔画是直线段的隶属度值存入直线段参数特征 $dts(dom,Type)$，其中 $Type$ 为笔画类型，直线段的类型取 0。

2. 折线段的模糊识别

设笔画的采样点序列为$\{p_i;0\leqslant i\leqslant k\}$，其中$p_i=(X_i,Y_i)\in\{p_i\}$；逼近折线段的折点序列为$\{s_i;0\leqslant i\leqslant u\}(u<k)$；由逼近折线段的折点序列将笔画分为$u$条子笔画，其子笔画序列为$\{str_i;1\leqslant i\leqslant u\}$。采用3.2节介绍的最小中值二乘拟合直线段的方法可以得到任意一条子笔画str_i的拟合直线的方程，如公式(3-5)所示，通过公式(3-6)可得到子笔画str_i上任意采样点(X_{ij},Y_{ij})到上述直线的垂直距离d_{ij}。本章用所有子笔画对应拟合直线的拟合误差平均值的函数构造拟合折线段误差度量函数ε_z为

$$\varepsilon_z=\frac{(u+1)}{L}\sum_{i=1}^{u}\left(\frac{\sum_{j=0}^{N_i-1}d_{ij}}{uN_i}\right) \tag{3-72}$$

式中，L为笔画长度；N_i为第i条子笔画的采样点数。

由公式(3-72)可知，笔画的拟合折线段误差ε_z与笔画长度L成反比，与折点个数和采样点的平均拟合误差成正比。由于$d_{ij}\geqslant 0$，故$\varepsilon_z\in[0,+\infty]$，且$\varepsilon_z$越趋近于0，笔画是折线段的可能性越大；反之亦然。

在基于几何特征的情况下，折线段模糊阈值K_z与笔画采样点个数k及折点个数$u+1$有关，本书采用经验公式，并将其应用到多笔画重复绘制的折线段方面，则有

$$K_Z=w\log((k+1)/(u+1)) \tag{3-73}$$

其中$w>0$，w为权值（文中w取0.01）；因$k>u$，故$K_z>0$。由上式可知，在笔画的采样点相同的情况下，K_z随着折点个数的增加而减小，从而使笔画是折线段的可能性减小，反之亦然。这一变化规律符合手绘图输入的一般要求。

通常用户在折点处绘图速度减慢，而在绘制二次曲线时速度较平稳。对笔画采用等时间采样，可以方便地得到各采样点的速度特征，通过滤波处理可以得到笔画上速度特征点的个数。通过实验，发现折点个数与速度特征点个数之间的关系在一定程度上反映了笔画是折线段的可能性。

在基于混合特征的情况下，折线段模糊阈值K_z可按式下计算，有

$$K_Z=\begin{cases}\dfrac{0.025}{|u+1-t_s|+1.05}, & t_s\neq u+1\\ 0.0255, & t_s=u+1\end{cases} \tag{3-74}$$

其中t_s为笔画速度特征点的个数，可通过第2章介绍的方法获得。

由上式可知，当折点个数与速度特征点个数相等时，识别结果偏向于折线段；当两者不等时，阈值与两者的差值成反比。由于阈值与速度特征点的个数有关，而多笔画重复绘制的速度特征点个数很难确定，因此该阈值函数仅适合于单笔画绘制，多笔画重复绘制仍只能采用基于几何特征的识别方法。

如图3-16所示，笔画的几何特征和速度特征信息见表3-5。笔画(a)和笔画(b)的采样点个数和折点个数相同，因此基于几何特征的折线段阈值相同，笔画是折线段的可能性只与规范化拟合误差的大小有关；笔画(a)和笔画(c)的速度特征点与折点个数相同。从该算例可知，基于几何特征的识别更稳定，但在单一线元的识别中基于混合特征的识别更高效，故FSR中采用基于混合特征的模糊识别方法，图3-17所示为基于混合特征得到的识别结果。

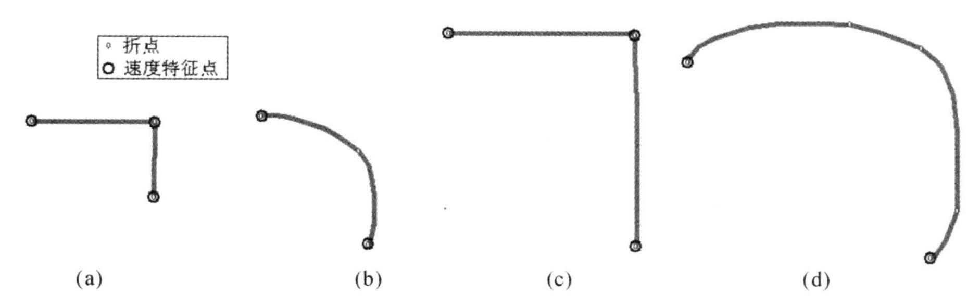

图 3-16　基于几何特征与基于混合特征的折线段判别比较

表 3-5　笔画的特征信息

笔画序号	重采样点个数 $k+1$	折点个数 $u+1$	速度特征点个数 t_s	规范化拟合误差 ε_z	基于几何特征的 K_z	基于混合特征的 K_z
(a)	28	3	3	0.001 3	0.022 0	0.025 5
(b)	28	3	2	0.066 6	0.022 0	0.012 2
(c)	31	3	3	0.003 7	0.023 0	0.025 5
(d)	31	5	2	0.040 5	0.018 3	0.006 3

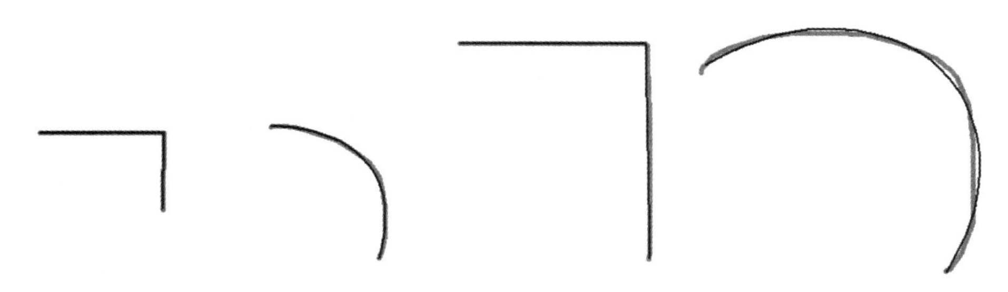

图 3-17　基于混合特征的识别结果

设 $r=\frac{\varepsilon_z}{K_z}$，$r$ 越小笔画是折线段的隶属度越大。通过实验，给出笔画是折线段的隶属函数为

$$dom = U(r, +\infty, 1.0, 0.25) \tag{3-75}$$

可以看出，$dom \in [0,1]$，且越趋近于 1，笔画是折线段的可能性越大。通过最小中值二乘拟合可以得到折线段的参数特征 dts(dom，$Type$，$FoldPoints$)。其中，$FoldPoints$ 为拟合折线段折点序列的链表，当折点个数为 2 时，折线段退化为直线段，笔画类型取 0，其余取 1。

3. 折线段曲线的模糊判定

通过上述直线段和折线段的模糊识别，可得到相应的参数特征 dts(dom，$Type$) 和 dts(dom，$Type$，$FoldPoints$)。为了提高计算速度、减少不必要的人机交互判定，本书对模糊隶属函数取 λ－截值的方法进行改进，见公式(3-76)，λ 的取值可以通过实验和经验确定，FRS 中 λ 取 0.8，

$$dom_{\lambda}=\begin{cases}dom, & dom>\lambda\\ 0, & dom\leqslant\lambda\end{cases}\tag{3-76}$$

若 $dom_{\lambda}=0$,则认为笔画是折线段曲线的可能性极小,从而去除其对应的参数特征;否则保留该参数特征,等待后续判定。

3.3.3 二次曲线的模糊识别

1. 特征检测

通过对笔画的封闭性、拟合误差和曲线类型检测,判定笔画是否可能为二次曲线,若是,则给出其各类型的隶属度。

(1) 封闭性检测。由于用户在绘制草图时往往很难将封闭笔画的首尾点准确连接。图 3-18 中笔画的首尾均未连在一起,但很明显用户是要绘制一个封闭的图形,所以要对笔画的封闭性特征进行检测。二次曲线封闭性特征是指笔画是否为一条符合二次曲线要求的封闭线条,由该特征可将笔画分为封闭与非封闭两种类型,封闭的笔画可能是圆、椭圆,非封闭的笔画则可能是椭圆弧、圆弧、双曲线、抛物线。

图 3-18　封闭二次曲线

对笔画进行封闭性特征检测前,先给出笔画的矢量半径和旋转角等相关概念。

设笔画采样点序列为 $\{p_i;0\leqslant i\leqslant k\}$,其中 $p_i=(X_i,Y_i)\in\{p_i\}$,由采样点序列坐标的平均值可近似得到笔画的中心点 $o(x_o,y_o)$,笔画逼近折线段的折点序列为 $\{s_i;0\leqslant i\leqslant u\}$。连接折点 s_i 与笔画中心点 o 得到矢量 $\overrightarrow{s_io}$,定义该矢量为笔画在折点 s_i 处的矢量半径,折点序列对应的矢量半径序列为 $\{\overrightarrow{s_io};0\leqslant i\leqslant u\}$。依次计算两相邻矢量半径 $\overrightarrow{s_io}$ 和 $\overrightarrow{s_{i+1}o}$ 之间的夹角 θ_i(顺时针取正,逆时针取负)得到相应的夹角序列 $\{\theta_i;0\leqslant i\leqslant u-1\}$,将夹角序列中各夹角值进行累加求和的结果作为笔画的旋转角,标记为 θ。

设 A,B 为某一笔画的两相邻矢量半径,用“$A\Leftarrow B$”表示由 A 的方向看 B 在其左侧;用“$A\Rightarrow B$”表示由 A 的方向看 B 在其右侧;若笔画为二次曲线,则其逼近折线段的折点序列应满足以下规则之一,如图 3-19 所示。

图(a) 顺时针:$s_0o\Leftarrow s_1o\Leftarrow s_2o\Leftarrow\cdots\Leftarrow s_uo$

图(b) 逆时针:$s_0o\Rightarrow s_1o\Rightarrow s_2o\Rightarrow\cdots\Rightarrow s_uo$

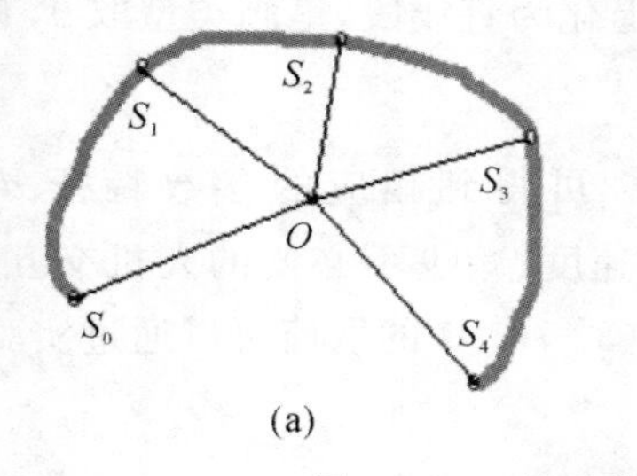

(a)

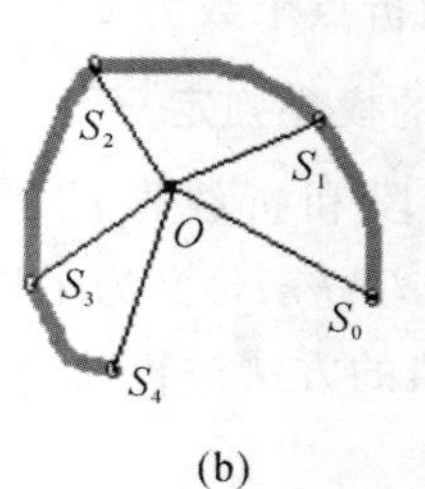

(b)

图 3-19　笔画的矢量半径序列

设变量b_t代表曲线的可能类型，若为封闭二次曲线，b_t取0；若为非封闭二次曲线，b_t取1；若不是二次曲线，则b_t取2。笔画是否为二次曲线的封闭性特征检测方法如下：

Step1：若笔画的矢量半径序列不符合上述规则，则判定该笔画不是二次曲线，转入Step6；否则认为该笔画可能为二次曲线，需对笔画进行二次曲线封闭性判定。

Step2：若$|\theta| < 1.85\pi$，则笔画是非封闭二次曲线，进入Step6。

Step3：若$1.85\pi \leqslant |\theta| \leqslant 2.15\pi$，笔画首尾点距离小于等于阈值，则笔画可能为封闭二次曲线，进入Step6；笔画首尾点距离大于阈值，且$|\theta| < 2\pi$，则笔画不是二次曲线，进入Step6。

Step4：若$|\theta| \geqslant 2\pi$，则由笔画起点p_0、终点p_k分别找到相应的采样点p_s，p_e，使由笔画上p_0和p_s构成的子笔画和由p_e和p_k构成的子笔画的旋转角的绝对值最接近2π，如图3-20所示。

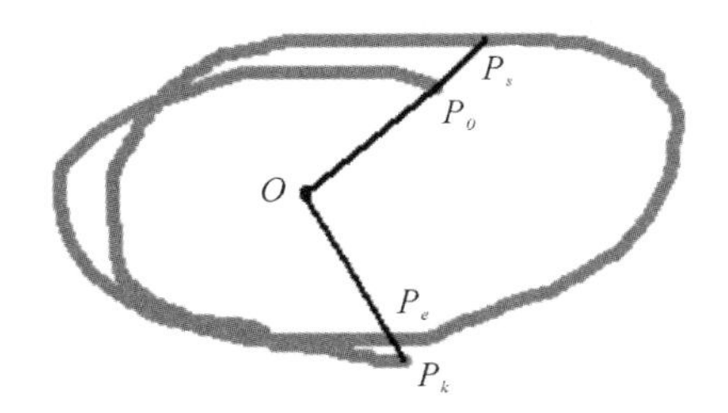

图3-20　使笔画旋转角度的绝对值接近2π的采样点p_s、p_e

Step5：构造关于距离与旋转角的判定不等式，见公式(3-77)，其中$o(x_o, y_o)$为笔画中心点，$s(x_s, y_s)$和$z(x_z, y_z)$为笔画上的两个采样点。若$D(p_o, p_s)$和$D(p_k, p_e)$均满足公式(3-77)，则判定笔画可能是封闭的二次曲线，否则，判定笔画不是二次曲线：

$$D(s,z) = \frac{d(s,z)}{d(o,s)} = \frac{\sqrt{(x_s - x_z)^2 + (y_s - y_z)^2}}{\sqrt{(x_o - x_s)^2 + (y_o - y_s)^2}} < \frac{|\theta|}{4\pi} \tag{3-77}$$

Step6：结束。

(2) 拟合误差检测。通过第3章介绍的最小中值二乘法对笔画的采样点进行二次曲线拟合，可得到一系列的构造函数。

第i个采样点的拟合误差：

$$\varepsilon_i = AX_i^2 + BX_iY_i + CY_i^2 + DX_i + EY_i + F \tag{3-78}$$

平均绝对误差：

$$\bar{\varepsilon}_p = \frac{\sum_{i=0}^{k} |S_i|}{k+1} \tag{3-79}$$

规范化误差度量函数：

$$\varepsilon_e = \frac{1}{L} \cdot \bar{\varepsilon}_p \tag{3-80}$$

最大绝对值误差度量函数：

$$\varepsilon_{\max} = \max\{|\varepsilon_i|; i = 0, 1, \cdots, k\} \tag{3-81}$$

分别对封闭和非封闭二次曲线的规范化误差度量函数和最大绝对值误差度量函数进行模糊处理。

封闭二次曲线的拟合误差隶属函数：

$$u_{\varepsilon e} = U(\varepsilon_e, +\infty, 0.0035, 0.0155) \tag{3-82}$$

封闭二次曲线的最大绝对值误差隶属函数：

$$u_{\varepsilon \max} = U(\varepsilon_{\max}, +\infty, 2.5\bar{\varepsilon}_p, 4.5\bar{\varepsilon}_p) \tag{3-83}$$

非封闭二次曲线的拟合误差隶属函数：

$$u_{\varepsilon e} = U(\varepsilon_e, +\infty, 0.002, 0.014) \tag{3-84}$$

非封闭二次曲线的最大绝对值误差隶属函数：

$$u_{\varepsilon \max} = U(\varepsilon_{\max}, +\infty, 2\bar{\varepsilon}_p, 3\bar{\varepsilon}_p) \tag{3-85}$$

由上式可知，在 ε_e，$\varepsilon_{\max}$ 不变的情形下，若笔画是封闭的，则识别结果更倾向于是二次曲线。

(3) 曲线类型检测。手绘图中由于输入笔画的模糊性，二次曲线的类型不再由不变量 I_2 唯一确定。通过实验，本书构造了二次曲线是椭圆型、抛物型及双曲型的隶属函数，分别为

$$\left.\begin{aligned} \mu_{Ie}(I_2) &= U(I_2,\ \ 0.01,\ \ 0.01,\ \ +\infty) \\ \mu_{Ip}(I_2) &= U(I_2,\ \ 0.01,\ \ 0,\ \ 0.01) \\ \mu_{Ih}(I_2) &= U(I_2,\ \ +\infty,\ \ -0.01,\ \ 0.01) \end{aligned}\right\} \tag{3-86}$$

通过封闭性特征检测可将椭圆型分为封闭型（椭圆、圆）和非封闭型（椭圆弧、圆弧）两种。对于标准的椭圆型二次曲线，若 $I_1^2 - 4I_2 = 0$，则可判断该二次曲线为圆（弧），但在手绘图中该规则不再适用。本书将笔画为圆（弧）的可能性定义为笔画的圆特征，简称圆特征。通过实验发现，线性隶属函数不能满足使用要求，本书构造笔画是圆（弧）的隶属函数为

$$\mu_c(r) = \mathrm{e}^{-\left(\frac{r}{r_0}\right)^a} \tag{3-87}$$

其中 $r = |I_1^2 - 4I_2|$；$a > 0$，$r_0 > 0$ 为控制曲线形状的参数，可通过实验或经验确定（*FSR* 中 a 取 1.2，r_0 取 0.40）。隶属函数 $\mu_c(r)$ 的图形如图 3-21 所示。

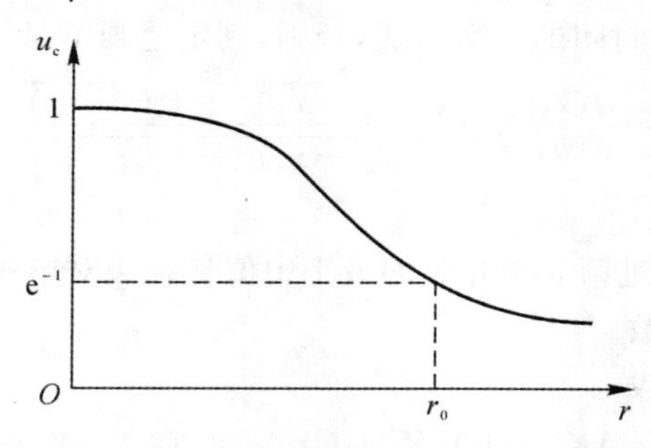

图 3-21　笔画是圆（弧）的隶属函数

当 $r=0$ 时，$\mu_c(0)=1$，笔画是理想的圆（弧）；当 $r=\infty$ 时，$\mu_c(\infty)=0$；$\mu_c(r)$ 越趋近于 1，笔画是圆（弧）的可能性越大。

通过对笔画的采样点序列进行最小中值二乘的二次曲线拟合可得到拟合二次曲线的系数向量，每迭代一次，按最大隶属度原则 $\max(\mu_{Ie}, \mu_{Ip}, \mu_{Ih})$ 得到可能二次曲线类型；若笔画可能是椭圆型，则由封闭性特征将其分为封闭二次曲线和非封闭二次曲线两种类型，通过圆特征将其分为椭圆（弧）或圆（弧）两种类型，从而得到具体类型的判定。

2. 二次曲线的模糊判定

通过封闭性检测，判断笔画是否可能为二次曲线。若笔画可能为二次曲线，则在判断笔画的封闭性的同时获得笔画的旋转角 θ。下面对可能是二次曲线的笔画分别针对其几何特征和

混合特征进行讨论。

(1) 基于几何特征的判定。通过在原型系统FSR上的实验分析发现，二次曲线的隶属度与拟合误差隶属度 $u_{\varepsilon e}$，最大绝对值误差隶属度 $u_{\varepsilon\max}$ 有关，文中构造了笔画是二次曲线的隶属函数为

$$dom=\begin{cases}0.45u_{\varepsilon e}+0.55u_{\varepsilon\max}, & u_{\varepsilon e}u_{\varepsilon\max}(b_t+u_{Ie})\neq 0\\ 0, & u_{\varepsilon e}u_{\varepsilon\max}(b_t+u_{Ie})=0\end{cases}\tag{3-88}$$

由上式可知，若 $u_{\varepsilon e}$，$u_{\varepsilon\max}$ 中有一个为零，则笔画是二次曲线的隶属度为零；若笔画封闭，而笔画类型不是椭圆型，则笔画是二次曲线隶属度为零。

(2) 基于混合特征的判定。实验分析发现，二次曲线的隶属度与封闭性特征，拟合误差隶属度 $u_{\varepsilon e}$，最大绝对值误差隶属度 $u_{\varepsilon\max}$ 等有关，文中分别构造了封闭笔画和非封闭笔画是二次曲线的隶属函数。

1) 封闭笔画是二次曲线的隶属函数：

$$dom=\begin{cases}0.2u_{\varepsilon e}+0.3u_{\varepsilon\max}+0.5u_{tsc}, & t_s=2,\min(u_{\varepsilon e},u_{\varepsilon\max},u_{tsc})\neq 0\\ 0, & \min(u_{\varepsilon e},u_{\varepsilon\max},u_{tsc})=0\\ 0.35u_{\varepsilon e}+0.45u_{\varepsilon\max}+0.2u_{tsc}, & \text{其他}\end{cases}\tag{3-89}$$

$$u_{tsc}=\begin{cases}1, & t_s=2\\ U(t_s/\theta,+\infty,5.0/(3\pi),2.0t/\pi), & \theta>3\pi,t_s>2\\ U(t_s/\theta,+\infty,5.5/(3\pi),2.5t/\pi), & \theta\leqslant 3\pi,ts>2\end{cases}$$

其中 t_s 为速度特征点个数，u_{tsc} 为单位弧度内速度特征点个数是二次曲线的隶属度，t 为速度特征提取中锐化处理的跨度。

2) 非封闭笔画是二次曲线的隶属函数：

$$dom=\begin{cases}0.05u_{\varepsilon e}+0.15u_{\varepsilon\max}+0.8u_{tso}, & \min(u_{\varepsilon e},u_{\varepsilon\max},u_{tso})\neq 0\\ 0, & \min(u_{\varepsilon e},u_{\varepsilon\max},u_{tso})=0\end{cases}\tag{3-90}$$

其中 u_{tso} 为速度特征点个数是二次曲线的隶属度，$u_{tso}=U(ts,+\infty,2,3.2)$。

通过实验发现，在线手绘图识别中基于混合特征的模糊识别效率更高，因此后面章节中的单一线元识别均采用该方法。

3. 二次曲线类型的模糊判定

通过对笔画的采样点序列进行最小中值二乘的二次曲线拟合得到拟合二次曲线的参数特征 $dts(dom,Type,A,B,C,D,E,F)$，$Type$ 代表二次曲线类型：椭圆型取2、双曲线取6、抛物线取7。为了提高计算速度，对隶属函数取 λ－截值，有

$$dom_\lambda=\begin{cases}1, & dom>\lambda_1\\ dom, & \lambda_2\leqslant dom<\lambda_1\\ 0, & dom\leqslant\lambda_2\end{cases}\tag{3-91}$$

其中 λ_1，λ_2 为截值，本书 λ_1 取0.99，λ_2 取0.65。

二次曲线类型的模糊判定方法如下：

Step1：若 $dom_\lambda=1$，则认为笔画是由对应参数特征构成的二次曲线的可能性极大，本书将其作为二次曲线的最终识别结果，进入Step6。

Step2：若 $dom_\lambda=0$，则认为笔画是由对应参数特征构成的二次曲线的可能性极小，忽略其

参数特征，继续迭代。

Step3：若 $dom_\lambda = dom$，将其对应的参数特征加入到参数特征集合 $DTS\{dts_1, dts_2, \cdots, dts_t\}$。定义二次曲线隶数度值为 DTS 中 dom_λ 的最大值，最终对 DTS 集合按二次曲线类型 $Type$ 进行分类。

Step4：若仅有一类，则将二次曲线的隶属度值对应的参数特征，作为笔画是二次曲线的参数特征，进入 Step6。

Step5：将各类中最大隶属度值对应的参数特征分别作为笔画是二次曲线的可能参数特征，待后续人机交互。

Step6：结束。

3.3.4 笔画的模糊判定与人机交互

通过以上讨论，可以得到笔画是折线段曲线和二次曲线的隶属度，本节讨论如何确定笔画的类型。

设笔画为直线段、折线段和二次曲线的隶属度分别为 dom_1，dom_2 与 dom_3。现在给出笔画类型的具体判定方法：

Step1：若隶属度全部为 0 则说明笔画不是单一线元，需要对笔画进行第 2 章介绍的笔画分割，进入 Step5。

Step2：若仅有 dom_1 不为零，则笔画被识别为直线段，通过最小中值二乘的直线段拟合得到拟合直线段作为最终识别结果，进入 Step5。

Step3：若仅有 dom_2 不为零，则笔画被识别为折线段，将笔画的拟合折线段进行显示输出，进入 Step5。

Step4：若仅有 dom_3 不为零，则说明笔画为二次曲线。若 DTS 集合中只有一个元素，则将该元素所对应的 DTS 作为笔画的最终识别结果，进入 Step5；若 DTS 集合中有多个元素，则系统弹出人机交互工具条，同时 DTS 中所含类型被激活，如图 4-9a) 所示，等待人机交互判定。

Step5：结束。

以上 4 种情形通常涵盖了笔画的各种可能性，但当噪声变大或 λ-截值取值偏小时，可能导致两个或两个以上的 dom 不为零，则系统自动弹出类似图 3-22(b) 所示的工具条，需要通过人机交互进行判定。因此 λ－截值的选取应与实际的输入环境结合，偏小的 λ－截值会导致过多的人机交互，偏大的 λ－截值会增加不必要的后期分割，从而影响概念设计的进行。

由于用户绘图水平和噪声的影响，当笔画的识别类型与用户绘制意图不同时，可通过人机交互进行修改。在 FRS 中当出现上述情形时，在笔画绘制结束后的有限时间内通过双击鼠标右键，可弹出人机交互工具条，如图 3-22(c) 所示，此时所有按钮（直线段、折线段、椭圆型、双曲线、抛物线、分割笔画）均被激活，等待人机交互判定。

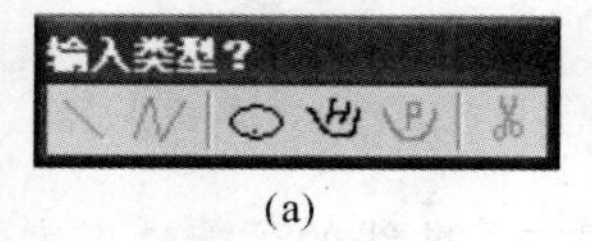

(a)

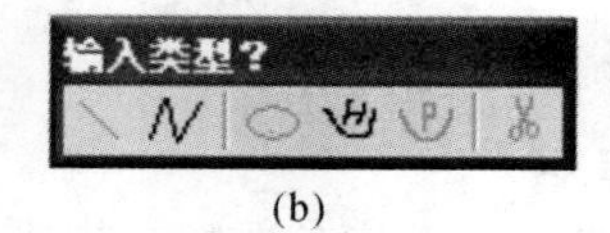

(b)

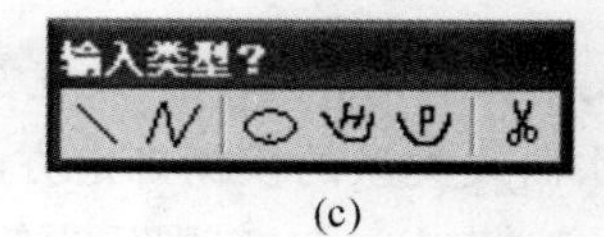

(c)

图 3-22　人机交互工具条

3.3.5　单一线元的拟合

与基于阈值的单一线元识别相比，基于模糊理论的单一线元识别的对象增加了重复绘制直线段和重复绘制封闭二次曲线，所以单一线元的拟合方法也稍有变化。二次曲线的拟合方法与 3.2 节的方法相同，不再复述，这里仅对折线段曲线的端点确定方法进行讨论。

拟合直线段和拟合折线段的端点采用笔画重心法确定，即通过寻找笔画的重心将笔画分为两部分，从每一部分中找到距离笔画重心最远的采样点，将其向对应的拟合直线进行投影，得到的投影点作为拟合直线段的首尾点。具体步骤如下：

Step1：计算笔画采样点的重心$(\bar{x},\bar{y})$：

$$\bar{x}=\frac{\sum_{i=0}^{k}x_i}{k+1},\quad \bar{y}=\frac{\sum_{i=0}^{k}y_i}{k+1} \tag{3-92}$$

Step2：过重心做拟合直线的垂线，垂线将笔画分为两部分。

Step3：依次遍历笔画的所有采样点，通过判断其相对于垂线的左右位置关系，将其放入对应的部分，并求其与重心的距离，从每一部分中分别找出与重心距离最远的采样点 p,q 保存。

Step4：经 p,q 向拟合直线作垂线，垂足即为该拟合直线段的端点 p',q'。

Step5：结束。

采用上述方法确定拟合直线段首尾点既适合重复绘制直线段也适合于非重复绘制直线段，但用该方法求非重复绘制直线段的首尾点则要比 3.2 节讲过的直接由笔画首尾点向拟合直线作垂线将垂足作为首尾点的方法复杂，因此对于非重复绘制直线段的首尾点确定方法仍采用第 3 章介绍的方法。为此本书给出了一个简单的判断笔画是否为重复绘制直线段的方法，具体方法：通过将笔画首尾点距离与笔画长度的比值与阈值进行比较，若大于阈值，判定笔画为非重复绘制直线段，用第三章介绍的方法确定首尾点；否则判定笔画为重复绘制直线段，采用本章介绍的方法确定首尾点。

3.3.6　算例与应用

通过 FSR 得到手绘二次曲线的模糊识别算例，其中 dom_λ 为模糊隶属度值；$Type$ 有 7 种类型分别为，直线段 0、折线段 1、椭圆型 2、双曲线 6、抛物线 7；A,B,C,D,E,F 为二次曲线一般方程的系数值。其中，折线段曲线 $\lambda-$ 截值取 0.80，二次曲线 $\lambda-$ 截值取 0.65，为了节省篇幅没有列出参数值相同的拟合参数特征，且二次曲线一般方程的系数值和模糊隶属度值的小数点后均仅保留 4 位数字。

算例 1：椭圆弧的识别

图 3-23 所示为不同参数特征对应的识别结果及与原手绘图的比较，其对应的参数特征见表3-6。系统自动选择图 3-23(c) 对应的参数特征作为最终识别结果。

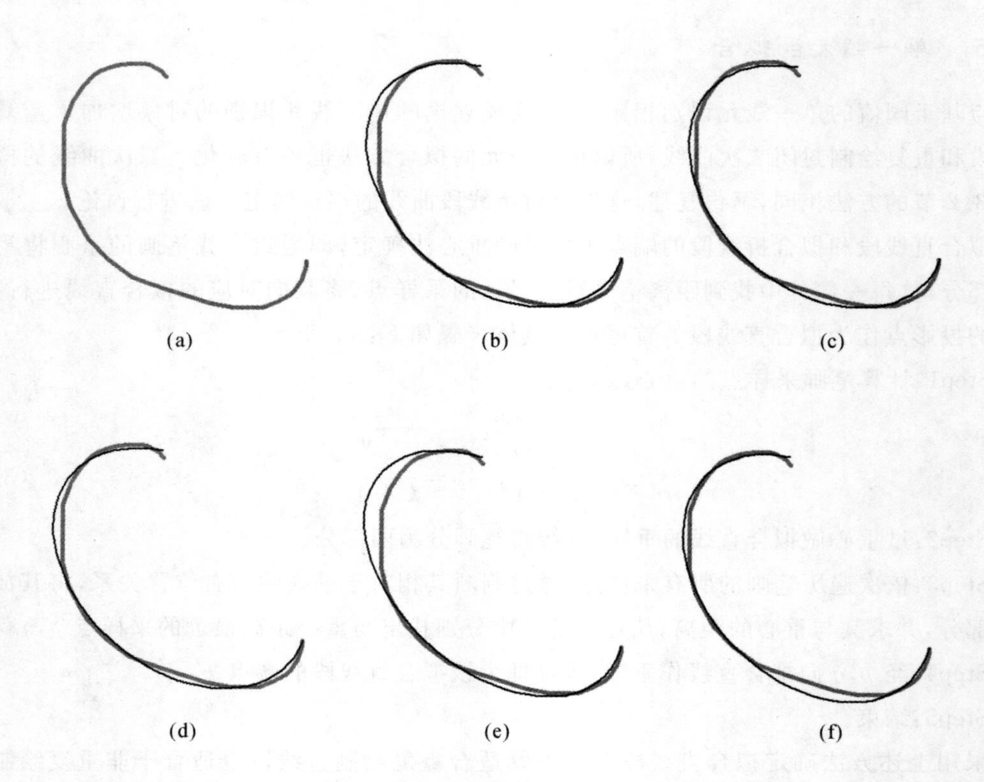

图 3-23 椭圆拟合参数特征的识别结果比较

(a) 手绘椭圆弧； (b)$dom_{\lambda}=0.9564$； (c)$dom_{\lambda}=0.9844$；
(d)$dom_{\lambda}=0.9742$； (e)$dom_{\lambda}=0.8973$； (f)$dom_{\lambda}=0.9420$

表 3-6 椭圆弧的 *DTS*

No.	dom_{λ}	*Type*	*A*	*B*	*C*	*D*	*E*	*F*
(b)	0.956 4	2	−0.947 9	0.649 6	−0.943 7	975.480 2	214.532 4	−323 036.441 7
(c)	0.984 4	2	−0.932 5	0.637 3	−0.963 0	955.900 4	235.724 6	−319 149.596 2
(d)	0.974 2	2	−0.923 8	0.659 6	−0.963 9	934.744 3	223.840 2	−310 172.263 9
(e)	0.897 3	2	−0.908 5	0.783 2	−0.931 7	863.144 4	129.402 7	−270 308.962 2
(f)	0.942 0	2	−0.972 0	0.664 5	−0.913 5	991.406 7	193.134 6	−323 066.571 3

算例 2:双曲线的识别

图 3-24 所示为不同参数特征对应的识别结果及其与手绘图的比较，其对应的参数特征见表3-7。系统自动选择图 3-24(d) 对应的参数特征作为最终识别结果。

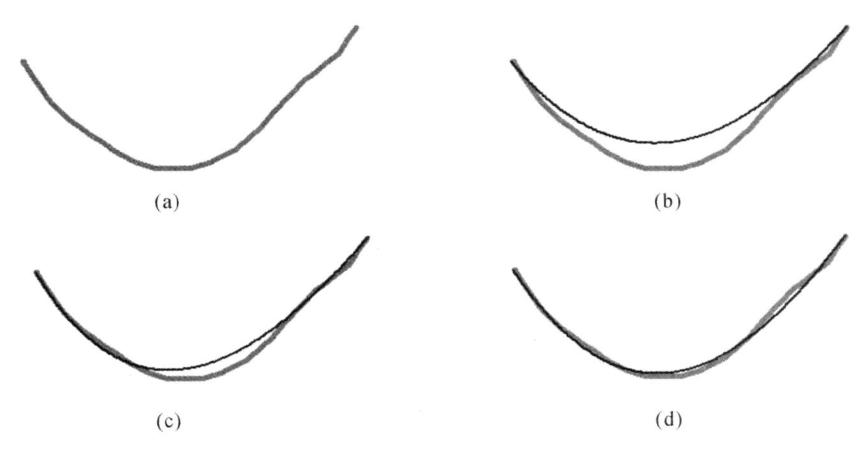

图 3-24　双曲线拟合参数特征的识别结果比较

表 3-7　双曲线的 *DTS*

No.	dom_λ	*Type*	*A*	*B*	*C*	*D*	*E*	*F*
(b)	0.953 3	6	−1.256 9	−0.107 9	0.643 8	1 388.957 3	−513.098 1	−266 868.811 8
(c)	0.966 7	6	−1.369 1	−0.448 6	0.157 8	1 589.151 1	−100.843 7	−366 943.666 5
(d)	0.986 4	6	−1.403 6	−0.228 1	0.062 8	1 580.696 0	−182.179 1	−354 782.854 9

算例 3:椭圆的识别

图 3-25 所示为不同参数特征对应的识别结果及其与手绘图的比较,其对应的参数特征见表3-8。系统自动选择图 3-25(c) 对应的参数特征作为最终识别结果。

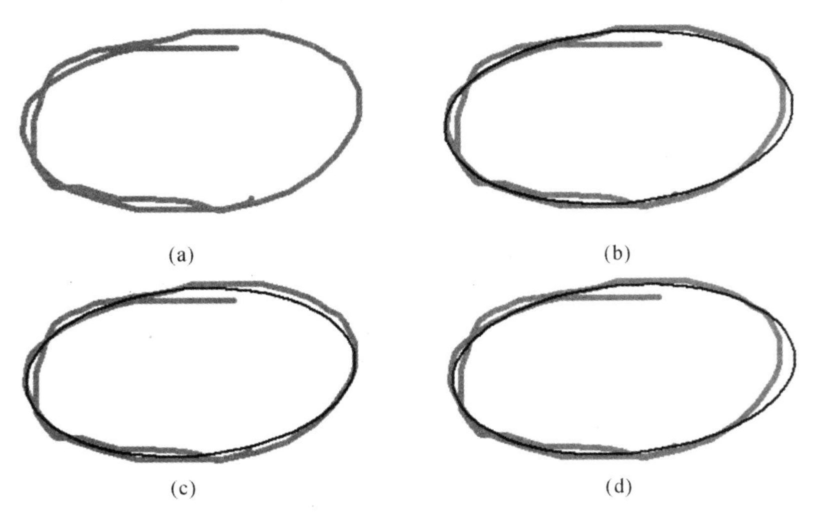

图 3-25　封闭椭圆拟合参数特征的识别结果比较

(a) 手绘封闭椭圆；(b)dom_λ = 0.833 4；(c)(c)dom_λ = 0.900 0；(d)dom_λ = 0.868 1

表 3-8 椭圆的 *DTS*

No.	dom_λ	*Type*	*A*	*B*	*C*	*D*	*E*	*F*
(b)	0.833 4	2	-0.365 0	-0.173 0	-1.360 7	537.072 9	1 052.987 5	-350 081.728 2
(c)	0.900 0	2	0.377 8	-0.165 3	-1.357 8	548.466 4	1 045.230 8	-351 853.139 9
(d)	0.868 1	2	-0.353 0	-0.180 1	-1.363 4	527.237 5	1 060.528 0	-349 557.216 4

算例 4:类型不确定的二次曲线识别

图 3-26 所示的手绘图通过二次曲线的模糊识别,得到了三种可能类型,需要人机交互判定,系统自动选择该用户判定的类型中 dom_λ 值最大的一组,如设计者选定其绘制的为椭圆,则系统自动选择图 3-26(d) 作为最终识别结果。其对应的参数特征见表 3-9。

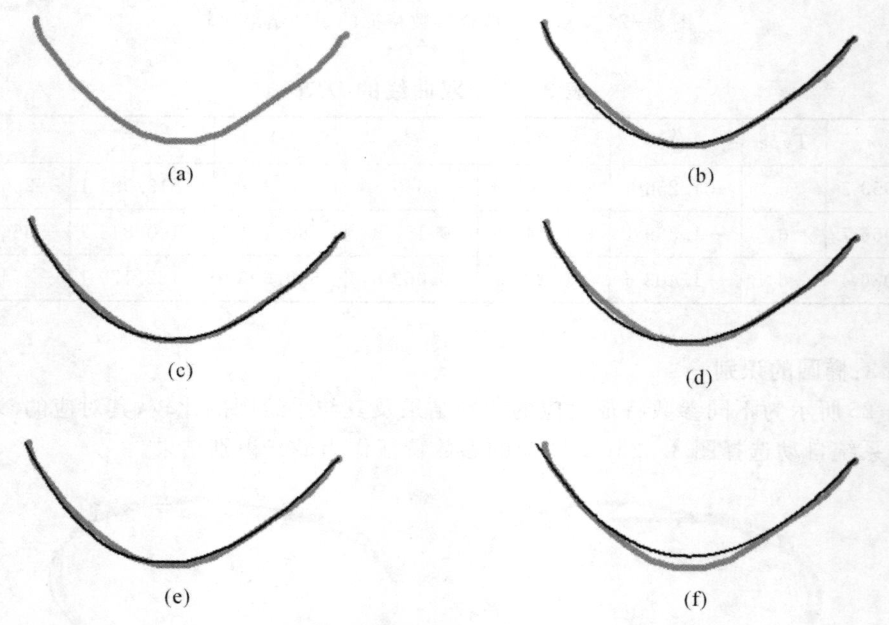

图 3-26 类型不确定情况下的二次曲线识别结果比较

(a) 手绘二次曲线; (b)dom_λ = 0.971 4; (c)dom_λ = 0.975 4; (d)dom_λ = 0.998 2; (e)dom_λ = 0.923 9; (*f*)dom_λ = 0.942 9

表 3-9 类型不确定的二次曲线的 *DTS*

No.	dom_λ	*Type*	*A*	*B*	*C*	*D*	*E*	*F*
(b)	0.971 4	6	-1.371 0	-0.487 3	-0.039 7	2 323.870 1	182.497 6	-881 020.133 5
(c)	0.975 4	7	-1.380 8	-0.429 3	-0.033 7	2 318.315 5	135.659 7	-870 878.465 5
(d)	0.998 2	2	-1.362 2	-0.489 1	-0.157 2	2 308.924 6	284.528 5	-895 900.544 6
(e)	0.923 9	2	-1.365 1	-0.506 4	-0.091 3	2 320.351 6	239.981 8	-890 508.483 4
(f)	0.942 9	6	-1.368 0	-0.300 9	0.288 7	2 246.788 1	-232.479 0	-767 534.960 8

算例 5：折线段与二次曲线的不确定识别

当折线段曲线的 λ－截值取得较小 $\lambda=0.5$，则可能造成两个或两个以上的 *dom* 不为零，需要通过人机交互判定，如图 3－27 所示，其对应的参数特征见表 3－10。

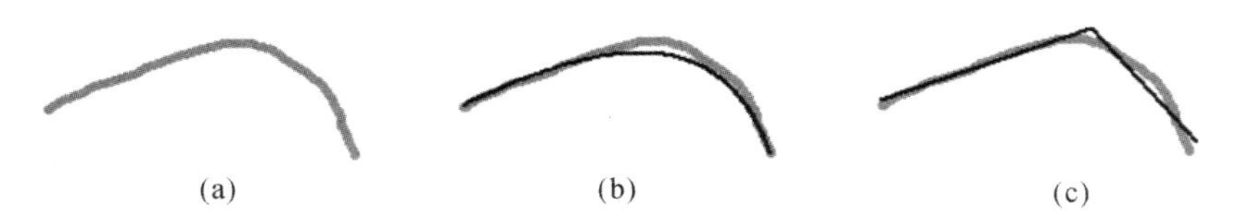

图 3－27　降低 λ－截值导致的不确定识别结果比较

(a) 手绘双曲线；(b) *dom* = 0.720 3；(c) *dom* = 0.518 4

表 3－10　降低 λ－截值导致的不确定识别结果的参数特征

dom	*Type*	*A*	*B*	*C*	*D*	*E*	*F*
0.720 3	6	－0.881 1	－1.469 2	0.380 1	1 707.162 1	1 217.888 0	－819 010.971 7
0.518 4	1	折点 1(735,188)		折点 2(845,149)		折点 3(899,212)	

图 3－28 所示为利用模糊理论自主研发的 FSR 得到的手绘图及其识别结果，表 3－11 给出了由不同用户对该系统进行测试后得到的实验结果统计。

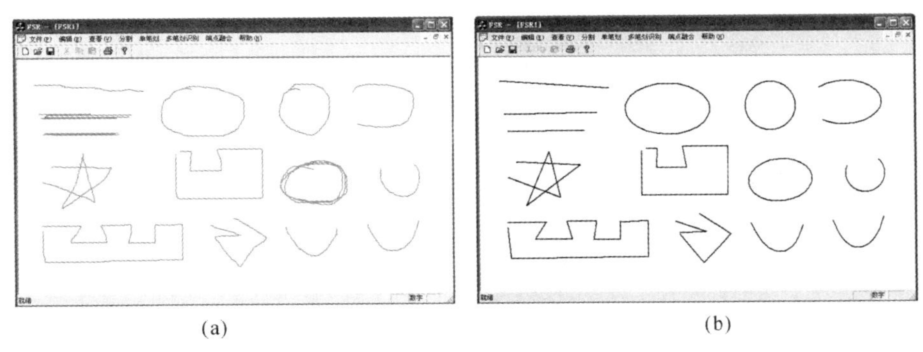

图 3－28　本书方法的手绘图识别结果

(a) 手绘图；(b) 识别结果

表 3－11　手绘图识别结果统计

目标绘制图形		直线段	重复绘制线段	折线段	圆(弧)	椭圆(弧)	重复绘制椭圆	重复绘制圆	双曲线	抛物线
绘制次数		118	100	46	119	76	70	47	30	30
交互前	正确识别数	118	100	45	117	74	69	46	24	18
	正确识别率/(%)	100.00	100.00	97.83	98.32	97.37	98.57	97.87	80.00	60.00

续表

目标绘制图形		直线段	重复绘制线段	折线段	圆(弧)	椭圆(弧)	重复绘制椭圆	重复绘制圆	双曲线	抛物线
人机交互	交互次数	/	/	1	1	1	1	1	6	12
	参与判定类型	/	/	双曲线	复合线元	复合线元	复合线元	复合线元	椭圆弧抛物线	椭圆弧双曲线
交互后	正确识别率/(%)	/	/	100.00	99.16	98.68	100.00	100.00	100.00	100.00
	误识别类型	/	/	/	椭圆弧	圆弧	/	/	/	/

通过统计数据可知,人机交互前,由于双曲线和抛物线的绘制约束较强导致识别正确率较低外,其它识别结果的正确率均在95%以上;人机交互后,正确率可以得到明显的提高。对于最终的错误识别类型可采用重复绘制或笔画删除方法得到更正。

3.3.7 小结

针对第3章介绍的基于阈值的单一线元识别方法的不足,给出基于模糊理论的单一线元识别方法。研究对象不仅包括简单绘制的单一线元,还包括重复绘制的直线段和重复绘制的封闭二次曲线,从而使识别范围增大。为了将本书广泛应用的三角形和左右梯形隶属函数进行合并,给出通用三角形隶属函数的定义。

针对折线段的几何特征和混合特征分别给出了折线段的模糊判定方法,并通过实验证明基于混合特征的折线段的模糊判定方法更有效。在二次曲线的模糊识别中给出了一些特征检测方法,包括封闭性检测、拟合误差检测和曲线类型检测。分别讨论了几何特征和混合特征情况下的二次曲线识别方法;给出了二次曲线具体类型的模糊判定方法。通过直线段、折线段和二次曲线的模糊隶属函数给出了笔画的模糊判定与人机交互判定的方法。给出了通过笔画重心确定拟合折线段曲线首尾点的方法。

通过FSR的实验分析可知,单一线元识别中基于混合特征的识别更高效,因此后面章节中的单一线元的识别均采用该方法。

参考文献

[1] Alvarado C, Davis R. Resolving ambiguities to create a natural computer - based sketching environment[C]. ACM SIGGRAPH. 2007:16.

[2] 宋保华. 面向产品概念设计的智能草图研究[D]. 西安:西北工业大学, 2003.

[3] Ahn S J, Rauh W, Warnecke H J. Least - squares orthogonal distances fitting of cir-

cle, sphere, ellipse, hyperbola, and parabola[J]. Pattern Recognition, 2001, 34(12): 2283 - 2303.

[4] Shpitalni M, Lipson H. Classification of Sketch Strokes and Corner Detection using Conic Sections and Adaptive Clustering[J]. Journal of Mechanical Design, 1997, 119 (1):131 - 135.

[5] Wang G Y, Houkes Z, Zheng B, et al. A note on conic fitting by the gradient weighted least - squares estimation: refined eigenvector solution[J]. Pattern Recognition Letters, 2002, 23(14):1695 - 1703.

[6] Zhu Q, Peng L. A new approach to conic section approximation of object boundaries [J]. Image & Vision Computing, 1999, 17(9):645 - 658.

[7] 王淑侠，高满屯，齐乐华. 基于二次曲线的在线手绘图识别[J]. 西北工业大学学报，2007, 25(1):37 - 41.

[8] Fonseca M J, Jorge J A. Using fuzzy logic to recognize geometric shapes interactively [C]. IEEE International Conference on Fuzzy Systems, 2000 Fuzz IEEE. 291 - 6 vol. 1.

[9] Fonseca M J, Jorge J A. Experimental evaluation of an on - line scribble recognizer [J]. Pattern Recognition Letters, 2001, 22(12):1311 - 1319.

[10] Fonseca M J, Pimentel C, Jorge J A. CALI:An Online Scribble Recognizer for Calligraphic Interfaces[C]. 2002:51 - 58.

[11] Jorge J A, Fonseca M J. A Simple Approach to Recognise Geometric Shapes Interactively[J]. Computer Technology & Development, 2008, 1941:266 - 274.

[12] Qin S F. Investigation of Sketch Interpretation Techniques Into 2D and 3D Conceptual Design Geometry[J]. Gene, 2000, 253(2):271 - 280.

[13] Wang S, Gao M, Qi L. Online freehand sketching recognition (FSR) using primarily conic sections[J]. Journal of Northwestern Polytechnical University, 2007, 25(1):37 - 41.

[14] 王淑侠，高满屯，齐乐华. 基于模糊理论的在线手绘图识别[J]. 模式识别与人工智能，2008, 21(3):317 - 325.

第4章 在线多笔画手绘图识别

4.1 引 言

图元是草图图形的最小组成单元，如直线、弧、圆、曲线等。在草图绘制过程中，设计师经常使用多条笔画绘制一个图元，这种多笔画绘制，尤其是多笔画重复绘制现象，在概念设计阶段草图很普遍，一般表现为：①草图绘制过程中，设计者习惯用多条重叠或断开的笔画表达一个对象，或者有时通过一笔不能够准确画出其想要表达的对象，还需适当的修补。②草图绘制完成后，设计者会对草图进行修改，在原有笔画上添加另外的笔画来改变其长度、形状、位置等，使草图符合设计意图。草图绘制系统应该达到用户自由绘制的要求，因此应该支持多笔画输入。多笔画重复绘制和多笔画非重复绘制这两种情况经常混合出现。

由前所述，设计师使用多笔画描述图元是非常自然的现象。草图设计完成后，设计者进一步需要将粗糙的笔画转换为简化的干净的线条图。将笔画转换为精确表达用户意图的几何内容是基于在线草图的计算机辅助设计与建模的关键，大多数三维建模技术从由草图生成线条图开始[2]。笔画聚类是多笔画草图识别核心问题[5]，其效果将直接影响到后续的识别结果，该过程通过对用户绘制的笔画进行数据采样，依据一定的算法或推理规则将代表特定语义符号的笔画进行归类，从而将整个草图分解成多个具有独立语义符号的笔画集合。如何对笔画进行聚类依赖于人们如何理解笔画[5]，在低层次的草图理解中，研究者通常使用感知准则分析独立的笔画之间的关系，如邻近性，连续性，平行性等，为识别寻找合理的聚类。除此之外，研究者还应尽可能发掘与运用其他感知准则和高层次的语义信息用于笔画聚类，如封闭性、共同命运、目标曲线的形状性质等。即使人们能够直观地从大量的间断的、重叠的、无序的笔画理解图形，但是对于计算机来说是困难的。

4.1.1 国内外研究现状

文献[6]根据组成图元的笔画数目，将草图分为单笔画草图和多笔画草图。文献[7]将草图按笔画类型分为非重复绘制草图和重复绘制草图。目前国内外学者对在线草图识别主要集中在单笔画领域，要求设计师通过一条笔画绘制需要表达的图形。非重复绘制的单笔画识别作为最简单的草图识别问题，已得到较好的解决。文献[1]提出基于模糊理论的单笔画识别方法，可识别的图元类型包括直线段、折线段、椭圆、圆、椭圆弧、圆弧、双曲线和抛物线等。PaleoSketch[8]可识别的单笔画图元除直线段和圆弧外，还包括涡状线和螺旋线。

尽管一些系统支持多笔画输入，但一般会对用户绘制习惯进行约束。文献[9]采用图像匹配方法识别由基本图元构成的复杂图形，规定用户以连续的笔画来绘制一个图形对象，且仅对最新绘制并在位置上相近的基本图形进行组合。文献[10]采用交互提示的方法，要求用户每绘制完一个图形必须单击按钮确定。而文献[11]采用基于时间阈值的方法要求绘制的多笔画在时间上要连续且前一笔的抬笔时间和后一笔的落笔时间必须在一个时间间断内。文献[12]采用特殊图形标示的方法进行聚类。上述聚类算法的约束条件多，削弱了手绘本身自然随意的特点，限制了其快速表达用户设计意图的能力。Smartpaper[13]通过计算端点之间的距离和笔画斜率将多笔画重复绘制的直线段进行聚类，可支持多笔画绘制的直线段输入，但不支持输入曲线。文献[14]滤掉重复绘制的比规定尺寸小的笔画，生成一个更加简单的近似图形。文献[15]在聚类后的笔画中抽取核心笔画代表该多笔画，并采用多边形逼近核心笔画，但这样会导致拟合结果中只能显示低曲率曲线。Hammond 等[16]使用简单的基于端点之间的空间距离的方法判定笔画是否应该被聚集在一起，即使这种假设对 93%以上的笔画有效，但是仍然不能解决有些的端点距离太远的重复绘制的笔画。Ku 等[17]的多笔画判定方法先对笔画进行线性测试，将笔画分类为二次曲线和直线段，然后对笔画进行最小二乘拟合，最后根据拟合曲线的位置关系对草图进行聚类。但该方法只考虑了直线段与直线段、二次曲线与二次曲线这两种同类型笔画之间的多笔画聚类问题；且限定用户输入曲线时以逆时针方向。文献[3]研究了基于时空关系的在线多笔画手绘草图的识别，将在线多笔画手绘草图识别为基本图元组成的二维几何线图，包括直线段、折线段和二次曲线；将多笔画绘制折线段拟合为一条折线段，避免了因将折线段分割成直线段而造成的连接信息被破坏。文献[3]的不足之处包括多笔画聚类只能在同类型笔画之间进行，没有研究不同类型笔画之间的(如折线段曲线与二次曲线的多笔画识别)的笔画聚类；不能将一种类型的笔画聚类并拟合为表达另一种类型的图元，如不能将若干非连续绘制的短线识别为虚线圆。

笔画聚类是草图简化的重要内容，草图简化过程需要将同属于一条轮廓的笔画组合在一起，然后拟合为样条曲线或 Bezier 曲线，从而形成干净的线条图。已有的线图简化方法主要是依赖于基于阈值的笔画间的低层次的几何性质，如邻近性，连续性和平行性等。Barla 等[18]的矢量线图简化方法利用笔画间的邻近性作为主要约束进行笔画聚类。该方法提出 ε - line 和 ε - group 的概念，首先将输入笔画分解为 ε - line，然后对连续的可被 1 条 ε - line 覆盖的笔画进行合并。由于 ε - line 不能自我折叠与自交叉，所以该方法不适用于折叠或自交叉的曲线聚类。此外，该方法用不同的尺度的 ε - line 对影线和轮廓线分开进行简化。Shesh 等[19]提出一个线图简化方法，通过笔画之间的邻近性、颜色、局部方向和重叠程度连接笔画，但是其提出的重叠概念在轮廓曲线重叠程度不高时失效。该简化方法对影线和轮廓线都起作用。Orbay 等[20]提出了一个可训练的笔画聚类方法将草图简化为自由形式的曲线，可以适应不同用户的绘画风格。该方法通过神经网络从用户草图中学习笔画聚类规则，判断两条笔画是否可以聚在一起，其输入是笔画之间的局部几何关系，包括邻近性、连续性、平行性。另外还提出基于拉普拉斯特征映射的点云排序方法，可以拟合自交叉、封闭的曲线。Chien 等[21]提出线图简化的新方法。首先依据大曲率点对笔画进行分割，其次使用一个低通滤波器给每条笔画分配权重；然后将笔画平移到权重大的笔画之处，最后根据笔画端点之间的距离及斜率对笔画进行配对并连接，以形成更长的曲线。然而，该方法不能对笔画进行局部简化。Sykora 等[22]提出 Smart Scribbles 用于在线草图分割，该系统在分析笔画之间和笔画与草图之间的关系时，综合使用了几何(位置,方向,曲率)和时间信息(笔画的生成时间),其中时间信息是用来帮助区分在空间上相近但是绘制时间不一致的笔画。上述只考虑笔画间低层次几何性质的方法不能适用于几何性质相同而语义不同的笔画,况且这种情况并不少见。Liu 等[5]的草图简化方法首次尝试将格式塔理论中的闭合性准则引入草图的语义分析中。闭合性准则是说人们倾向于将感知上形成一个封闭形状的笔画组合在一起。基于笔画形成区域这一概念,该方法将笔画聚类与区域解释结合起来,并提出一个迭代循环优化方法解决笔画聚类与区域解释相互影响的问题。但是该方法没有明确的处理封闭的笔画,且有些笔画不描述任何区域。另外,该方法不能处理影线或剖线。上述草图简化方法都是首先将输入笔画依据大曲率点分割为平滑的线段[5,18~23],笔画间的几何关系判定方法都是针对这些平滑的线段提出,再通过贪心算法将这些线段连接成更长的平滑线段。这些方法不能直接处理长的、弯曲的笔画,且笔画分割步骤破坏了输入笔画原有的语义信息,如封闭性、原始笔画类型等。笔画聚类后有可能恢复不了原有的语义信息。因此,并不完全适用于多笔画图元聚类。

将潦草的草图图像转化为干净的矢量线图,是离线草图识别的主要研究任务之一。现有的草图矢量化算法及商业的矢量化系统如 VPStudio,R2V,Scan2CAD 等,在简洁的草图中显示出好的效果,但是不适用于潦草的多笔画重复绘制草图,存在识别类型错误、多线少线等问题。矢量化技术应该表达所有重复绘制的笔画为独立的矢量,然而重复绘制的笔画由重叠的、平行的、短的、长的线条混合而成,而且线条之间有可能存在间隙,这使得识别一个像素点是否去除还是保留十分困难,尤其是角点的识别。已有的针对多笔画重复绘制草图的矢量化方法可分为两类:基于图像处理技术和非图像处理技术。

基于图像处理技术的方法[24,25]一般用到图像细化和轮廓跟踪方法,首先细化草图为单像素宽度图像,然后进行轮廓跟踪以提取笔画,并进行角点识别,最后连接笔画、角点为点-线图表。但是图像细化会引起角点丢失或扭曲,因此这种方法适合于平滑的曲线草图。有些研究局限于用拟合直线段逼近多笔画线条草图[26],还有些研究则只处理平滑曲线组成的草图[24,27~29]。文献[30]采用图像边缘提取算法可以对位图表示的重叠笔画进行识别与修改,但只能对简单草图进行处理。Kara 等[31]的符号识别方法允许符号重复绘制,但是其基于图像处理技术,依赖于符号库进行符号识别,没有独立的笔画解释工作。Chansri 等[7]研究如何从重复绘制的草图自动生成直多面体的投影线图,首先采用图像处理技术生成一个覆盖重复绘制笔画的粗线条图,然后提取闭合轮廓边界,再通过轮廓扩张与收缩操作识别相邻轮廓间的直线段,最后识别结点并以直线段连接,得到点-线图。L. Olsen 等[27]提出一个从线图或凌乱草图中提取笔画并对其分类的方法。该方法首先光栅化和细化输入草图为单像素宽图像,然后结合轮廓跟踪与分支点识别、特征点保存等后处理提取有效笔画,笔画在分支点处终止。最后依据相邻区域的类型及数量对笔画进行分类。Pusch 等[23]使用启发式的空间分区算法将笔画分割为带局部方向的小段,然后将这些小段拟合为 B 样条曲线,该方法还是不能处理自我交叉的曲线。

Bartolo 等[26,29]研究了基于非图像处理技术的重复绘制草图矢量化方法。文献[26]提出利用同轴采样圆矢量化离线多笔画直线段草图,通过 Paren 窗口估计获得采样圆中像素点的概率分布,确定采样圆与笔画段的相交角,从而确定线性模型的参数。文献[29]提出基于伽柏和卡尔曼滤波的方法,将粗糙的草图转换为矢量化形式。该方法首先使用 Gabor 滤波器对笔画进行聚类,得到图像中每个像素的方向,然后通过 Kalman 滤波器跟踪聚类笔画的中轴获得矢量线条，跟踪方法在文献[32]中有详细阐述。该方法可以检测线条之间的间隔，减少不需要的笔画混合，但是效果依赖于 Gabor 滤波器的分辨率。

4.1.2 存在问题

综上所述，目前大部分草图识别系统不支持或有条件地支持草图的多笔画绘制，尤其是多笔画重复绘制，至少还存在以下问题：①对用户绘制习惯进行约束，如要求用户在特定时间内输入笔画或绘制完成一个图形后点击按钮确定；②不能将所有输入笔画全部解释成草图的一部分；③基于对笔画的分类进行多笔画聚类，聚类过程只能在同类型笔画之间进行；④多笔画判定算法不支持自我交叉的笔画；⑤绝大部分系统只考虑笔画间的局部几何关系，应将更高层次的语义信息考虑在内。如何推导不同类型笔画间多笔画绘制，在笔画聚类过程中挖掘可用的语义信息（如封闭性、对称性、目标曲线的形状性质），都是需要深入思考的问题。

4.2 基于时空关系的多笔画识别

4.2.1 直线段的多笔画识别

设两条笔画的拟合直线段分别为 $L_1(p_1,q_1)$，$L_2(p_2,q_2)$，其中 $p_i(x_{pi},\ y_{pi})$、$q_i(x_{qi},\ y_{qi})$ 为第 i 条直线段的起点、终点，如图 4 - 1 所示。

(1) 最短端点距离：L_1 的两个端点分别与 L_2 的两个端点进行两点之间距离计算，四个距离中最短的一个 d_m，称为两条直线段的最短端点距离，简称最短端点距离。

(2) 最短垂直距离：L_1 的两个端点到 L_2 所在直线的垂直距离分别为 dp_1，dq_1；L_2 的两个端点到 L_1 所在直线的垂直距离分别为 dp_2，dq_2，将垂足在直线段上且垂直距离最小的一个 d_c，称为两条直线段的最短垂直距离，简称最短垂直距离。

(3) 两条直线段的夹角：两条直线段所在直线的夹角 $\theta \in [0,\pi/2]$。如图 4 - 1 所示，连接 L_1，L_2 的起点和终点构成两条矢量，由向量内积公式可得两向量 $\overrightarrow{p_1q_1}$，$\overrightarrow{p_2q_2}$ 夹角的余弦值，通过反余弦处理可得两条直线段的夹角，则有

$$\cos\theta = \frac{\overrightarrow{p_1q_1} \cdot \overrightarrow{p_2q_2}}{|\overrightarrow{p_1q_1}|\,|\overrightarrow{p_2q_2}|} = \frac{(x_{q1}-x_{p1})(x_{q2}-x_{p2})+(y_{q1}-y_{p1})(y_{q2}-y_{p2})}{\sqrt{(x_{q1}-x_{p1})^2+(y_{q1}-y_{p1})^2}\sqrt{(x_{q2}-x_{p2})^2+(y_{q2}-y_{p2})^2}} \tag{4-1}$$

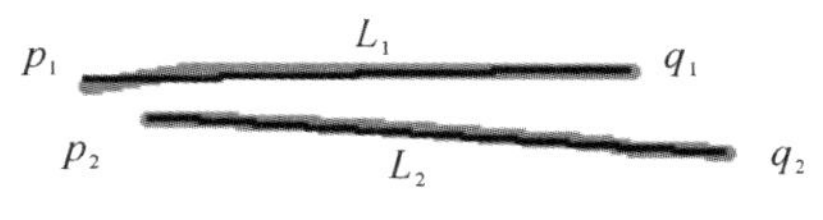

图 4 - 1　两条直线段的表示

1. 判定方法

若两条笔画的拟合直线段的最短端点距离或最短垂直距离很小，且两条拟合直线段的夹角很小，就判定其为多笔画绘制的直线段。两条笔画的拟合直线段 L_1，L_2 是否为多笔画绘制的判定算法如下：

Step1：最短端点距离判断：计算 L_1，L_2 的最短端点距离 d_m。若 d_m 小于按式(4-2)进行选取得到的自适应阈值 δ_{max}，则直接进入 Step3。

$$\delta_{max}=\begin{cases}10\eta, & \min(0.1d_1,0.1d_2)<10\\ \eta\min(0.1d_1,0.1d_2), & \text{其他}\\ 30\eta, & \min(0.1d_1,0.1d_2)>30\end{cases} \tag{4-2}$$

式中，η 为距离类型系数，在最短端点距离判定中 $\eta=1$，在最短垂直距离判定中 $\eta=2/3$；d_1，d_2 为 L_1，L_2 的长度。

Step2：最短垂直距离判断：计算 L_1，L_2 的最短垂直距离 d_c 及对应端点。若 d_c 不小于按式(4-2)进行选取得到的自适应阈值 δ_{max}，则 L_1，L_2 不是多笔画绘制，进入 Step4。

Step3：两条直线段的夹角判断：计算 L_1，L_2 的夹角 θ，若 θ 小于给定的自适应阈值 θ_{max}，则认为 L_1，L_2 是多笔画绘制，否则，不是多笔画绘制。阈值 θ_{max} 的选择与 L_1，L_2 的长度中较长的线段成反比。即 L_1，L_2 中较长的线段越长，允许的角度偏差越小；线段越短，允许的角度偏差越大，见式(4-3)，其中 λ 为角度判定系数，本书取 $\lambda=0.49$，则有

$$\theta_{max}=\lambda\frac{\pi}{\ln(\max(d_1,d_2))} \tag{4-3}$$

Step4：结束。

2. 拟合方法

若两条拟合直线段 L_1，L_2 被判定为直线段的多笔画绘制，则需要进行多笔画拟合得到多笔画拟合直线段。若采用对草图中笔画的采样点进行最小二乘或最小中值二乘拟合可得到拟合直线段，但计算量较大。本书利用 L_1，L_2 的参数特征，通过点斜式方程确定多笔画拟合直线段，规定该直线段过 L_1，L_2 所在直线的交点，且斜率为 L_1、L_2 斜率的平均值。拟合直线段 L_1，L_2 的多笔画拟合算法如下：

Step1：分别通过 L_1，L_2 的端点，由两点式求出其所在直线的方程，整理得

$$l_1: a_1x+b_1y+c_1=0,\quad a_1>0 \tag{4-4}$$

$$l_2: a_2x+b_2y+c_2=0,\quad a_2>0 \tag{4-5}$$

Step2：若 l_1，l_2 均处于非竖直状态，即 b_1，b_2 均不为零。若两者平行，则以 l_1，l_2 的等距平行线作为多笔画拟合直线，其方程见式(4-6)，转入 Step5，有

$$l_{12}: (a_1+a_2)x+(b_1+b_2)y+(c_1+c_2)=0 \tag{4-6}$$

Step3：若 l_1，l_2 均处于非竖直状态，但不平行。以 l_1，l_2 的交点 $M(m_x,m_y)$ 和两者斜率的平均值，通过点斜式得到多笔画拟合直线的方程，见式(4-7)，转入 Step5，有

$$l_{12}: y=-\frac{a_1b_2+a_2b_1}{2b_1b_2}(x-m_x)+m_y \tag{4-7}$$

Step4：若 l_1，l_2 中至少有一条处于竖直状态，则多笔画拟合直线保留该状态，并以 L_1，L_2 的端点横坐标的平均值作为多笔画拟合直线的横坐标，即

$$l_{12}: x=\frac{x_{p1}+x_{q1}+x_{p2}+x_{q2}}{4} \tag{4-8}$$

Step5：确定多笔画拟合直线段 $L_{12}(p,q)$ 的端点。将 L_1，L_2 的首尾点分别向 l_{12} 投影其投影点为 $L'_1(p'_1,q'_1)$，$L'_2(p'_2,q'_2)$，将 4 个投影点两两组合得到距离最长的两点 p，q 作为 L_{12} 的端点。

Step6：确定 L_{12} 的首尾点。若 L_{12} 的端点中只有一个点 $p \in (p'_1, p'_2)$，则将该端点作为 L_{12} 的起点，另一个端点作为终点；否则，由笔画端点的绘制时间确定 L_{12} 的首尾点，将 L_{12} 的两个端点对应的 L_1，L_2 的端点与其笔画采样点进行对应，将绘制时间较早的笔画端点对应的 L_{12} 的端点作为起点，另一个端点作为终点。

Step7：结束。

3. 线型的确定

在讨论多笔画拟合直线段的线型前，首先给出一些基本概念，这些概念在后面仍然适用。

(1) 线型数：多笔画拟合线段（直线段、折线段和二次曲线）由几段线型（实线、虚线）相同的线段构成。

(2) 线型转折点：由至少两种线型构成的多笔画拟合线段，线型发生改变的点称为线型转折点。

(3) 起始线型（线型）：多笔画拟合线段的起点到第一个线型转折点之间的线型。

(4) 带线型直线段的定义：已知直线段的起点 p_s、终点 p_e、线型转折点（列）$*p_m$，和起始线型 L，则该直线段的样式唯一确定，见式(4-9)。p_s，p_e 确定直线段首尾点位置，L 确定直线段起点到第一个线型转折点的线型，每个线型转折点代表线型在该点处发生变化。在 FSR 系统中，为了更方便地定义直线段，将 L 取为整数，当 L 为负时，起始线型为实线，否则为虚线，而 L 的绝对值代表线型数，从而避免由指针 $*p_m$ 确定线型数的麻烦，则

$$L_t : Lseg(p_s, *p_m, p_e, L) \tag{4-9}$$

两条笔画的拟合直线段 L_1，L_2，由其构成的多笔画拟合直线段 L_{12} 的线型确定方法如下：

Step1：若 L_1，L_2 线型一致，则 L_{12} 的线型数为 1，无线型转折点，起始线型与 L_1，L_2 的线型相同，转入 Step4，则

Step2：绘制虚线时，可能出现某段没在时间间断内，如一小部分被遗漏，该情况直接将其按虚线处理。通过不等式(4-10)判断是否为这种情况，其中 d_s，d_x 为 L_1，L_2 中实、虚直线段的长度，n 为组成虚直线段的笔画条数，ξ 为判别系数。若不等式成立，则 L_{12} 的线型数为 1，无线型转折点，起始线型为虚线，转入 Step4。

$$d_s < \xi \frac{d_x}{n-1} \quad (n > 3) \tag{4-10}$$

Step3：在遮挡情况下，可能需要一条线段存在两种线型。在该情况下，需要确定 L_{12} 的起始线型及线型转折点。判断 L_{12} 的起点与 $L_1(p_1, q_1)$，$L_2(p_2, q_2)$ 的端点中的哪一个对应，假定是 $L_1(p_1, q_1)$ 的端点，则 L_{12} 的起始线型与 L_1 的线型相同，线型转折点为 $L_1(p_1, q_1)$ 的另一个端点；

Step4：结束。

4. 算例

算例 1：图 4-2 所示为由三条笔画构成的单一线型的多笔画直线段的识别过程。其中图(a) 为第一条输入笔画（笔画 1），其识别结果为一条实直线段，如图(b) 所示；图(c) 为在笔画 1 的基础上绘制的第二条笔画（笔画 2），其识别结果为一条实直线段，如图(d) 所示；图(e) 为在笔画 1，2 的基础上绘制的第三条笔画（笔画 3），其识别结果为一条实直线段，如(f) 所示；(g) 为笔画 1，2，3 的多笔画识别结果与原笔画的比较。该算例属于一种线型的直线段多笔画识

别，其各拟合过程中参数详见表 4-1，其中拟合直线段的点坐标的小数点后均仅保留 4 位数字。多笔画拟合直线段的线型数为 1，起始线型为实线，起点为 p_s(297.003 6，295.056 9)，终点为 p_e(781.996 3，293.962 1)。

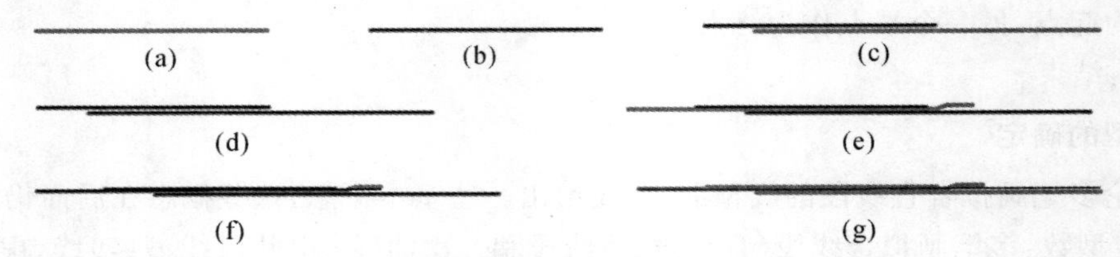

图 4-2　单线型多笔画直线段识别

表 4-1　单线型多笔画直线段识别参数

序号(采样点数)		笔画 1(12)	笔画 2(27)	笔画 3(49)
笔画 (X,Y,t)	起点	368 292 77.187	421 298 78.219	297 294 79.437
	终点	610 292 78.219	782 298 78.719	658 290 80.375
拟合直线段	起点	368.000 0，292.000 0	421.000 0，298.000 0	297.002 4，294.521 7
	终点	610.000 0，292.000 0	782.000 0，298.000 0	658.013 1，292.891 8
	线型	实	实	实
多笔画拟合直线段		$Lseg(p_s$(297.003 6，295.056 9)，NULL，p_e(781.996 3，293.962 1)，−1)		

算例 2：图 4-3 为由 6 条笔画构成的两种线型的多笔画直线段识别过程。其中图(a)为 5 条输入笔画，按绘制的先后顺序分别称为笔画 1、笔画 2、笔画 3、笔画 4 和笔画 5，通过多笔画预处理将其识别为一条虚直线段，如图(b)所示；图(c)为在前 5 条笔画的基础上绘制的第 6 条笔画(笔画 6)，其识别结果为一条实直线段，如图(d)所示；图(e)为 6 条笔画的多笔画识别结果与原笔画的比较。该算例属于两种线型的直线段多笔画识别，其各拟合过程中的参数详见表 4-2，其中拟合直线段的点坐标的小数点后均仅保留 4 位数字。多笔画拟合直线段的线型数为 2，起始线型为虚线，线型转折点为 p_{m1}(621.009 7，298.595 9)，起点为 p_s(457.936 9，295.843 7)，终点为 p_e(791.993 1，302.354 4)。

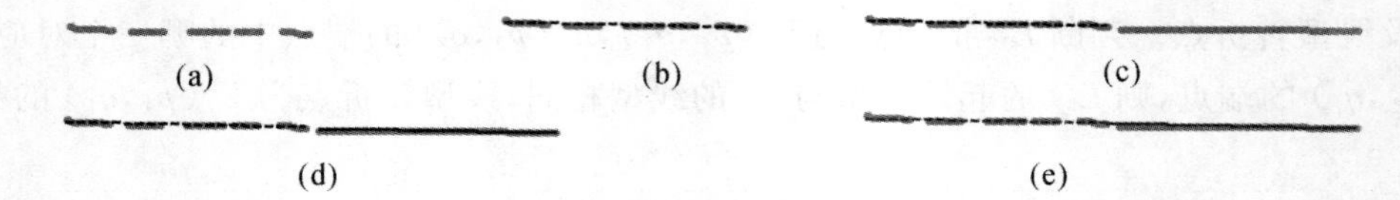

图 4-3　两种线型多笔画直线段识别

表 4-2　两种线型多笔画直线段识别参数

序　号		笔画 1(12)	笔画 2(12)	笔画 3(12)	笔画 4(11)	笔画 5(8)	笔画 6(21)
笔画 (X,Y,t)	起点	458 293，0.843	500 297，1.125	540 297，1.390	572 297，1.640	603 297，1.875	630 301，2.937
	终点	487 296，1.000	522 297，1.281	565 297，1.562	588 297，1.796	621 299，2.031	792 302，3.359

续 表

序 号		笔画 1(12)	笔画 2(12)	笔画 3(12)	笔画 4(11)	笔画 5(8)	笔画 6(21)
拟合直线段	起点	457.959 7,294.673 9					630.021 2,299.582 4
	终点	621.009 7,298.595 9					792.000 0,302.000 0
	线型	虚					实
多笔画拟合直线段		$Lseg(p_s(457.936\ 9,295.843\ 7),\{p_{m1}(621.009\ 7,298.595\ 9)\},p_e(791.993\ 1,302.354\ 4),2)$					

4.2.2 折线段的多笔画识别

在讨论折线段的多笔画识别前，先给出一些相关概念。

(1)折线段自身的重复绘制：由一条笔画构成且识别结果为折线段，其拟合折线段自身至少存在两条子段构成直线段的多笔画绘制。包括一笔重复绘制的折线段和折线段自身的部分顺延绘制，前者的特征为构成多笔画绘制的子段集合中的子段均相邻，否则为后者。

(2)折线段的多笔画绘制：由至少两条笔画构成且识别结果均为折线段曲线，且至少有一条为折线段，两者间至少构成一个直线段的多笔画绘制。包括折线段与直线段、折线段与折线段的多笔画绘制。

在讨论折线段的多笔画绘制前，首先对一笔重复绘制的折线段进行识别，然后讨论折线段的多笔画绘制问题，折线段自身的部分顺延识别将在折线段的多笔画识别中加以讨论。

1. 一笔重复绘制的折线段识别

一笔重复绘制的折线段识别属于单笔画的重复绘制问题，其判定原则为在折线段各相邻子段间进行直线段的多笔画识别，并尽可能保持折线段原有连接关系。

设一条笔画的单一线元识别结果为折线段，其拟合折线段的折点序列为$\{z_i;0\leqslant i\leqslant u\}$，将第$k$个子段标记为$L(k)(0\leqslant k<u)$，$str(i,j)$代表由该折点$z_i$到$z_j$组成的折线段对应的子笔画，其中$0\leqslant i<j\leqslant u$。设$bl$代表笔画是否为一笔重复绘制的折线段，初始值设为1；bns，bne分别代表多笔画拟合折线段首尾两段是否为多笔画绘制，初始值均设为0；其首尾两段对应的拟合折线段的子段数分别为ns和ne，初始值均设为1。

一笔重复绘制折线段的识别算法如下，设$i=0$，$n=1$。

Step1：若$i=0$，则$bns=1$；若$i=u-2$，则$bne=1$；若$i=0$且$i=u-2$，则多笔画拟合折线段退化为一条直线段。

Step2：若$L(i)$和$L(i+1)$构成直线段的多笔画绘制，则$n=n+1$，$bl=0$，对其进行直线段的多笔画识别得到多笔画拟合直线段LL，并用$L(i+1)$存储，同时将LL存入直线段序列$lsec$。若$bns=1$，则$ns=n$；若$bne=1$，则$ne=n$。

Step3：若$L(i)$和$L(i+1)$未构成直线段的多笔画绘制，则$bns=0$，$ns=0$，$n=1$，将$L(i)$存入直线段序列$lsec$；若$bns=1$，$ne=1$，则将$L(i+1)$存入直线段序列$lsec$。

Step4：$i=i+1$，重复Step1～Step4，直到$i>u-2$为止。若$bl=1$表示不是一笔重复绘制的折线段，进入Step12；否则为一笔重复绘制的折线段。

Step5：若 $ns=1$ 表示多笔画拟合折线段的起始段不是多笔画直线段；否则，ns 表示多笔画拟合折线段的起始段对应的拟合折线段的子段条数。

Step6：将拟合折线段对应的子笔画 $str(0,ns)$ 作为多笔画拟合折线段的首段对应的子笔画，转入 Step8。

Step7：如果直线段链表中只有一个元素，则说明多笔画拟合折线段退化为一条直线段，因此其对应整条笔画。

Step8：若 $ne=1$ 表示多笔画拟合折线段的尾段不是多笔画绘制；否则，ne 表示多笔画拟合折线段的尾段对应的拟合折线段的子段条数。

Step9：将拟合折线段对应的子笔画 $str(u-ne,u)$ 作为多笔画拟合折线段的尾段对应的子笔画。

Step10：将直线段序列 $lsec$ 中相邻直线段所在直线的交点作为多笔画拟合折线段的折点，将第一条直线段的起点和最后一条直线段的尾点作为多笔画拟合折线段的首尾点。

Step11：若多笔画拟合折线段的首尾段是多笔画绘制，由直线段的多笔画拟合得到的直线段的首尾点是通过两条直线段相交得到的，而折线段中相邻子段的交点经常会失真。因此对多笔画拟合折线段的首尾段中为多笔画绘制的首段或尾段的首尾点需要修正，采用第四章介绍的重心法确定其首尾点，对应的子笔画为 $str(0,ns)$ 或 $str(u-ne,u)$。

Step12：结束。

2. 折线段与直线段的多笔画识别

折线段与直线段的多笔画绘制是指两条笔画的单一线元识别结果为直线段与折线段，且直线段与折线段中的某一子段之间符合多笔画直线段的绘制要求，其识别算法如下：

Step1：判断直线段是否与折线段中某条子段构成直线段的多笔画绘制，若构成，则对其进行直线段的多笔画识别得到多笔画拟合直线段 LL，并记录该子段的段号 j；若不构成，则判定不是多笔画绘制，进入 Step5。

Step2：若拟合折线段的第 j 个子段不是折线段的首尾段，则通过 LL 所在直线与段号为 $j-1$ 和 $j+1$ 的子段所在直线求交，连接两个交点得到的直线段作为修正后的第 j 个子段，并对相邻的两条子段进行相应调整，从而保持折线段的连接性。

Step3：若拟合折线段的第 j 个子段是折线段的首段或尾段，则将 LL 所在直线与唯一相邻的一个子段所在的直线求交点，将其作为该子段的一个端点。若该子段为拟合折线段的首段，则将 LL 的起点作为多笔画拟合折线段的起点；否则，若该子段为拟合折线段的尾段，则将 LL 的尾点作为多笔画拟合折线段的尾点。

Step4：折线段与直线段对应的笔画构成多笔画拟合折线段的草图，同时将直线段对应的笔画从链表中去除。

Step5：结束。

3. 折线段与折线段的多笔画识别

在讨论折线段与折线段间的多笔画绘制问题前，首先给出点与折线段及两条折线段间的相互位置关系的一些相关概念。

(1) **点在折点处**：点与折线段的某个折点的距离小于自适应阈值，自适应阈值可以通过实验或经验确定，本书取折线段中最短子段长度的一半作为阈值，否则称为点不在折点处。

(2) **点在子段上**：若点不在折点处，但点到折线段中某一条子段的垂足在该子段上且垂直距离小于自适应阈值，自适应阈值可以通过实验或经验确定，本书取折线段中最短子段长度的四分之一。

(3) **直线段与折线段相交**：折线段至少存在一个子段与直线段相交，即某一子段所在直线与直线段所在直线相交且交点既在该子段上又在直线段上。

(4) **两条折线段相交**：折线段 A 中至少存在一个子段与折线段 B 相交。

若折线段 A 上的段号连续的部分子段 $\{L_A(i), L_A(i+1), \cdots, L_A(m)\}$ 均与折线段 B 上段号连续的部分子段 $\{L_B(j), L_B(j+1), \cdots, L_B(n)\}$ 构成直线段的多笔画绘制，且用多笔画拟合直线段修正两条折线段后折线段的形态无变化，则将两条折线段称为顺延关系。若 $L_A(i)$，$L_A(m)$ 均为首尾段或 $L_B(j)$，$L_B(n)$ 均为首尾段，则称为内部顺延；若 $L_A(i)$，$L_A(m)$ 中有且仅有一个为首尾段，且 $L_B(j)$，$L_B(n)$ 中有且仅有一个为首尾段，则称为外部顺延。将内部顺延和外部顺延均称为完全顺延，否则称为部分顺延。如图 4－4 所示。

若折线段 A，B 为内部顺延关系，将 $L_B(j)$，$L_B(n)$ 均为首尾段的内部顺延称为 A 包含 B；将 $L_A(i)$，$L_A(m)$ 均为首尾段的内部顺延称为 B 包含 A。

交叉：两条折线段相交，但不顺延。

互立：两条折线段不相交，且不顺延。

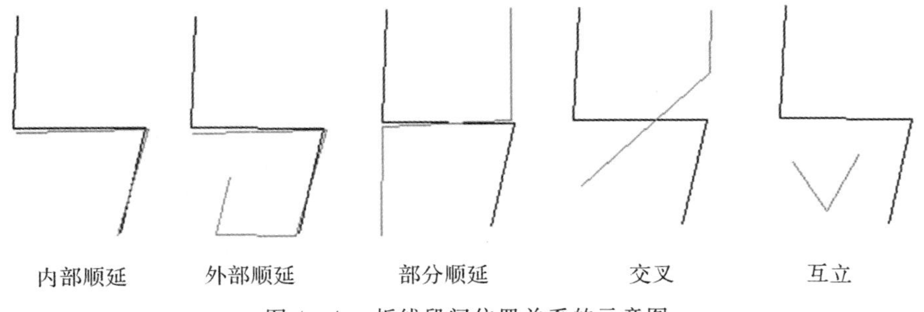

图 4－4　折线段间位置关系的示意图

两条折线段之间的位置关系(见图 4－5) 包括：顺延、交叉和互立。顺延分为：完全顺延和部分顺延，其中前者分为外部顺延和内部顺延。按照定义可知只有顺延需要讨论折线段的多笔画识别问题。

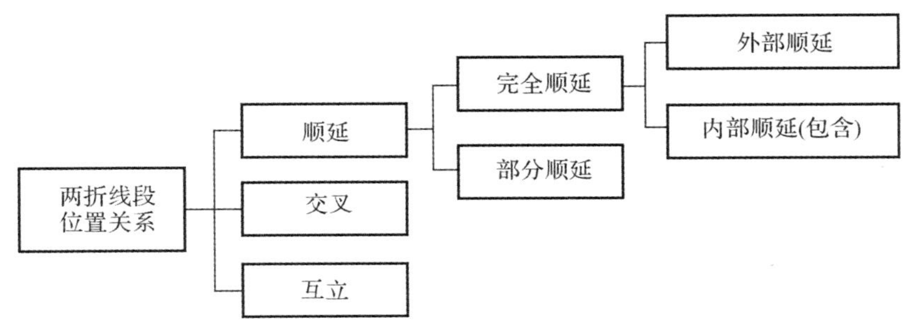

图 4－5　两条折线段的位置关系分类

若点在折点处或点在子段上则称点在折线段上，否则称为点不在折线段上。因此，点与折线段的位置关系包括点在折点处、点在子段上和点不在折线段上，分别标记为 -1，1 和 0。若点在折线段上，则称该点可以和折线段聚合，简称可聚合，并将该点称为聚合点；否则称为不可聚合。

设两条笔画的拟合折线段为 F_1，F_2，其对应的折点数为 T_1，T_2，其第 i 个子段分别用 $L_1(i)$，$L_2(i)$ 表示。设 F_1 的首尾点与 F_2 的关系为 b_{s1}，b_{e1}，对应 F_2 的点号或段号为 n_{s1}，n_{e1}；F_2 的首尾点与 F_1 的关系为 b_{s2}，b_{e2}，对应 F_1 的点号或段号 n_{s2}，n_{e2}。

通过讨论折线段首尾点与另一条折线段的位置关系，确定两条折线段间的相互位置关系。若两条折线段为完全顺延，则 $|b_{s1}|+|b_{e1}|\geqslant 1$ 且 $|b_{s2}|+|b_{e2}|\geqslant 1$；若两条折线段为内部顺延，则 $|b_{s1}|+|b_{e1}|=2$（F_2 包含 F_1）或 $|b_{s2}|+|b_{e2}|=2$（F_1 包含 F_2）；若两条折线段为外部顺延，则 $|b_{s1}|+|b_{e1}|=1$ 且 $|b_{s2}|+|b_{e2}|=1$；若折线段 F_1 包含 F_2，则可知 $T_1\geqslant T_2$，且 F_2 的所有折点均与 F_1 可聚合；若折线段 F_2 包含 F_1，则可知 $T_1\leqslant T_2$，且 F_1 的所有折点均与 F_2 可聚合。

通过上述条件可知，若 $|b_{s1}|+|b_{e1}|+|b_{s2}|+|b_{e2}|\geqslant 2$ 则初步判定两条折线段可能为完全顺延；若 $|b_{s1}|+|b_{e1}|=2$ 或 $|b_{s2}|+|b_{e2}|=2$ 则可能为内部顺延；若 $|b_{s1}|+|b_{e1}|=1$ 且 $|b_{s2}|+|b_{e2}|=1$ 则可能为外部顺延。

(1) 内部顺延识别。若 $|b_{s1}|+|b_{e1}|=2$ 或 $|b_{s2}|+|b_{e2}|=2$，则需讨论折线段 F_1，F_2 是否为内部顺延，假定 $|b_{s1}|+|b_{e1}|=2$（$|b_{s2}|+|b_{e2}|=2$ 同理），即 F_2 可能包含 F_1，内部顺延识别算法如下：

Step1：若 $T_1>T_2$，则判定 F_2 不包含 F_1，进入 Step5。

Step2：若 F_1 存在折点与 F_2 不可聚合，则判定 F_2 不包含 F_1，进入 Step5。

Step3：若 F_1 所有折点与 F_2 均可聚合，则需要判断 F_1 对于 F_2 的所有可聚合点的点号是否连续且 F_2 对于 F_1 的所有可聚合点的点号是否连续，若均连续，则判定 F_2 包含 F_1；否则判定 F_2 不包含 F_1，进入 Step5。

Step4：若 F_2 包含 F_1，则依次对 F_1 的子段与 F_2 的对应子段分别进行直线段的多笔画拟合，通过多笔画拟合直线段对 F_2 进行修正，最终得到多笔画拟合折线段。

Step5：若 F_2 不包含 F_1，则 F_1、F_2 不是内部顺延；否则为内部顺延，结束。

若 F_1，F_2 为内部顺延关系，则判定为多笔画绘制，通过上述处理可得到多笔画拟合折线段。用多笔画拟合折线段代替 F_2，并将 F_1 对应的笔画加入到 F_2 对应的草图中去。

(2) 外部顺延识别。若 $|b_{s1}|+|b_{e1}|=1$ 且 $|b_{s2}|+|b_{e2}|=1$，则需要讨论两条折线段是否为外部顺延，其可能的位置关系如图 4-6 所示。

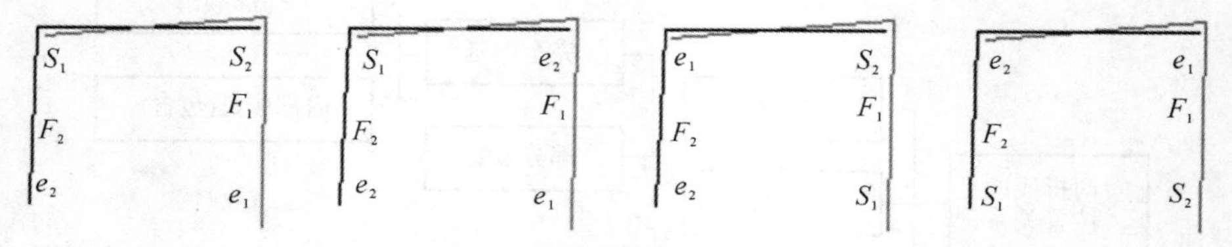

图 4-6　外部顺延关系的可能位置示意图

首先创建两个用于存折点的链表 f_1 和 f_2。设 ff 为一条折线段，其折点个数记为 T_f，其第 i 个子段标记为 $L_f(i)$，F_{12} 用于存储多笔画拟合折线段折点的链表。两条拟合折线段 F_1，F_2 是否为外部顺延的判定算法如下：

Step1：若 F_1，F_2 的聚合点均为起点，即 $|b_{s1}|=1$，$|b_{e1}|=0$，$|b_{s2}|=1$，$|b_{e2}|=0$，否则转入 Step6。

Step2：若 $b_{s1}=-1$，则将 F_2 的第 $[0,n_{s1}]$ 折点依次存入 f_2，否则 $b_{s1}=1$，将 F_2 的第 $[0,n_{s1}+1]$ 折点依次存入 f_2。

Step3：若 $b_{s2}=-1$，则将 F_1 的第 $[0,n_{s2}]$ 折点依次存入 f_1，否则 $b_{s2}=1$，将 F_2 的第 $[0,n_{s2}+1]$ 折点依次存入 F_1。

Step4：若 f_1 和 f_2 是内部顺延关系，则判定 F_1，F_2 为外部顺延关系，将 f_1 和 f_2 进行内部顺延处理得到的多笔画拟合折线段用 ff 表示，将起点定为距 F_2 中点号为 T_f-1 的折点较近的；否则 F_1，F_2 不是顺延关系，转入 Step13。

Step5：若 F_1，F_2 为顺延关系，则需将其 F_1，F_2 和 ff 进行合并。将 F_2 中折点 $[T_f,T_2-1]$ 倒序存入 F_{12}；将 $L_2(T_f-1)$ 与 $L_f(0)$ 所在直线的交点作为修正后的折点存入 F_{12}；将 ff 中折点 $[1,T_f-1]$ 依次顺序加入 F_{12}；然后将 $L_1(T_f-1)$ 与 $L_f(T_f-2)$ 所在直线的交点作为修正后的折点存入 F_{12}；将 F_1 中折点 $[T_f,T_1-1]$ 顺序存入 F_{12}，转入 Step13。

Step6：若 F_1 的聚合点为起点，F_2 的聚合点为终点，即 $|b_{s1}|=1$，$|b_{e1}|=0$，$|b_{s2}|=0$，$|b_{e2}|=1$，否则转入 Step11。

Step7：若 $b_{s1}=-1$，则将 F_2 的第 $[n_{s1},T_2-1]$ 折点依次存入 f_2；否则 $b_{s1}=1$，将 F_2 的第 $[n_{s1}-1,T_2-1]$ 折点依次存入 f_2。

Step8：若 $b_{s2}=-1$，则将 F_1 的第 $[0,n_{e2}]$ 折点依次存入 f_1；否则 $b_{s2}=1$，将 F_2 的第 $[0,n_{s2}+1]$ 折点依次存入 f_1。

Step9：若 f_1 和 f_2 是内部顺延关系，则判定 F_1，F_2 为外部顺延关系；将 f_1 和 f_2 进行内部顺延处理得到多笔画拟合折线段用 ff 表示，将起点定为距 F_2 中点号为 T_2-T_f 的折点较近的；否则 F_1，F_2 不是顺延关系，转入 Step13。

Step10：若 F_1，F_2 为顺延关系，需要将其 F_1，F_2 和 ff 进行合并。将 F_2 中折点 $[0,T_2-T_f-1]$ 顺序存入 F_{12}。将 $L_2(T_2-T_f-1)$ 与 $L_f(0)$ 所在直线的交点作为修正后的折点存入 F_{12}；将 ff 中折点 $[1,T_f-1]$ 依次顺序加入 F_{12}；将 $L_1(T_f-1)$ 与 $L_f(T_f-2)$ 所在直线的交点作为修正后的折点存入 F_{12}；将 F_1 中折点 $[T_f,T_1-1]$ 顺序存入 F_{12}，转入 Step13。

Step11：若 F_1 的聚合点在终点，F_2 的聚合点在起点，即 $|b_{s1}|=0$，$|b_{e1}|=1$，$|b_{s2}|=1$，$|b_{e2}|=0$，处理方法与 F_1 的聚合点为起点，F_2 的聚合点为终点雷同，不再复述。

Step12：若 F_1，F_2 的聚合点均在终点，即 $|b_{s1}|=0$，$|b_{e1}|=1$，$|b_{s2}|=0$，$|b_{e2}|=1$，处理方法与 F_1，F_2 的聚合点均为起点雷同，不再复述。

Step13：结束。

若 F_1，F_2 被判定为外部顺延，则判定其为多笔画绘制，通过上述处理可得到多笔画拟合折线段。用 F_{12} 取代折线段 F_1，并将 F_2 对应的原始笔画加入到 F_1 对应的草图中去。

(3) 部分顺延识别。通过折线段的完全顺延处理后，需要对折线段进行部分顺延识别。设两条笔画的单一线元识别结果分别为折线段 F_1 和折线段 F_2，其对应的子段序列分别为 $\{L_1(i);0\leqslant i<u_1\}$ 和 $\{L_2(j);0\leqslant j<u_2\}$，部分顺延算法如下：

Step1：依次将 F_1 对应的子段 $L_1(i)$ 与折线段 F_2 对应的子段 $L_2(j)$ 进行直线段的多笔画判定。

Step2：若 F_1，F_2 中对应的第 i，j 子段构成多笔画直线段，则采用直线段的多笔画拟合，并用前面介绍的方法对i,j段进行修正。以第i,j子段分别将折线段F_1,F_2分为三部分,如F_1被分为由点号为$[0,i-1]$折点构成的折线段、修正后的第i段和由点号为$[i,u_1]$折点构成的折线段。

Step3:结束。

通过上述处理既可以有效地保证折线段的连接信息不被破坏,又可以最大限度地释放用户的绘制自由度。对上述方法进行适当修改便可以处理折线段内部的部分顺延问题。若笔画的单一线元识别结果为折线段,且该折线段不是一笔重复绘制的折线段,则要判断其是否为折线段自身的部分顺延,其算法同折线段与折线段的部分顺延识别方法。

4. 线型的确定

与直线段的多笔画绘制一样,理论上折线段的多笔画绘制的线型也存在相同和不同线型的多笔画绘制,但一般用户在绘制存在有两种线型组成的线段时都比较仔细,一般只会将其绘制为一条虚直线段和一条实直线段的组合,而不会将其绘制为两条折线段的某一子段的组合。因此书中折线段的多笔画绘制只讨论相同线型进行合并,如出现不同线型的折线段的多笔画绘制问题,则将折线段长度较长的线型作为多笔画拟合折线段的线型。

5. 算例

算例1:图4-7所示为一条笔画的单一线元识别结果。其中图(a)为输入笔画和通过折线化处理得到的逼近折线段的折点,其折点序列详见表4-3;该笔画的识别结果为一条折线段,如图(b)所示,其拟合折线段的折点序列详见表4-3,本节算例中拟合折线段的折点序列的点坐标的小数点后均仅保留4位数字。

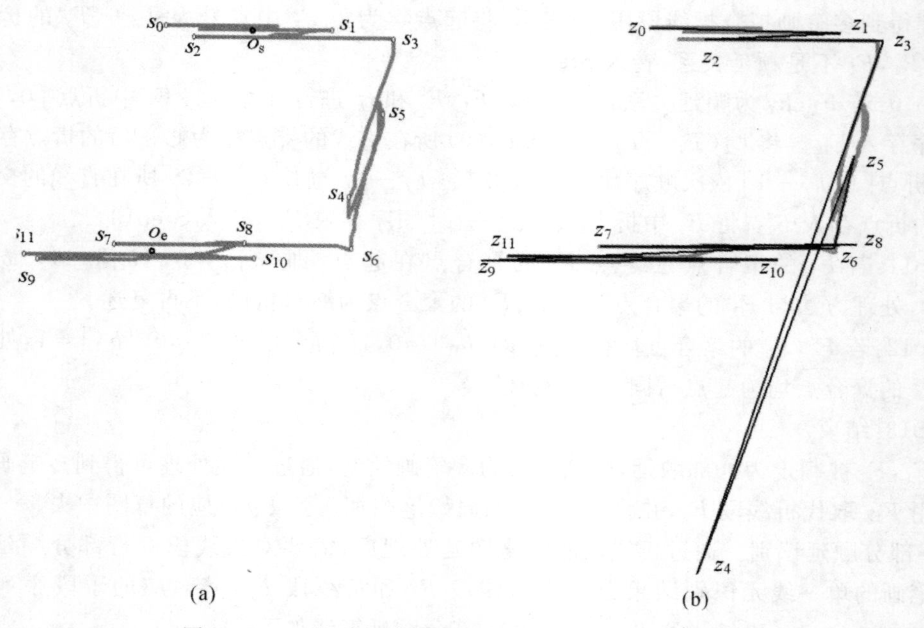

图4-7　一笔重复绘制的折线段的单一线元识别结果

经过多笔画判定可知,该笔画为一笔重复绘制的折线段。其中,由折点序列$\{z_0,z_1,z_2,z_3\}$、$\{z_3,z_4,z_5,z_6\}$和$\{z_6,z_7,z_8,z_9,z_{10},z_{11}\}$组成的折线段分别构成直线段的多笔画识别,图

4－8(a) 中灰色直线段为相应的多笔画拟合直线段，具体参数见表 4－3。

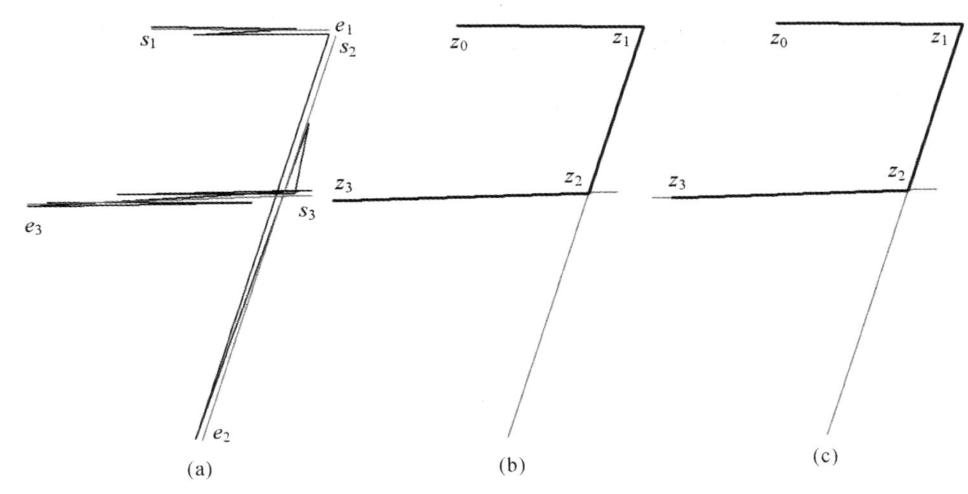

图 4－8　一笔重复绘制的折线段的识别与首尾点确定方法的比较

图 4－8(a) 给出了多笔画拟合折线段的首尾段对应的子笔画及其重心。其中首段对应由折点 s_0 和 s_3 构成的子笔画，重心 o_s(862.376 2,103.762 4)，由其得到该子笔画左右两部分距离重心的最远点分别为：起点(951,103)、终点(780,99)。多笔画折线段的尾段对应由折点 s_6 和 s_{11} 构成的子笔画，重心 o_e(768.850 0,339.841 7)，由其得到两个最远点分别为：起点(636,343)、终点(973,335)。

图 4－8(b) 采用笔画的拟合折线段确定多笔画拟合折线段的首尾点；图 5－8(c) 采用笔画重心确定多笔画拟合折线段的首尾点，并分别将多笔画拟合折线段与多笔画拟合直线段比较。其参数均详见表 4－3。

表 4－3　一笔重复绘制折线段的参数表

逼近折线段	折点序列(X,Y)	s_0(780,99)，s_1(951,103)，s_2(809,111)，s_3(1014,112)，s_4(970,281)，s_5(1004,192)，s_6(973,335)，s_7(729,332)，s_8(863,330)，s_9(650,348)，s_{10}(873,346)，s_{11}(636,343)	
单一线元识别	拟合折线段的折点序列	z_0(779.988 2,99.555 0)，z_1(975.629 1,103.725 7)，z_2(836.585 4,111.000 0)，z_3(1019.167 8,111.000 0)，z_4(834.424 7,674.475 9)，z_5(991.359 4,234.443 2)，z_6(971.941 7,332.000 0)，z_7(731.000 0,332.000 0)，z_8(994.488 4,327.883 0)，z_9(609.468 9,348.909 0)，z_{10}(913.427 5,344.885 6)，z_{11}(636.002 3,342.704 7)	
多笔画识别	多笔画拟合直线段首尾点	z_0，z_1，z_2，z_3	s_1(779.944 7,102.667 1)，e_1(1 019.231 1,105.347 2)
		z_3，z_4，z_5，z_6	s_2(1 028.538 6,113.802 4)，e_2(843.961 5,676.685 4)
		z_6，z_7，z_8，z_9，z_{10}，z_{11}	s_3(994.635 0,334.954 8)，e_3(609.378 6,345.900 3)
	多笔画拟合折线段的折点序列	依拟合结果确定首尾点	z_0(779.944 7,102.667 1)，z_1(1031.266 9,105.482 0)，z_2(955.656 5,336.062 2)，z_3(609.378 6,345.900 3)
		依笔画重心确定首尾点	z_0(779.958 9,102.667 3)，z_1(1031.266 9,105.482 0)，z_2(955.656 5,336.062 2)，z_3(636.060 9,345.142 2)

算例 2:图 4-9 所示为由三条笔画构成的折线段与直线段的多笔画绘制。其中图(a)为第一条输入笔画(笔画 1),其识别结果为折线段,如图(b)所示;图(c)为在笔画 1 的基础上绘制的第二条笔画(笔画 2),其识别结果为直线段,如图(d)所示;e)为在笔画 1,2 的基础上绘制的第三条笔画(笔画 3),其识别结果为直线段,如图(f)所示;笔画 1,2,3 的多笔画识别结果为折线段,如图(g)所示;图(h)为多笔画拟合折线段与三条笔画的比较;识别过程的各参数详见表 4-4。

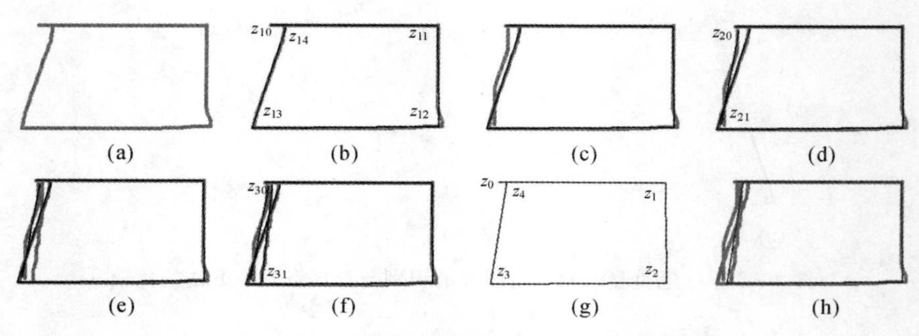

图 4-9　折线段与直线段的多笔画绘制过程

表 4-4　折线段与直线段的多笔画绘制过程参数表

笔　序	类　型	线　型	拟合折线段曲线的折点序列坐标
笔画 1	F	实	z_{10}(493.000 0,334.000 0),z_{11}(715.226 4,334.000 0),z_{12}(718.411 4,472.947 2),z_{13}(469.217 8,475.525 5),z_{14}(513.048 6,337.651 2)
笔画 2	L	实	z_{20}(498.844 6,339.526 0), z_{21}(475.039 6,468.267 7)
笔画 3	L	实	z_{30}(503.649 0,338.263 0), z_{31}(490.468 6,471.046 5)
多笔画识别	F	实	z_0(493.000 0,334.000 0), z_1(715.226 4,334.000 0), z_2(718.411 4,472.947 2), z_3(484.689 8,475.365 4), z_4(504.163 8,335.628 4)

算例 3:图 4-10 所示为由两条笔画构成的折线段与折线段外部顺延的多笔画绘制。其中图(a)为第一条输入笔画(笔画 1),其识别结果为折线段,如图(b)所示;图(c)为在笔画 1 的基础上绘制第二条笔画(笔画 2),其识别结果为折线段,如图(d)所示;笔画 1,2 的多笔画识别结果为折线段,如图(e)所示;识别过程的各参数详见表 4-5。

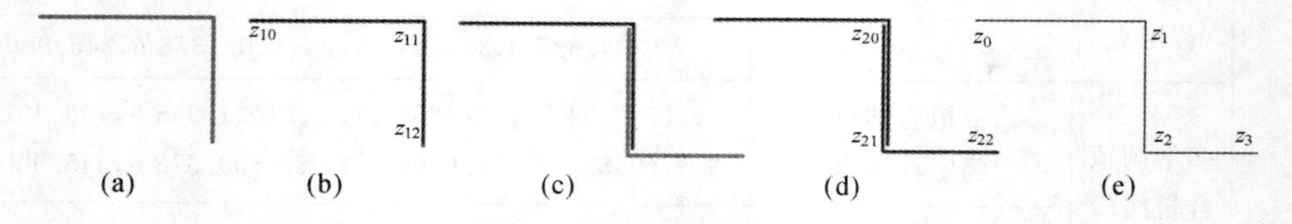

图 4-10　折线段与折线段外部顺延的多笔画绘制过程

表 4-5　折线段与折线段外部顺延的多笔画识别参数表

笔　序	类　型	线　型	拟合折线段曲线的折点序列坐标
笔画 1	F	实	z_{10}(439.000 0,380.000 0),z_{11}(650.000 0,380.000 0),z_{12}(650.000 0,536.000 0)
笔画 2	F	实	z_{20}(644.000 0,387.000 0),z_{21}(644.000 0,545.000 0),z_{22}(784.000 0,545.000 0)
多笔画识别	F	实	z_0(439.000 0,380.000 0), z_1(647.000 0,380.000 0),z_2(647.000 0,545.000 0), z_3(784.000 0,545.000 0)

算例 4:图 4-11 所示为由两条笔画构成的折线段与折线段内部顺延的多笔画绘制。其中图(a)为第一条输入笔画(笔画 1),其识别结果为折线段,如图(b)所示;图(c)为在笔画 1 的基础上绘制第二条笔画(笔画 2),其识别结果为折线段,如图(d)所示;笔画 1,2 的多笔画识别结果为折线段,如图(e)所示;识别过程的各参数详见表 4-6。

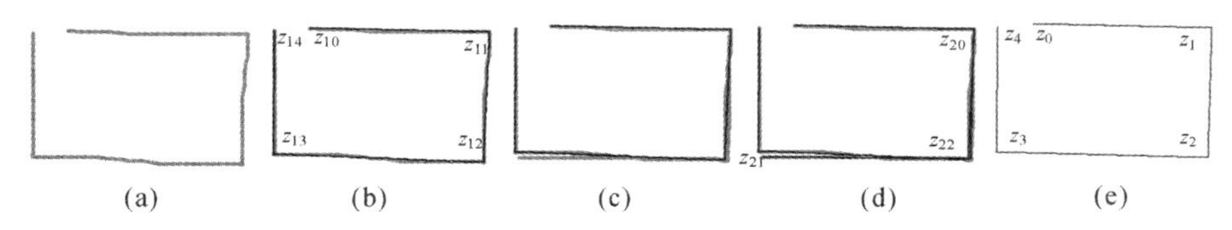

图 4-11　折线段与折线段内部顺延的多笔画绘制过程

表 4-6　折线段与折线段内部顺延的多笔画识别参数表

笔　序	类　型	线　型	拟合折线段曲线的折点序列坐标
笔画 1	F	实	z_{10}(548.000 4,275.980 6), z_{11}(774.028 7,280.369 5),z_{12}(766.209 9,452.011 5), z_{13}(502.987 8,441.143 0),z_{14}(504.712 7,279.007 6)
笔画 2	F	实	z_{20}(773.009 2,289.0193 1),z_{21}(769.907 3,451.528 9),z_{22}(508.006 0,448.484 0)
多笔画识别	F	实	z_0(548.000 4,275.980 6), z_1(773.427 0,280.357 8),z_2(768.814 2,451.817 6), z_3(502.949 1,444.783 3),z_4(504.712 7,279.007 6)

4.2.3　二次曲线的多笔画识别

二次曲线的多笔画识别分为封闭二次曲线和非封闭二次曲线的多笔画识别。前者包括封闭二次曲线与封闭二次曲线的多笔画识别(简称 $C-C$ 的多笔画识别)和封闭二次曲线与非封闭二次曲线的多笔画识别(简称 $C-O$ 的多笔画识别);后者包括非封闭二次曲线与非封闭二次曲线的多笔画识别(简称 $O-O$ 的多笔画识别)。

如图 4-12 所示,两条笔画 S_1,S_2 的首尾点分别为 S_{s1},S_{e1} 和 S_{s2},S_{e2},单一线元识别结果分

别为二次曲线 C_1,C_2;笔画长度分别为 L_1,L_2,逼近折线段的密折点个数分别为 T_1,T_2。

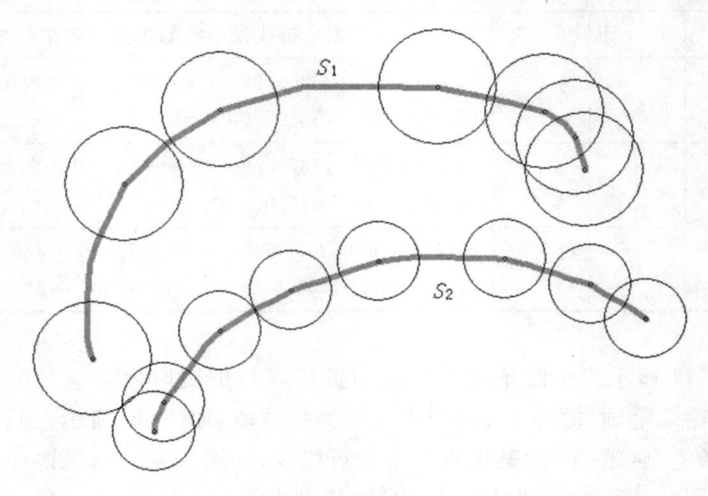

图 4-12　两条笔画的单一线元识别结果为二次曲线

通过判断两条笔画的密折点之间位置关系及拟合误差大小判断两条笔画是否为多笔画绘制。取 S_1 中由密折点构成的密折线段的子段平均长度与 S_2 中密折线段的子段平均长度中较短一个的一半作为容差半径 $d_{\max}$,则有

$$d_{\max}=0.5\min\left(\frac{L_1}{T_1-1},\frac{L_2}{T_2-1}\right) \tag{4-11}$$

若 S_2 中至少存在一个密折点 s_m 到 S_1 中的密折点 s_n 的距离小于 $d_{\max}$,则称 S_1 中的密折点 s_n 落入 S_2 的容差圆,简称落入,并将 s_m 称为 s_n 的落入处,简称落入处。

1. 封闭二次曲线的多笔画识别

封闭二次曲线的多笔画识别包括 C-C 的多笔画识别和 C-O 的多笔画识别,下面分别对其进行判定。若被判定为封闭二次曲线的多笔画绘制,则其多笔画拟合结果必为封闭二次曲线,本书通过对两条笔画的密折点进行最小中值二乘的封闭二次曲线拟合得到多笔画拟合二次曲线。

(1)C-C 的多笔画识别。对于 C-C 的多笔画判定,首先将 S_1 和 S_2 的密折点个数进行比较,若前者少,则依次判断 S_1 中的密折点落入 S_2 的个数;反之亦然。若落入的密折点个数大于自适应阈值(本书取其密折点个数的 40%),择为多笔画绘制;否则需计算 C_1,C_2 对应草图最小包络矩形的重叠程度,若重叠部分的面积占最小包络矩形中面积较大的一个的 80%,则为多笔画绘制。

(2)C-O 的多笔画识别。对于 C-O 的多笔画判定,假定 C_1 封闭、C_2 非封闭,则依次判断 S_2 的密折点落入 S_1 的个数。若落入的密折点个数大于自适应阈值(本书取其密折点个数的 50%),则为多笔画绘制;否则通过 S_2 的密折点到 C_1 的误差来判断,若误差均小于自适应阈值(本书取 $2d_{\max}$),则为多笔画绘制。

2. 非封闭二次曲线的多笔画识别

不同于封闭二次曲线的多笔画绘制,非封闭二次曲线的多笔画拟合结果可能为封闭二次曲线也可能为非封闭二次曲线，因此需要判断其封闭性。在非封闭二次曲线拟合和二次曲线离散化显示时，由单笔画的首尾点坐标信息便可确定拟合二次曲线的首尾点，而在多笔画拟合二次曲线时，若按照广义笔画的首尾点信息确定拟合二次曲线的首尾点，并通过其旋转角度判断封闭性，则经常会出现下图所示的问题，广义笔画的旋转角为 α，首尾点为 S_{s1}，S_{e2}，从图 4-13 中不难看出，由此得到的多笔画拟合二次曲线明显变短，不符合要求。为了解决这个问题，需对广义笔画的旋转角和首尾点进行定义。

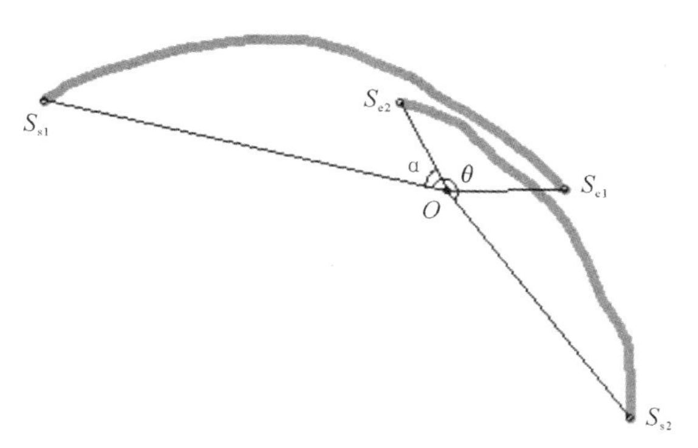

图 4-13 广义笔画的旋转角度及首尾点

将草图中所有笔画的首尾点与广义笔画的中心相连，将构成的夹角最大的两个点定义为广义笔画的首尾点，并将该最大夹角作为广义笔画的旋转角（顺时针取正，逆时针取负），见图中 θ。

为了给用户更大的绘制自由度，因此没有对用户绘制的旋转方向进行要求，用户既可顺时针绘制也可逆时针绘制，在草图生成时需将混乱的方向进行处理，使笔画均按一定规则（顺序或逆序）加入草图，从而保证广义笔画的旋转角度和首尾点的确定更加容易。

非封闭二次曲线的多笔画识别包括 O-O 的多笔画判定、草图生成及广义笔画旋转角和首尾点的确定。

(1)O-O 的多笔画判定。对于 O-O 的多笔画判定，首先将 S_1 和 S_2 的密折点个数进行比较，若前者少，则依次判断 S_1 的密折点落入 S_2 的个数。若落入的密折点个数大于自适应阈值（本书取其密折点个数的 60%），则认为 C_1，C_2 为多笔画绘制；否则通过 S_1 上的密折点到二次曲线 C_2 的误差来判断，如果误差大于自适应阈值（本书取 $3d_{\max}$）或误差大于 $2d_{\max}$ 的个数大于自适应阈值（本书取其密折点个数的 50%），则判定不是多笔画绘制，否则是多笔画绘制。

(2) 草图生成。若两条笔画被判定为非封闭二次曲线的多笔画绘制，则在判定过程中记录两条笔画的首尾点是否落入对方的容差圆内，将落入标记为 1，否则标记为 0。S_1 的首尾点落入 S_2 情况分别用 g_0，g_1 存储；S_2 的首尾点的落入 S_1 情况用 g_2，g_3 存储。由笔画首尾点的落入关系，给出非封闭二次曲线的多笔画绘制中两条笔画位置关系的一些概念。

1) 封闭关系：两条笔画的首尾点均落入对方的容差圆内，即 $g_0+g_1=2$ 且 $g_2+g_3=2$。

2) 包含关系：两条笔画中有且仅有一条笔画的首尾点均落入对方的容差圆内，即 $g_0+g_1<2$ 且 $g_2+g_3=2$ 或 $g_0+g_1=2$ 且 $g_2+g_3<2$，称前者为 S_1 包含 S_2，后者为 S_2 包含 S_1。

3) 顺延关系：两条笔画的首尾点均有且仅有一个落入对方的容差圆内，即 $g_0+g_1=1$ 且

$g_2+g_3=1$。

将不符合上述3种要求的多笔画绘制中笔画位置关系，称为退化的顺延关系，即 $g_0+g_1+g_2+g_3\leqslant 1$。表4-7为非封闭二次曲线多笔画绘制中笔画位置关系的标准形式。

表4-7　非封闭二次曲线多笔画绘制中笔画位置关系的标准形式

	封闭关系	包含关系						顺延关系				退化的顺延关系				
g_0	1	0	1	0	1	1	1	0	0	1	1	0	1	0	0	0
g_1	1	0	1	1	0	1	1	1	1	0	0	1	0	0	0	0
g_2	1	1	0	1	1	1	0	1	0	0	1	0	0	0	1	0
g_3	1	1	0	1	1	0	1	0	1	1	0	0	0	1	0	0

为了更好地计算广义笔画的旋转角和首尾点，在生成草图时对相邻两条笔画的旋转方向进行如下规定，前一条笔画的旋转方向尽可能指向其存在落入的端点，后一条笔画的旋转方向尽可能由其落入的端点离开。按照上述规定，针对笔画位置关系的不同，草图 _sc 的生成算法如下。

1）封闭关系：先将 S_1 中的笔画加入 _sc；然后计算 S_{e1} 到 S_{s2}，S_{e2} 的距离 d_1，d_2。若 $d_1<d_2$，则证明 S_{s2} 距离 S_{e1} 较近，将 S_2 加入 _sc；否则，证明 S_{e2} 距离 S_{e1} 较近，将 S_2 逆序加入 _sc；同时将 C_1，C_2 的线型分别存入 lt_1，lt_2。

2）包含关系：首先确定包含关系，若 $g_0+g_1<2$、$g_2+g_3=2$ 则 S_1 包含 S_2；若 $g_0+g_1=2$，$g_2+g_3<2$ 则 S_2 包含 S_1。计算 S_{s1} 和 S_{s2}，S_{e2} 之间以及 S_{e1} 和 S_{s2}，S_{e2} 之间的距离，得到最短距离 $d_{\min}$。在 S_1 包含 S_2 的情况下，若 $d_{\min}$ 由 S_{s1}，S_{s2} 构成，则 S_1 逆序加入 _sc，S_2 加入 _sc；若 $d_{\min}$ 由 S_{s1}，S_{e2} 构成，则 S_1 逆序加入 _sc，S_2 逆序加入 _sc；若 $d_{\min}$ 由 S_{e1}，S_{s2} 构成，则 S_1 加入 _sc，S_2 加入 _sc；若 $d_{\min}$ 由 S_{e1}，S_{e2} 构成，则 S_1 加入 _sc，S_2 逆序加入 _sc；将 C_1，C_2 的线型分别存入 lt_1，lt_2。S_2 包含 S_1 的草图生成方法雷同，不再复述，包含关系的草图生成方法见表4-8。

表4-8　包含关系的草图生成方法

S_1，S_2 关系	$d_{\min}$ 的端点		加入 _sc 的顺序		线型存储顺序
S_1 包含 S_2 $g_0+g_1<2$ $g_2+g_3=2$	S_{s1}	S_{s2}	$\leftarrow S_1$	S_2	将 C_1，C_2 的线型存入 lt_1，lt_2
	S_{s1}	S_{e2}	$\leftarrow S_1$	$\leftarrow S_2$	
	S_{e1}	S_{s2}	S_1	S_2	
	S_{e1}	S_{e2}	S_1	$\leftarrow S_2$	
S_2 包含 S_1 $g_0+g_1=2$ $g_2+g_3<2$	S_{s2}	S_{s1}	$\leftarrow S_2$	S_1	将 C_2，C_1 的线型存入 lt_1，lt_2
	S_{s2}	S_{e1}	$\leftarrow S_2$	$\leftarrow S_1$	
	S_{e2}	S_{s1}	S_2	S_1	
	S_{e2}	S_{e1}	S_2	$\leftarrow S_1$	

3) 顺延关系：若 $g_0=0, g_1=1, g_2=1, g_3=0$，则 S_1 加入，S_2 加入，将 C_1, C_2 的线型分别存入 lt_1, lt_2；若 $g_0=0, g_1=1, g_2=0, g_3=1$，则 S_1 加入，S_2 逆序加入，将 C_1, C_2 的线型分别存入 lt_1, lt_2；若 $g_0=1, g_1=0, g_2=0, g_3=1$，则 S_2 加入，S_1 加入，将 C_2, C_1 的线型分别存入 lt_1, lt_2；若 $g_0=1, g_1=0, g_2=1, g_3=0$，则 S_2 逆序加入，S_1 加入，将 C_2, C_1 的线型分别存入 lt_1, lt_2。其草图生成方法见表 4-9。

表 4-9　顺延关系的草图生成方法

位置关系 $g_0g_1g_2g_3$	加入 _sc 的顺序		线型存储顺序
0110	S_1	S_2	将 C_1, C_2 的线型存为 lt_1, lt_2
0101	S_1	$\leftarrow S_2$	
0110	S_1	S_2	将 C_2, C_1 的线型存为 lt_1, lt_2
0101	S_1	$\leftarrow S_2$	

4) 退化的顺延关系：若 $g_0+g_1=0$，则 S_1 发生退化；若 $g_2+g_3=0$，则 S_2 发生退化，需要将其进行恢复使其成为顺延关系。假设 S_2 退化（S_1 退化的恢复方法雷同），通过 S_1, S_2 首尾点的距离关系得到 S_2 的退化点并进行恢复，方法如下：

计算 S_2 的首尾点分别到 S_1 的首尾点的距离 $d_{ss}, d_{se}, d_{es}, d_{ee}$。若 S_{s2} 到 S_{s1}, S_{e1} 的距离之和小于 S_{e2} 到 S_{s1}, S_{e1} 的距离之和，即 $d_{ss}+d_{se}<d_{es}+d_{ee}$，则认为 S_{s2} 发生退化，将其进行恢复 $g_2=1$，否则，认为 S_{e2} 发生退化，将其恢复 $g_3=1$。通过上述处理可将退化的顺延关系恢复为顺延关系，从而按顺延关系生成草图。

(3) 旋转角和首尾点的确定。单笔画中旋转角计算的目的是为了通过计算两相邻矢量半径之间的夹角是否变号判断笔画是否为二次曲线，若是二次曲线则继续可用来判断其封闭性。若单笔画为二次曲线，则旋转角可由笔画的首尾点和笔画的中心唯一确定。将广义笔画按单笔画进行处理，在计算两相邻矢量半径之间的夹角时，经常出现夹角变号现象，但通过 O-O 的多笔画判定可知二次曲线的多笔画识别结果必为二次曲线，因此不必再用是否符号变化来推断拟合结果是否为二次曲线。由图 4-13 可知，单笔画中旋转角的计算方法不适用于广义笔画旋转角的计算。

为了讨论非封闭二次曲线的多笔画绘制中广义笔画的旋转角和首尾点，首先给出虚笔画的概念。

虚笔画：连接草图中相邻两笔画中前一笔画终点和后一笔画条起点获得的直线段构成的笔迹。

通过广义笔画采样点的平均值可近似计算广义笔画的中心。草图中各笔画和虚笔画的旋转角的计算，与第 4 章介绍的利用笔画中心和折点求笔画的旋转角的计算方法一样，只是将笔画的中心改为广义笔画的中心。本书通过草图中相邻两条笔画的旋转角与这两条笔画构成的虚笔画的旋转角之间的关系得到广义笔画的旋转角。

设草图由笔画 S_1, S_2 构成，旋转角分别为 ang_1, ang_2，由其构成的虚笔画的旋转角为 ang_{12}，两条笔画首尾点分别为 S_{s1}, S_{e1} 和 S_{s2}, S_{e2}，广义笔画的旋转角和首尾点的计算方法如下：

Step1：若 ang_1 与 ang_2 同号，则代表笔画 S_1，S_2 的旋转方向相同，否则转入 Step5。

Step2：若 ang_{12} 与 ang_1 同号，则认为笔画无重叠，则广义笔画的旋转角为 $ang_1+ang_{12}+ang_2$，首尾点分别为 S_{s1}，S_{e2}，转入 Step8。

Step3：若 ang_{12} 与 ang_1 异号，且 $|ang_{12}|>|ang_1|$，则需判断虚笔画与 S_2 的长度。若 $|ang_{12}|>|ang_2|$，则广义笔画的旋转角为 ang_{12}，首尾点分别为 S_{e1}，S_{s2}；否则，旋转为 ang_2，首尾点分别为 S_{s2}，S_{e2}，转入 Step8。

Step4：若 ang_{12} 与 ang_1 异号，且 $|ang_{12}|<|ang_1|$，需要判断虚笔画与 S_2 的旋转角度的大小。若 $|ang_{12}|>|ang_2|$，则广义笔画的旋转角为 ang_1，首尾点分别为 S_{s1}，S_{e1}；否则，广义笔画的旋转角为 $ang_1+ang_{12}+ang_2$，首尾点分别为 S_{s1}，S_{e2}，转入 Step8。

Step5：若 ang_1 与 ang_2 异号，代表笔画 S_1，S_2 的旋转方向不同。

Step6：若 ang_{12} 与 ang_1 同号，且 $|ang_{12}+ang_1|>|ang_2|$，则广义笔画的旋转角为 ang_1+ang_{12}，首尾点分别为 S_{s1}，S_{s2}；否则，旋转角为 $ang1$，首尾点分别为 S_{s1}，S_{e1}，转入 Step8。

Step7：若 ang_{12} 与 ang_1 同号，且 $|ang_{12}+ang_2|>|ang_1|$，则广义笔画的旋转角为 $ang_{12}+ang_2$，首尾点分别为 S_{e1}，S_{e2}；否则，广义笔画的旋转角为 ang_1，首尾点分别为 S_{s1}，S_{e1}。

Step8：结束。

3. 线型的确定

同直线段多笔画绘制，二次曲线多笔画绘制也存在相同和不同线型绘制的问题。在生成草图时将每条笔画的拟合二次曲线的线型分别存入 lt_1，lt_2，若两条二次曲线的线型相同，则多笔画拟合二次曲线只有一种线型 lt_1；否则，认为多笔画二次曲线存在两种线型，本书将草图中前一条笔画终点与后一条笔画起点连线的中点向多笔画拟合二次曲线投影得到的投影点作为线型转折点，将 lt_1 作为起始类型。

带线型的二次曲线段的完整定义：已知二次曲线段的起点 p_s、终点 p_e、线型转折点 $*p_m$、起始线型 lt、存储二次曲线一般方程系数的数组 wbb 和二次曲线的旋转方向（顺时针、逆时针）bt，则该二次曲线的样式唯一确定，见式(4-12)。p_s 和 p_e 确定二次曲线的首尾点位置，线型转折点代表线型开始变化的位置，lt 确定二次曲线段的起点到第一个线型转折点的类型，wbb 用于控制二次曲线的形状，bt 代表二次曲线的旋转方向，$bt=1$ 代表顺时针，$bt=-1$ 代表逆时针。在 FSR 系统中，为方便定义二次曲线段，将 lt 取为整数，当 lt 为负时，起始线型为实线，否则为虚线，而 lt 的绝对值代表线型数，从而避免了从指针 $*p_m$ 中确定线型数，则

$$C_t: Cseg(p_s, *p_m, p_e, lt, wbb, bt) \tag{4-12}$$

4. 算例

算例 1：图 4-14 所示为由三条笔画构成的单线型封闭二次曲线的多笔画绘制过程。其中图(a)为第一条输入笔画（笔画 1），其识别结果为封闭二次曲线，如图(b)所示；图(c)为在笔画 1 的基础上绘制第二条笔画（笔画 2），其识别结果为封闭二次曲线，如图(d)所示；图(e)为在笔画 1，2 的基础上绘制第三条笔画（笔画 3），其识别结果为非封闭二次曲线，如图(f)所示；图(g)为笔画 1，2，3 的多笔画识别结果与原笔画的比较；图(*h*)为多笔画拟合二次曲线；识别过程各参数详见表 4-10，本节算例中拟合二次曲线的参数值的小数点后均仅保留 4 位数字。

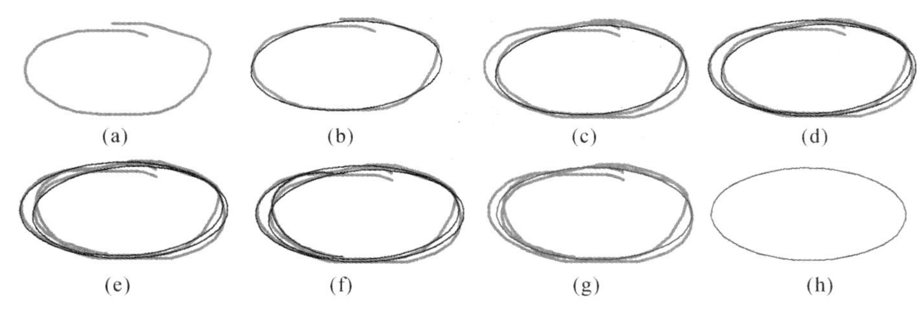

图 4－14　单线型封闭二次曲线的多笔画绘制过程

表 4－10　单线型封闭二次曲线的多笔画识别参数表

参数			笔画 1	笔画 2	笔画 3	多笔画
笔画	起点(X,Y,t)		867, 229, 0.641	866, 217, 2.562	772, 218, 5.297	867, 229, 0.641
	终点(X,Y,t)		812, 208, 1.344	821, 209, 3.687	787, 358, 6.875	787, 358, 6.875
	旋转方向		逆	逆	逆	逆
拟合二次曲线	起点(x,y)		975.056 6,276.575 9	982.900 9,284.574 1	786.952 3,357.554 9	977.348 4,287.691 1
	终点(x,y)		975.056 6,276.575 9	982.900 9,284.574 1	771.996 3,217.965 3	977.348 4,287.691 1
	线型		实	实	实	实
	旋转方向		顺	顺	顺	顺
	二次曲线一般方程系数	A	−0.329 1	−0.318 8	−0.628 4	−0.333 2
		B	−0.147 4	−0.012 5	0.331 6	0.022 9
		C	−1.371 4	−1.377 8	−1.245 0	−1.374 3
		D	583.277 4	523.535 1	875.995 1	540.124 0
		E	909.300 9	797.087 9	458.961 4	767.168 6
		F	−362 655.894 5	−318 315.623 0	−398 415.123 3	−322 984.405 0
	圆心		821.761 7,287.360 2	815.414 6,285.563 5	772.740 3,287.219 8	820.246 0,285.960 2
	长轴半径		153.673 7	167.489 3	100.745 8	157.111 9
	短轴半径		74.546 4	80.565 3	68.026 2	77.347 9
	长轴倾角		−0.070 2	−0.005 9	0.246 7	0.011 0
	离心角	起点	0.000 0	0.000 0	1.258 5	0.000 0
		终点	6.283 2	6.283 2	4.536 5	6.283 2

算例 2:图 4－15 所示为由三条笔画构成的单线型非封闭二次曲线的多笔画绘制过程。其中图(a)为第一条输入笔画(笔画 1),其识别结果为非封闭二次曲线,如图(b)所示;图(c)为在笔画 1 的基础上绘制的第二条笔画(笔画 2),其识别结果为非封闭二次曲线,如图(d)所示;图(e)为在笔画 1,2 的基础上绘制的第三条笔画(笔画 3),其识别结果为非封闭二次曲线,如

图(f)所示；图(g)为笔画 1,2,3 的多笔画识别结果与原笔画的比较；图(h)为多笔画拟合二次曲线；识别过程中各参数详见表 4－11。

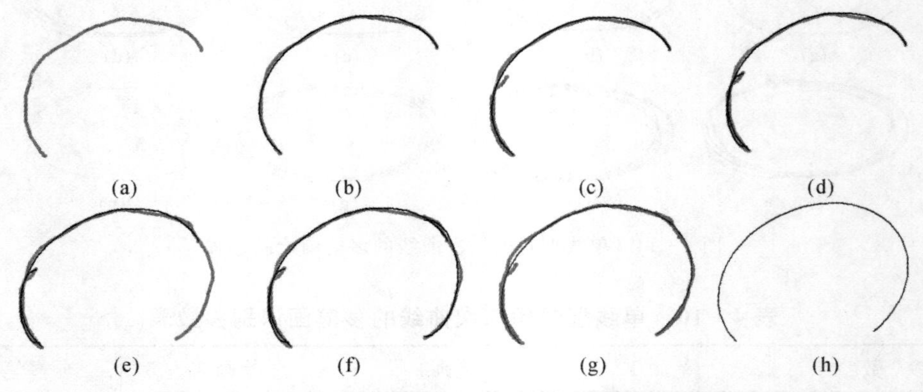

图 4－15　单一线型非封闭二次曲线的多笔画绘制过程

表 4－11　单一线型封闭二次曲线的多笔画识别过程的参数表

参　数			笔画 1	笔画 2	笔画 3	多笔画
笔画	起点(X,Y,t)		726，393，0.687	497，552，2.656	693，356，5.640	694，540，6.656
	终点(X,Y,t)		499，553，1.703	490，434，3.641	694，540，6.656	499，553，1.703
	旋转方向		逆	顺	顺	逆
拟合二次曲线	起点(x,y)		499.730 8,552.484 9	496.675 4,546.528 7	693.030 2,361.563 3	495.568 8,553.228 7
	终点(x,y)		727.247 2,392.120 9	490.108 0,435.820 4	693.993 8,538.856 4	695.316 7,539.912 2
	线型		实	实	实	实
	旋转方向		顺时针	顺时针	顺时针	顺时针
	二次曲线一般方程系数	A	－0.821 6	－1.386 1	－1.343 5	－0.828 7
		B	－0.433 8	0.071 5	－0.082 1	－0.386 3
		C	－1.109 4	－0.275 9	－0.437 9	－1.112 9
		D	1 189.578 7	1 327.990 3	1 897.679 1	1 186.195 5
		E	1 280.832 1	236.083 2	451.224 4	1 269.063 6
		F	－638 516.307 7	－383 653.004 5	－755 226.598 9	－639 862.106 9
	圆心		602.621 5,459.441 2	491.708 0,491.460 4	692.503 5,450.321 2	607.377 5,464.724 5
	长轴半径		141.646 4	55.664 3	88.902 0	144.457 0
	短轴半径		107.440 3	24.774 4	50.611 7	112.252 0
	长轴倾角		－0.492 5	1.538 6	－1.525 6	－0.468 2
	离心角	起点	2.826 1	6.153 9	6.214 3	2.884 7
		终点	6.279 6	9.432 4	9.316 1	7.540 5

算例 3：图 4－16 所示为由几条笔画构成的两种线型封闭二次曲线的多笔画绘制过程。其中图(a)为第一条输入笔画(笔画 1)；图(b)为笔画 1 的识别结果，为实线型二次曲线，及在笔画 1 的基础上多笔画重复绘制得到的几条笔画(笔画 2)，其识别结果为虚线型二次曲线，如图(c)所示；图(d)为笔画 1,2 的多笔画识别结果与原笔画的比较；识别过程中拟合二次曲线的各项参数值详见表 4－12。

(a)　(b)　(c)　(d)

4－16　两种线型封闭二次曲线的多笔画绘制过程

表 4－12　两种线型封闭二次曲线的多笔画识别过程的参数表

参数			笔画 1	笔画 2	多笔画
笔画	起点(X,Y,t)		456，399,125.797	452,388,129.016	456,399,125.797
	终点(X,Y,t)		728,395,127.344	723,389,132.110	452,388,129.016
	旋转方向		逆	顺	逆
拟合二次曲线	起点(x,y)		725.771 2,395.032 8	453.386 6,388.005 1	451.975 6,415.166 2
	终点(x,y)		453.990 8,399.029 6	721.498 1,388.994 5	451.975 6,415.166 2
	起始线型		实	虚	虚、实
	线型转折点				725.467 3,387.091 9
	旋转方向		顺	顺	顺
	二次曲线一般方程系数	A	－0.316 0	－0.107 4	－0.295 7
		B	0.087 3	－0.105 9	－0.014 5
		C	－1.377 1	－1.408 1	－1.382 9
		D	338.795 1	167.262 5	357.701 3
		E	1 088.322 5	1 159.010 8	1 154.262 1
		F	－319 503.082 2	－272 849.978 4	－339 396.451 9
	圆心		593.295 3,413.952 8	586.914 5,389.476 5	594.698 8,414.215 9
	长轴半径		141.121 0	135.723 0	142.726 3
	短轴半径		67.361 6	37.071 7	65.991 5
	长轴倾角		0.041 0	－0.040 6	－0.006 7
	离心角	起点	5.913 5	3.328 5	3.141 6
		线型转折点			5.874 0
		终点	9.561 7	6.418 0	9.424 8

算例4:图4-17为由几条笔画构成的两种线型非封闭二次曲线的多笔画绘制过程。其中(a)为多笔画重复绘制的几条笔画(笔画1),其识别结果为虚二次曲线,如(b)所示;(c)为在笔画1的基础上绘制的另一条笔画(笔画2),其识别结果为实二次曲线,如(d)所示;(e)为多笔画拟合二次曲线;识别过程中拟合二次曲线的各项参数值详见表4-13。

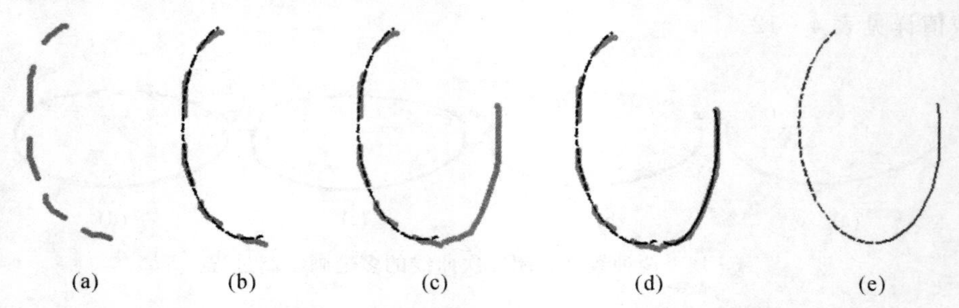

图4-17　两种线型非封闭二次曲线的多笔画绘制过程

表4-13　两种线型非封闭二次曲线的多笔画识别过程的参数表

参数			笔画1	笔画2	多笔画
笔画	起点(X,Y,t)		504, 154, 48.390	545, 337, 51.062	504, 154, 48.390
笔画	终点(X,Y,t)		542, 340, 49.609	589, 217, 51.609	589, 217, 51.609
笔画	旋转方向		逆	逆	逆
拟合二次曲线	起点(x,y)		540.421 1, 332.271 5	588.771 0, 217.624 7	588.159 1, 216.376 7
拟合二次曲线	终点(x,y)		502.990 4, 149.058 3	546.116 4, 333.955 3	502.190 4, 152.658 8
拟合二次曲线	线型		虚	实	实
拟合二次曲线	线型转折点				542.974 3, 338.525 4
拟合二次曲线	旋转方向		顺	顺	顺
拟合二次曲线	二次曲线一般方程系数	A	−1.359 3	−1.357 7	−1.329 4
拟合二次曲线	二次曲线一般方程系数	B	0.104 4	−0.463 9	0.082 4
拟合二次曲线	二次曲线一般方程系数	C	−0.383 1	−0.221 4	−0.478 8
拟合二次曲线	二次曲线一般方程系数	D	1 397.673 5	1 656.200 5	1 393.574 4
拟合二次曲线	二次曲线一般方程系数	E	129.031 9	380.761 3	186.737 2
拟合二次曲线	二次曲线一般方程系数	F	−377 652.375 5	−517 406.176 7	−388 231.817 7
拟合二次曲线	圆心		523.304 0, 239.697 1	563.966 2, 269.009 9	531.587 6, 240.789 6
拟合二次曲线	长轴半径		96.151 3	68.640 2	98.799 5
拟合二次曲线	短轴半径		50.806 2	24.301 0	59.121 5
拟合二次曲线	长轴倾角		1.517 5	−1.377 0	1.522 5
拟合二次曲线	离心角	起点	6.041 4	0.636 5	4.491 4
拟合二次曲线	离心角	线型转折点			6.170 4
拟合二次曲线	离心角	终点	9.115 6	3.349 1	8.986 2

通过上述 4 个算例的验证可以看出，本书提出的二次曲线多笔画识别方法对二次曲线的多笔画绘制中可能存在的单线型封闭二次曲线的多笔画绘制、单线型非封闭二次曲线的多笔画绘制、两种线型封闭二次曲线的多笔画绘制、两种线型非封闭二次曲线的多笔画绘制均达到很好的识别效果。

4.2.4　小结

本节针对多笔画非重复绘制的手绘图进行识别，将多笔画识别分为直线段、折线段和二次曲线的多笔画识别。

在直线段的多笔画识别中，给出两条直线段的最短端点距离、最短垂直距离和夹角的定义；利用拟合直线段之间的关系判定其是否为多笔画绘制，并通过其特征对多笔画直线段进行拟合；给出带线型直线段的完整定义及确定方法。

在折线段的多笔画识别中，在对折线段自身的重复绘制进行研究中将其分为一笔重复绘制的折线段和折线段自身的部分顺延绘制，并分别给出识别方法；通过定义两条折线段之间的位置关系和点与折线段的位置关系，对折线段与折线段的多笔画绘制进行识别。

将二次曲线的多笔画识别分为封闭二次曲线和非封闭二次曲线的多笔画识别，采用最小中值二乘法得到多笔画拟合二次曲线；针对非封闭二次曲线的特征，给出广义笔画的旋转角和首尾点定义；通过多笔画判定、草图生成及广义笔画旋转角和首尾点确定三个方面给出非封闭二次曲线的多笔画识别方法；最后给出带线型二次曲线的完整定义及确定方法。

4.3　在线多笔画重复绘制草图识别算法

本节研究在线多笔画重复绘制草图的聚类与拟合方法，重复绘制的笔画被用于生成直线段、折线段和二次曲线等基本图元，最终将在线多笔画重复绘制草图转换为二维线图。首先给出在线多笔画重复绘制草图识别流程；其次给出笔画容差带构造方法，再次给出两条笔画的重复绘制程度计算方法；然后给出多笔画聚类方法；最后给出多笔画图元拟合方法。本章的输入笔画是表示 1 个图元的单笔画，可由笔画分割得到。图 4 - 18 所示为由多笔画重复绘制草图得到二维线图的草图解释流程。

由图 4 - 18 可以看出，本节的在线多笔画重复绘制草图识别方法包括 4 个主要步骤：①用户输入笔画后，首先对该笔画进行折线化处理以得到笔画的折点序列；②根据笔画折点构造构造包围笔画四周的容差带；③草图绘制完成后，依据笔画间的重复绘制程度对草图中所有笔画进行聚类处理，从而得到若干笔画组；④依据笔画组中笔画的类型对各个笔画组进行单笔画或多笔画直线段拟合、折线段拟合或二次曲线拟合。最终将在线多笔画重复绘制草图转换为基本图元组成的二维线图。

4.3.1　笔画重复绘制程度计算

笔画的容差带定义为以笔画为中心，包围笔画四周且与笔画形状大致相近的一个封闭区域。本节构造的笔画容差带是由等距边线构成的多边形区域，用于计算两条笔画的重复绘制程度。

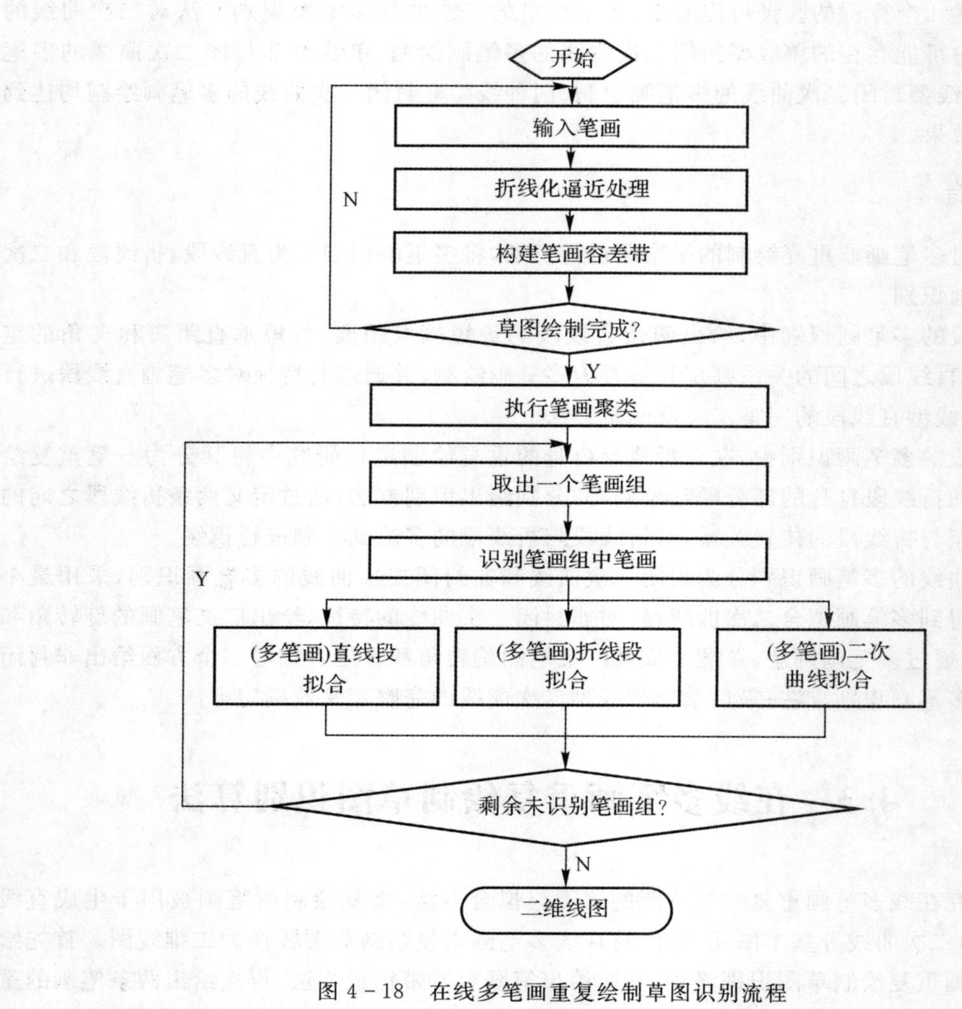

图 4－18　在线多笔画重复绘制草图识别流程

1. 笔画容差带构造

如图 4－19 所示，如果直接采用等距边线逼近容差带轮廓，在高曲率折点处会出现大的尖角而导致笔画容差带的范围过大，因此需在相邻等距边线相交处用圆弧过渡，这样就将容差带表示为一个以圆弧相连的等距边线围成的封闭区域，如图 4－20 所示。

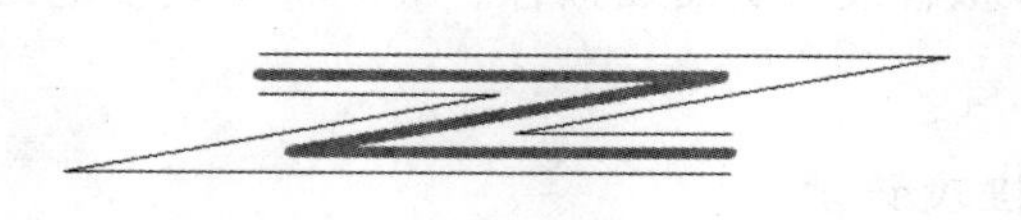

图 4－19　等距边线逼近容差带轮廓

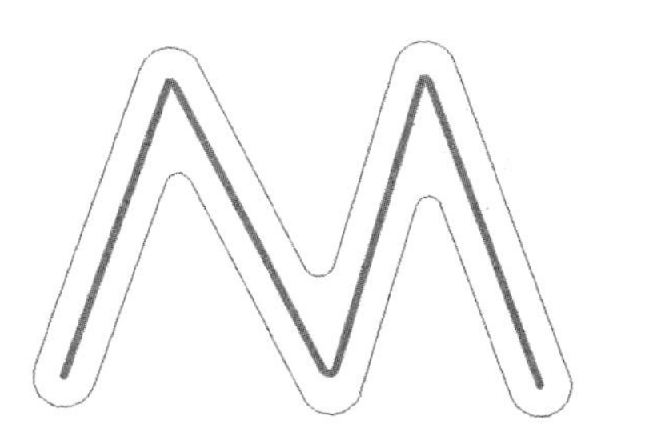

图 4-20　圆弧过渡的笔画容差带

本节通过笔画逼近折线段的折点构造一系列矩形和圆，创建一个带圆弧过渡的等距边线围成的封闭多边形区域作为笔画的容差带。设笔画的采样点序列为$\{p_i;0 \leqslant i < n\}$，折点序列为$\{z_i;0 < i < u < n\}$，笔画容差带构造具体算法如下：

Step1：计算笔画的最小包络矩形的周长 c。本节通过 2 个步骤计算笔画的最小包络矩形：首先采用经典 Graham 扫描算法[33]得到笔画的凸包，然后采用极值法得到笔画的最小包络矩形，如图 4-21 所示，笔画包络矩形反映了笔画占用屏幕空间的大小。

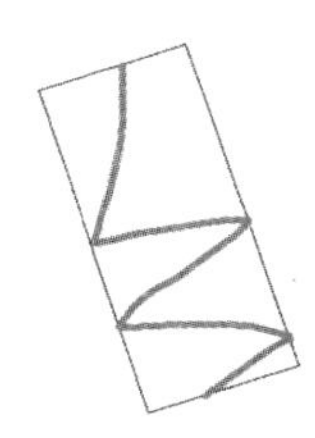
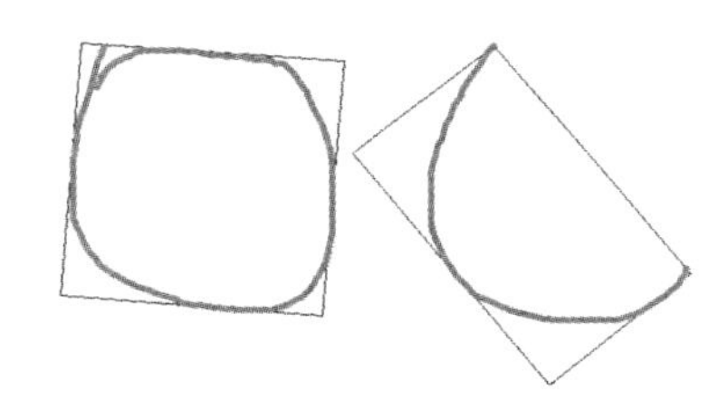

图 4-21　草图笔画的最小包络矩形

Step2：遍历笔画的折点序列，依次在相邻 2 个折点 z_i，z_{i+1} 间构造一个宽度为 w 的矩形 R_i，如图 4-22(a) 所示，z_i，z_{i+1} 分别为该矩形的一组对边的中点，从而得到一组关于笔画折点的构造矩形，用集合$\{R_i;0 < i < u-1\}$表示，如图 4-22(b) 所示。

折点 $z_i(x_i,y_i)$，$z_{i+1}(x_{i+1},y_{i+1})$ 间的构造矩形以顶点链表方式存储 $R_i=\{v_{ij}=(v_{ij_x},v_{ij_y});j=1,2,3,4)\}$。如图 4-23 所示，设 l_i 表示过点 z_i 和 z_{i+1} 的直线，l_{i1} 和 l_{i2} 分别表示位于 l_i 两侧且与 l_i 平行等距的两条直线，l_{i3} 和 l_{i4} 分别表示垂直于 l_i 且过点 z_i 和 z_{i+1} 的直线。则顶点 v_{i1} 为直线 l_{i1} 与直线 l_{i3} 的交点，顶点 v_{i2} 为直线 l_{i1} 与直线 l_{i4} 的交点，顶点 v_{i3} 为直线 l_{i2} 与直线 l_{i4} 的交点，顶点 v_{i4} 为直线 l_{i2} 与直线 l_{i3} 的交点：

l_i 隐式直线方程为

$$Ax+By+C=0 \tag{4-13}$$

l_{i1} 隐式直线方程为

$$Ax+By+C_1=0 \tag{4-14}$$

l_{i2} 隐式直线方程为

$$Ax+By+C_2=0 \tag{4-15}$$

l_{i3} 隐式直线方程为

$$Bx-Ay+C_3=0 \tag{4-16}$$

l_{i4} 隐式直线方程为

$$Bx - Ay + C_4 = 0 \tag{4-17}$$

其中 $A=(y_{i+1}-y_i)$，$B=(x_i-x_{i+1})$，$C=(x_{i+1}y_i-x_iy_{i+1})$，$C_1=C+w\sqrt{A^2+B^2}$，$C_2=C-w\sqrt{A^2+B^2}$，$C_3=Ay_i-Bx_i$，$C_4=Ay_{i+1}-Bx_{i+1}$。

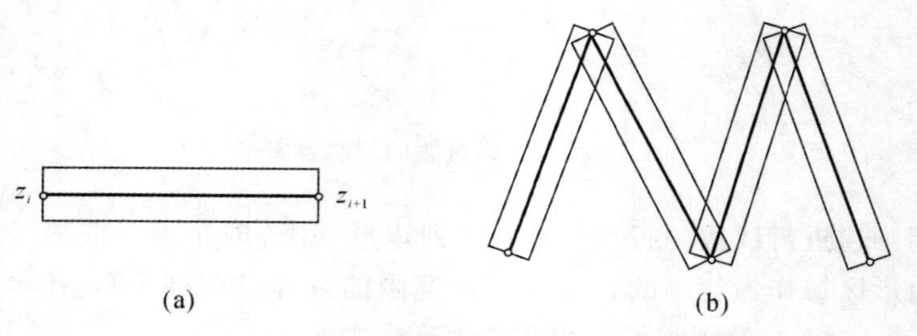

图 4-22　笔画的构造矩形序列

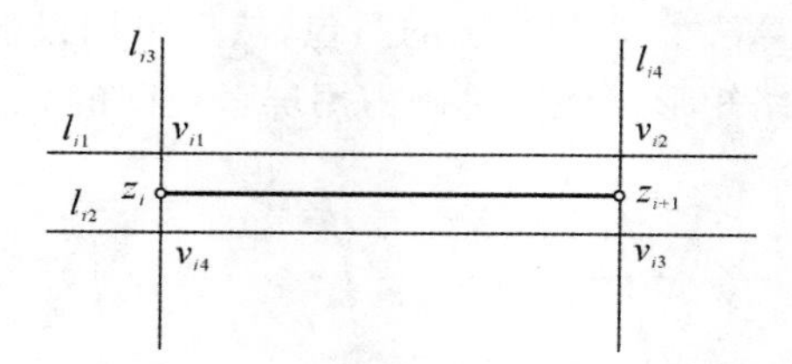

图 4-23　相邻折点间的构造矩形

Step3：遍历笔画的折点序列，依次在每个折点 z_i 上构造以该折点为圆心，$w/2$ 为半径的圆，从而得到一组关于笔画折点的构造圆形，用 $\{C_i;0<i<u\}$ 表示，如图 4-24 所示。

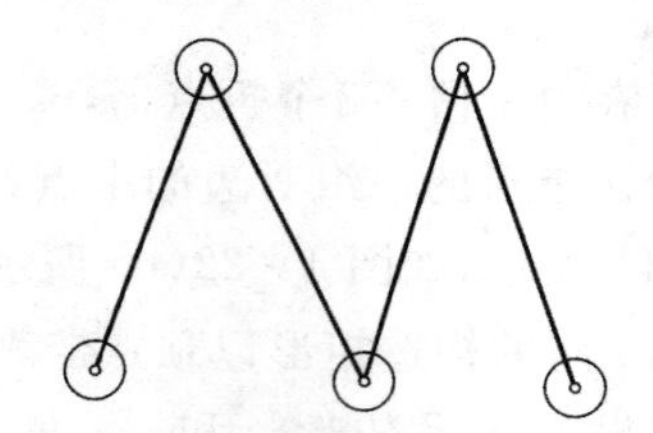

图 4-24　笔画的构造圆序列

Step4：笔画的容差带可以通过求 Step2 和 Step3 得到的矩形序列 $\{R_i\}$ 与圆形序列 $\{C_i\}$ 的并集得到，如图 4-25 所示。然而，这样的计算对其后多笔画重复绘制程度的计算没有意义，所以在实际应用中，省略该步骤。构造的笔画容差带的宽度即为 Step2 中构造矩形的宽度 w，我们没有将其固定为某一个值，而是将其设为笔画最小包络矩形的周长 c 与笔迹宽度 b 的函数，即

$$w = \alpha\sqrt{c} + \beta b \tag{4-18}$$

式中，c 为笔画的最小包络矩形的周长；b 为笔画的笔迹宽度，本节取 5；α 为经验系数，本书取 2/3；β 为经验系数，本书取 2。

由公式(4-18)可知，笔画所占屏幕空间范围越大，笔迹宽度越大，笔画容差带的宽度就越大。

Step5：结束。

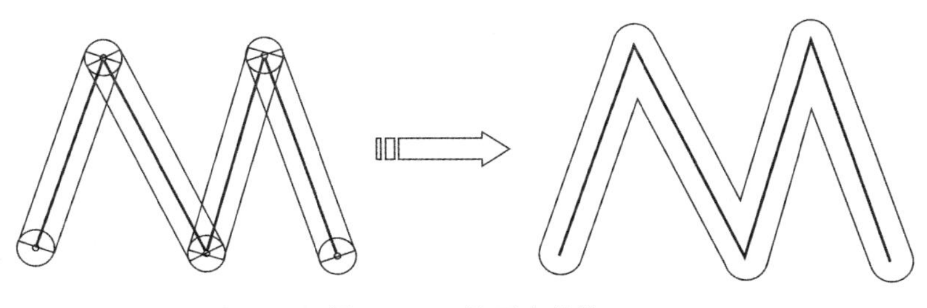

图 4-25　笔画容差带

2. 笔画重复绘制率计算

笔画重复绘制率定义为较小笔画的采样点落入较大笔画的容差带的比率，其反映了两条笔画的重复绘制程度，如图 4-26 所示。其中笔画大小的比较依据是笔画包络矩形的周长。

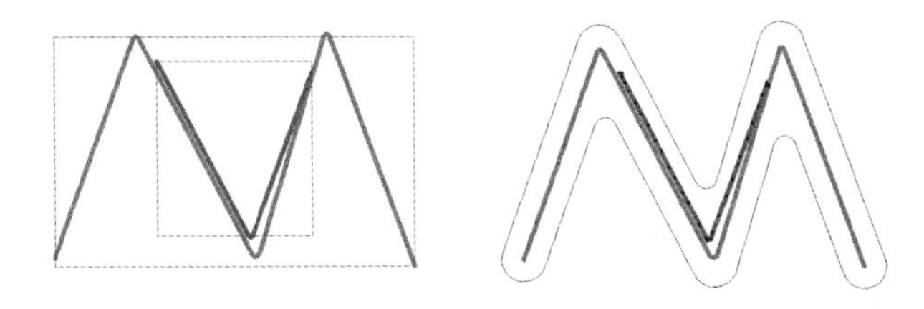

图 4-26　两条笔画的重复绘制程度

两条笔画 S_1 和 S_2 的重复绘制率 $r_{S_1S_2}$ 的计算步骤如下：

Step1：设笔画 S_1 和 S_2 的最小包络矩形的周长分别为 c_1 和 c_2，笔画长度分别为 l_1 和 l_2。比较 c_1 和 c_2 的大小，将较大者对应的笔画记为 $S_{\max}$，较小的笔画记为 $S_{\min}$；若 $c_1=c_2$，则继续比较 l_1 和 l_2 的大小，同样将较大者对应的笔画记为 $S_{\max}$，较小的笔画记为 $S_{\min}$。

设笔画 $S_{\min}$ 的采样点序列为 $\{p_j;0\leqslant j<n_{\min}\}$，$n_{\min}$ 为笔画 $S_{\min}$ 的采样点的个数；设笔画 $S_{\max}$ 容差带的构造矩形序列为 $\{R_i;0<i<u_{\max}-1\}$，圆形序列为 $\{C_i;0<i<u_{\max}\}$；设 $n_{\text{fall}}=0$，用于记录 $S_{\min}$ 的采样点落入 $S_{\max}$ 容差带的个数。

Step2：遍历 $\{p_j;0\leqslant j<n_{\min}\}$，若点 p_j 落入 $\{R_i;0<i<u_{\max}-1\}$ 中任一矩形内或边界上，则 $n_{\text{fall}}=n_{\text{fall}}+1$，转 Step4。

如图 4-27 所示，判断一点 p 否落入矩形 $R=\{v_1,v_2,v_3,v_4\}$ 内，只需要满足公式(4-19)即可。

$$(\overrightarrow{v_1v_2}\times\overrightarrow{v_1p})*(\overrightarrow{v_3v_4}\times\overrightarrow{v_3p})\geqslant 0\ (\overrightarrow{v_2v_3}\times\overrightarrow{v_2p})*(\overrightarrow{v_4v_1}\times\overrightarrow{v_4p})\geqslant 0 \qquad (4-19)$$

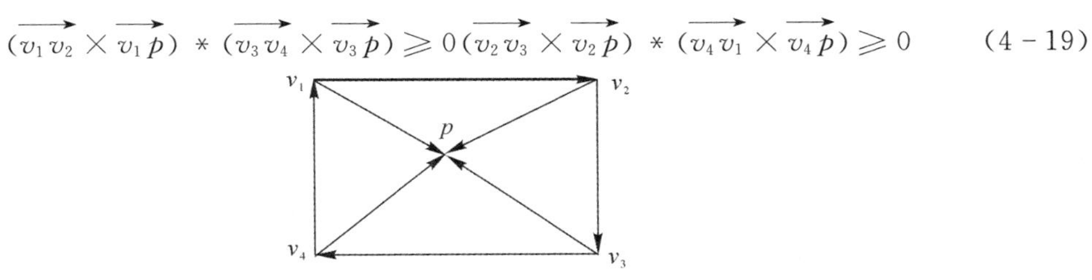

图 4-27　判断一点是否落在矩形内

Step3：遍历$\{p_j;0\leqslant j<n_{\min}\}$，若点$p_j$落入$\{C_i;0<i<u_{\max}\}$中任一圆内（或边界上），则$n_{fall}=n_{fall}+1$，转Step4。

Step4：笔画S_1和S_2的重复绘制率$r_{S_1S_2}$为n_{fall}与$n_{\min}$的比值，即$r_{S_1S_2}=n_{fall}/n_{\min}$。

Step5：结束。

由于在线草图中的笔画是由采样点序列形成的轨迹，上述根据笔画折点构造的容差带很好的反映笔画的形状和走势，将笔画间的重复绘制率定义为一条笔画的采样点落入另一条笔画容差带的比率，不仅可以反映两条笔画的邻近性，还可以反映形状的相似性。而且该笔画容差带构造方法不但避免了在等距边线相交处确定过渡圆弧的半径及圆心位置等问题，而且将判断点是否落入构造容差带这个由圆弧及直线段围成的不规则封闭图形的问题转化为点是否落入矩形或圆的问题，从而使问题简化。

4.3.2 多笔画重复绘制聚类

多笔画重复绘制聚类的目的是将草图中重复绘制的笔画聚类在一起，从而将草图中所有笔画分成若干个笔画组。笔画聚类过程中，如果两条笔画的重复绘制率大于一个给定的阈值δ（本书取0.7），则被聚在一起。

1. 多笔画重复绘制情况

两条重复绘制笔画的可能结构如图4-28所示。图(a)中，两条不完全重复绘制的笔画形成叉形结构。然而，本书算法主要致力于聚类同属于一个图元的重复绘制的笔画，一般有三种情况，分别如图(b)(c)(d)所示。图(b)中，较短笔画完全被较长笔画的容差带覆盖。图(c)中，两条较短笔画首尾重复，形成一条更长的笔画。图(d)中，两条笔画形成了一个封闭的图形。

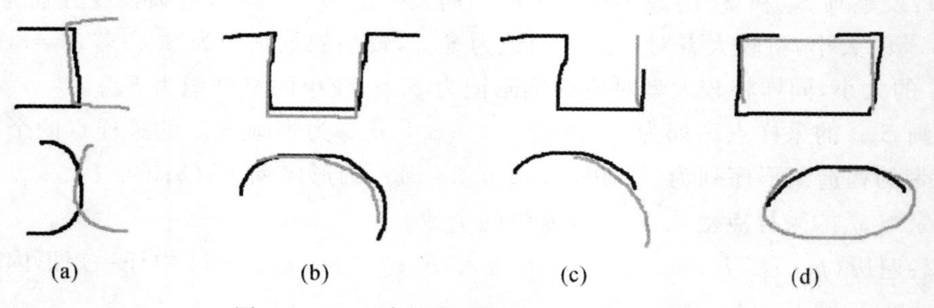

图4-28　两条重复绘制笔画可能的结构

2. 多笔画重复绘制聚类算法

给定一个草图笔画链表$Sc=\{S_i,0\leqslant i<m\}$，多笔画重复绘制聚类是一个迭代的过程：新建的空的笔画组，从Sc中移出合适的笔画并添加到该新笔画组。笔画组实质上也是一个笔画链表，用$g=\{S_k,0\leqslant k<t\}$表示，t为其笔画数。每次迭代包括4个主要步骤：① 新建一个空的笔画组g；② 移除原始草图笔画链表Sc中的第一条笔画，并添加到笔画组g；③ 依次计算笔画组g中的笔画与草图Sc中剩余笔画的重复绘制率R，若大于等于一个给定阈值δ（本书设置为0.7），则将Sc中的这条笔画移除，并添加到笔画组g中；④ 重复步骤③，直到笔画组g中每条笔画与草图Sc中的每条笔画的重复绘制率都小于δ。笔画聚类结束后，原始草图笔画被

分成若干个笔画组，这些笔画组中可能有一条或多条笔画，分别代表单笔画图元或多笔画图元。具体算法如下：

输入：草图笔画链表 $Sc=\{S_i, 0\leqslant i<m\}$，$m$ 为其笔画数。

输出：笔画组链表 $\{g_j\}$，其中 $g_j=\{S_k, 0\leqslant k<t_j\}$ 为一个笔画数位 t_j 的笔画链表。

Step1：初始化参数，设 $j=t_j=0, x=y=1$。

Step2：新建一个空的笔画链表 g_j。

Step3：从 Sc 中移除其第一条笔画 S_0，插入 S_0 到 g_j 的链尾，$t_j=t_j+1, m=m-1$；若 $u=0$，转 Step7。

Step4：令 $x=y, y=t_j$。依次计算 Sc 中剩余笔画 $S_i(0\leqslant i<m)$ 与上一步中添加到 g_j 的笔画 $\{S_k, x-1<k<y\}$ 的重复绘制率 R_{ik}，若 $R_{ik}>\delta=0.7$，则将笔画 S_k 从 Sc 中移除并添加到 g_j，同时 $t_j=t_j+1, m=m-1$。

Step5：若 $x=t_j$ 或 $u=0$，执行下一步；否则转 Step4。

Step6：若 $u>0$，则 $j=j+1$，转 Step2。

Step7：结束。

4.3.3 笔画组拟合

图元拟合是寻找与用户设计意图最接近的基本图元。通过上节给出的多笔画重复绘制聚类算法将草图中所有笔画分割成了若干笔画组，这些笔画组中可能有1条或多条笔画。对于只含有1条笔画的笔画组可按照其类型直接进行单笔画拟合处理。对于由多条笔画构成的笔画组，虽然这些笔画通过多笔画重复绘制聚类处理被聚在一起，但是它们不一定都属于同一个图元。对于笔画组整体表示都某一种图元的情况，需要对其进行相应的多笔画拟合处理，以得到相应的用参数方程表示的基本图元。而对于笔画组的笔画不属于同一个图元的情况，需要对该笔画组进行二次分组，再分别进行图元拟合。文中对三种类型的多笔画图元进行识别与拟合，包括多笔画直线段、多笔画折线段和多笔画二次曲线。我们把称直线段和折线段为折线段曲线，这样就将草图笔画分为两类：折线段曲线和二次曲线。

最小二乘法是一种数学优化技术，它通过最小化误差的平方和寻找数据的最佳函数匹配。利用最小二乘法可以简便地求得未知的数据，并使得这些求得的数据与实际数据之间误差的平方和为最小。最小二乘法被广泛地用于手绘直线段、二次曲线的拟合中[3,34~38]。

在手绘图中，由于手（或者笔）的抖动，导致输入笔画的采样点经常会有较大的波动，从而使误差有不服从正态分布的情况。如果误差不服从正态分布，采用最小二乘拟合图形时会存在将回归线推向远离正确位置的潜在危险，因此用最小二乘法直接对笔画采样点序列进行拟合就不是最佳的拟合方法。文献[1]采用最小中值二乘法，对笔画的采样点集合中随机选择地均匀分布的一个子集进行直线段拟合和二次曲线拟合，在一定程度上解决了抖动的影响，因而使算法达到一定的鲁棒性。但是由于选点的过程是随机的，因此也造成了拟合结果的不确定性，如图4-29所示。

1. 笔画组分类

首先用文献[1]的方法对笔画组中笔画依次进行单笔画识别，得到各单笔画所代表的图元类型。然后根据笔画组中所含笔画的类型是否单一，将笔画组分为同类型笔画组和混合类型笔画组。同类型笔画组是指完全由类型相同的笔画构成的笔画组，包括直线段笔画组、折线段笔画组和二次曲线笔画组。折线段笔画组是由折线段构成或由折线段与直线段共同构成的笔画组。混合类型笔画组是由折线段(直线段)和二次曲线共同构成的笔画组。

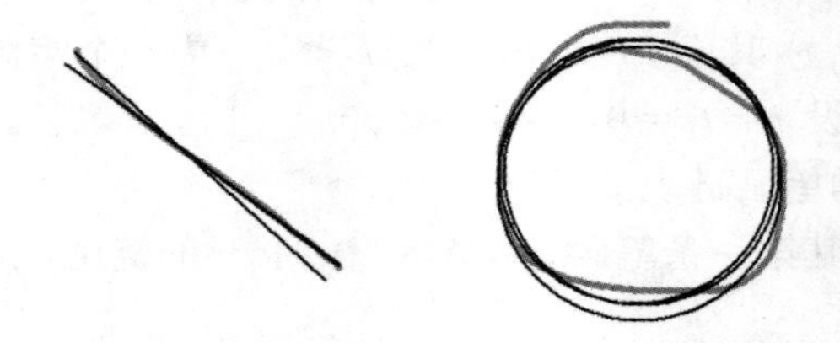

图 4-29　文献[1]采用最小中值二乘拟合拟合结果不确定的情况

2. 同类型笔画组拟合

对于同类型草图,认为其中所有笔画都属于同一图元,直接对其中所有笔画进行对应类型的多笔画图元拟合。下面给出多笔画直线段拟合、多笔画折线段拟合和多笔画二次曲线拟合方法。

(1)多笔画直线段拟合。多笔画直线段拟合方法对应于直线段笔画组,最终将其拟合为一个带端点的直线方程。

将笔画组中所有笔画的采样点合并后再进行最小二乘拟合或最小中值二乘拟合,或采用文献[3]提出的方法依次对笔画组中各条笔画的采样点进行最小中值二乘拟合,再依据其拟合参数特征两两进行多笔画直线段拟合,均可得到拟合直线段,但计算量较大,且后者计算量大于前者。

由于用户徒手绘制直线时,一般首先标示直线的起点和终点,以准确的连成直线。因此对于单笔画绘制直线段,直接利用笔画的起点和终点(端点)确定拟合直线段;对于多笔画绘制直线段,利用所有笔画的端点集中的最远点对确定拟合直线段。多笔画直线段拟合的具体算法如下:

Step1:将笔画组中各条笔画的端点装入到一个端点链表中。

Step2:采用分治法计算该端点链表中的最远点对,分别设为 $e_1=(x_1,y_2)$ 和 $e_2=(x_2,y_2)$。

Step3:将连接该点对$\{e_1,e_2\}$得到的直线段作为多笔画拟合直线段,随机选择该点对中的一个点作为该多笔画拟合直线段的起点,另一个点作为终点,如图 4-30 所示。拟合直线段的直线方程为

$$Ax+By+C=0 \tag{4-20}$$

其中 $A=(y_2-y_1)$,$B=(x_1-x_2)$,$C=(x_2y_1-x_1y_2)$。

Step4:结束。

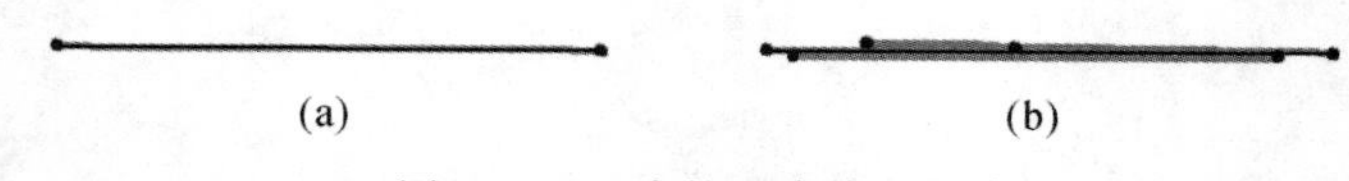

(a)　　(b)

图 4-30　多笔画直线段拟合

(a) 单笔画直线段拟合; (b) 多笔画直线段拟合

(2) 多笔画折线段拟合。多笔画折线段拟合方法对应于全为折线段或折线段与直线段混合的折线段笔画组，最终将其拟合为一条各边顺序相连的折线段。

多笔画折线段拟合主要是得到折线段的顶点信息。已有文献通常将折线段分割成直线段[36]，这样就丢失了折线段的顶点连接信息，给草图后期处理工作带来不必要的负担。

本书多笔画折线段拟合流程如图4-31所示。首先将所有笔画进行分割为子笔画，其次将这些子笔画聚类并拟合为若干直线段，然后将这些直线段进行顺序连接，即得到拟合折线段。该方法对单笔画拟合折线段同样适用。具体步骤如下：

Step1：根据笔画折线化逼近的折点依次将笔画组中所有笔画分割为若干子笔画，如图4-31(c)所示。

Step2：通过4.3.2节给出的多笔画重复绘制聚类算法对Step1中得到的所有子笔画进行聚类，得到若干关于子笔画的笔画组，简称子笔画组，如图4-31(d)所示。

Step3：使用4.3.3节给出的多笔画直线段拟合的方法依次对各子笔画组进行直线段拟合，得到若干直线段，分别对应于拟合折线段的子段，如图4-31(e)所示。

Step4：顺序连接相邻的子段(端点距离小于20)，并将它们的交点作为拟合折线段的顶点，从而得到各边顺序连接的拟合折线段，从而保证了折线段各子段的连接性，如图4-31(f)所示。

Step5：结束。

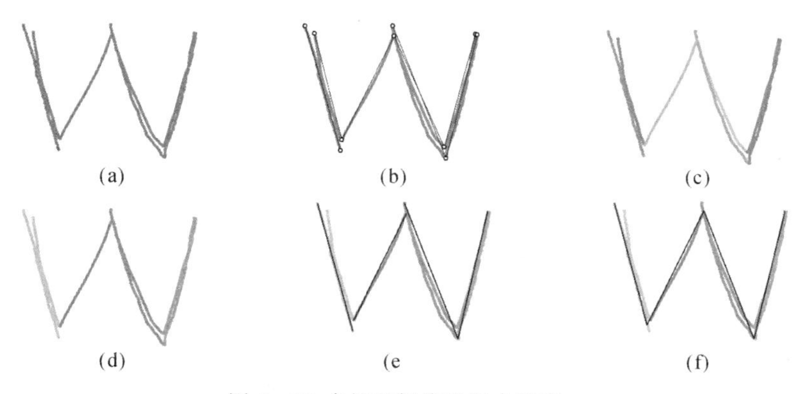

图4-31 多笔画折线段拟合流程

(a) 输入草图；(b) 折线化逼近；(c) 子笔画；(d) 子笔画聚类；(e) 子笔画组拟合；(f) 生成折线段

(3) 多笔画二次曲线拟合。多笔画二次曲线拟合方法对应于二次曲线笔画组，通过最小二乘拟合方法将其拟合为一条由二次曲线方程公式(4-21)定义的二次曲线，称为标准二次曲线，则有

$$Ax^2+Bxy+Cy^2+Dx+Ey+F=0 \tag{4-21}$$

依据最小二乘原理，二次曲线的拟合模型可表示为

$$\hat{\delta}=\hat{A}x^2+\hat{B}xy+\hat{C}y^2+\hat{D}x+\hat{E}y+F \tag{4-22}$$

式中，$\hat{A}$， $\hat{B}$， $\hat{C}$， $\hat{D}$， $\hat{E}$ 分别是 A_i，B_i，C_i，D_i，E_i 的估计值。

构造二次曲线拟合的误差度量函数为

$$\varphi(A,B,C,D,E)=\sum_{j=1}^{m}(Ax_j^2+Bx_jy_j+Cy_j^2+Dx_j+Ey_j+F)^2 \tag{4-23}$$

要使 φ 达到最小值，采用最小二乘法对上式求偏导，整理可得线性方程组：

$$\begin{bmatrix} \sum_{j=1}^{m} x_j^4 & \sum_{j=1}^{m} x_j^3 y_j & \sum_{j=1}^{m} x_j^2 y_j^2 & \sum_{j=1}^{m} x_j^3 & \sum_{j=1}^{m} x_j^2 y_j \\ \sum_{j=1}^{m} x_j^3 y_j & \sum_{j=1}^{m} x_j^2 y_j^2 & \sum_{j=1}^{m} x_j y_j^3 & \sum_{j=1}^{m} x_j^2 y_j & \sum_{j=1}^{m} x_j y_j^2 \\ \sum_{j=1}^{m} x_j^2 y_j^2 & \sum_{j=1}^{m} x_j y_j^3 & \sum_{j=1}^{m} y_j^4 & \sum_{j=1}^{m} x_j y_j^2 & \sum_{j=1}^{m} y_j^3 \\ \sum_{j=1}^{m} x_j^3 & \sum_{j=1}^{m} x_j^2 y_j & \sum_{j=1}^{m} x_j y_j^2 & \sum_{j=1}^{m} x_j^2 & \sum_{j=1}^{m} x_j y_j \\ \sum_{j=1}^{m} x_j^2 y_j & \sum_{j=1}^{m} x_j y_j^2 & \sum_{j=1}^{m} y_j^3 & \sum_{j=1}^{m} x_j y_j & \sum_{j=1}^{m} y_j^2 \end{bmatrix} \cdot \begin{bmatrix} A \\ B \\ C \\ D \\ E \end{bmatrix} = -F \begin{bmatrix} \sum_{j=1}^{m} x_j^2 \\ \sum_{j=1}^{m} x_j y_j \\ \sum_{j=1}^{m} y_j^2 \\ \sum_{j=1}^{m} x_j \\ \sum_{j=1}^{m} y_j \end{bmatrix} \tag{4-24}$$

其中设 $F=-100$（将视窗进行适当的平移变换使笔画远离原点，因此可假设 $F \neq 0$），由全主元消去法可求出二次曲线的最佳拟合系数向量 $Xs(A \quad B \quad C \quad D \quad E)$。

文献[37]通过二次曲线的不变量 I_1，I_2 和 I_3 对手绘二次曲线进行分类，将二次曲线分为椭圆、椭圆弧、圆、圆弧、双曲线和抛物线，有

$$I_1 = A + C, I_2 = \begin{vmatrix} A & \frac{B}{2} \\ \frac{B}{2} & C \end{vmatrix}, I_3 = \begin{vmatrix} A & \frac{B}{2} & \frac{D}{2} \\ \frac{B}{2} & C & \frac{E}{2} \\ \frac{D}{2} & \frac{E}{2} & F \end{vmatrix} \tag{4-25}$$

若笔画被识别为圆、圆弧或抛物线，则其拟合二次曲线的系数向量只是一种近似，需要对其进行修正，文献[39]针对不同类型的二次曲线分别给出了参数特征提取及修正方法。

文献[37]和文献[38]分别给出单笔画和多笔画二次曲线的识别方法，将二次曲线识别为封闭二次曲线（椭圆、圆）和非封闭二次曲线（圆弧、椭圆弧、双曲线和抛物线）。对前者给出通过对笔画的折点进行最小中值二乘的封闭二次曲线拟合方法，并针对后者给出端点确定方法。

本节采用笔画的密折点序列对多笔画组进行最小二乘拟合，密折点数少于采样点数且均匀分布在笔画采样点集中，不存在误差不服从正态分布的情况，可准确表示二次曲线拟合结果，且避免了最小中值二乘法拟合二次曲线因随机选择最佳拟合子集而造成的拟合结果的不确定性[1, 37, 38]。具体算法如下：

Step1：依次将该笔画组每条笔画的密折点序列进行合并，得到所有笔画的密折点链表。

Step2：按照公式(1-4)对笔画组的密折点链表进行最小二乘拟合得到各项系数，然后采用文献[37]的方法对最小二乘拟合结果识别为椭圆、椭圆弧、圆、圆弧、双曲线或抛物线。

Step3：若至少有一条笔画被识别为封闭二次曲线（椭圆、圆），则该多笔画组的拟合结果为封闭二次曲线，采用文献[39]的方法对最小二乘拟合结果的各项系数进行修正，并在显示屏上显示出结果，如图 4-32(a)所示；

Step4：若笔画组中所有笔画都是非封闭的。由于非封闭二次曲线笔画组的多笔画拟合结果可能为封闭二次曲线也可能为非封闭二次曲线，因此需要判断其封闭性，若为非封闭则需要

确定拟合二次曲线的端点，本书对非封闭二次曲线拟合结果的封闭性判定及端点确定均采用文献[38]给出的方法，结果如图 4-32(b)所示。

Step5：结束。

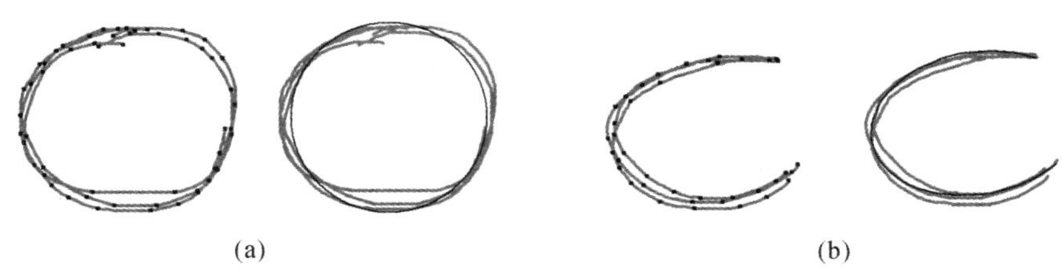

(a)　　　　(b)

图 4-32　多笔画二次曲线拟合

(a)封闭二次曲线；(b)非封闭二次曲线

3. 混合类型笔画组拟合

混合类型笔画组包含有不同类型的笔画，机器判断这类草图的绘制意图比只包含单一类型笔画的草图困难。本节通过笔画组中较大笔画类型，并借助人机交互方式以灵活的确定是否属于同一图元，若不是则需要对笔画组中的笔画再分组，然后进行相应的图元拟合。笔画组中的笔画的大小根据笔画最小包络矩形的周长确定，如图 4-33 所示。

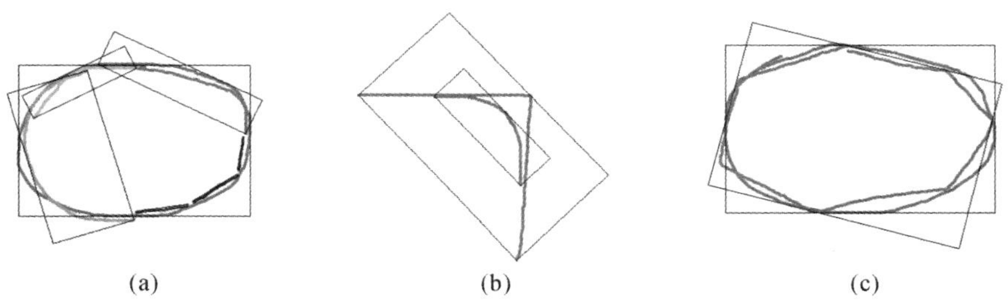

(a)　　　　(b)　　　　(c)

图 4-33　混合类型笔画组及其包络矩形与较大笔画

(*a*)较大笔画为二次曲线；(*b*)较大笔画为折线段；(*c*)较大笔画为折线段和二次曲线

设 $g=\{S_i, 0<i<t\}$ 为一个混合类型笔画组，对其进行图元拟合的步骤如下：

Step1：新建三个空笔画组 g_p，g_c，g_d，分别用于存放笔画组 g 中折线段（直线段）笔画、二次曲线笔画、较大笔画。

Step2：依次将笔画组 g 中的单笔画识别结果为折线段和直线段的笔画装入 g_p，从而 $g_p=\{S_j; 0\leqslant j\leqslant t_p\}$。

Step3：依次将笔画组 g 中的单笔画识别结果为折线段和直线段的笔画装入 g_p，从而 $g_c=\{S_j; 0\leqslant j\leqslant t_c\}$。

Step4：依次计算笔画组中各条笔画的最小包络矩形的周长，设为$\{c_i, 0<i<t\}$。

Step5：求$\{c_i, 0<i<t\}$中的最大值 $c_{\max}$，得出笔画组 g 中最小包络矩形周长最大的笔画。

Step6：依次将 c_i 与 $c_{\max}$ 进行比较，若$(c_{\max}-c_i)\leqslant c_{\max}/4$，则将笔画 S_i 称为该笔画组的较大笔画，装入笔画组 g_d 中。

Step7：若笔画组 g_d 中只含有二次曲线笔画，则对笔画组 g 整体进行多笔画二次曲线拟合，

从而将笔画组 g 表示为标准二次曲线。

Step8：若笔画组 g_d 中含有折线段或者直线段，则采用人机交互方式确定笔画组拟合结果。草图解释过程中系统自动将混合类型笔画组中所有笔画以高亮显示，同时弹出如图 4－34 所示的人机交互对话框，供用户确定图元拟合结果。

Step8.1：若选择“二次曲线”，则采取 Step7 的处理办法，将笔画组 g 整体拟合为一条二次曲线；

Step8.2：若选择“折线段曲线”，则对折线段笔画组 g_p 进行折线段拟合，从而将笔画组 g 表示为一条折线段；

Step8.3：若选择“共现”，则首先对二次曲线笔画组 g_c 进行二次曲线拟合；然后对折线段笔画组 g_p 进行折线段拟合，从而将笔画组 g 表示为两条曲线，一条二次曲线，一条折线段(或直线段)。

图 4－34　人机交互对话框

4.3.4　实验结果与分析

在 Intel(R) Core(TM) i3－4130 CPU @3.40GHZ，12.0GB RAM 的硬件环境下，基于文中算法自主开发 FSR－DJ 原型系统，并通过实例检验程序的执行性能和验证本节算法的有效性。首先给出第 3 章在线多笔画重复绘制草图识别方法的实验结果及分析，然后给出第 4 章给出的草图封闭区域提取方法的实验结果与分析。

本节首先给出笔画组拟合算例，包括同类型笔画组和混合类型笔画组；然后给出将多笔画重复绘制草图转换为二维线图的综合实例；接着通过具体算例将本节方法与已有的方法进行对比；最后给出算法的局限性分析。

1. 笔画组拟合算例

图 4－35～图 4－39 给出了对笔画组进行多笔画图元拟合实例，各笔画组的笔画类型构成在表 4－14 中给出，其中 n_L，n_P，n_{CC} 和 n_{OC} 分别表示笔画组中直线段笔画、折线段笔画、封闭二次曲线笔画和非封闭二次曲线笔画的数量。

图 4－35 所示为对直线段笔画组进行多笔画直线段拟合的实例。其中图(a)为输入笔画组，其各个笔画的单笔画识别结果如图(b)所示；图(c)为对笔画组进行多笔画直线段拟合的结果；图(d)为输入笔画组与笔画组拟合结果的对比图。

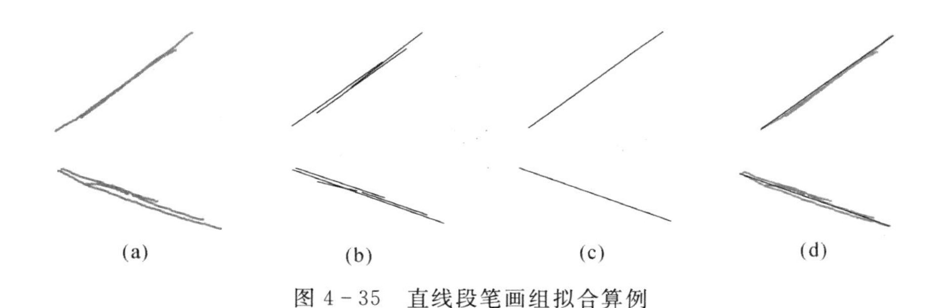

图 4 - 35　直线段笔画组拟合算例

图 4 - 36 所示为对折线段笔画组进行多笔画折线段拟合的实例。其中(a)为输入笔画组；图(b)为笔画组中各个笔画的单笔画识别结果；图(c)为笔画组的多笔画拟合结果；图(d)为输入笔画组与笔画组拟合结果的对比图。

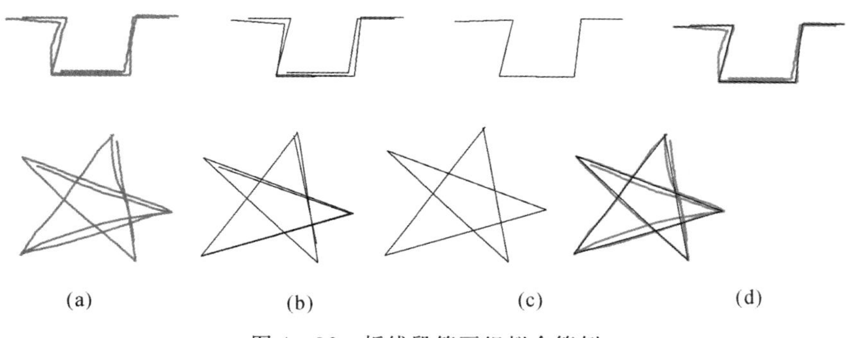

图 4 - 36　折线段笔画组拟合算例

图 4 - 37 所示为对二次曲线笔画组进行多笔画二次曲线拟合的实例。其中图(a)为输入笔画组；图(b)为笔画组中各个笔画的单笔画识别结果；图(c)为笔画组的多笔画拟合结果；图(d)为输入笔画组与笔画组拟合结果的对比图。

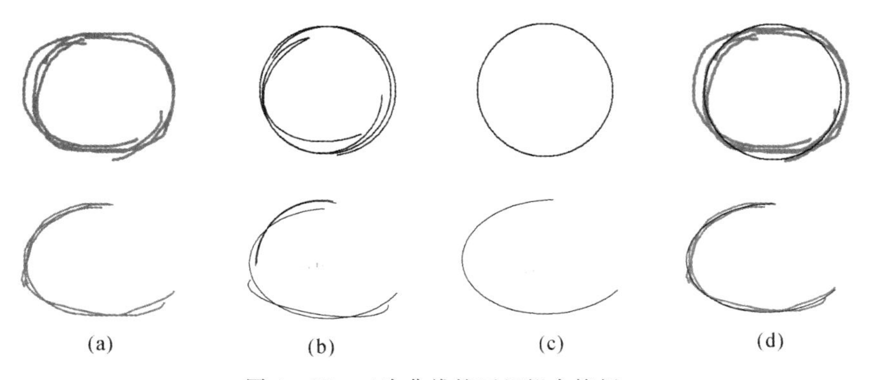

图 4 - 37　二次曲线笔画组拟合算例

图 4 - 38 所示为混合类型笔画组的拟合实例，其中两个笔画组中较大笔画类型为二次曲线，即系统直接对其进行拟合，不需要通过人机交互判定(见图 4 - 34)。其中图(a)为输入笔

画组；图(b)为笔画组中各个笔画的单笔画识别结果；图(c)为笔画组的多笔画拟合结果；图(d)为输入笔画组与笔画组拟合结果的对比图。

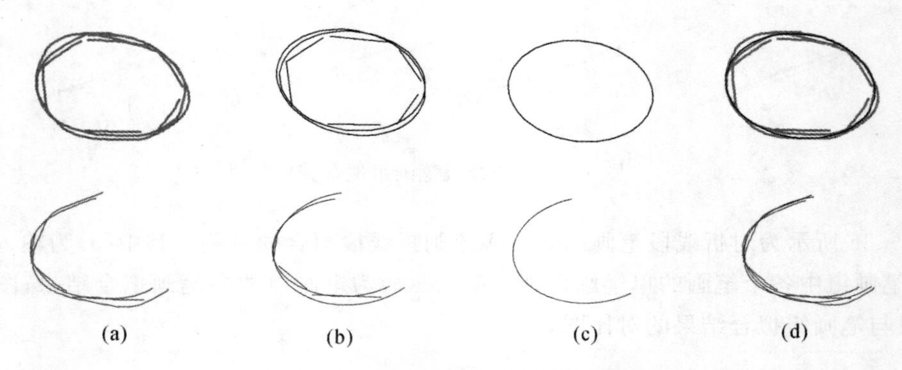

图 4-38　混合类型笔画组拟合算例 I

图 4-39 所示为混合类型笔画组的拟合实例，其中两个笔画组中较大笔画类型同时包括折线段曲线和二次曲线，这种笔画组需要通过人机交互方式手动确定拟合结果。其中图(a)为输入笔画组；图(b)为笔画组中各个笔画的单笔画识别结果；图(c)图(d)图(e)分别为选择图4-34所示人机交互对话框中选择“二次曲线”、“折线段曲线”、“共现”等命令后的多笔画拟合结果；图(f)图(g)图(h)依次为图(c)图(d)图(e)对应笔画组拟合结果与输入笔画组的对比图。

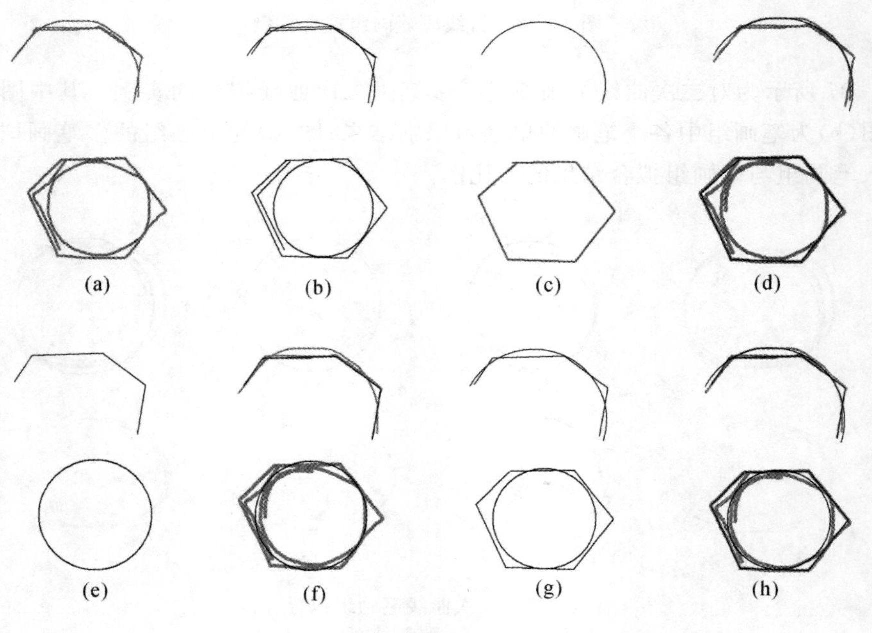

图 4-39　混合类型笔画组拟合算例 Ⅱ

表 4 - 14　笔画组拟合算例的笔画类型构成

	图 4 - 35	图 4 - 36	图 4 - 37	图 4 - 38	图 4 - 39
笔画组类型	直线段笔画组	折线段笔画组	二次曲线笔画组	混合类型笔画组	混合类型笔画组
第 1 行	$n_L=3$	$n_P=3$	$n_{CC}=1$ $n_{OC}=3$	$n_L=1$ $n_P=1$ $n_{CC}=2$	$n_P=2$ $n_{CC}=1$
第 2 行	$n_L=4$	$n_P=2$ $n_L=1$	$n_{OC}=3$	$n_L=3$ $n_{OC}=2$	$n_L=1$ $n_P=1$ $n_{OC}=1$

由图 4 - 35～图 4 - 39 算例验证结果可知，本节提出的笔画组拟合方法对同类型笔画组和混合类型笔画组均达到了很好的效果，将各笔画组正确地拟合为其所代表的图元，包括直线段、折线段和二次曲线。由图 4 - 35 可以看出，通过连接笔画组中最远折点对，FSR - DJ 系统可以很好的将直线段笔画组拟合为一条直线段。从图 4 - 36 可以看出，FSR - DJ 系统可以将非自交叉或自交叉的多笔画重复绘制折线段拟合为一条各子段顺序相连的拟合折线段，从而拟合折线段的顶点坐标及其顺序信息得以保存。由图 4 - 37 可以看出，通过最小二乘拟合方法与文献[37]和文献[38]的二次曲线类型识别方法和端点确定方法，FSR - DJ 系统可以将封闭的或非封闭的多笔画重复绘制二次曲线正确地拟合为标准二次曲线。由图 4 - 38、图 4 - 39 可以看出，通过计算笔画组中较大笔画的类型，结合人机交互方式，FSR - DJ 系统可以将混合类型笔画组拟合为正确的图元，从而 FSR - DJ 系统可以较好地处理不同类型曲线（折线段曲线、二次曲线）间多笔画重复绘制草图拟合问题。

2. 综合算例

将概念设计阶段的潦草的草图转换为干净的线图，是基于草图的三维重构技术的前提条件。图 4 - 40～图 4 - 43 给出了一些采用本节算法将在线多笔画重复绘制的轴测图转换为二维线图的综合实例，其中图(a)为原始输入草图；图(b)为草图中每条笔画的单笔画拟合结果；图(c)为笔画聚类结果，其中不同的笔画组以不同颜色表示；图(d)为对各个笔画组进行图元拟合的结果，也是本书算法对整幅草图的识别结果。表 4 - 15 给出图 4 - 40～图 4 - 43 中各输入草图的笔画数量 n 和经过笔画聚类得到的笔画组的数量 n_g。

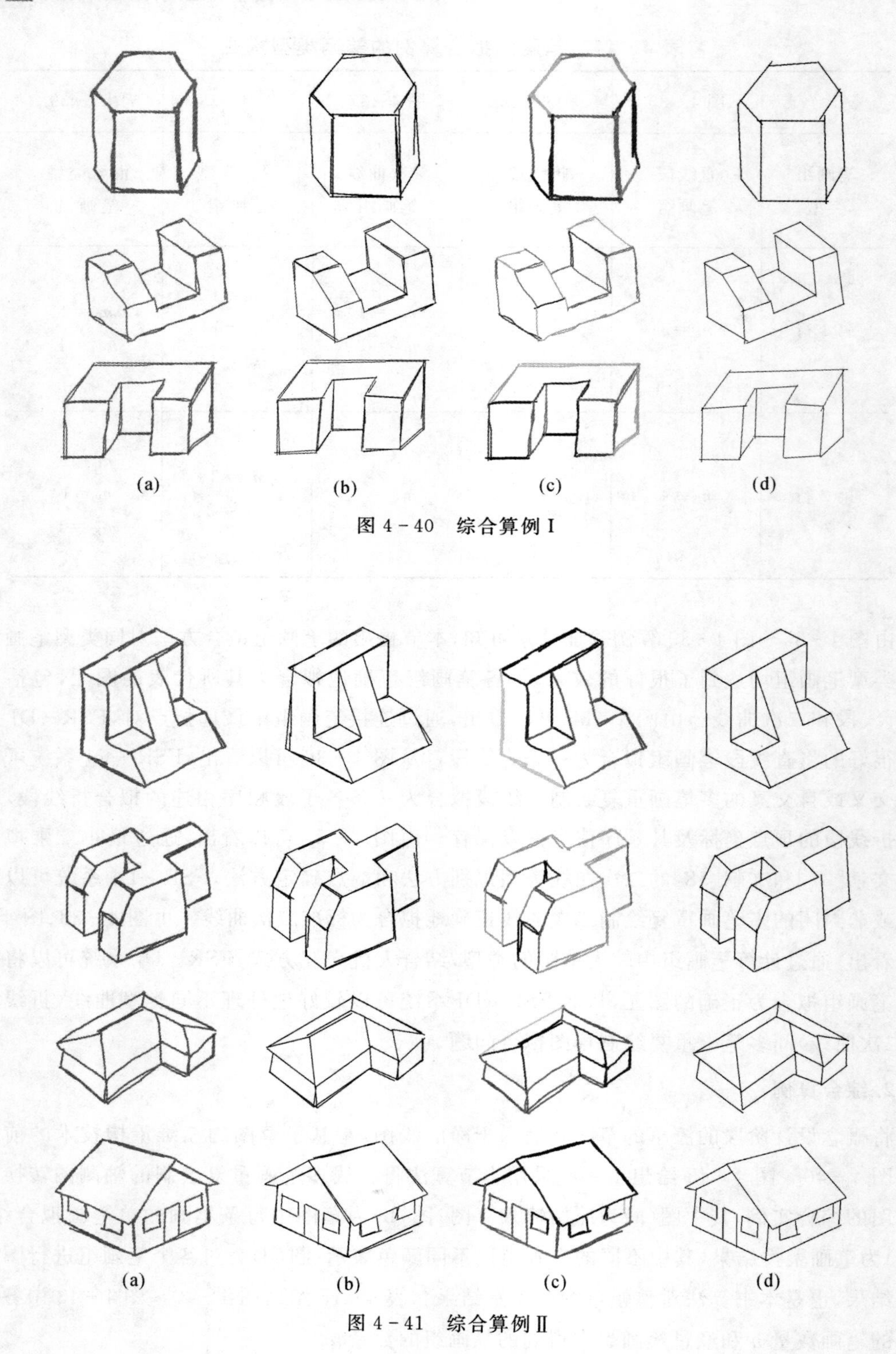

图 4-40 综合算例 I

图 4-41 综合算例 Ⅱ

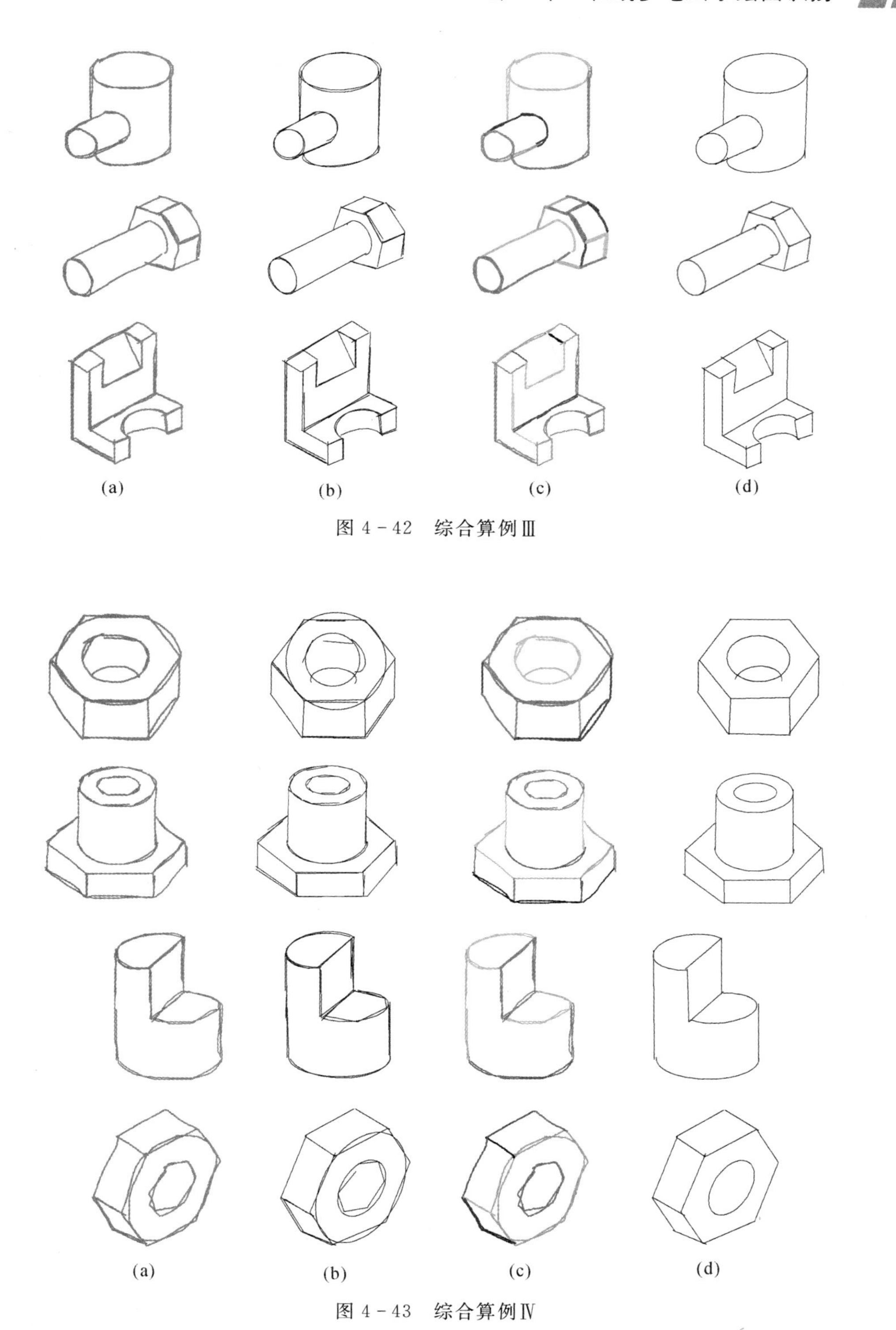

图 4-42　综合算例Ⅲ

(a)　(b)　(c)　(d)

图 4-43　综合算例Ⅳ

表 4-15　图 4-40～图 4-43 中输入草图笔画数量与笔画组数量

	图 4-40	图 4-41	图 4-42	图 4-43
第 1 行	$n=25$；$n_g=13$	$n=34$；$n_g=16$	$n=16$；$n_g=8$	$n=20$；$n_g=9$
第 2 行	$n=42$；$n_g=21$	$n=42$；$n_g=21$	$n=24$；$n_g=14$	$n=37$；$n_g=11$
第 3 行	$n=45$；$n_g=18$	$n=26$；$n_g=19$	$n=41$；$n_g=20$	$n=24$；$n_g=7$
第 4 行		$n=44$；$n_g=26$		$n=14$；$n_g=9$

图 4-40 中的输入草图均由直线段笔画构成，笔画聚类结果为若干直线段笔画组，分别对应轴测图所代表三维模型的一条边；图 4-41 中的输入草图由折线段笔画和直线段笔画构成，笔画聚类结果包含直线段笔画组与折线段笔画组；图 4-42、图 4-43 的输入草图由直线段笔画、折线段笔画和二次曲线笔画构成，图 4-42 的聚类结果包含直线段笔画组、折线段笔画组和二次曲线笔画组，而图 4-43 的聚类结果还包含混合类型笔画组。

由图 4-40～图 4-43 所示算例验证结果可知，FSR-DJ 系统可以将重复绘制的直线段、折线段及二次曲线笔画聚类在一起，包括相同类型的笔画和不同类型的笔画，从而对草图中所有笔画进行有效地分类。本节算法将重复绘制的折线段笔画聚类在一起，并拟合为各边顺序连接的折线段，保存了折线段的顶点连接信息。边和顶点的位置及其连接关系是三维实体模型拓扑信息的重要内容，因此草图中原始的连接信息丢失势必会导致计算机线图解释更加困难；且对图元间的连接关系的有效存储可以为更高层次的复杂草图符号识别提供重要依据，从而减少识别的计算工作量。

图 4-43 的第 2～3 行所示算例中聚类得到的混合笔画组需要调用人机交互对话框帮助确定拟合结果，通过引入人机交互模式，FSR-DJ 系统可以更灵活地表达用户的设计意图，其他算例的笔画组均被 FSR-DJ 系统自动地拟合为标准图元，从而在线多笔画重复绘制的草图被正确有效的转换为二维线图。由实验结果可知，FSR_DJ 系统可以有效地解决多笔画重复绘制草图的聚类问题，有助于将多笔画重复绘制草图高效解释为二维线图，为草图的后期识别及二维草图的三维重建工作奠定了基础。

3. 比较算例

如图 4-44 所示，我们从图 4-40～图 4-43 中选出 6 个典型算例，用于对比本节算法与文献[3]、文献[4]算法针对在线多笔画重复绘制草图的识别效果。图 4-44 中，拟合直线段、拟合折线段和拟合二次曲线分别用蓝色、绿色和红色表示，图(a)为原始输入草图；图(b)为文献[4]的识别结果；图(c)为文献[3]的识别结果；图(d)为本节算法的识别结果。

从图 4-44 可以看出，文献[4]的识别结果由直线段和二次曲线构成，而文献[3]的识别结果还包含了折线段。对于第 1 行中的仅由直线段笔画构成的草图，本节算法与其他两种算法产生了相同的识别结果；对于第 2～3 行的草图，本节算法与文献[3]的算法产生了相同的识别结果；但是，对于第 4～6 行的草图，本节算法与其他两种算法的识别结果都不相同，差别主要体现在不同类型重复绘制的笔画上面：其他两种算法没有将它们作为一个整体处理，而是将它们分成了两组。这是因为这两种算法首先对输入笔画进行分类并拟合，然后根据拟合图元的参数特征聚类笔画，所以只有同类型的笔画才能被聚在一起。这样的做法不能解决一个图元由多个不同类型的笔画绘制而成，而这种绘制方法在用户的草图中是很常见的现象。本节算法给出了正确的结果，使得 FSR－DJ 系统可以处理任意绘制重复绘制的笔画，而不用考虑笔画的类型。因此，与文献[4]和文献[3]的算法相比，本节算法解决了两大类型的笔画间的多笔画重复绘制问题，使得 FSR－DJ 系统给予用户更大的绘制自由度，性能更加鲁棒。表 1－16 对比了本节算法与其他两种算法[3,4]支持的笔画类型与可聚类的笔画类型，其中直线段、折线段和二次曲线分别用 L，P 和 C 表示。

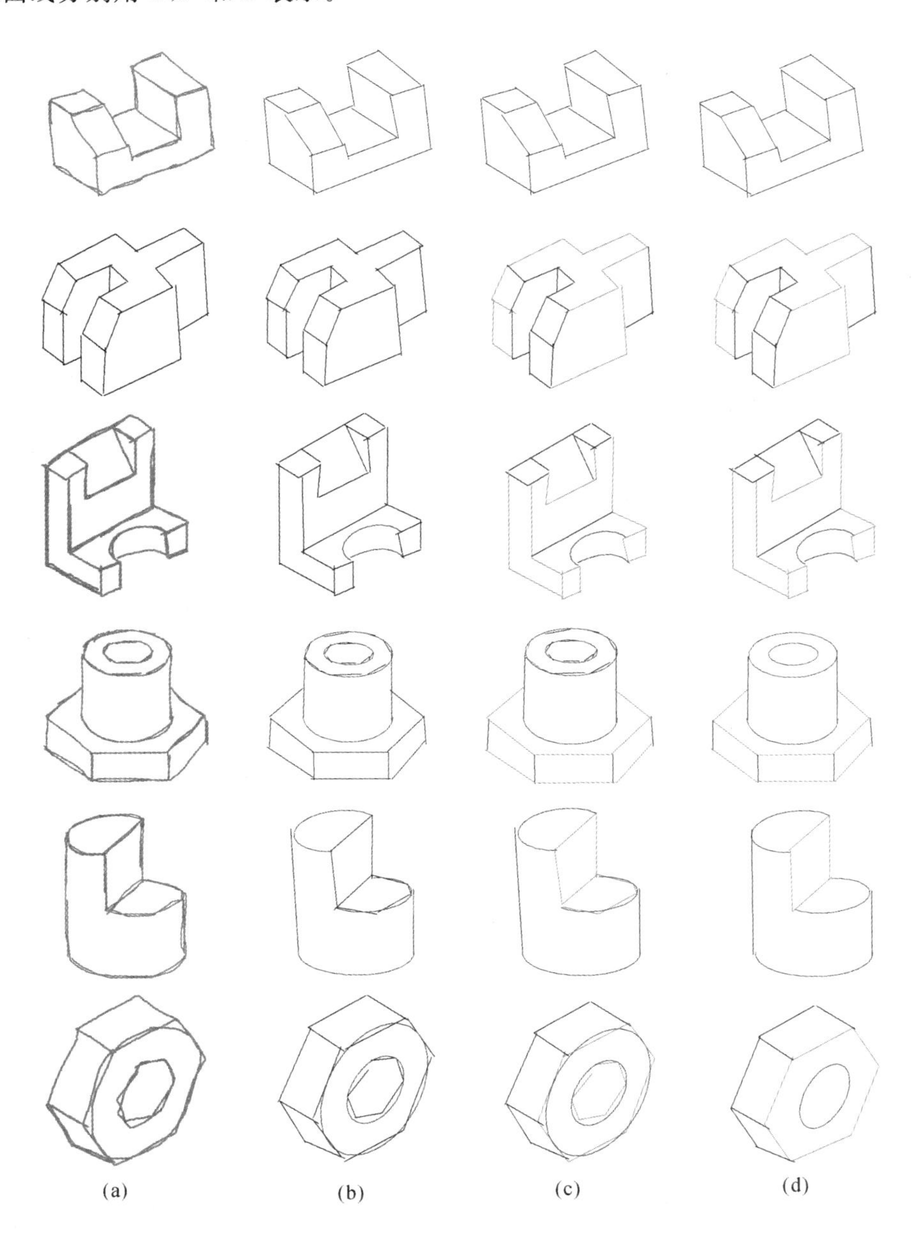

图 4－44　综合比较算例

表 4-16　本节可聚类的笔画类型与其他方法比较

笔画类型	文献[4]方法		文献[3]方法			本节方法		
	L	C	L	C	P	L	C	P
L	√	×	√	×	√	√	√	√
C	×	√	×	√	×	√	√	√
P	×	×	√	×	√	√	√	√

文献[4]将输入折线段笔画分了若干直线段，没有保存折线段的连接信息。另外，该算法以拟合二次曲线的最小包络矩形是否重叠为依据，判断 2 条二次曲线是否构成多笔画绘制，再直接进行最小二乘拟合，会造成如图 4-45 所示的错误识别，由于本节的笔画聚类依据是两条笔画的容差带与采样点之间的关系，它们均沿着笔画的轨迹生成，因此本节方法不会将这样的笔画聚在一起。在 FSR-DJ 系统中，虽然在笔画聚类之前，每条笔画被分割为直线段、折线段或二次曲线，但是本节笔画聚类算法可以用于形状比较复杂、不能用二次方程准确描述的不规则曲线，如样条曲线的聚类，从而用于简化的草图产品的轮廓。如图 4-46 所示，图(a)为输入草图；图(b)为笔画的聚类结果。但是，拟合结果没有给出，因为对任意形状的曲线的拟合超出了本节研究范围。

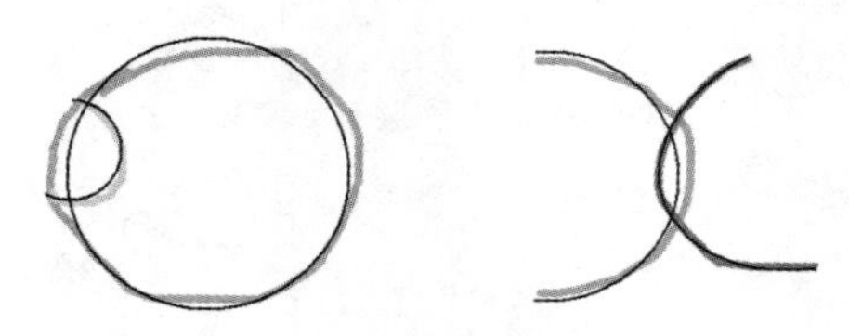

图 4-45　文献[4]的过聚类情况

图 4-46　任意形状输入笔画的聚类结果

4. 局限性分析

本节多笔画重复绘制聚类阈值 δ 对识别结果有很大的影响，如图 4-47 所示。其中图(a)为原始输入草图及其中各条笔画的单笔画识别结果；图(b)中，当 $\delta=0.35$ 时，草图笔画被过聚类，这是因为一条短笔画被与其他笔画聚类在一起，尽管这条短笔画代表一条有效的边；图(c)中，当 $\delta=0.5$ 时，草图笔画被正确的聚类；图(d)和图(e)中，当 δ 分别取值 0.7 和 0.85 时，草图笔画均被欠聚类。然而，一个对所有用户草图都适用的 δ 值是不存在的，为了避免过聚类的发生，我们将 δ 的值设置为 0.7，尽管有时会造成欠聚类的情况。

文献[3，4]通过对每条笔画的参数拟合曲线的位置关系判定是否为多笔画重复绘制，这种方法可以将重复程度不高甚至不重复的笔画聚在一起。图 4－47 所示为使用本节算法与文献[3]算法针对由多笔画重复绘制直线段组成的草图的聚类与拟合实例。图(a)为输入草图及其各条笔画的笔画单笔画识别结果；图(b)为文献[3]算法的笔画聚类及拟合结果；图(c)为本书算法的笔画聚类与拟合结果。由图 4－47 可以看出一些重复绘制的笔画没有被本书算法正确的聚类，而文献[3]算法给出了正确的聚类及拟合结果。另外，文献[3]使用时间信息对距离相近的短笔画进行聚类，从而可以处理虚线。但是文献[3，4]算法的聚类仅局限于同类型笔画之间，且对每条笔画都进行参数拟合，增加了程序的负担。本节聚类算法可以作为文献[3]算法的预处理，即先解决一部分多笔画绘制的情况，再依据多笔画的曲线拟合结果进行聚类、拟合处理，提高线图解释的正确性和快速性。

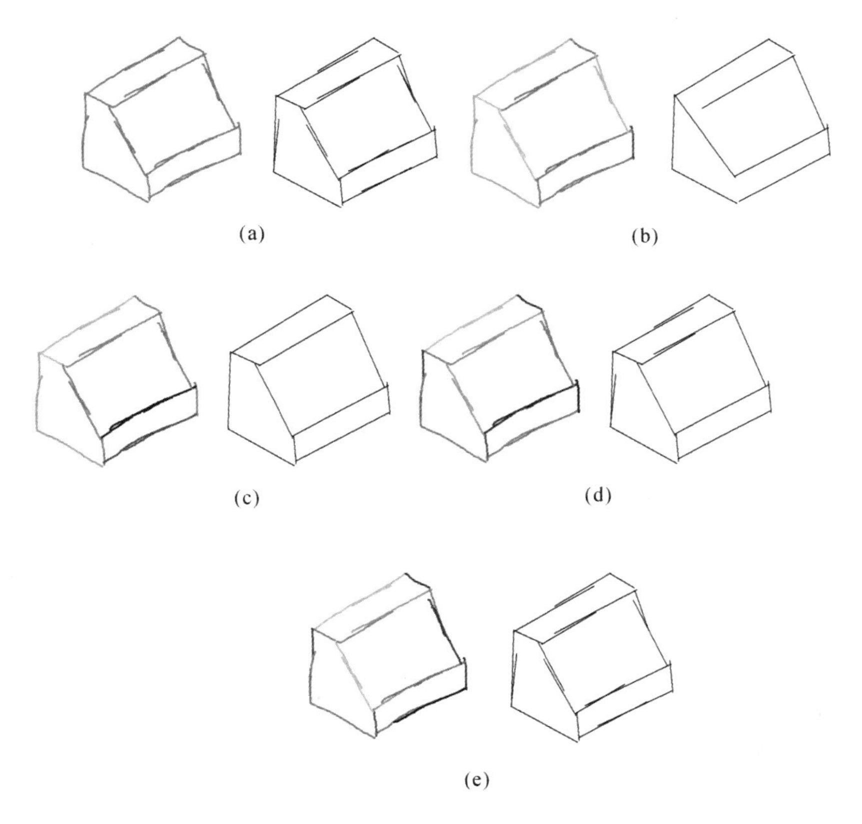

图 4－47　不同多笔画重复绘制阈值 δ 对聚类结果的影响

(a)输入图及单笔画识别结果；(b)δ=0.35；(c)δ=0.5；(d)δ=0.7；(e)δ=0.85

本节在线多笔画重复绘制识别算法的另一个不足之处是只处理属于一个图元的重复绘制的笔画，没有研究图 4－28 所示的两条笔画形成叉形结构的情况。因此，本节算法只能处理一般的各子段顺序相连的折线段，而不能处理折线段交叉重复绘制的情况。

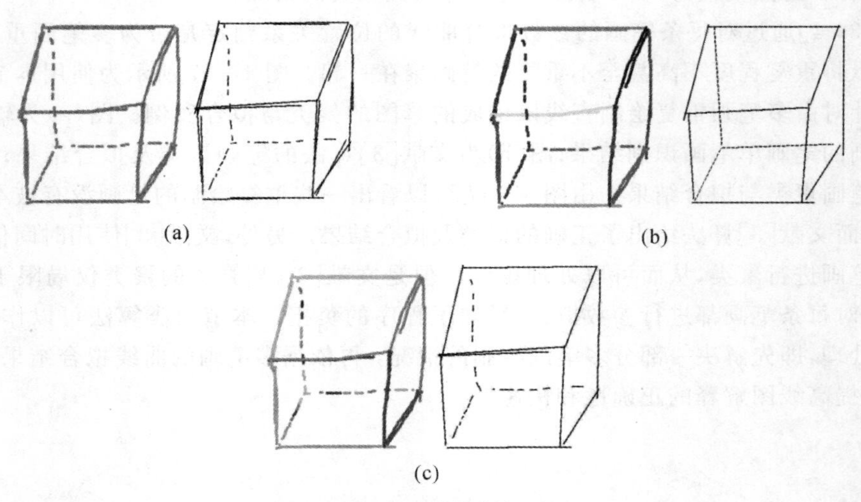

图 4-48　与文献[3]算法比较

(a)输入草图及单笔画识别结果　；(b)文献[3]聚类及拟合结果；　(c)本节算法聚类及拟合结果

4.3.5　小结

本节针对在线多笔画重复绘制草图进行识别，研究了两大类型(折线段曲线和二次曲线)间的多笔画识别问题。提出通过笔画逼近折线段的折点序列构造包围笔画的容差带；提出利用较小笔画的采样点落入另一条笔画的容差带的个数计算两条笔画的重复绘制率；提出依据笔画之间的重复绘制率的笔画聚类算法，将重复绘制的笔画聚类到笔画组；最后提出将各个笔画组拟合为直线段、折线段、二次曲线等基本图元的方法。解决已有的在线手绘图解释系统对用户绘制习惯进行约束，不能将所有输入笔画全部解释成草图的一部分或只对同类型笔画聚类的问题，通过引入人机交互模式，可使系统更灵活地表达用户的设计意图。

在线多笔画重复绘制草图识别算法。第一，对笔画组拟合算法进行验证，实验结果表明，该方法对同类型笔画组和混合类型笔画组的拟合均达到了很好的效果，能够将笔画组正确地拟合为直线段、折线段和二次曲线等基本图元。第二，给出将多笔画重复绘制的轴测图转换为二维线图的综合实例，由实验结果可知，FSR-DJ 系统可以有效地解决多笔画重复绘制草图的聚类问题，有助于将多笔画重复绘制草图高效解释为二维线图，为草图的后期识别及二维草图的三维重建工作奠定了基础。第三，通过算例对本节方法和已有方法进行对比，实验结果表明，本节算法解决了两大类型(折线段曲线、二次曲线)间的多笔画聚类问题，使用户可以任意绘制重复绘制的笔画，而不用考虑笔画的类型，使得 FSR-DJ 系统给予用户更大的绘制自由度，性能更加鲁棒。最后，对本节在线多笔画重复绘制草图识别算法的局限性进行分析。以较短笔画采样点落入对方笔画容差带的落入率阈值为两条笔画聚类的依据，能解决的多笔画重复绘制情况依然有限，不能解决小于落入率阈值的多笔画重复绘制情况，尤其是多笔画非重复绘制情况。

4.4　基于区域公共边界的在线多笔画草图聚类算法

上节给出了在线多笔画重复绘制草图的聚类及拟合方法，该方法依据2条笔画的重复绘制率（即较短笔画采样点落入较长笔画容差带的比率）对笔画进行聚类，能解决的多笔画重复绘制情况依然有限，不能解决小于重复绘制率阈值的多笔画重复绘制情况，尤其是多笔画非重复绘制情况。

针对多笔画重复绘制草图聚类方法的不足，本章提出基于区域公共边界的在线多笔画草图聚类方法。首先给出针对单色手绘草图的封闭区域及其边界容差带的提取方法；然后给出基于草图区域公共边界进行多笔画聚类的思路与流程；最后给出详细的多笔画聚类算法。本章的多笔画聚类算法的研究对象为在线手绘的立体投影线图。

4.4.1　草图封闭区域提取

基于区域公共边界对草图笔画进行聚类首先需要识别笔画形成的封闭区域，如图4-49所示。与自然图像相比，手绘草图一般为二值图像或灰度图像，缺乏颜色和纹理信息，且具有高度的抽象性和夸张性，还存在由于用户输入的随意性造成草图轮廓不完整等问题[40]。因此手绘草图的封闭区域提取是一个具有挑战性的问题。边缘信息给区域提取提供了强大的数据，但是草图边缘可能会存在由于多笔画非重复绘制造成的不连续、有缺口、噪声等问题，常用的洪水填充方法可能会造成泄漏问题。为了提取边缘存在缺口的草图的封闭区域的区域，应该采用防泄漏的区域提取方法。

文献[41]给出了用于卡通动画图像封闭区域提取的方法，称为被困小球分割方法（trapped-ball segmentation method）。该被困小球分割方法首先使用形态学操作方法和草图的边缘信息生成初始区域，然后利用颜色的相容性寻找精确的区域边界。该方法可以解决图像边缘缺口问题，然而并不适用于缺乏颜色信息的单色手绘草图。为了解决这个问题，本节提出改进的被困小球填充方法，以Matlab为工具，对单色手绘草图的封闭区域进行提取，包括预处理、初始区域查找和区域增长三个步骤。此外，本节通过笔画采样点落入区域边界容差带的个数判断笔画和区域的包含关系，从而用于多笔画聚类。区域边界容差带定义为包围区域边界的环形区域，简称为区域边界带。

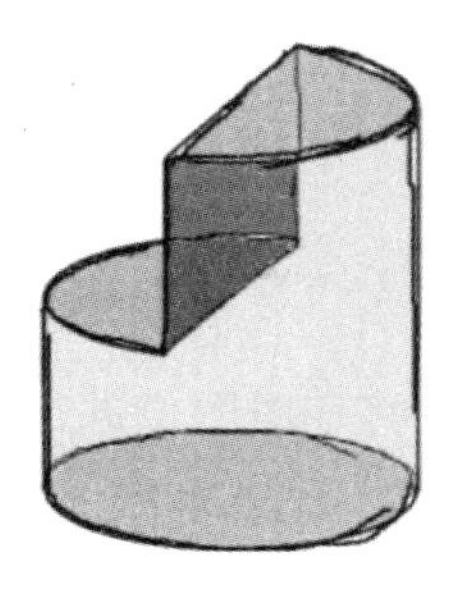
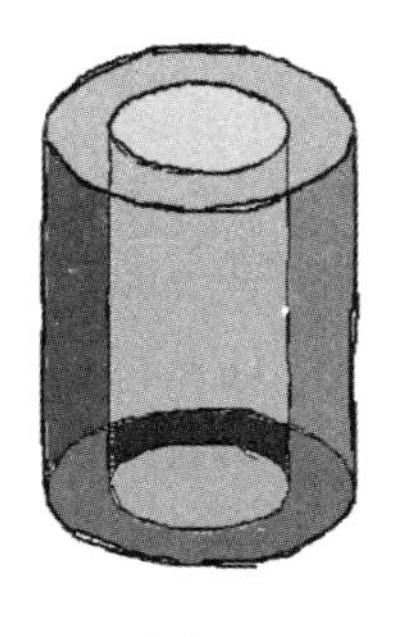
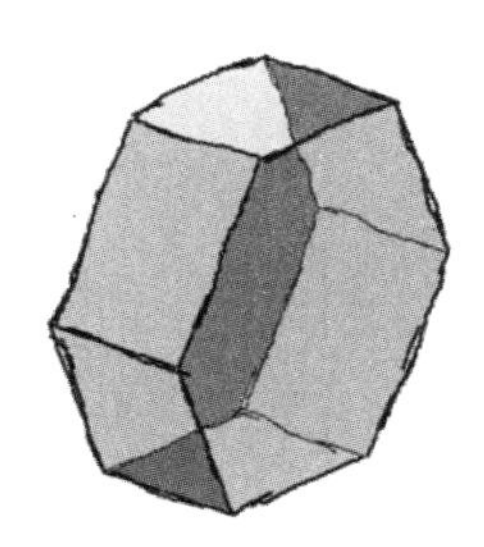

图4-49　手绘草图的封闭区域

1. 被困小球分割方法回顾

文献[41]提出了被困小球分割方法，其基于草图边缘信息和颜色信息提取卡通动画图像的封闭区域，可以克服草图边缘缺口、噪声等问题。该方法虽然对于缺乏颜色信息的单色手绘草图的区域提取不完全适用，但是其初始区域提取过程还是有借鉴意义。

该被困小球分割方法分为 2 步。首先，使用标准 Canny 边缘检测器提取草图边缘。然后，以草图边缘为限进行区域提取，这是一个迭代的过程，每次迭代包括被困小球填充、构造颜色模型和区域增长等 3 个步骤。被困小球模型的概念框架为：一个大小适中的圆在草图边缘形成的区域中四处滚动，即使草图边缘有缺口，只要其大小小于滚圆的直径，则不会溢出。这样，圆滚动的每个独立的区域确定图像的一个初始区域。实际操作中通过图像处理中的形态学操作实现这个概念：使用一个半径为 R 的圆形结构元素控制腐蚀、膨胀和洪水填充等操作，从而得到初始区域；然后根据区域内颜色模型对初始区域进行扩展，从而与边界吻合，因为被困小球不能触及区域内较窄的角落。第一次迭代后，许多像素仍然没有被标记，所以减小小球的半径，重复上述步骤，直到小球半径为 1。

2. 改进的被困小球分割方法

针对单色手绘草图的封闭区域提取，本节提出了改进的被困小球分割方法，包括预处理、初始区域查找和区域增长等 3 个步骤。其中预处理包括图像二值化和边缘检测两部分，为草图区域查找提供边界(实为草图笔画的像素)。本方法的初始区域查找和区域增长是独立的，而原被困小球分割方法[41]的初始区域查找和区域增长是在同一次迭代中的。本节的初始区域查找也是一个迭代的过程，与原被困小球分割方法[41]不同之处在于同一次迭代中控制腐蚀和膨胀的圆形结构元素的半径大小不同。

现在以图 4－50 所示的手绘草图为例，介绍本节的单色手绘草图的封闭区域提取过程。该草图为单色草图，边缘带有缺口，且为多笔画绘制而成，具有典型性。

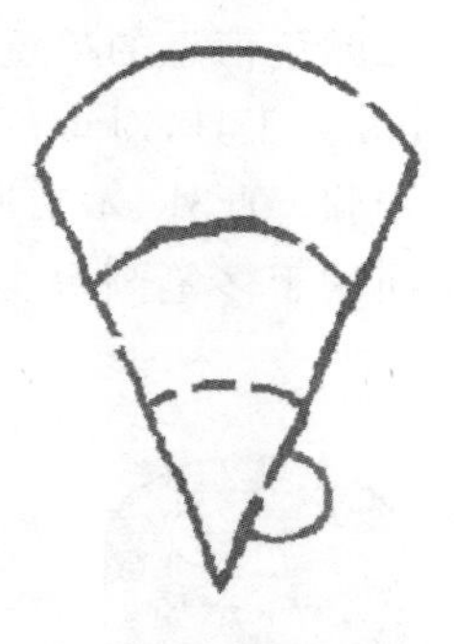

图 4－50　草图封闭区域提取示例

(1)预处理。在进行草图边缘提取和形态学操作之前，需要将草图图像进行二值化或灰度化，以分离草图笔画像素和背景。本节采用 Canny 边缘检测算法，提取草图图像的边缘分布。在获得图像的边缘信息后，对各边缘像素(即草图笔画像素)以 1 标记，非边缘像素则以 0 标记。设 f 为输入草图图像，对 f 进行二值化及边缘检测的语句如下，结果分别如图 4－51(a)(b)所示。

```
thresh=graythresh(f);        %自动确定二值化阈值
f=im2bw(f,thresh);           %对图像二值化
f=edge(f,'canny');    %Canny 边缘检测
```

(a)

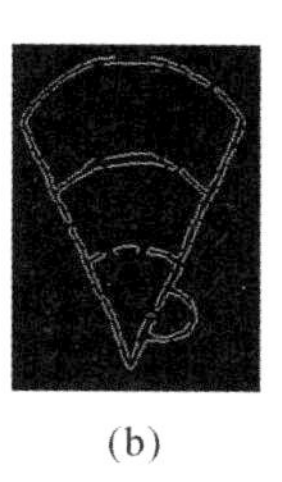

(b)

图 4-51　二值化及边缘检测

(a)二值化；(b)边缘检测

(2)初始区域查找。初始区域查找的目的是为了获得有意义的初始区域，这是不断一个迭代的过程。每一次迭代包括被困小球填充(形态学操作)、连通区域提取和找回遗漏区域等 3 个步骤：①被困小球填充，即通过圆形结构元素对草图边缘进行腐蚀、膨胀、泛洪填充等形态学操作；②对形态学操作结果进行连通区域标记，不同区域的像素值设为不同的数字；③找回并标记上次迭代中出现，但是本次迭代遗漏的区域。图 4-52 给出了第一次迭代的过程。初始区域查找的具体算法如下：

输入：边缘检测后的草图图像 f_canny；

输出：对草图各个封闭区域进行标记后的图像矩阵 L；

Step1：初始化。设 r=12，L = f_canny，f=L；

Step2：创建一个半径为 r 的圆形结构元素 se，Matlab 语句如下：

```
se = strel('disk',r); %创建结构元素
```

Step3：通过结构元素 se 对 f 进行腐蚀和膨胀操作，结果分别如图 4-52(a)(b)所示。这两步操作的目的是连接草图最外层边缘的缺口，防止 r 太小时溢出草图边缘。Matlab 语句如下：

```
f=imdilate(L,se);%腐蚀
f=imerode(f,se);%膨胀
```

Step4：对 f 进行泛洪填充操作，结果如图 4-52(c)所示，Matlab 语句如下：

```
f=imfill(f,'holes');
```

Step5：求泛洪填充结果 f 与连通区域标记矩阵 L 的差集(r 为初始值时，L=f_canny)，结果分别如图 4-52(d)所示，Matlab 语句如下：

```
f=f-L;%求差集
```

Step6：创建半径为 r+3 的圆形结构元素 se1，对 f 进行腐蚀操作，结果如图 4-52e)所示，Matlab 语句如下：

```
se1=strel('disk',r+3);
f=imerode(f,se1);
```

Step7：使用 Step2 创建的半径为 r 的圆形结构元素 se，对 f 进行膨胀操作，结果如图

4-52(f)所示，Matlab语句如下：

f=imdilate(f,se);

Step8：对f进行连通区域标记，给不同区域赋予不同的像素值，背景像素标记为0。Matlab图像处理工具箱函数 *bwboundaries* 可以返回二值图像f的连通区域边界B、标记L、连通区域数N等。对不同区域以不同颜色表示的结果如图4-52(g)所示，Matlab语句如下：

[B,L,N,A]=bwboundaries(f,'holes'); % 连通区域标记

f_area_rgb=label2rgb(L,@jet,[1 1 1]); %自动分配颜色

Step9：找回并标记上次迭代中出现，但是本次迭代遗漏的区域。设前一次迭代的标记矩阵为 L_f，本次迭代标记矩阵为 L，扫描 L_f 的每一个像素，并与 L 中对应位置的像素值作比较，若 $L_f(x,y)\neq 0\&\&L(x,y)=0$，则将 $L_f(x,y)$ 的值赋给 $L(x,y)$，即 $L(x,y)=L_f(x,y)$；

如图4-52(h)所示为初始区域与边缘图像的对比，可以看出，第一次迭代后，还是有区域没有被查找到，所以减小r的值，重复上面的步骤，直到所有的区域被找到。

Step11：令 $r=r-1$，如果 $r=1$，转至Step12；否则，在L中将草图边缘像素标记为N+1，转至Step2；

Step12：结束。

圆形结构元素(小球)的大小决定了初始区域的数量和完整性。图4-53所示为采用不同初始半径的圆形结构元素对形成的初始区域的影响。理论上，初始半径应该等于草图边缘缺口(笔画间隙)的最大值，本节设置为12像素。Step6和Step7的腐蚀和膨胀操作采用不同半径的圆形结构元素，使得最终得到的标记图像中，内切圆半径小于3像素的区域被排除，从而得到有意义的区域。

对图4-50所示草图进行初始区域查找并标记的结果如图4-54所示。

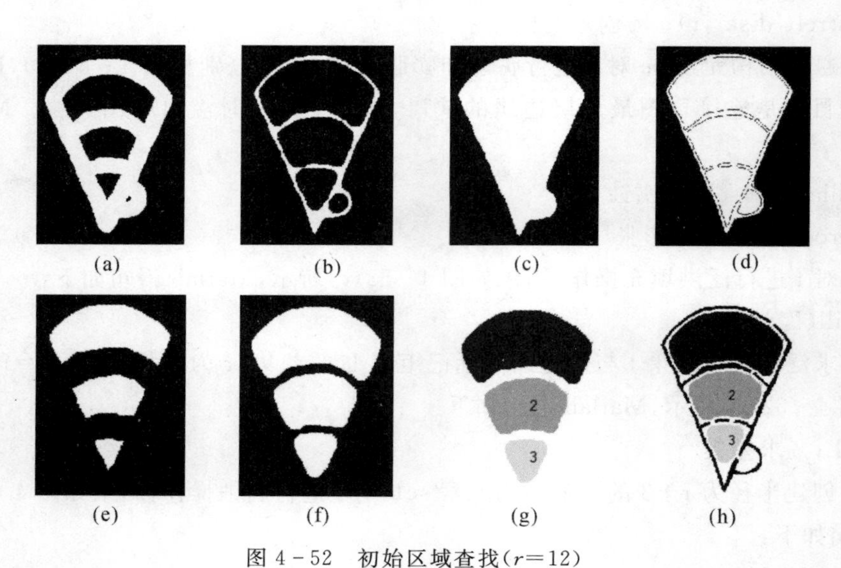

图4-52　初始区域查找($r=12$)

(a)膨胀；(b)腐蚀；(c)泛洪填充；(d)泛洪填充-草图边缘；(e)腐蚀；(f)膨胀；(g)标记矩阵；(h)对比

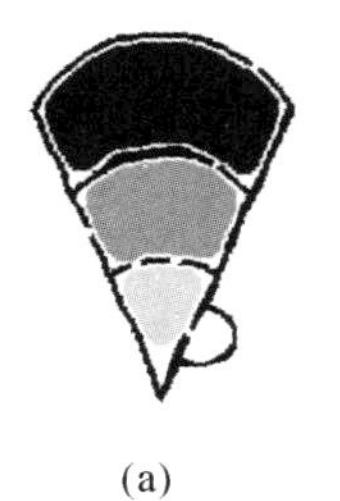

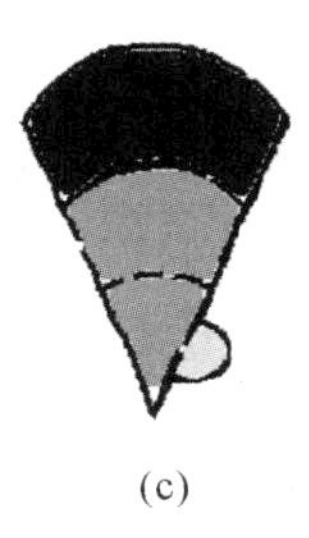

(a)　(b)　(c)　(d)

图 4－53　被困小球大小对区域查找的影响

(a)R＝15；（b)R＝8；（c)R＝6；（d)R＝4

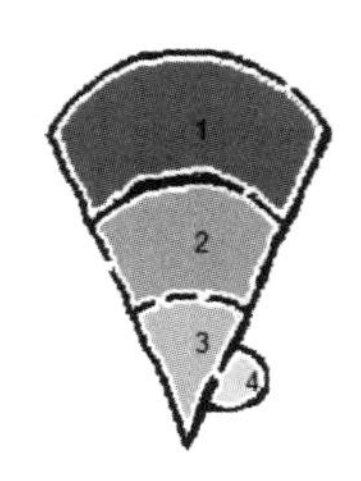

图 4－54　初始区域查找结果

(3)区域增长。如图 4－54 所示，经形态学操作后区域并没有完美的吻合草图边缘，所以需要对各个区域进行扩展。区域增长分为两个步骤：区域膨胀和区域边界像素扩展，结果如图 4－55 所示。具体算法如下：

Step1：遍历每个初始区域，构造半径为 4 的圆形结构元素，对每个初始区域进行膨胀操作，最后对图像进行连通区域标记；

Step2：遍历每个初始区域的边界像素及其邻域像素，如果邻域像素不为边缘像素和其他区域像素，则赋予该初始区域的像素值。

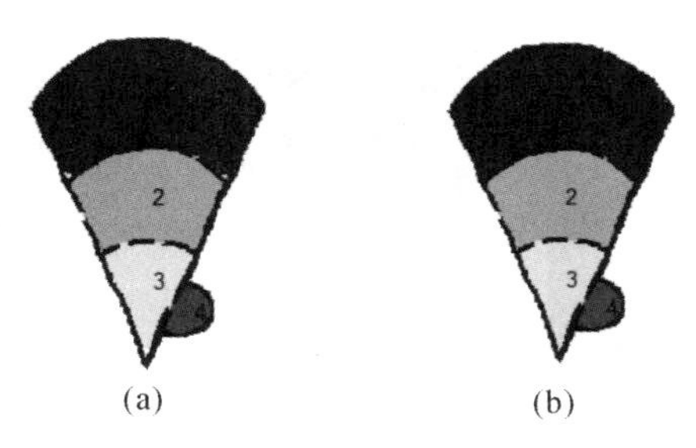

(a)　(b)

图 4－55 区域增长

(a)膨胀；（b)边界像素扩展

3. 区域边界容差带提取

如图 4－52 所示，首先对草图区域进行膨胀和腐蚀操作，然后再求两者的差集就可以得到区域边界带。设区域图像为 f，区域边界带图像为 f_zone，Matlab 语句为：

```
se = strel('disk',w); %创建半径为 w 的圆形结构元素
f_d=imdilate(f,se);%膨胀原区域
```

```
f_e=imerode (f,se);%腐蚀原区域
f_zone=f_d-f_e;%膨胀-腐蚀
```

除了各个区域的边界容差带，还需求取草图外轮廓的容差带，简称为外轮廓带。通过对图4-52(c)所示泛洪填充操作的结果进行膨胀、腐蚀及求差集的过程即可求出草图外轮廓容差带，如图4-58所示。区域边界带的宽度随区域外接椭圆短轴的半径(见图4-57)而定：

$$l_r = \alpha\sqrt{m_r} \tag{4-26}$$

式中，α 为经验系数，草图外轮廓带取1.4，内区域取2.4；m_r 为区域外接椭圆短轴的半径由公式(4-1)可知，区域所占屏幕空间越大，其边界带的宽度就越大。

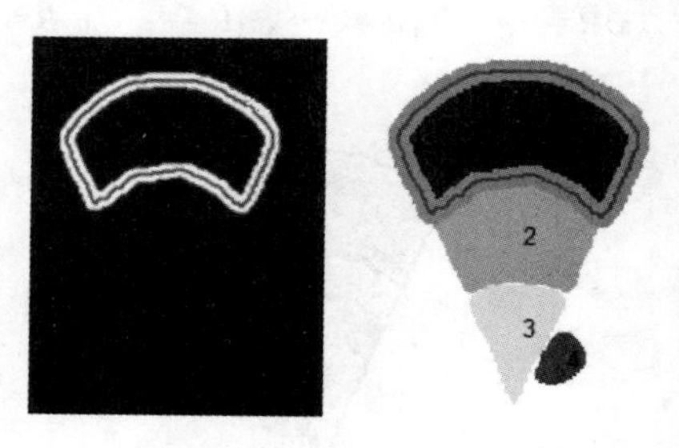

图4-56　区域边界带

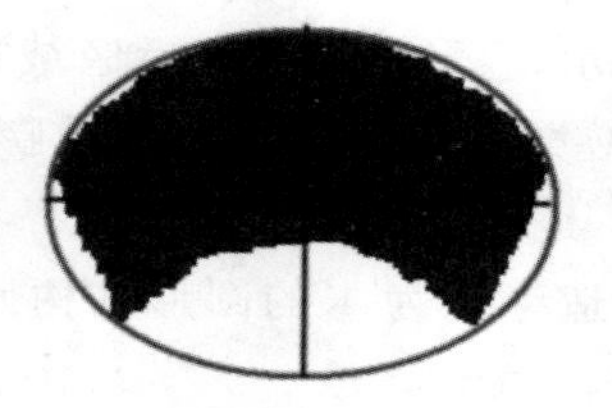

图4-57　区域外接椭圆

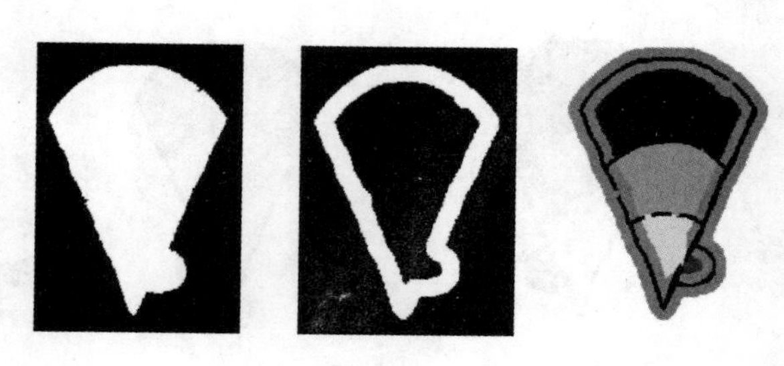

图4-58　草图外轮廓容差带

依次扫描各区域边界带图像和草图外轮廓图像，将边界容差带像素进行坐标变换后存入数组中，即为基于区域公共边界的笔画聚类算法的输入。在FSR-DJ系统中，区域边界容差带以其组成像素的集合表示，如 $B=\{p_j=(x_j,y_j),0\leqslant j<n\}$，$n$ 为边界容差带内的像素数。

4.4.2　基于区域公共边界的多笔画聚类

基于区域公共边界的多笔画草图聚类算法的主要研究对象为带隐线的立体投影线图，且

假设可见和不可见的棱线和转向轮廓线均用实线表示如图 4－49 所示。该类物体的投影线图的特点是，物体上棱线和转向轮廓线的投影为直线段、圆、椭圆、圆弧和椭圆弧等基本图元，且相邻区域的公共边仅包含 1 个基本图元。本节将棱线、转向轮廓线的交点定义为节点，即每 2 个节点之间的线段为某 2 个相邻区域的公共边。如图 4－59 所示，区域 1 和区域 2 的公共边为 AG 段，区域 2 和区域 3 的公共边为 CG 段。

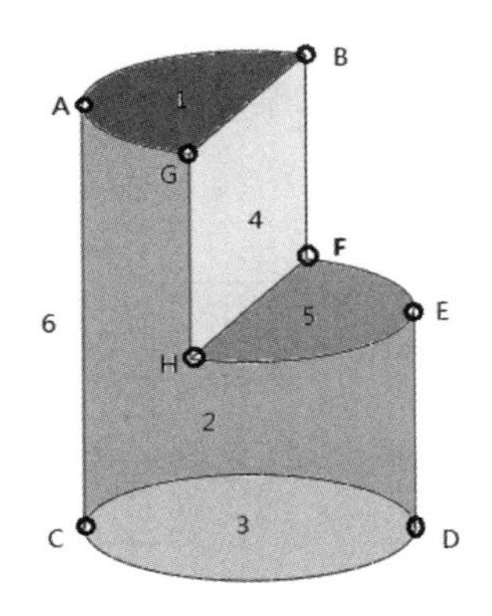

图 4－59　立体投影线图的节点

现在以图 4－60 所示草图为例，介绍基于区域公共边界的多笔画聚类算法的基本思路：首先根据线图的节点对输入笔画进行分割；然后根据笔画所属区域公共边界对笔画进行聚类，得到边笔画组；接着对边笔画组进行分类和简化，得到边笔画；再对相邻的边笔画进行聚类，得到单笔画草图；最后对草图进行单笔画识别，得到二维线图如图 4－61 所示。

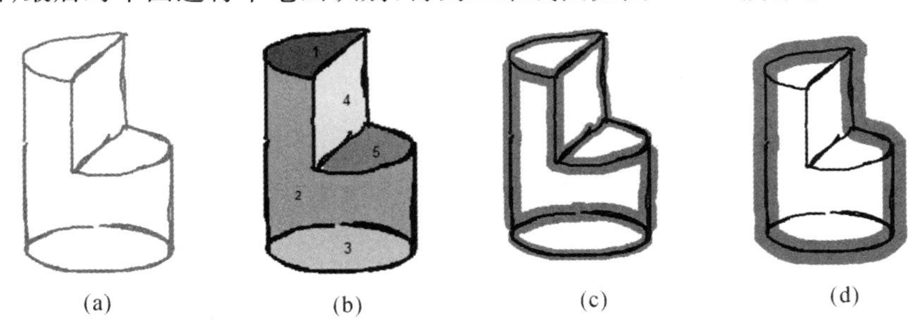

图 4－60　输入草图及其区域边界带

(a)输入草图；(b)草图区域；(c)区域边界带；(d)外轮廓带

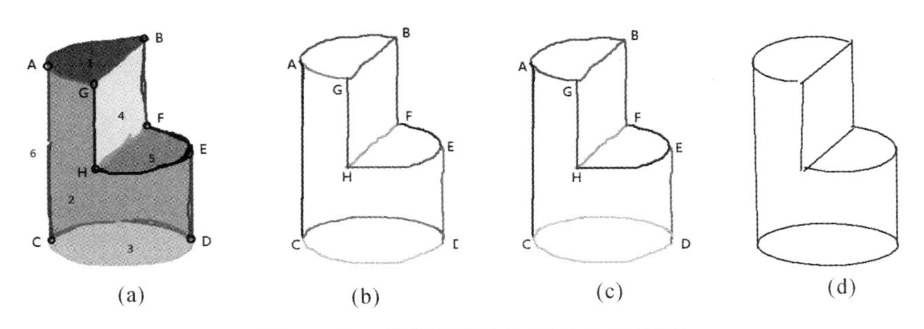

图 4－61　多笔画草图识别过程示意图

(a)笔画分割及区域公共边分配；(b)边笔画组简化；(c)边笔画聚类；(d)单笔画识别

图 4-62 给出了基于区域公共边界的多笔画草图聚类算法的流程，在给定草图区域边界带和外轮廓带的前提下，对草图进行多笔画聚类主要包括 5 个步骤：①根据笔画采样点落入区域边界带的程度判断笔画所属的区域，基于草图的区域边界带和外轮廓带对笔画进行分割，并保存分割前的原始输入笔画；②对同时属于两个区域的笔画进行聚类，得到表示相邻区域公共边的边笔画组；③对边笔画组进行分类、简化，得到位于节点间的单笔画，称为边笔画；④根据原始跨区域笔画和笔画类型依次对相邻的边笔画进行聚类，得到单笔画草图；⑤对单笔画草图进行单笔画识别，即将多笔画草图转化为二维线图。

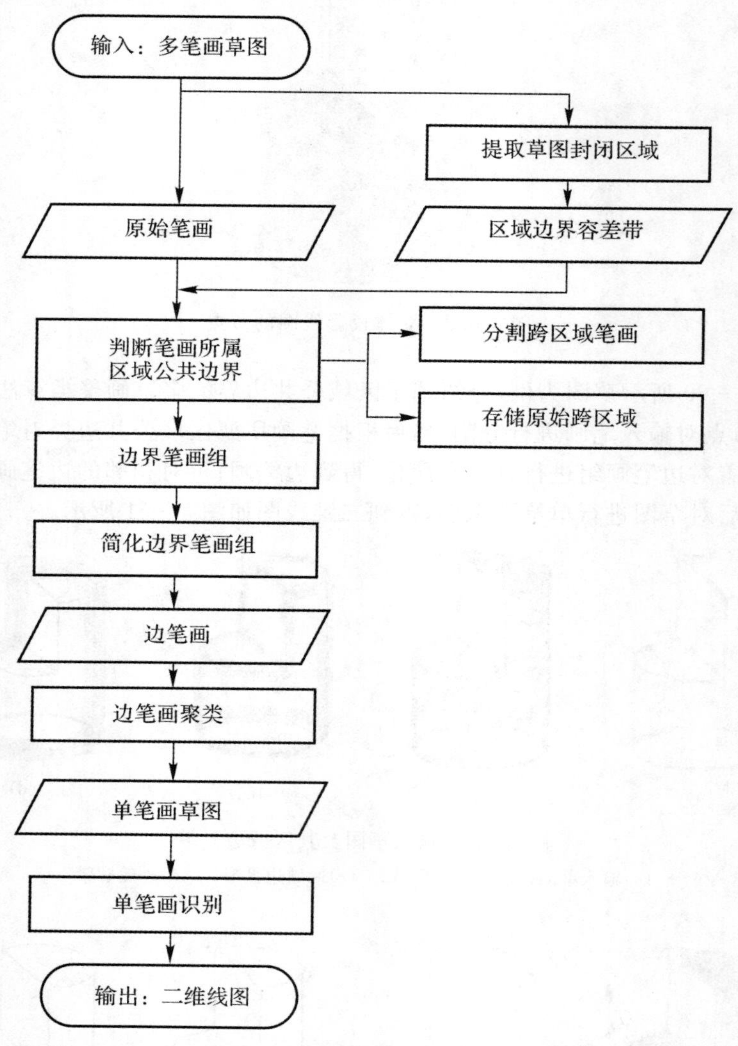

图 4-62　基于区域公共边界的在线多笔画草图聚类方法流程

1. 跨区域笔画分割

跨区域笔画定义为轨迹超出草图的至少 1 个区域边界带范围的笔画，如图 4-63 所示。根据区域边界带对跨区域笔画进行分割，以得到位于立体投影线图节点间的较短笔画。

参照第三章笔画间重复绘制率的计算方法，我们根据笔画采样点落入区域边界带的比率

r_f，判断笔画属于区域的程度及其是否需要分割：若 $r_f > 0.85$，则认为笔画完全属于区域；否则，要对笔画进行分割。给定 1 条笔画 S，设其采样点序列为 $\{p_i; 0 \leqslant i < n\}$，和 1 条区域边界带 B，设其像素集合为 $\{p_j = (x_j, y_j), 0 \leqslant j < n\}$，根据区域边界带 B 分割笔画 S 的具体方法如下：

Step1：遍历笔画采样点序列，依次计算采样点 p_i 落入区域边界带 B 的状态 f_i，若采样点 p_i 落入区域边界带像素集合 B 中，则 $f_i = 1$；否则 $f_i = 0$。

Step2：计算落入状态为 0 的采样点的个数 n_f 与笔画采样点数 n 的比值，若 $n_f/n > 0.85$，则判断笔画完全属于区域边界带 B，不需要对其分割，转至 Step6。否则进入下一步。

Step3：将连续且落入状态相同的采样点分为一组，每组中第一个采样点和笔画的终点记为初始分割点，由此笔画被分为若干段，如图 4 - 63(a) 所示。

Step4：对初始分割点进行修正。根据笔画的绘制方向，将初始分割点分为进入点和离开点，如图 4-63 所示笔画的的第 2 个初始分割点为进入点，第 3 个为离开点。设区域边界带 B 的宽度为 lr，将进入点向后移动 $lr/2$ 像素的距离，离开点向前移动 $lr/2$ 像素的距离，得到新的实际分割点，如图 4 - 63(b) 所示。

Step5：根据实际分割点将笔画分割为若干更短的笔画。

Step6：结束。

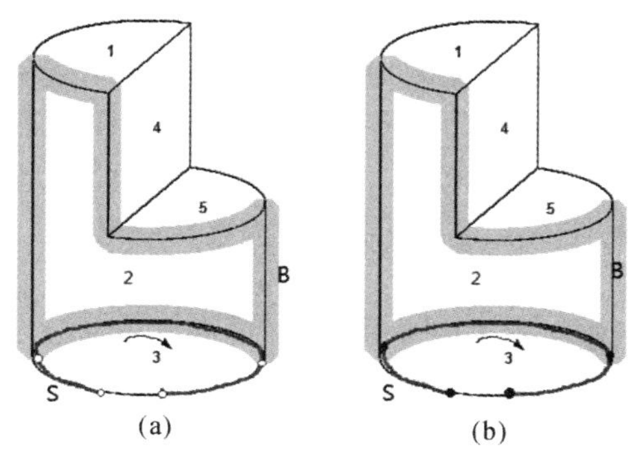

图 4 - 63　跨区域笔画及其初始分割点和实际分割点

(a) 初始分割点；(b) 实际分割点

2. 基于区域公共边界的笔画聚类

在笔画聚类前需要对跨区域笔画进行分割，直到所有的笔画不超出任何一个区域的边界带，我们将这样的笔画成为区域内笔画。此外，在分割 1 条笔画前，首先判断其是否为原始输入笔画，如果属于，则另外保存，以用于 4.4.2 节第 4 点的边笔画聚类，防止原始笔画连接信息丢失。

接下来，我们根据笔画所属的公共区域边界对笔画进行聚类。判定笔画属于哪 2 个区域的公共边界的具体方法为：如果 1 条笔画同时属于某 2 个区域，则认为笔画属于该 2 个区域的公共边界。如果 1 条笔画同时属于 2 个以上的区域，则对这几个区域进行两两组合，最后排除无效区域的边界。如图 4 - 64 所示，笔画 S_1 属于区域 1 和区域 4，标记笔画 S_1 属于边界 $\{1,4\}$；笔画 S_2 长度较短，位于线图的转角地带，属于特殊情况，其属于的区域为区域 2、区域 4 和区域

5,标记笔画 S_2 属于边界{2,4}、边界{4,5}和边界{2,5}。显然边界{2,4}不是有效的公共边界,我们根据分配到该公共边界的笔画组的包络矩形大小排除这个错误。

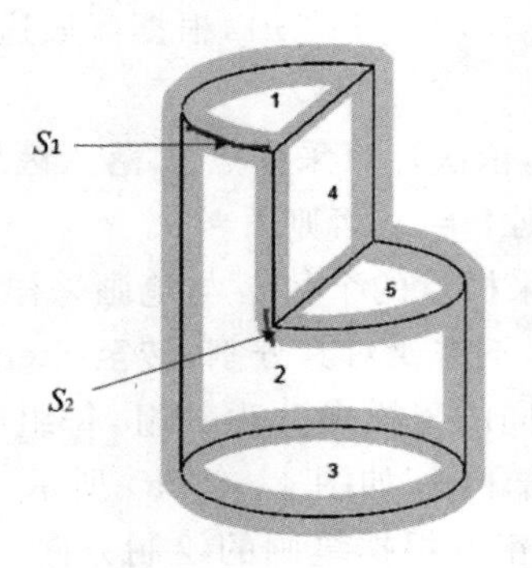

图 4-64　笔画所属边界分配

3. 边界笔画组简化

边笔画组是由共同属于某2个相邻区域的笔画组成,包含的公共边界数可能大于1。因此有时需要对边笔画组中的笔画再分类。我们采用自底向上的贪心算法对边笔画组进行简化:首先选择2条相近的笔画进行合并,产生新的笔画;然后新笔画再与其他相近的笔画进行连接,直到没有相近的笔画或笔画全部被合并;重复上述过程,直到所有的笔画都被处理。

如图 4-65 所示,根据笔画间的端点间距和重复程度,边界笔画组中任意2条笔画的可能结构分为4种,我们对符合前3种情况的笔画进行合并,并针对不同情况给出不同的合并方法。设黑色笔画 S_1 为先绘制,灰色笔画 S_2 为后绘制。具体的判定条件和合并方式如下:

图 4-65(a) 端点相近但是不重复。判定条件为重复绘制率小于0.15,且最近端点对的距离小于20。依据最近端点对的中心点对这2条笔画进行连接,从而产生新的笔画。图(b) 部分重复。判定条件为重复绘制率小于0.85,且大于0.15。删除 S_1 中与 S_2 重复的部分,其余部分与 S_2 再进行连接。需要对 S_1 进行分割,分割点为其距离 S_2 的端点最近的采样点(距离小于20)。图(c) 完全重复。判定条件为重复绘制率大于0.85。将较长的笔画作为新的笔画。图(d) 端点不相近且不重复。判定条件为重复绘制率为0,且最近端点对的距离大于20。不合并。

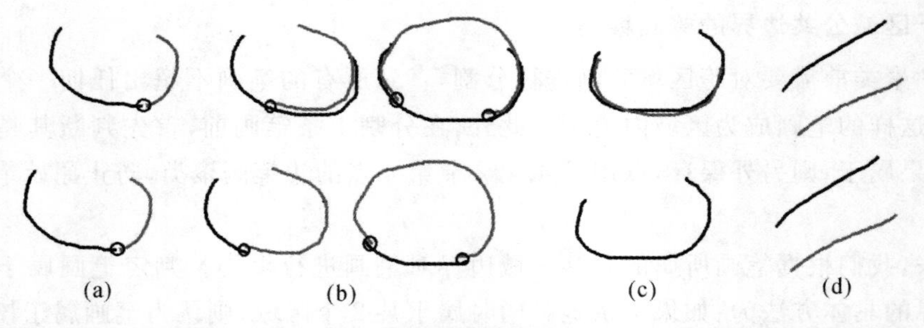

图 4-65　边界笔画组中2条笔画的可能结构(第1行)及其合并结果(第2行)

(a) 不重复但端点相近; (b) 部分重复; (c) 完全重复; (d) 不重复且端点不相近

4. 边笔画聚类

对边笔画组进行简化得到的单笔画被称为边笔画，如图 4-61(c) 所示，边笔画位于 2 个相邻的节点之间。我们仍然采用自底向上的贪心算法对边笔画进行聚类，迭代地将 2 条相邻的笔画合并为 1 条新的笔画。2 条边笔画能否被聚类考虑的因素是：① 最近端点对的距离；② 合并 2 条笔画后产生的新笔画的类型；③ 与原始跨区域笔画的重复程度（见图 4-66）。判断 2 条笔画（分别设为 S_1，S_2）是否能够合并的具体方法如下：

Step1：计算笔画 S_1 与 S_2 的最近端点对的距离，如果小于一个阈值（本节取 20），则认为此 2 条笔画相邻，进入下一步，否则进入 Step6。

Step2：遍历 4.2.2 节笔画聚类过程中存储的原始跨区域笔画，分别计算与笔画 S_1 和 S_2 的重复绘制率，如果存在 1 条原始跨区域笔画与 S_1 和 S_2 的重复绘制率都大于一个阈值（本节取 0.3），则进入 Step5，否则进入 Step3。

Step3：以最近端点对的中心点将为 S_1，S_2 进行连接，产生新的笔画，记为 S_N。

Step4：使用单笔画识别方法[1]判定新笔画 S_N 的类型，如果 S_N 为直线段或二次曲线，则进入下一步；否则进入 Step6。

Step5：笔画 S_1 和 S_2 可以进行合并，将 S_N 作为新笔画。

Step6：笔画 S_1 和 S_2 不可以进行合并。

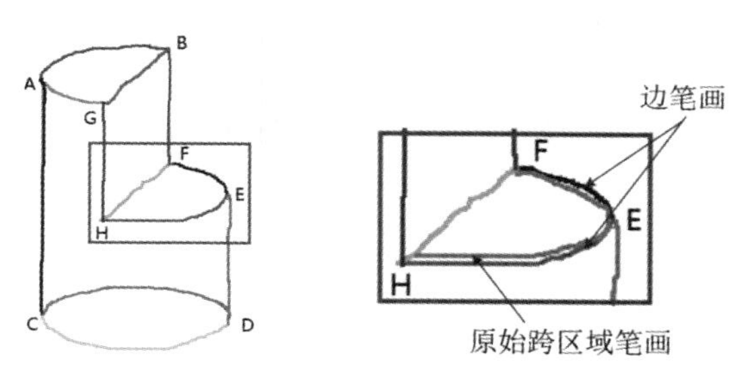

图 4-66　原始跨区域笔画与边笔画

4.4.3　实验分析

本节首先给出采用改进的被困小球分割方法对单色手绘草图进行封闭区域提取的结果，然后给出边笔画组简化算例。

1. 草图封闭区域提取算例

图 4-67 给出单色手绘草图封闭区域的提取实例。其中第 1,3 行为输入草图；第 2,4 行为封闭区域提取结果，不同的区域用不同颜色表示。实验所用草图是多笔画草图，边缘带有缺口，甚至含有虚线。图 4-68 给出对部分区域提取算例进行局部放大效果图。

由图 4-67 可以看出，本节采用改进的被困小球分割方法较好地识别了但是草图的封闭区域，为基于区域边界的多笔画聚类算法奠定了基础。然而，由图 4-68 可以看出，当笔画形成的封闭区域内出现较尖锐的拐角时，区域没有完美的吻合草图笔画，这是本节算法的不足之处。

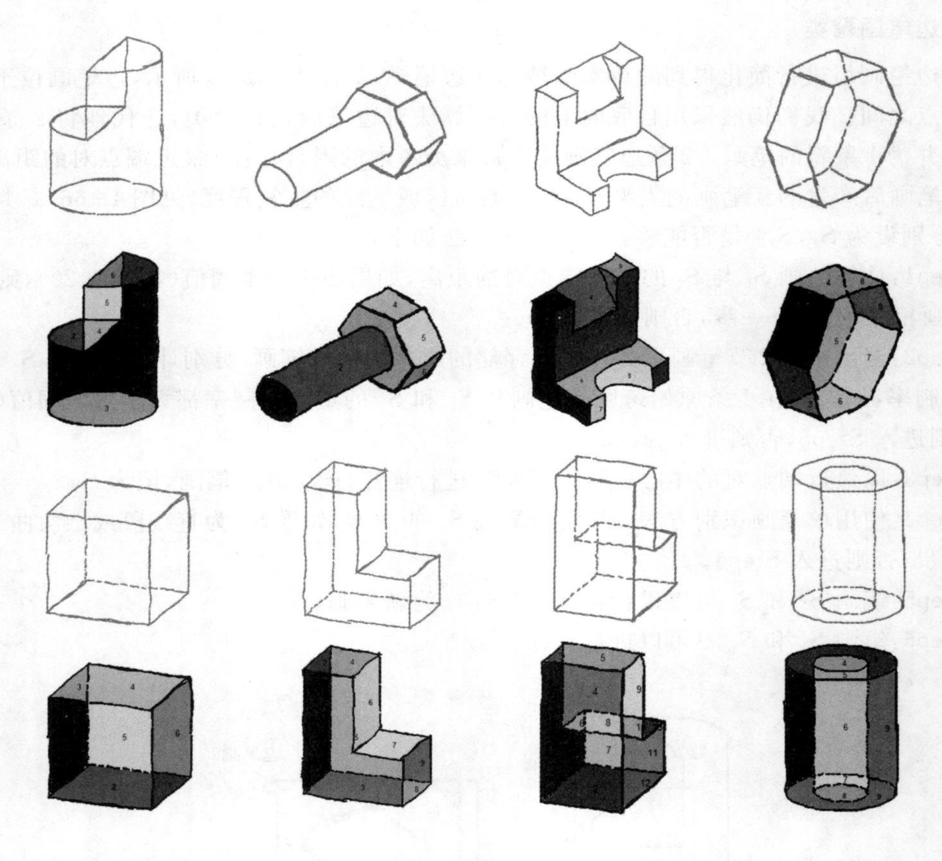

图 4－67　单色草图封闭区域提取结果

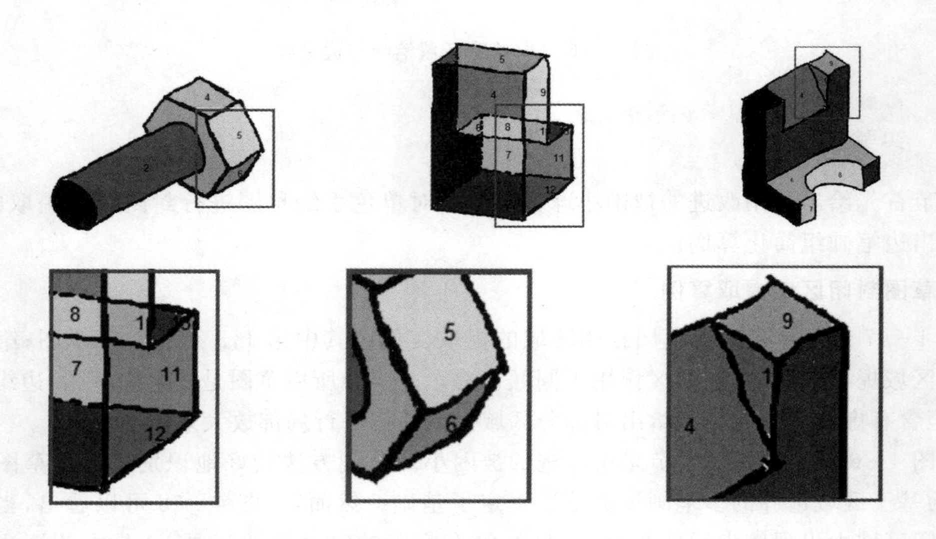

图 4－68　部分封闭区域提取算例局部放大效果图

2. 边笔画组简化算例

图 4－69 给出对边笔画组进行简化的实例。第 1 行为输入的边笔画组，第 2 行为简化结果，第 3 行为对简化结果进行单笔画识别[1]的结果。边笔画组是位于草图区域公共边界内的笔画，其简化是将多笔画草图转化为二维线图的中间过程。FSR－DJ 系统将边笔画组简化为 1 条或者多条独立的单笔画。从结果可以看出，边笔画组简化的单笔画有些粗糙，但是不影响对它所代表的图元的识别。该过程还可以用于多笔画图元的拟合。

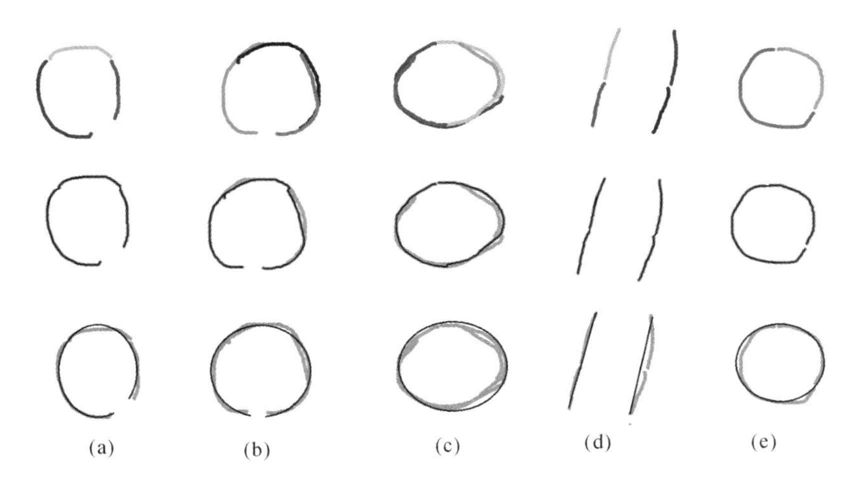

图 4－69　边笔画组简化实例

4.4.4　小结

针对 4.3 节介绍的多笔画重复绘制草图聚类方法的不足，提出了基于区域公共边界的多笔画草图聚类方法。首先，给出采用改进的被困小球分割方法对单色手绘草图进行封闭区域提取的实例，实验结果表明，该方法能够较好地识别单色草图的封闭区域。然后，对边笔画组简化方法进行了实例验证，均取得了较好的效果，且该方法可用于多笔画图元的拟合。

针对单色草图封闭区域提取，给出了改进的被困小球分割方法，并给出区域边界带及草图外轮廓带的提取方法。给出笔画是否属于区域的判定方法，和跨区域笔画的分割方法；提出依据所属区域公共边界对多笔画进行聚类，并给出详细的聚类过程；给出将边笔画组简化为单笔画的方法；提出通过合并后长笔画的类型和原始跨区域笔画对相邻边笔画进行聚类。提出对分割前的原始跨区域笔画进行保存，用于其后的边笔画聚类，保证了笔画连接信息不被丢失。

根据草图区域公共边界对笔画进行批次聚类，减小了基于邻近性、连续性等局部几何关系对笔画两两聚类所产生的累计误差。不仅可以解决多笔画重复绘制的草图的聚类问题，还可以解决多笔画非重复绘制的草图的聚类问题，从而使系统支持的多笔画绘制类型增多，使草图识别系统更加鲁棒。

参考文献

[1] Wang S X, Wang G F, Gao M T, et al. Using Fuzzy Hybrid Features to Classify Strokes in Interactive Sketches[J]. Advances in Mechanical Engineering, 2013.

[2] Chansri N, Koomsap P. Automatic single - line drawing creation from a paper - based overtraced freehand sketch[J]. The International Journal of Advanced Manufacturing Technology, 2012, 59(1 - 4):221 - 242.

[3] Wang S, Qin S, Gao M. New grouping and fitting methods for interactive overtraced sketches[J]. Visual Computer, 2014, 30(3):285 - 297.

[4] Ku D C, Qin S F, Wright D K. Interpretation of Overtracing Freehand Sketching for Geometric Shapes[J]. 14th International Conference in Central Europe on Computer Graphics, Visualization and Computer Vision 2006, 2006:263 - 270.

[5] Liu X, Wong T - T, Heng P - A. Closure - aware sketch simplification[J]. ACM Transactions on Graphics (TOG), 2015, 34(6):168.

[6] 王淑侠. 支持概念设计的手绘图在线识别研究[D]. 西安:西北工业大学, 2006.

[7] Chansri N, Koomsap P. Automatic single - line drawing creation from a paper - based overtraced freehand sketch [J]. International Journal of Advanced Manufacturing Technology, 2012, 59(1 - 4):221 - 242.

[8] Paulson B, Hammond T. Paleosketch:accurate primitive sketch recognition and beautification[C]. Proceedings of the 13th international conference on Intelligent user interfaces. 2008:1 - 10.

[9] 孙正兴, 徐晓刚, 孙建勇, 等. 支持方案设计的手绘图形输入工具[J]. 计算机辅助设计与图形学学报, 2003, 15(9):1145 - 152.

[10] Kurtoglu T, Stahovich T F. Interpreting schematic sketches using physical reasoning [C]. AAAI Spring Symposium on Sketch Understanding. AAAI Press Menlo Park, 2002:78 - 85.

[11] Fonseca M J, Pimentel C, Jorge J A. CALI:An online scribble recognizer for calligraphic interfaces[C]. AAAI spring symposium on sketch understanding. 2002:51 - 58.

[12] Gennari L, Kara L B, Stahovich T F, et al. Combining geometry and domain knowledge to interpret hand - drawn diagrams[J]. Computers & Graphics, 2005, 29(4): 547 - 562.

[13] Shesh A, Chen B. Smartpaper:An interactive and user friendly sketching system[C]. Computer Graphics Forum. 2004:301 - 310.

[14] Gross M D, Do E Y - L. Drawing on the Back of an Envelope:a framework for interacting with application programs by freehand drawing[J]. Computers & Graphics, 2000, 24(6):835 - 849.

[15] Mitani J, Suzuki H, Kimura F. 3D sketch: sketch - based model reconstruction and rendering, From geometric modeling to shape modeling. Springer, 2002:85 - 98.

[16] Hammond T, Paulson B. Recognizing Sketched Multistroke Primitives[J]. ACM Transactions on Interactive Intelligent Systems (TiiS), 2011, 1(1):4.

[17] Ku D C, Qin S - F, Wright D K. Interpretation of overtracing freehand sketching for geometric shapes[J]. 2006.

[18] Barla P, Thollot J, Sillion F X. Geometric clustering for line drawing simplification [C]. ACM SIGGRAPH 2005 Sketches. 2005:96.

[19] Shesh A, Chen B. Efficient and dynamic simplification of line drawings[C]. Computer Graphics Forum. Wiley Online Library, 2008:537 - 445.

[20] Orbay G, Kara L B. Beautification of Design Sketches Using Trainable Stroke Clustering and Curve Fitting[J]. IEEE Transactions on Visualization and Computer Graphics, 2011, 17(5):694 - 708.

[21] Chien Y, Lin W C, Huang T S, et al. Line Drawing Simplification by Stroke Translation and Combination[J]. Fifth International Conference on Graphic and Image Processing (Icgip 2013), 2014, 9069.

[22] Noris G, Sýkora D, Shamir A, et al. Smart scribbles for sketch segmentation[C]. Computer Graphics Forum. Wiley Online Library, 2012:2516 - 2527.

[23] Pusch R, Samavati F, Nasri A, et al. Improving the sketch - based interface[J]. The Visual Computer, 2007, 23(9 - 11):955 - 962.

[24] Rajan P, Hammond T. From paper to machine: Extracting strokes from images for use in sketch recognition[C]. Proceedings of the Fifth Eurographics conference on Sketch - Based Interfaces and Modeling. 2008:41 - 48.

[25] Dori D, Liu W. Sparse pixel vectorization: An algorithm and its performance evaluation[J]. IEEE Transactions on Pattern Analysis and Machine Intelligence, 1999, 21 (3):202 - 215.

[26] Bonnici A, Camilleri K P. Scribble vectorization using concentric sampling circles [C]. Advanced Engineering Computing and Applications in Sciences, 2009 ADVCOMP'09 Third International Conference on. 2009:89 - 94.

[27] Olsen L, Samavati F F. Stroke extraction and classification for mesh inflation[C]. Proceedings of the Seventh Sketch - Based Interfaces and Modeling Symposium. 2010:9 - 16.

[28] Pusch R, Samavati F, Nasri A, et al. Improving the sketch - based interface - Forming curves from many small strokes[J]. Visual Computer, 2007, 23(9 - 11):955 - 962.

[29] Bartolo A, Camilleri K P, Fabri S G, et al. Scribbles to vectors: preparation of scribble drawings for CAD interpretation[C]. Proceedings of the 4th Eurographics workshop on Sketch - based interfaces and modeling. 2007:123 - 130.

[30] 叶炜威，余隋怀，苟秉宸，等. 一种获取重复绘制草图单元识别特征数据的方法[J].

计算机应用研究，2006，22(12)：157－159.

[31] Kara L B，Stahovich T F. An image－based，trainable symbol recognizer for hand－drawn sketches[J]. Computers & Graphics，2005，29(4)：501－517.

[32] Bartolo A，Camilleri K P，Fabri S G，et al. Line tracking algorithm for scribbled drawings[C]. Communications，Control and Signal Processing，2008 ISCCSP 2008 3rd International Symposium on. 2008：554－559.

[33] De Berg M，Van Kreveld M，OVERMARS M，et al. Computational geometry[M]. Springer，2000.

[34] De Guevara I L，MUñOZ J，De CóZAR O，et al. Robust fitting of circle arcs[J]. Journal of Mathematical Imaging and Vision，2011，40(2)：147－161.

[35] Plumed R，Varley P A. A fast approach for perceptually－based fitting strokes into elliptical arcs[J]. The Visual Computer，2015：1－11.

[36] Ku D C，Qin S－F，Wright D K. Interpretation of overtracing freehand sketching for geometric shapes[C]// Interpretation of overtracing freehand sketching for geometric shapes. 14th International Conference in Central Europe on Computer Graphics，Visualization and Computer Vision 2006，WSCG'2006－In Co－operation with EUROGRAPHICS，January 31，2006－February 2，2006，Plzen，Czech republic. Vaclav Skala Union Agency：263－70.

[37] 王淑侠，高满屯，齐乐华. 基于二次曲线的在线手绘图识别[J]. 西北工业大学学报，2007，25(1)：37－41.

[38] 王淑侠，王关峰，高满屯，等. 基于时空关系的在线多笔画手绘二次曲线识别[J]. 模式识别与人工智能，2011，24(1)：82－89.

[39] 王关峰，王淑侠，余隋怀，等. 基于在线手绘二次曲线识别的参数特征提取与修正[J]. 计算机科学，2014，41(1)：297－29.

[40] 赵鹏，王斐，刘慧婷，等. 基于深度学习的手绘草图识别[J]. 四川大学学报(工程科学版)，2016，48(3)：94－99.

[41] Zhang S－H，Chen T，Zhang Y－F，et al. Vectorizing cartoon animations[J]. Visualization and Computer Graphics，IEEE Transactions on，2009，15(4)：618－629.

第5章 在线手绘平面立体草图的端点融合

5.1 引　　言

线图解释的最终环节为由2D线图进行3D重构，即得到物体的3D场景表达。而线图的规整美化程度对其3D重构阶段有重大影响，规整较好的2D线图可以直接作为3D重构的输入，其也基本满足3D物体的投影规律；而规整失败的2D线图（线图产生变形或绘制意图的误解）会对重构工作造成很大的困难。要想对一幅手绘图进行最终的3D重构操作，首先该识别线图应该符合一定的3D物体投影原理。而要满足该条件，最基本的要求是该线图必须满足一定封闭性，即线段笔画在节点处应该是连接在一起的，然而手绘草图的不精确性使得大量草图笔画并未准确连接（如分离或交叉等），需要对其进行连接规整，即端点融合。

5.1.1 国内外研究现状

草图规整是指对识别后的草图进行校正并将其转换为规则几何图形的过程，也是对草图的进一步处理和解释。草图识别的过程将原始粗糙的笔画转化为相对比较规则的几何线条、图元，然而它们只是代替了原始草图中笔画的轨迹，其之间的特定几何关系并没有体现出来。规则图形不仅仅是线条、图元的简单组合，还应当包括它们之间的位置关系和拓扑。要想生成符合用户设计意图的规则几何图形并为3D实体的重构做准备，草图规整必不可少。Pavlidis[1]提出一个图形自动美化规整系统，该系统根据草图自身特性信息推断出约束条件，并对其进行美化规整。而且该方法已被实现为在线图形编辑器运行的一部分。SUMLOW[2]是一个基于统一建模语言（UML）图表工具，其采用画图板、笔式手绘界面以支持协同设计。该工具允许设计师进行可视化建模语言的构造，混合不同的UML图组件，完成手写注释的识别。最终UML草图被规整为计算机识别的图表格式。Stahovich[3]考虑到物体在空间和时间上的特征相似信息，提出一个两段式笔画分组算法完成对笔画的分类工作。Simhon[4]描述了一个进行曲线规整的系统，该系统采用隐马尔科夫模型、结合多尺度方法和混合模型，合成了一种基于训练集的可以替代原始输入的曲线。Igarashi[5]提出一个用于进行快速几何设计的交互式美化系统，它将用户的手绘笔画转换为矢量线段，并通过考虑输入笔画与已有笔画的几何约束关系对其进行规整美化，如对称性、垂直度、一致性等等。在文献[6]中，提出了基于模糊知识的草图系统。首先对输入草图笔画进行分割、识别，系统再利用关系推理引擎对各个基本图元之间的几何关系进行推理，最后根据这些几何关系对草图进行规整并完成3D重构。孙正兴等人[7]将图形规整化过程分为图形内部规整与图形间规整。图形内规整指依据图形自身的内部信息进行规整，如角度校正、等边校正、平行校正等；图形间规整则是根据相邻的图形信息对两者同时进行校正，包括位置、形状、关键点调整。Kara[8]提出一种支持旋转不变性的极坐标表示规整方法，通过该方法对识别后的草图进行模板匹配处理。Wolin[9]提出符号标记的方法来辅助草图的识别与规整。在草图的识别、规整之前，对草图的进行直线、曲线、拐点等表达含义等进行标记，以便于提高后期识别规整进程的效率。Shpitalni[10]利用二次曲线方程的自然属性进行了草图笔画的分类和角点检测，进而提出适应性容差带的概念，对笔画端点进行聚类并连接，且每组聚类点由其中心点代替。Deufemia[11]采用基于最小二乘树的聚类算法进行笔画分类，每种类别都对应一个 LDCRF 模型生成的标签。Broelemann[12]通过对草图进行预处理、草图分割、孤立识别和基于上下文感知的规整等一系列步骤完成草图的解释。除此之外，根据上下文感知进行草图规整的研究在大量文献[13~15]中都可以见到。

端点融合技术属于草图规整过程中的一个重要模块，其对经草图识别后的线图进行规整，该过程确保相应的笔画端点进行连接以去除草图中多余的瑕点，从而得到一幅清晰、整洁的闭环线图。目前关于端点融合技术的大部分研究主要是基于计算容差阈值的方法。文献[16]采用单一确定的经验距离公差作为连接判据。Pavlidis[1]提出一种基于数据统计分析的聚类方法，通过该方法得到一个经验容差阈值，并利用该阈值推断出原始草图中点的聚类。类似的方法，Durgun[17]将待融合端点所在笔画长度的一个百分比作为阈值结果。孙建勇等人[18]提出在针对端点分离的情况下，将其反向延长至交叉状态，如果笔画经交叉后突出的部分与其本身长度的比例小于某一个阂值，则认为突出笔画部分是用户的误输入，那么将之删除。显而易见，根据上述几种方法(包括取经验阈值、线元长度的百分比)并不能得到可靠的容差阈值以及规整结果。如图 5-1 所示。

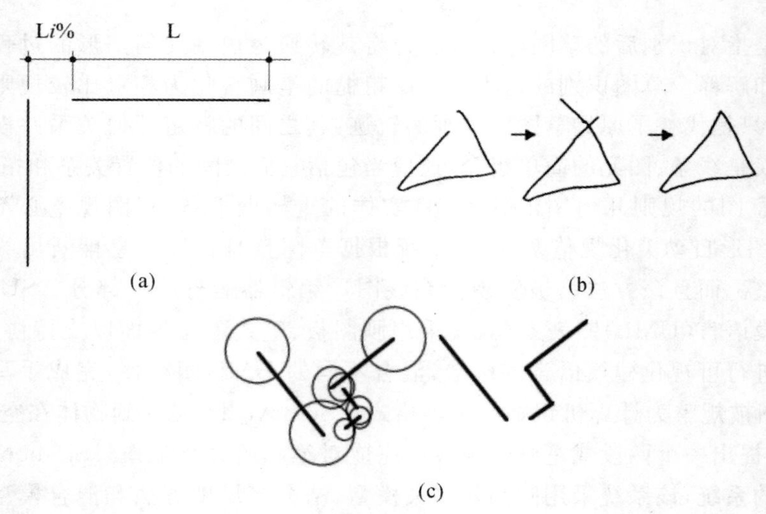

图 5-1　端点融合的容差阈值

(a)线元长度的百分比；(b)端点分离和交叉；(c)容差圆

要确定一个可信赖的阈值，仅仅只要求它小于最小阈值是远远不足够的。而采用具有相对适应性的阈值来判定两线元端点的融合性才是可靠的措施，如果阈值选取过大，则会导致细

节信息的忽略从而造成冗余融合；而采用过小容差阈值，则可能会使得本该相融合的端点未能连接。容差阈值的大小应该根据具体每个实体线元端点对其邻域细节的“敏感度”来确定。而且在同一幅草图中，每个线元端点对其邻域细节的“敏感度”是不同的。为了实现该“敏感度”，Shpitalni[10]将容差阈值的概念推广到“容差圆”，提出了基于平均距离的方法，计算出草图中每一条笔画对应的端点到各个实体的平均距离，并将其中最小值作为该端点的容差圆的半径；得到一系列容差圆之后，如果存在两两端点互相落入对方的容差圆区域内，则将这两个端点分为一组。若两个处于不同小组的端点之间还存在融合的可能性，那么将这两组端点进行合并；最终将各小组中的端点的中心作为该组的融合点并记作节点。随后，Wang[19]对Shpitalni的容差圆进行了改进，提出了变系数自适应性容差圆的概念及冗余融合的分割机制，不仅提高了容差阈值的可靠性，而且可以根据需要提取相应的融合特征。然而这两种基于容差圆的方法最后都将各小组中所有端点的中心作为其节点，并简单的将各条笔画直接连接到该节点。在直接连接的过程中，很有可能使得各笔画之间的相对位置发生改变从而改变了草图的原始形状，甚至会破坏草图中各笔画实体之间的相互关系，或者对用户的绘制意图产生一定的理解偏差。Ku[20]提出基于多笔画草图的解释过程。其包括笔画分类、笔画拟合、端点融合、平行校正以及图形内部解释。该方法也采取了直接进行端点连线聚类点中心的方法。但是与以上两种方法的不同之处在于，该方法在端点融合操作之后添加了平行校正的过程，目的是对端点融合过程中破坏的各实体相互关系进行修正。然而如果端点融合已经对原始草图的形状产生较大影响，那么再进行平行校正也不一定可以恢复草图内部的几何约束细节，甚至可能会增加一些不存在的约束关系。总而言之，上述关于端点融合技术所研究出来的各种方法均存在一定的合理性。但是更好的融合方法也有待提出以便对其进行进一步的完善。

5.1.2　存在问题

端点融合，即封闭性的问题。现有的基于容差阈值的端点连接方法均采用“端点聚类—直接连接”的算法过程。直接将各条笔画连接到各聚类点的重心位置，很有可能使得各笔画之间的相对位置发生改变从而改变了草图的原始形状，甚至会破坏草图中各笔画实体之间的相互关系，或者对用户的绘制意图产生一定的理解偏差。或者这时盲目再添加一些校正操作，还可能会在线图中增加一些本不存在的约束关系。

5.2　基本假设

本章依据的基本假设有以下几项：

假设1：对于“流形”物体上的每一表面，它的一边被有形物质占据而另一边是空的。

假设2：物体上每条棱线仅属于物体上两个表面，即物体应为“流形”物体。

假设3：物体上每个顶点属于且仅属于物体上三个表面，即物体上每一个顶点都是三个面的交点。

假设4：在投影线图中仅画出物体上棱线、顶点和转向轮廓线的投影，可见的棱线和转向轮廓线用实线表示，不可见的棱线和转向轮廓线用虚线表示。

假设5：物体上直棱线和直转向轮廓线的投影不能为点。

假设 6:物体上平面的投影不能为直线,物体上曲面的投影不能为曲线。

假设 7:物体上两条棱线或转向轮廓线的投影不能重合或部分重合。

假设 8:物体上不在棱线或转向轮廓线上的点的投影不能位于棱线或转向轮廓线的投影上。

假设 9:物体上不共点的三条棱线或转向轮廓线的投影不能共点。

假设 10:物体上两条不相切曲线(轮廓线或棱线)的投影曲线不能相切。

假设 11:物体上棱线或转向轮廓线的投影不能有节(尖)点。

如图 5-2 所示为曲线的投影出现节(尖)点的情况。节点 p 是投影曲线 c 上的尖点,节点 c 对应的空间曲线 C 上的点 P 并不是尖点。

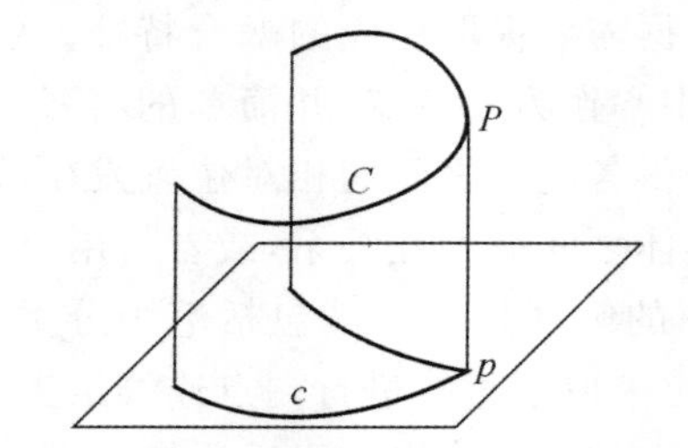

图 5-2 曲线的投影出现节(尖)点

不满足假设 8～假设 11 的奇异情况分别对应于物体形态图计算理论中的点线型、三重点型、相切交叉型和尖点交叉型视觉事件[101]。一般将满足假设 5～假设 11 的视点(视线)称为一般视点(视线)假设。

5.3 基于容差带的端点融合

5.3.1 手绘投影图的节点确定

如果给定一个“容差圆”,将此圆内的端点认为是一个点,将其进行融合处理合并为一个点,将该点称为节点,将该容差圆的半径称为容差半径。若用相对固定的容差半径对两点的融合性进行判断,较大的容差半径会导致较小线元的遗漏;较小的容差半径会导致本该相连的端点未能相连。例如,将统计分析结果[1]或线元长度的一个百分比[17]作为容差半径都未能获得较好的结果。

Lipson 通过计算每一个线元的端点到各线元的平均距离,将平均距离中的最小值取为端点的容差半径[10]。可知,在实体密集区容差圆较小,不会遗漏短线元。得到端点的容差半径后,若两两端点相互落入对方的容差圆内则将其进行融合,将可以融合的端点中心作为节点。若两个融合得到的节点间还能构成新的融合则将其再融合。该方法的不足之处在于:容差半径相对固定易导致过融合;没有考虑上下文信息,孤立地看待每个线元;该方法可用于手绘画隐线图的融合,但却没有对物体上不可见棱线和可见棱线进行单独处理,因此使端点融合算法复杂化;该方法适合于三面顶点物体的端点融合,但当两个节点相互落入对方的容差圆内时,则将其再次进行融合,从而易导致过融合现象;该方法将可以融合的端点的中心作为节点,但没有讨论如何对线元进行相应的调整，尤其是如何对曲线进行调整；该方法没有讨论曲面立体上转向轮廓线的融合问题；没有融合后的查错机制。

1. 变系数容差带

将融合前的所有参考点称为待融合点，本章手绘平面立体投影图中待融合点包括直线段的端点、折线段的折点；手绘曲面立体投影图中待融合点包括直线段的端点、折线段的折点、非封闭二次曲线的首尾点及二次曲线上的一些参考点。将二次曲线用一些参考点进行折线段逼近，为了叙述方便，将折线段曲线和二次曲线通称为由其子段构成的直线段序列$\{L_{ij};0\leqslant i<n, 0\leqslant j<m\}$，其中，i 为线元的序号，简称为线号，$L_{ij}$代表线号为 i 的线元由点号 j 和 j+1 的折点构成的直线段。

本章的变系数容差带计算方法：计算从每一个待融合点到所有直线段序列中的每一条直线段首尾点的距离之和，该测量方法包括端点到自身所在直线段首尾点的距离之和，即直线段长度。将距离之和最小一个的函数作为该端点的容差半径，则有

$$r_{ij}=(0.5)^{\lambda}\min(d_{ij}) \tag{5-1}$$

式中，λ 为容差半径系数，取 $1,2,\cdots,m$；$i=0,1,\cdots,n$ 为线号；$j=0,1,\cdots,k$ 为点号，$\min(d_{ij})$ 为第 i 条线元的第 j 个点到直线段序列中所有直线段首尾点距离之和中最小的一个。

若几个待融合点均落入其容差圆的交集中，即待融合点存在相互落入对方容差圆，则将其称为一个聚类，并将这些待融合点称为该聚类的聚类点，简称聚类点，并将容差圆的交集称为该聚类的公共容差带。最终的聚类点将被一个节点代替，按聚类点个数的多少将聚类分为一点聚类(孤点)、两点聚类、三点聚类和过聚类(三点以上)。

2. 节点的确定

通过变系数容差带的端点融合可得到一系列的聚类。聚类点有两种存在形式，一种聚类点是折线段曲线上的点，另一种聚类点是二次曲线上的点，将其分别记为 F 型和 C 型。按聚类点的类型，将聚类(除过聚类)中产生的节点分为三类：

1)0C 型，聚类点均为 F 型，包括 F,F-F,F-F-F 三种。

2)1C 型，聚类点中有且仅有一个 C 型，包括 C,C-F,C-F-F 三种。

3)2C 型，聚类点中有且仅有两个 C 型，包括 C-C,C-C-F 两种。

依据节点类型的不同，节点确定原则如下，在 0C 型中，将聚类点的中心作为节点；在 1C 型中，将 C 型聚类点作为节点；在 2C 型中，将两个 C 型聚类点所属二次曲线的交点中距聚类点中心较近的点作为节点，若无交点则通过人机交互对笔画进行修正。本章采用二次曲线束理论解决二次曲线求交问题，将其转化为直线与二次曲线求交问题，可以得到精确解，并避免求解高次方程。

(1) 二次曲线求交简化。设 C_1,C_2 分别为平面上两条二次曲线：

$$C_1:\varphi_1=a_1x^2+2b_1xy+c_1y^2+2d_1x+2e_1y+f_1=0 \tag{5-2}$$

$$C_2:\varphi_2=a_2x^2+2b_2xy+c_2y^2+2d_2x+2e_2y+f_2=0 \tag{5-3}$$

式中，a_1,b_1,c_1 不全为零；a_2,b_2,c_2 不全为零。显然，上述两方程在复数范围内一般有四组解，即 C_1,C_2 一般有 4 个交点。一般位置的五个点可以确定一条二次曲线，通过 4 个点的所有二次曲线构成这四点的二次曲线束，称该四点为曲线束的基点。以 C_1,C_2 交点为基点构成的二次曲线束记为 $\varphi_2-\lambda\varphi_1=0$，将 C_1,C_2 称为该曲线束的基底。二次曲线束内有三条退化二次曲

线，即三对直线，任一退化二次曲线与任一基底的交点，即为 C_1，C_2 的交点。

设 C_1，C_2 的交点为 A，B，C，D，若 C_1，C_2 在交点处切线不同，称该交点为简单点；否则，称为重切点。根据简单点和重切点的不同，两相交二次曲线以交点为基点的二次曲线束中所有退化二次曲线束有图 5-3 所示的几种情况（假设 C_1 固定、C_2 可变）：

图(a) 当 A，B，C，D 互异时，二次曲线 C_1 和 C_2 的交点为 4 个简单点；二次曲线束中的退化二次曲线为三条互异的相交直线（包括平行直线），如图 5-3(a) 所示为(AB，CD)、(AD，BC)、(AC，BD)。

图(b) 当 A，B，C，D 中有两点相重，如 $A \equiv B$，则二次曲线 C_1 和 C_2 相交于 C 和 D，相切于 A，二次曲线的交点为两个简单点和一个二重切点；这时一条退化二次曲线由 A 点的公切线和公弦 CD 构成，另外两条退化曲线由 AC 和 AD 构成，即二次曲线束中的退化二次曲线为一对相交直线和一对重合的相交直线，如图 5-3(b) 所示为(AP，CD)，(AC，AD)，(AC，AD)。

图(c) 如果 $A \equiv B$，$C \equiv D$，二次曲线 C_1 和 C_2 相切于 A 和 C，二次曲线的交点为两个二重切点；这时一条退化二次曲线由 A，C 两点的公切线构成，另外两条重合由一对重合直线 AC 构成，即二次曲线束中的退化二次曲线为一对相交直线和两条重合直线，如图 5-3(c) 所示为(AP_2，CP_1)，(AC，BD)，(AD，BC)。

图(d) 如果 $A \equiv B \equiv C$，二次曲线 C_1 和 C_2 相交于 D，相切于 A，B，C，二次曲线的交点为一个简单点和一个三重切点；这时退化二次曲线都相重，由 A 点的公切线和公弦 AD 构成，即二次曲线束中的退化二次曲线为三条重合的相交直线，如图 5-3(d) 所示为(AD，BP)，(BD，CP)，(CD，AP)。

图(e) 如果 $A \equiv B \equiv C \equiv D$，则称二次曲线 C_1 和 C_2 相切于 A，B，C，D，二次曲线的交点为一个四重切点；这时二次曲线束中的退化二次曲线为三条重合的重合直线，由 A 点的公切线构成，图 5-3 图(e) 所示为(AP_1，BP_2)，(BP_1，AP_2)，(AB，P_1P_2)。

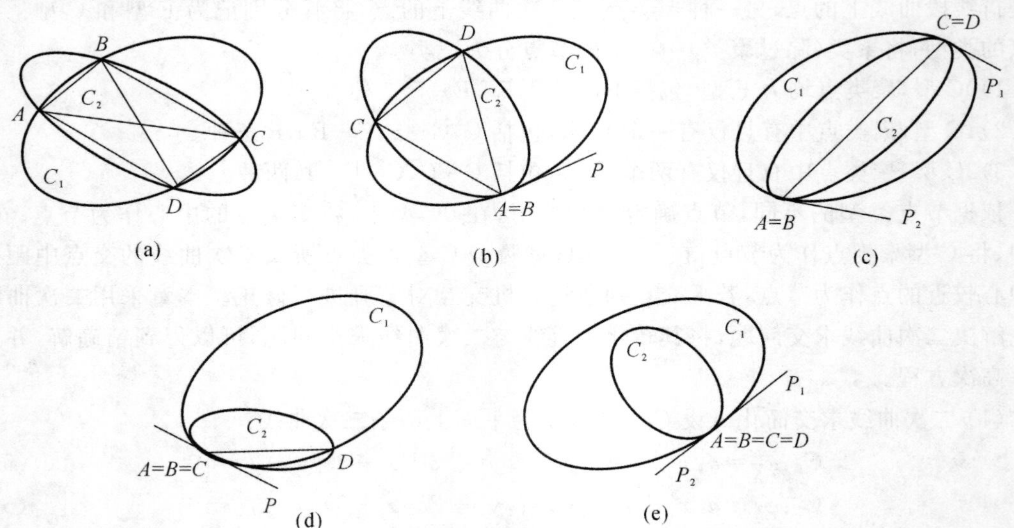

图 5-3　两条二次曲线的交点及由其为基底得到的退化二次曲线束情况

(a) 四个简单点；(b) 两个简单点和一个二重切点；(c) 两个二重切点；
(d) 一个简单点和一个三重切点；(e) 一个四重切点

二次曲线束 $\varphi_2-\lambda\varphi_1=0$ 为退化二次曲线的充要条件为不变量 $I_3=0$，即

$$I_3=\begin{vmatrix} a_2-\lambda a_1 & b_2-\lambda b_1 & d_2-\lambda d_1 \\ b_2-\lambda b_1 & c_2-\lambda c_1 & e_2-\lambda e_1 \\ d_2-\lambda d_1 & e_2-\lambda e_1 & f_2-\lambda f_1 \end{vmatrix}=0 \tag{5-4}$$

整理得一个关于 λ 的三次方程：

$$g_3\lambda^3+g_2\lambda^2+g_1\lambda+g_0=0 \tag{5-5}$$

式中

$$g_3=-a_1c_1f_1-2b_1e_1d_1+c_1d_1^2+f_1b_1^2+a_1e_1^2$$

$$g_2=a_1c_1f_2+a_2c_1f_1+a_1f_1c_2+2b_1e_1d_2+2e_1d_1b_2+2d_1b_1e_2-d_1^2c_2-2c_1d_1d_2-b_1^2f_2-2f_1b_1b_2-a_2e_1^2-2a_1e_1e_2$$

$$g_1=2d_1d_2c_2+c_1d_2^2+2b_1b_2f_2+f_1b_2^2+2a_2e_1e_2+a_1e_2^2-2e_1b_2d_2-2d_1b_2e_2-a_2c_1f_2-a_1c_2f_2-a_2c_2f_1-2b_1e_2d_2$$

$$g_0=a_2c_2f_2+2d_2e_2b_2-d_2^2c_2-b_2^2f_2-a_2e_2^2$$

若 $g_3=0$ 则为一元二次方程，只需讨论方程各系数，易解。

1）若 $g_2=g_1=g_0=0$，则两条二次曲线重合，交点有无穷多个；

2）若 $g_2=0$、$g_1\neq0$，则 $\lambda=-g_0/g_1$；

3）若 $g_2\neq0$，则方程为一元二次方程，判别式为 $\Delta_2=g_1^2-4g_2g_0$：

ⅰ.若 $\Delta_2\geqslant0$，则易解 $\lambda_{1,2}=\dfrac{-g_1\pm\sqrt{g_1^2-4g_0g_2}}{2g_0}$，

ⅱ.若 $\Delta_2<0$，则无解，即两条二次曲线不相交。

若 $g_3\neq0$，则为一元三次方程，将其转化为三次方程的标准式为

$$\lambda^3+\frac{g_2}{g_3}\lambda^2+\frac{g_1}{g_3}\lambda+\frac{g_0}{g_3}=0 \tag{5-6}$$

作变量置换 $\lambda=x-\dfrac{g_2}{3g_3}$，得到简化式(5-7)，由卡丹公式求解，则有

$$x^3+px+q=0 \tag{5-7}$$

其中 $p=\dfrac{g_1}{g_3}-\dfrac{g_2^2}{3g_3^2}$，$q=\dfrac{g_0}{g_3}-\dfrac{g_1g_2}{3g_3^2}+\dfrac{2g_2^3}{27g_3^3}$。

上式的判别式为

$$\Delta_3=\left(\frac{q}{2}\right)^2+\left(\frac{p}{3}\right)^3 \tag{5-8}$$

当 $\Delta_3>0$ 时，方程有一个实解和一对共轭复解：

$$\left.\begin{aligned} x_1&=u+v \\ x_2&=-\frac{u+v}{2}+\frac{u-v}{2}\mathrm{i}\sqrt{3} \\ x_3&=-\frac{u+v}{2}-\frac{u-v}{2}\mathrm{i}\sqrt{3} \end{aligned}\right\} \tag{5-9}$$

其中 $u=\sqrt[3]{-\dfrac{q}{2}+\sqrt{\left(\dfrac{q}{2}\right)^2+\left(\dfrac{p}{3}\right)^3}}$，$v=\sqrt[3]{-\dfrac{q}{2}-\sqrt{\left(\dfrac{q}{2}\right)^2+\left(\dfrac{p}{3}\right)^3}}$

当 $\Delta_3=0$ 时，方程有三个实解，其中包括一对重根。

$$\left.\begin{aligned} x_1 &= u + v \\ x_2 &= x_3 = -\frac{u+v}{2} \end{aligned}\right\} \tag{5-10}$$

当 $\Delta_3 < 0$ 时方程有三个实解，可用三角方法计算。

$$\left.\begin{aligned} x_1 &= 2\sqrt{\frac{|p|}{3}}\cos\frac{\varphi}{3} \\ x_2 &= -2\sqrt{\frac{|p|}{3}}\cos\left(\frac{\varphi}{3}-\frac{\pi}{3}\right) \\ x_3 &= -2\sqrt{\frac{|p|}{3}}\cos\left(\frac{\varphi}{3}+\frac{\pi}{3}\right) \end{aligned}\right\} \tag{5-11}$$

其中 φ 可由方程 $\cos\varphi = -\frac{q}{2}\left(\frac{|p|}{3}\right)^{-\frac{3}{2}}$ 计算。

利用前面的置换，可得到 λ 的解，从而得到三条退化二次曲线的通式为

$$C: ax^2 + 2bxy + cy^2 + 2dx + 2ey + f = 0 \tag{5-12}$$

其中 $a = a_2 - \lambda a_1, b = b_2 - \lambda b_1, c = c_2 - \lambda c_1, d = d_2 - \lambda d_1, e = e_2 - \lambda e_1, f = f_2 - \lambda f_1$。

通过上述推导，可将两条二次曲线 C_1, C_2 的求交问题转化为二次曲线 C_1 或 C_2 与退化二次曲线 C 的求交问题。

(2) 退化二次曲线的直线化。上节中退化二次曲线 C 的公式(5-12)可化简为相对坐标系下的标准方程，即一对直线方程 L_1', L_2'，由 C 的主方向、主直径得到其相对坐标系；然后进行直角坐标变换将相对坐标系变换到绝对坐标系，从而得到绝对坐标系下表示退化二次曲线 C 的一对独立的直线方程 L_1, L_2。将 L_1, L_2 与 C_1 或 C_2 联立求解，即得 C_1, C_2 的交点。

首先对退化二次曲线公式(5-12) 的一些特例进行讨论。

若 a, b, c 均为零，则方程退化为二元一次方程 $2dx + 2ey + f = 0$，代表两条重合的平行直线。

若 b 为零，且 $a = d = 0$ 或 $c = e = 0$，则方程退化为一元二次方程，$cy^2 + 2ey + f = 0$ 或 $ax^2 + 2dx + f = 0$，通过讨论判别式易得到两条直线的方程，

1) $\Delta_2 > 0$ 代表两条不重合的平行直线；

2) $\Delta_2 = 0$ 代表两条重合的平行直线；

3) $\Delta_2 < 0$ 代表两条二次曲线不相交。

除以上特例，本文采用直角坐标变换，将退化二次曲线相对坐标系下的标准方程变换到绝对坐标系，从而得到代表退化二次曲线的两条独立直线。

二次曲线 C 的特征方程为

$$\begin{vmatrix} a-\lambda & b \\ b & c-\lambda \end{vmatrix} = 0 \tag{5-13}$$

求解得两个特征根 λ_1, λ_2，由公式(5-14) 得其相应的主方向，有

$$\left.\begin{aligned} l_1 : m_1 &= b : (\lambda_1 - a) = (\lambda_1 - c) : b \\ l_2 : m_2 &= b : (\lambda_2 - a) = (\lambda_2 - c) : b \end{aligned}\right\} \tag{5-14}$$

若二次曲线是中心曲线，则与主方向共轭的直径就是主直径，由上式可分别求出 $l_1 : m_1$，$l_2 : m_2$ 的主直径为

$$l(bx+cy+e)+m(ax+by+d)=0 \tag{5-15}$$

令 $n_1=l_1:m_1, n_2=l_2:m_2$，可得主直径方程为

$$\left.\begin{aligned}Z_1:(an_1+b)x+(bn_1+c)y+dn_1+e=0\\Z_2:(an_2+b)x+(bn_2+c)y+dn_2+e=0\end{aligned}\right\} \tag{5-16}$$

若二次曲线是非中心曲线，则非零特征根 λ 对应主方向的共轭直径为二次曲线 C 的唯一主直径 Z。

将主直径方程法化，并令

$$\begin{cases}x'=A_1x+B_1y+C_1\\y'=A_2x+B_2y+C_2\end{cases} \tag{5-17}$$

其中：$A_i=\dfrac{(an_i+b)}{\sqrt{(an_i+b)^2+(bn_i+c)^2}}$，$B_i=\dfrac{(bn_i+c)}{\sqrt{(an_i+b)^2+(bn_i+c)^2}}$

$C_i=\dfrac{dn_i+e}{\sqrt{(an_i+b)^2+(bn_i+c)^2}}$

若 $I_2\neq0$，由方程(5-12)可化简得到 L'_1，L'_2；$I_2>0$ 代表一个点；$I_2<0$ 代表一对相交的直线，则有

$$L'_1:y'=\sqrt{-\frac{\lambda_1}{\lambda_2}}x',\quad L'_2:y'=-\sqrt{-\frac{\lambda_1}{\lambda_2}}x' \tag{5-18}$$

将公式(5-17)代入上式，得

$$\left.\begin{aligned}L_1:\left(A_2-A_1\sqrt{-\frac{\lambda_1}{\lambda_2}}\right)x+\left(B_2-B_1\sqrt{-\frac{\lambda_1}{\lambda_2}}\right)y+\left({}_2-C_1\sqrt{-\frac{\lambda_1}{\lambda_2}}\right)=0\\L_2:\left(A_2+A_1\sqrt{-\frac{\lambda_1}{\lambda_2}}\right)x+\left(B_2+B_1\sqrt{-\frac{\lambda_1}{\lambda_2}}\right)y+\left(C_2+C_1\sqrt{-\frac{\lambda_1}{\lambda_2}}\right)=0\end{aligned}\right\} \tag{5-19}$$

若 $I_2=0$，由方程(5-12)可化简得到 L'_1，L'_2；$K_1<0$ 代表一对平行直线；$K_1=0$ 代表一对重合直线；$K_1>0$ 代表一对平行的共轭虚直线：

$$L'_1:y'=\frac{\sqrt{-\mathrm{K}_1}}{\mathrm{I}_1},\quad L'_2:y'=-\frac{\sqrt{-\mathrm{K}_1}}{\mathrm{I}_1} \tag{5-20}$$

将公式(5-17)代入上式，得

$$\begin{aligned}L_1:A_2x+B_2y+\left(C_2-\frac{\sqrt{-K_1}}{I_1}\right)=0\\L_2:A_2x+B_2y+\left(C_2+\frac{\sqrt{-K_1}}{I_1}\right)=0\end{aligned} \tag{5-21}$$

由此便将退化二次曲线转化为两条独立直线，从而将二次曲线与退化二次曲线求交问题转化为二次曲线与直线求交问题。

(3) 二次曲线的公切线。在上一节中已经讨论了二次曲线求交问题，本节讨论如何将两条二次曲线公切线的求解问题转化为两条二次曲线的求交问题。

定理：设两条二次曲线分别为 C_1，C_2，其方程分别为式(5-2)、式(5-3)，若存在公切线，则公切线方程 $y=kx+t$ 的系数 k，t 为二元二次方程组(5-22)的解，即

$$\left.\begin{array}{l}(b_1^2-a_1c_1)t^2+(e_1^2-c_1f_1)k^2+2(c_1d_1-b_1e_1)tk+2(b_1d_1-a_1e_1)t \\ +2(d_1e_1-b_1f_1)k+(d_1^2-a_1f_1)=0 \\ (b_2^2-a_2c_2)t^2+(e_2^2-c_2f_2)k^2+2(c_2d_2-b_2e_2)tk+2(b_2d_2-a_2e_2)t \\ +2(d_2e_2-b_2f_2)k+(d_2^2-a_2f_2)=0\end{array}\right\} \quad (5-22)$$

证明：

将公切线方程 $y=kx+t$ 带入 C_1,C_2 中消去 y 化简得

$$(\mathrm{a}_1+2b_1k+c_1k^2)x^2+2(b_1t+ckt_1+d_1+e_1k)x+(c_1t^2+2e_1t+f_1)=0 \quad (5-23)$$

$$(\mathrm{a}_2+2b_2k+c_2k^2)x^2+2(b_2t+c_2kt+d_2+e_2k)x+(c_2t^2+2e_2t+f_2)=0 \quad (5-24)$$

由公式(5-23)和公式(5-24)的判别式 $\Delta_1\equiv 0,\Delta_2\equiv 0$，联立得到关于 k,t 的方程组，有

$$\left.\begin{array}{l}4(b_1t+c_1kt+d_1+e_1k)^2-4(a_1+2b_1k+c_1k^2)(c_1t^2+2e_1t+f_1)=0 \\ 4(b_2t+c_2kt+d_1+e_2k)^2-4(a_2+2b_2k+c_2k^2)(c_2t^2+2e_2t+f_2)=0\end{array}\right\} \quad (5-25)$$

整理得式(5-22)，证毕。

由公式(5-22)可知，k,t 构成了二元二次方程求解问题，其求解过程在上节已讨论。

(4)算例。图5-4所示为6条笔画的识别结果采用Lipson和本节方法进行端点融合的比较。其中图(a)给出了6条笔画，对应的首尾点分别用 bs_i,be_i 表示，其中i为笔画的序号；图(b)为6条笔画的识别结果；图(c)(d)分别为采用Lipson和本节算法得到的端点融合结果；图(e)为Lipson算法得到的容差圆；图(f)(g)分别为本节算法二次融合和三次融合时的容差圆。

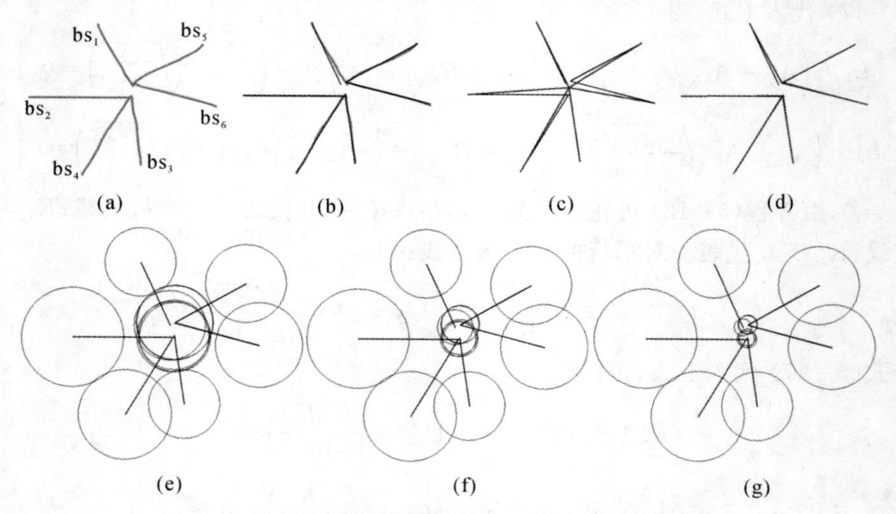

图5-4　Lipson与本书算法得到的端点融合结果比较

(a)输入的笔画；(b)识别结果；(c)Lipson算法；(d)本节算法；(e)$\lambda=1$；(f)$\lambda=2$；(g)$\lambda=3$

表5-1　Lipson与本节算法得到的端点融合结果的参数表

笔画序号 i		1	2	3	4	5	6
识别结果 (x,y)	起点 s_i	556,139	400,317	634,312	631,316	636,282	635,283
	终点 e_i	624,289	636,317	658,476	522,501	798,189	829,335

续 表

笔画序号 i			1	2	3	4	5	6
$\lambda=1$ Lipson	容差半径	rs_i	82.346 8	118.000 0	82.873 4	83.631 1	88.874 5	88.388 4
		re_i	82.346 8	82.950 0	82.873 4	107.361 5	93.398 3	100.424 1
	节点(x,y)		e_1,e_2,s_3,s_4,s_5,s_6融合为 632.666 7,299.833 3					
$\lambda=2$	容差半径		41.1734	41.4750	41.4367	41.8156	44.4373	44.1942
	节点(x,y)		e_1,e_2,s_3,s_4,s_5,s_6融合为 632.666 7,299.833 3					
$\lambda=3$	容差半径		20.5867	20.7375	20.7184	20.9078	22.2186	22.0971
	节点(x,y)		e_1,e_2,s_6融合为 631.666 7,284.666 7;s_3,s_4,s_5融合为 633.666 7,315.000 0					

表 5-1 为利用 Lipson 与本节算法得到的端点融合结果的参数表。表中给出了 6 条直线段的首尾点坐标，此处仅保留整数位，分别用 s_i，e_i 表示；给出了 Lipson 算法（$\lambda=1$）中各直线段端点的容差半径，分别用 rs_i，re_i 表示；由此得到 e_1,e_2,s_3,s_4,s_5,s_6 可以进行融合，其节点坐标为(632.666 7,299.833 3)；通过本节算法可知其为过融合，因此对过融合的端点 e_1,e_2,s_3,s_4,s_5,s_6 进行二次融合（$\lambda=2$），但其融合结果仍为过融合，故进行三次融合（$\lambda=3$）得到新的融合结果，即 e_1,e_2,s_6 融合为节点(631.666 7,284.666 7)，s_3,s_4,s_5 融合为节点(633.666 7,315.000 0)。

由该算例可知，Lipson 采用固定的 $\lambda=1$ 作为系数，当端点密集时聚类结果不符合要求。采用本节的变系数方法，通过缩小容差半径可得到正确的融合结果。

5.3.2　手绘投影图的端点融合

三面顶点物体的画隐线图中棱线是三维物体中棱线的投影，转向轮廓线是外形线的投影[52]，当一个光滑表面为曲面时，如果出现曲面自我遮挡，就会产生转向轮廓线，转向轮廓线为曲面立体所特有的，随着视点的不同，物体表面上的外形线及其对应的转向轮廓线也不同，转向轮廓线一般不通过物体的顶点。

1. 待融合点的确定

规则 1：平面立体投影图中，棱线可能是直线段或折线段的子段，与棱线端点进行融合的点只可能是直线段的端点或折线段的折点，节点只可能是 0C 型。

规则 2：曲面立体投影图中，棱线可能是直线段、折线段的子段或二次曲线；与棱线端点进行融合的点只可能是直线段的端点、折线段的折点、非封闭二次曲线的首尾点；由棱线的端点构成的节点可能是 0C 型、1C 型或 2C 型。

将与转向轮廓线的端点进行融合的点称为转向点，并将其融合得到的节点称为转向节点。由转向轮廓线的定义可知，该转向点必为封闭二次曲线或除首尾点以外的非封闭二次曲线上的点。为了寻找转向点及确定转向点处的容差带，文中将二次曲线用折线段进行逼近，从而用折线段的处理方法得到待融合点及容差带，将折线段的折点称为二次曲线的逼近点，二次曲线逼近点的选取原则如下：

(1) 封闭二次曲线（椭圆、圆）：

1) 圆：以圆心为坐标点，水平为 x 轴，竖直为 y 轴，建立坐标系，以 8 分点作为圆的逼近点。

2）椭圆：以椭圆圆心为坐标原点，长轴作为 x 轴，短轴作为 y 轴，建立直角坐标系；求第一象限的逼近点序列，然后通过对称关系计算其他象限的逼近点序列，并规定坐标轴上的点必为逼近点。在第一象限中，首先将椭圆长轴的顶点作为第一个逼近点，然后在椭圆离散点序列中找到第一个与该逼近点距离大于给定的自适应阈值 η((长轴半径＋短轴半径)/4) 的离散点，若该点与椭圆短轴的顶点距离大于 η，将该离散点作为一个逼近点，再以该逼近点作为顶点寻找下一个逼近点；若与椭圆短轴的顶点距离在$[\eta/2,\eta]$之间，则将该离散点和椭圆短轴的顶点分别作为一个逼近点，结束；否则若与椭圆短轴的顶点距离小于 $\eta/2$，则将椭圆短轴的顶点作为一个逼近点，结束。

图 5-5 所示为封闭二次曲线的折线化逼近示意图。

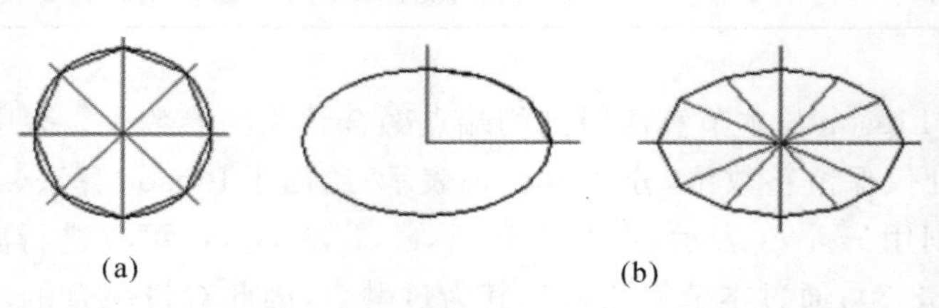

图 5-5　封闭二次曲线的折线化逼近

(a)圆；(b)椭圆

(2)非封闭二次曲线(圆弧、椭圆弧、双曲线及抛物线(见图 5-6)：

1)圆弧：以圆心为坐标点，水平为 x 轴，竖直为 y 轴，建立坐标系；以圆弧中包括的 8 分点及首尾点作为逼近点。求逼近点的思路：首先判断首尾点位于哪两个象限，然后从 8 分点中依次去除不在圆弧上的分点。

2)椭圆弧、双曲线及抛物线：在离散点序列中，依次以与起点距离大于给定的自适应阈值(长轴半径/4＋短轴半径/4)作为一个逼近点，再以该逼近点作为端点寻找下一个逼近点，直到遍历完离散点序列为止。

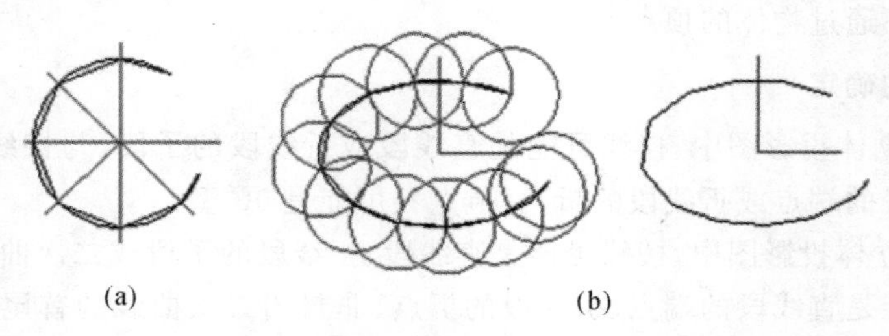

图 5-6　非封闭二次曲线的折线化逼近

(a)圆弧；(b)椭圆弧

为避免由于二次曲线折线化逼近构成的折线段存在过短子段导致的容差半径过小问题，在对由二次曲线折线化逼近得到的折线段进行容差半径计算时，将变系数容差带计算中的“首尾点距离之和”改为“首尾点距离中较大一个的 2 倍”。

2. 棱线及转向轮廓线的端点融合

现在依次介绍棱线和转向轮廓线的端点融合方法，并分别将属于 3 点和 2 点聚类的节点

及对应的聚类点信息分别存入链表 Vers 和 Vers2。

(1)棱线的端点融合。依规则1可知,平面立体投影图中棱线包括直线段、折线段的子段,与棱线端点进行融合的点包括直线段的端点、折线段的折点;依规则2可知,曲面立体投影图中棱线还包括二次曲线,与棱线端点进行融合的点包括直线段的端点、折线段的折点及非封闭二次曲线的首尾点。

规则3:三面顶点物体投影线图中,端点融合时在折线段的狭义折点处至多可与一个待融合点进行聚类。

采取同线型优先的原则,棱线端点融合算法如下:

Step1:对折线段的各狭义折点进行同一线型的端点融合,融合对象见表5-2。若构成过聚类,依据规则3,取到该狭义折点距离最短的一个进行融合。

Step2:分别对折线段的首尾点和直线段的端点进行同一线型的端点融合,融合对象见表5-2。若构成过聚类,则需要对该聚类进行分割处理,否则进入Step4。

Step3:若构成过聚类,则采用变系数容差带的分割方法。设过聚类中的聚类点个数为n_g,对该聚类中的所有聚类点进行减小容差半径的二次融合($\lambda=2,3,\cdots$),直到将原聚类分割为聚类点个数小于3的聚类为止;为了防止分割出的聚类过多,若重新融合后得到的新聚类个数大于一个自适应阈值ξ,也不再进行重新分割,其中$\xi=\lceil n_g/3\rceil$。

Step4:若为曲面立体投影图,则对非封闭二次曲线的首尾点进行同一线型的端点融合,融合对象见表5-2。若构成过聚类,则需要对该聚类进行变系数容差带的分割处理;

Step5:对*Vers*2中节点对应的聚类点进行异线型的端点融合,其聚类点容差半径选择方法如下,用该节点对应的聚类点中容差半径较小的一个去寻找异线型线元对应的待融合点,若没有找到,则用容差半径较大的一个去寻找,若构成过聚类,则取到该节点距离最短的一个进行融合,从而将该节点由2点聚类补全为3点聚类。

Step6:结束。

表5-2 平面立体和曲面立体中棱线的端点特征及其对应的融合对象

棱线的端点特征	平面立体的融合对象	曲面立体的融合对象
折线段狭义折点	直线段端点 折线段首尾点	直线段端点、折线段首尾点、非封闭二次曲线首尾点
折线段首尾点	折线段首尾点	折线段首尾点、非封闭二次曲线首尾点
直线段端点	直线段端点 折线段首尾点	直线段端点、折线段首尾点、非封闭二次曲线首尾点
非封闭二次曲线首尾点		非封闭二次曲线首尾点

规则4:在三面顶点物体的画隐线图中,节点线型组合形式只有三种:三条实线段构成的节点、三条虚线段构成的节点、两条实线段和一条虚线段构成的节点。

在无错绘制情况下依规则4可知,在Step5中只可能出现两条实线段和一条虚线段的节点线型组合,因此可加上线型约束,但考虑到手绘图中可能存在线型绘制错误,因此不加此限制。

(2)转向轮廓线的端点融合。

规则 5:曲面立体投影图中,转向轮廓线可能是直线段、折线段的首尾段或二次曲线;与转向轮廓线的端点相连的棱线只有一条,该棱线只可能是二次曲线或退化为一点,转向轮廓线的端点至少与一条二次曲线相连。

依规则 5,当与转向轮廓线的端点相连的棱线退化为一点时,称为转向轮廓线的退化端点,否则称为转向轮廓线的非退化端点。

规则 6:曲面立体投影图中,与转向轮廓线的退化端点进行融合的点只可能为直线段端点、折线段的首尾点,由该端点构成的节点只可能是 0C 或 1C 型。

规则 7:曲面立体投影图中,与转向轮廓线的非退化端点进行融合的点只可能为二次曲线的转向点,由该端点构成的节点是由一条转向轮廓线和一条曲线构成的,因此将二次曲线看作是一条转向轮廓线和两条在转向点处相交的二次曲线,节点类型为 2C 型。

由规则 2,5 可知,曲面立体棱线的端点融合涵盖了转向轮廓线的退化端点融合,因此只需讨论转向轮廓线的非退化端点的融合问题,为了方便起见,后面提到的转向轮廓线的端点融合均指转向轮廓线的非退化端点的融合。

本节通过寻找二次曲线上的转向点来确定转向轮廓线,对所有二次曲线依次进行下述处理:

Step1:首先判断二次曲线 C_i 是否封闭,如果封闭,则将其逼近点作为参考点,否则,将除首尾点以外的逼近点作为参考点。

Step2:将不再 *Vers* 和 *Ver*2 中的直线段的端点依次与 C_i 中的逼近点进行是否可以融合的判定,若可以融合,则对其进行融合。

Step3:将不再 *Vers* 和 *Ver*2 中的折线段的首尾点依次与 C_i 中的逼近点进行是否可以融合的判定,若可以融合,则对其进行融合;

Step4:将不再 *Vers* 和 *Ver*2 中的二次曲线的逼近点依次与 C_i 中的逼近点进行是否可以融合的判定(由于二次曲线的逼近点过多且容差带过大可能出现相邻两条二次曲线融合的问题,为了防止不必要的融合,两条二次曲线间的逼近点在判定是否可以融合时,将容差带均减小一半),若可以融合,则对其进行融合;

Step5:结束。

若可以融合,则将聚类点中距离该聚类中转向轮廓线的端点最近的一个逼近点作为转向点,该节点为 2C 型,转向点即为转向节点,并存储在 *Vers* 中。

(3)端点融合算法。本节给出手绘三面顶点物体画隐线图的端点融合规整算法,该算法首先进行端点融合,然后通过标记技术对端点融合后的线图进行完整,最后通过三维重构对完整后的线图进行三维实体的恢复,将其反投影作为规整后的手绘图结果,图 5-7 所示为端点融合规整算法的流程,具体算法如下:

Step1:遍历所有线元搜索是否存在二次曲线,若存在则判定手绘图为曲面立体投影图($bt=1$);否则为手绘平面立体投影图($bt=0$)。

Step2:若 $bt=0$,求所有待融合点的容差半径;否则,先得到所有二次曲线的逼近点,再求所有待融合点的容差半径。

Step3:进行棱线的端点融合。

Step4:若 $bt=1$,则进行转向轮廓线的端点融合;否则进入 Step5。

Step5：对没在 Vers 和 Ver2 中的待融合点，可能包括直线段端点、折线段折点、非封闭二次曲线首尾点，进行无线型要求的端点融合。

Step6：修正多线型直、曲线段的线型转折点。与转向轮廓线的端点存在融合的二次曲线必为多线型曲线，用转向节点取代距离其最近的线型转折点。求与多线型直、曲线段相交且交点不在该直、曲线段的端点处的所有线段（包括直线段、折线段的子段、二次曲线）及交点，并用距离线型转折点最近的交点取代线型转折点，从而得到新的多线型直、曲线段。

Step7：对手绘画隐线图进行端点融合后仍可能形成不完整的线图，通过线图标记和完整算法对其进行完整[21]。

Step8：通过线图标记技术，可以将不完整线图进行完整，但其节点、棱线的位置一般是不准确的。本节采用循环反馈迭代的方法对完整后的平面立体线图进行三维立体重构，将重构得到三维立体的反投影作为草图规整后的结果；由于曲面立体投影图的重构还没有较好的算法，故直接进入 Step9。

Step9：结束。

在端点融合算法中，Step1～Step6 已完成了端点融合的基本工作，只需对某些参数进行简单调整便适合于手绘多面顶点物体的投影图；Step7 是通过线图标记技术对端点融合后的线图进行完整性检测，并对不完整的线图进行完整；Step8 是对线图进行重构，并通过重构物体的反投影对手绘图进行规整。为了方便讨论，将 Step1 - Step6 称为狭义端点融合，将 Step1 - Step9 称为广义端点融合。

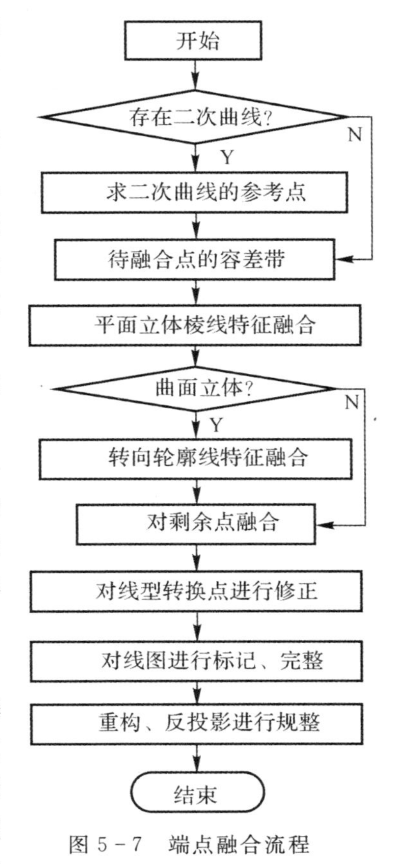

图 5－7　端点融合流程

5.3.3　实验结果与分析

为了方便讨论，在线元类型符号前加 X，表示该线元线型数为 X，如 $2L$ 表示由两种线型构成的直线段，线元首尾点和节点坐标的小数点后均仅保留 4 位数字。

实验 1：图 5－8 给出了由 13 条笔画构成的手绘平面立体投影图。图（a）为手绘平面立体；图（b）为手绘图中各条笔画的识别结果与原笔画的比较；图（c）为按笔画顺序对识别结果中各条线段进行标号，共 24 条线段。

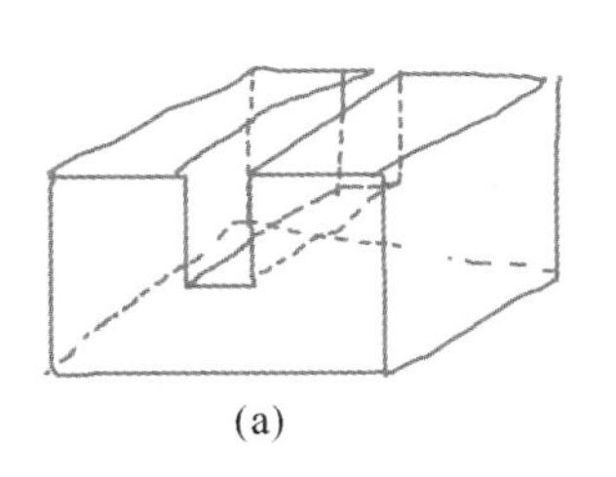

(a)

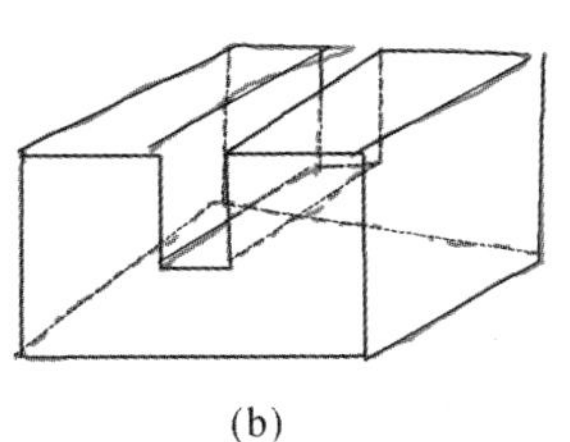

(b)

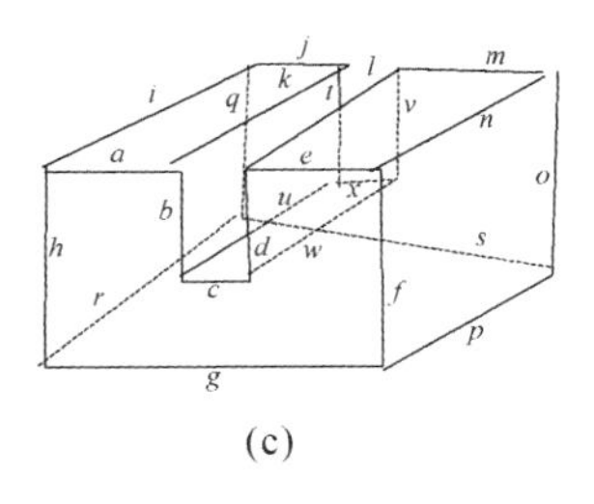

(c)

图 5－8　手绘投影图的识别及标号

（a）手绘平面立体；（b）识别结果（深色）与原图（浅色）比较；（c）按笔画顺序对线段标号

表 5-3 手绘图识别得到的线元信息

序号	类型	线号	线型数	起点(x, y)	终点(x, y)	线型
1	L	a	1	498.000 0, 220.000 0	646.000 0, 220.000 0	实
2	F	b	1	648.000 0, 220.000 0	648.000 0, 346.000 0	实
		c	1	648.000 0, 346.000 0	723.109 7, 346.000 0	实
		d	1	723.109 7, 346.000 0	718.429 6, 218.000 0	实
		e	1	718.429 6, 218.000 0	866.652 7, 218.000 0	实
		f	1	866.652 7, 218.000 0	868.152 7, 444.000 0	实
		g	1	868.152 7, 444.000 0	497.122 7, 444.000 0	实
		h	1	497.122 7, 444.000 0	500.172 5, 213.989 0	实
3	F	i	1	495.525 9, 214.042 0	732.278 5, 96.878 1	实
		j	1	732.278 5, 96.878 1	832.387 6, 98.976 1	实
		k	1	832.387 6, 98.976 1	635.519 3, 210.625 9	实
4	L	l	1	1047.212 0, 111.127 3	854.516 5, 220.906 6	实
5	F	m	1	719.149 3, 216.220 3	887.598 2, 102.096 2	实
		n	1	887.598 2, 102.096 2	1044.049 9, 107.576 7	实
6	F	o	1	1061.725 5, 106.991 2	1054.302 9, 339.319 4	实
		p	1	1054.302 9, 339.319 4	868.612 7, 448.046 3	实
7	L	q	1	722.700 2, 98.033 6	714.226 4, 274.867 1	虚
8	L	r	1	490.920 1, 442.637 4	709.158 7, 269.676 6	虚
9	L	s	1	715.822 7, 273.046 0	1055.720 6, 330.648 9	虚
10	$2L$	t	2	820.378 3, 100.000 0	820.378 3, 241.005 8	实
				线型转折点	822.000 0, 145.000 0	
10	$2L$	u	2	645.297 3, 339.769 6	810.625 1, 232.272 4	实
				线型转折点	723.821 3, 290.532 7	
11	L	v	1	886.740 4, 101.010 5	884.971 7, 225.999 6	虚
12	L	w	1	721.942 5, 337.868 8	885.214 3, 227.316 5	虚
13	L	x	1	817.043 6, 233.658 3	882.089 3, 229.347 6	虚

表 5-3 给出了单一线元识别得到的线元信息，从表中可以看出，识别结果是由折线段和直线段构成的，直线段中包括虚线和实线，其中有 2 条为由两种线型构成的直线段。

图 5-9 对 Lipson 方法和本文方法的端点融合进行比较。其中图(a)为采用 Lipson 方法得到的端点融合结果，图(b)为采用本书方法得到的端点融合及对节点进行标号的结果，共 16 个节点。从图中可以看出，Lipson 方法在端点密集区发生了过融合问题，而本书方法则得到

了准确的融合结果。表 5 - 4 给出了本文方法得到的端点融合后的节点信息。

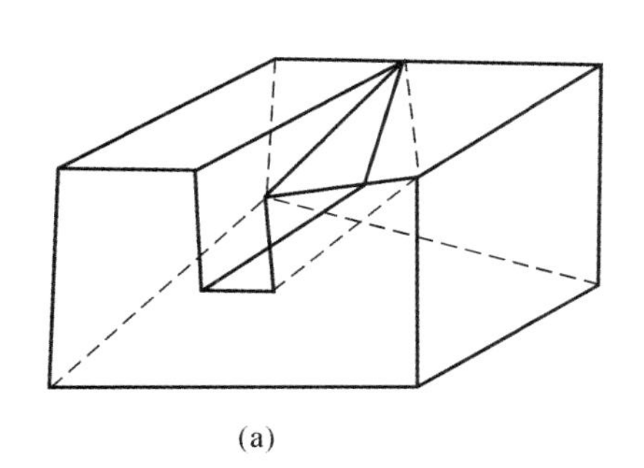

(a)

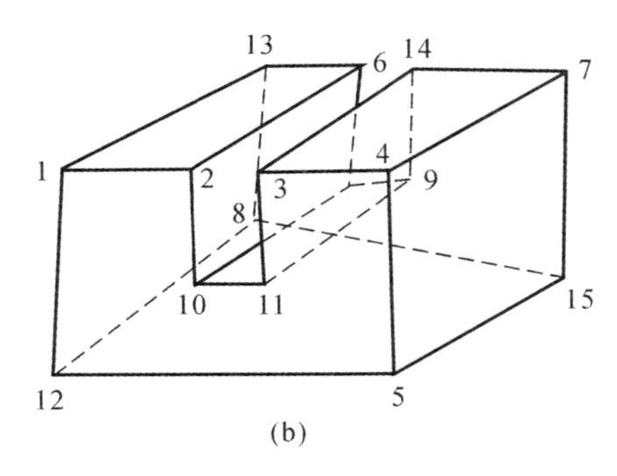

(b)

图 5 - 9　端点融合方法比较及标号

(a)Lipson 方法；(b)本文方法

表 5 - 4　狭义和广义端点融合得到的节点信息比较

节点序号	狭义端点融合得到的节点坐标(x, y)	连线数	所连直线信息				广义端点融合得到的节点坐标(x, y)
			线号	起点 0 尾点 1	线型	对应节点号	
1	498.000 0,216.000 0	3	*a*,*h*,*i*	0,1,0	实,实,实	2,12,13	502.097 1,215.320 0
2	642.666 7,216.333 3	3	*a*,*b*,*k*	1,0,1	实,实,实	1,10,6	641.082 4,212.521 5
3	717.666 7,217.333 3	3	*d*,*e*,*l*	1,0,0	实,实,实	11,4,14	714.253 2,221.722 3
4	861.000 0,217.666 7	3	*e*,*f*,*n*	1,0,1	实,实,实	3,5,7	858.194 9,219.045 4
5	868.000 0,443.666 7	3	*f*,*g*,*p*	1,0,1	实,实,实	4,12,15	863.984 6,455.481 3
6	830.666 7,99.333 3	3	*j*,*k*,*t*	1,0,0	实,实,实	2,4,9	828.015 0,102.039 7
7	1059.000 0,106.666 7	3	*m*,*n*,*o*	1,0,0	实,实,实	14,4,15	1065.827 2,104.241 7
8	712.000 0,272.333 3	3	*q*,*r*,*s*	1,1,0	实,实,实	7,9,10	708.309 9,278.775 1
9	883.333 3,226.333 3	3	*v*,*w*,*x*	1,1,1	虚,虚,虚	14,11,16	885.471 2,226.697 7
10	647.142 1,343.865 5	3	*b*,*c*,*u*	1,0,0	实,实,实	8,13,14	638.166 8,351.286 7
11	722.000 0,343.333 3	3	*c*,*d*,*w*	1,0,0	虚,虚,虚	12,13,14	718.644 4,343.545 5
12	490.666 7,444.333 3	3	*g*,*h*,*r*	1,0,0	实,实,虚	5,1,8	499.223 9,436.518 2
13	725.333 3,98.000 0	3	*i*,*j*,*q*	1,0,0	实,实,虚	1,6,8	722.612 3,98.537 6
14	887.000 0,101.000 0	3	*l*,*m*,*v*	1,0,0	实,实,虚	3,7,9	889.051 4,96.333 8
15	1055.666 7,337.000 0	3	*o*,*p*,*s*	1,0,1	实,实,虚	7,5,8	1053.632 6,328.287 4
16	815.478 4,234.707 4	3	*t*,*u*,*x*	1,1,0	虚,虚,虚	6,10,9	817.817 6,229.733 8

通过对图 5 - 9(b)进行标记可知，端点融合后得到的线图是完整的，因此直接对其进行三维重构，将三维物体的投影图作为广义端点融合结果，如图 5 - 10 所示。其中图(a)为重构得到的三维立体；图(b)为三维物体的投影线图，即广义端点融合结果；图(c)为规整前后端点融

合得到的线图比较;图(d)(e)给出了各条线段的距离和角度误差分析。

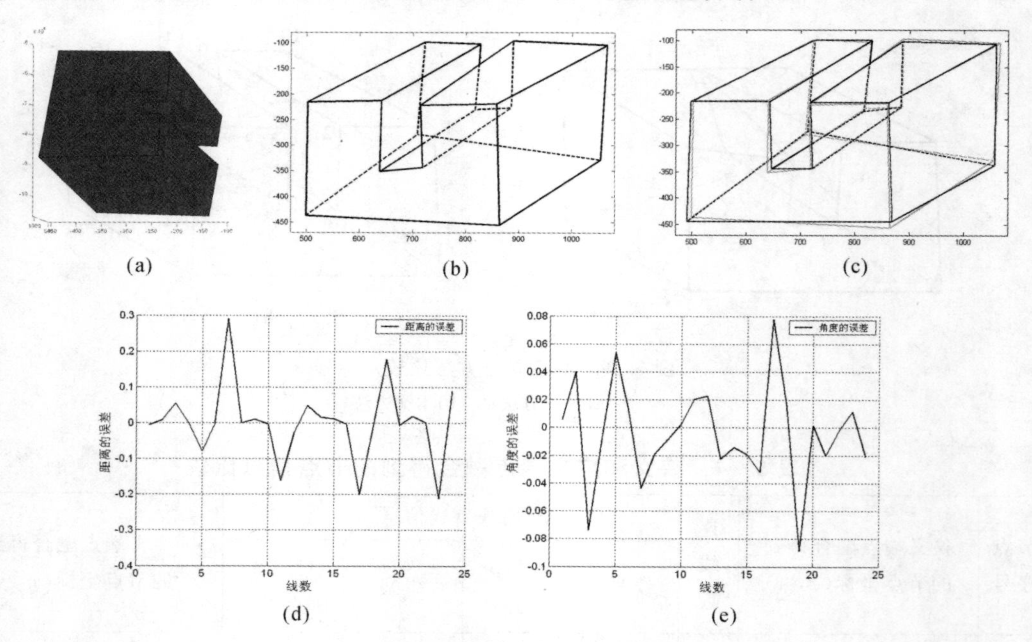

图 5-10 手绘平面立体投影图的端点融合

(a)重构得到的三维立体; (b)三维物体的投影线图; (c)规整前(浅色)后(深色)线图比较;
(d)距离误差分析; (e)角度误差分析

通过实验 1 分析可知,由于 Lipson 的方法未考虑线型区别及过融合的分割机制,因此在端点密集区出现了过融合。本节的端点融合方法在进行狭义端点融合得到线图后,采用标记技术检测线图是符合一致性要求的完整线图不需要进行完整;通过对完整线图进行重构得到三维实体,将其投影图作为广义端点融合结果,因此本文的广义端点融合结果是符合投影关系和用户的设计意图的线图。

实验 2:图 5-11 所示是由 21 条笔画构成的手绘平面立体投影图。其中图(a)为手绘平面立体;图(b)为手绘图中各条笔画的识别结果与原笔画的比较;图(c)为按笔画顺序对识别结果中各条线段进行标号,共计 23 条线段。表 5-5 给出了各条笔画的识别结果的线元信息,包括类型、线号、首尾点的坐标和线型,从表中可以看出,识别结果是由折线段和直线段构成的,包括虚线和实线。

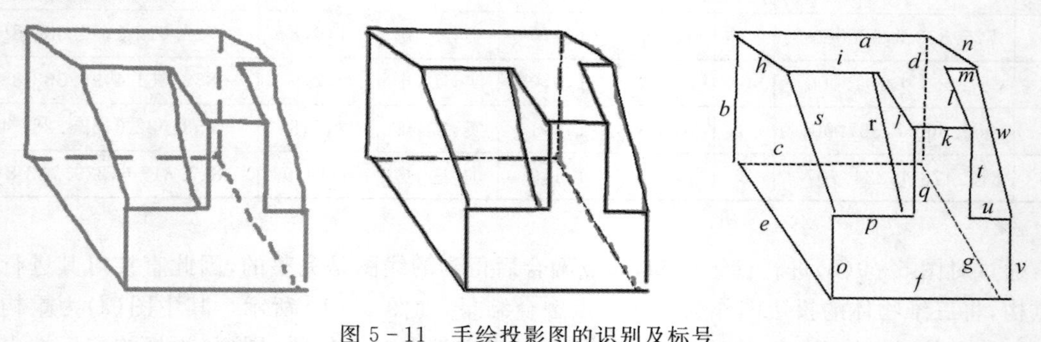

图 5-11 手绘投影图的识别及标号

(a)手绘平面立体草图; (b)识别结果(深色)与原图(浅色)比较; (c)按笔画顺序对线段标号

表 5-5　手绘图识别得到的线元信息

序　号	类　型	线　号	起点(x, y)	终点(x, y)	线　型
1	L	a	431.991 4, 199.466 6	648.010 5, 203.426 6	实
2	L	b	434.210 8, 203.075 8	430.811 1, 346.995 5	实
3	L	c	438.001 0, 349.100 5	646.000 6, 347.057 9	虚
4	L	d	648.981 3, 205.034 3	644.161 4, 343.005 6	虚
5	L	e	435.323 1, 346.397 3	541.694 8, 500.590 3	实
6	L	f	543.000 0, 499.000 0	745.000 0, 499.000 0	实
7	L	g	734.281 9, 500.045 4	642.295 3, 348.862 5	虚
8	L	h	493.073 2, 246.894 0	430.792 5, 203.853 3	实
9	L	i	491.011 9, 243.428 2	594.008 9, 245.572 8	实
10	L	j	633.133 1, 308.251 8	592.019 6, 245.987 1	实
11	L	k	632.978 4, 305.789 5	700.010 3, 307.623 6	实
12	L	l	698.284 9, 308.717 9	668.581 8, 237.756 5	实
13	L	m	669.000 0, 240.000 0	702.000 0, 240.000 0	实
14	L	n	705.196 6, 238.116 6	650.430 5, 203.322 3	实
15	L	o	543.000 0, 497.000 0	543.000 0, 407.000 0	实
16	L	p	542.002 3, 407.249 8	634.003 8, 406.419 4	实
17	L	q	635.000 0, 308.000 0	635.000 0, 403.000 0	实
18	L	r	621.338 5, 401.583 0	587.338 2, 246.364 0	实
19	L	s	491.844 4, 247.742 9	545.209 4, 402.583 2	实
20	F	t	700.229 2, 309.033 4	697.513 9, 408.872 1	实
		u	697.513 9, 408.872 1	744.000 0, 410.073 7	实
		v	744.000 0, 410.073 7	744.000 0, 488.000 0	实
21	L	w	704.317 8, 240.166 1	745.171 2, 407.958 3	实

图 5-12 对 Lipson 方法和本节方法的端点融合结果进行比较。其中图(a)为采用 Lipson 方法得到的端点融合结果，图(b)为采用本节方法得到的狭义端点融合结果。从图中可以看出，Lipson 方法和本文方法的端点融合结果相同，共 16 个节点，但均缺少一条虚线。本节方法在端点融合之后，采用标记技术对进行完整，如图(c)所示，通过标记技术将节点 15 和 16 之间补了一条虚线，从而使线图完整。由此可见，对狭义端点融合得到的线图进行完整性检测是有必要的。

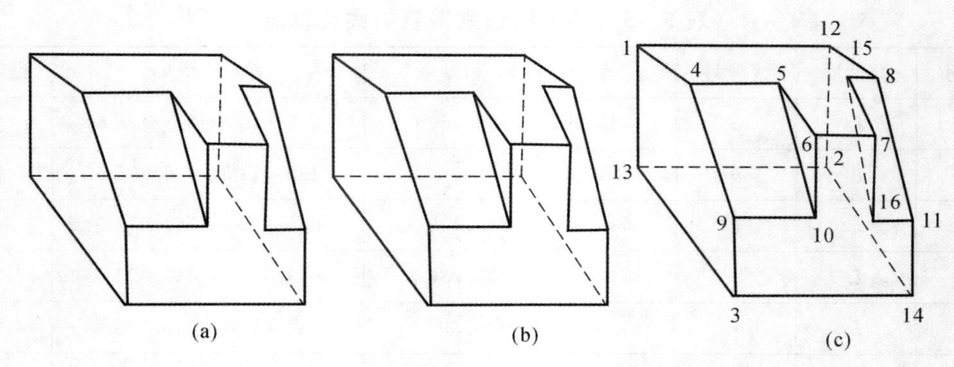

图 5-12 端点融合方法比较及完整和标号

(a)Lipson 方法； (a)本文方法； (c)完整及标号

表 5-6 狭义端点融合和广义端点融合得到的节点信息比较

节点序号	融合后节点坐标(x, y)	连线数	所连直线信息				重构后的节点坐标(x, y)
			线号	起点0 尾点1	线型	对应节点号	
1	432.331 6,202.131 9	3	a,b,h	0,0,1	实,实,实	12,13,4	431.359 7,201.473 8
2	644.152 4,346.308 7	3	c,d,g	1,0,1	虚,虚,虚	13,12,14	645.283 4,345.897 5
3	542.564 9,498.863 4	3	e,f,o	1,0,0	实,实,实	13,14,9	540.475 7,500.217 1
4	491.976 5,246.021 7	3	h,I,s	0,0,0	实,实,实	1,5,9	480.565 7,239.391 8
5	591.122 2,245.974 6	3	i,j,r	1,1,1	实,实,实	4,6,10	592.145 8,238.025 4
6	633.703 8,307.347 1	3	j,k,q	0,0,0	实,实,实	5,7,10	631.034 9,291.743 1
7	699.508 1,308.458 3	3	k,l,t	1,0,0	实,实,实	6,15,16	696.343 4,291.398 7
8	703.838 1,239.427 6	3	m,n,w	1,0,0	实,实,实	15,12,11	693.254 4,237.732 2
9	543.403 9 1,405.611 0	3	o,p,s	1,0,1	实,实,实	3,10,4	544.449 8,403.931 6
10	630.114 1,403.667 5	3	p,q,r	1,1,0	实,实,实	9,6,5	628.367 8,404.709 0
11	744.390 4,409.368 6	3	u,v,w	1,0,1	实,实,实	16,14,8	750.033 5,413.486 2
12	649.140 8,203.927 7	3	a,d,n	0,1,0	实,虚,实	1,2,8	649.548 3,202.441 7
13	434.711 8,347.497 8	3	b,c,e	1,0,0	实,虚,实	1,2,3	432.237 3,346.342 5
14	741.094 0,495.681 8	3	f,g,v	1,0,1	实,虚,实	3,2,11	743.759 5,496.305 3
15	668.790 9,238.878 2	2	l,m	1,0	实,实	7,8	671.566 9,237.808 4
16	697.513 9,408.872 1	2	t,u	1,0	实,实	7,11	695.748 5,413.990 4

通过对图 5-12 图(b)进行标记将不完整的线图进行完整得到完整的线图，如图 5-12 图(c)所示。对完整的线图进行三维重构，将三维物体的投影图作为广义端点融合结果，如图 5-13所示，其中图(a)为重构得到的三维物体，图(b)为三维物体的投影线图，即广义端点融合

结果，其节点参数见表 5-6，图 5-13(c)为规整前后端点融合得到的线图比较，图(d)(e)给出了各条线段的距离和角度误差分析。

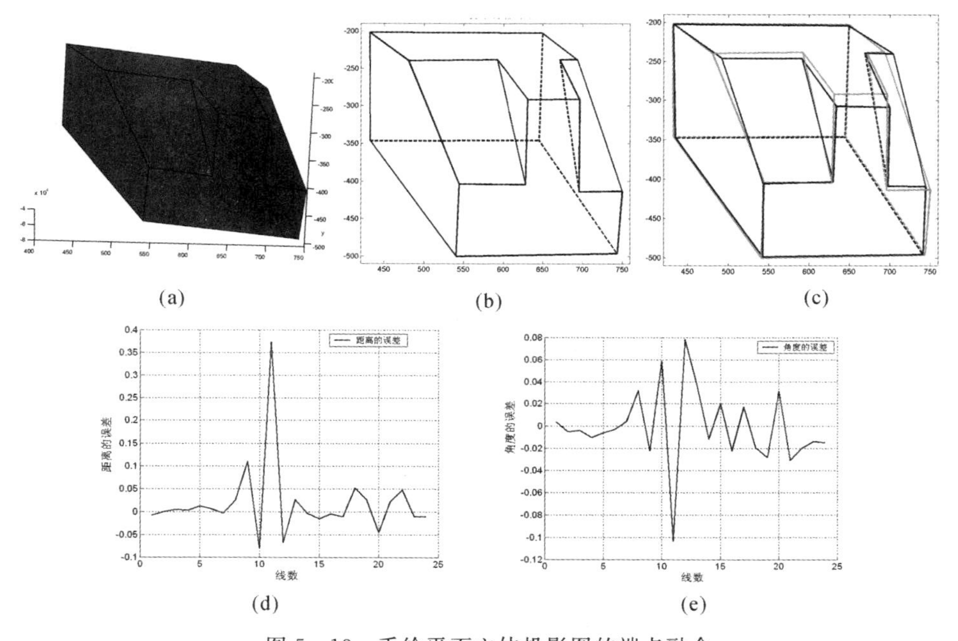

图 5-13 手绘平面立体投影图的端点融合

(a)重构得到的三维立体； (b)三维物体的投影线图； (c)规整前(浅色)后(深色)线图比较；
(d)距离误差分析； (e)角度误差分析

通过实验 2 缺少线段的手绘平面立体投影图的分析可知，Lipson 方法和本节狭义端点融合方法在端点融合时均不能解决缺少线段的问题，而本节方法对狭义端点融合后的结果采用基于标记技术的完整性检测并对不完整的线图进行完整，因此本文方法在完整后的端点融合结果是不存在缺线少线问题的完整线图。再通过对完整线图进行重构得到三维实体，将三维实体的反投影作为手绘图的最终结果。

实验 3：图 5-14 给出由 39 条笔画构成的手绘平面立体投影图。图(a)为手绘平面立体图；图(b)为手绘图中各条笔画的单一线元识别结果；图(c)为多笔画识别及按顺序对线段进行标号的结果。

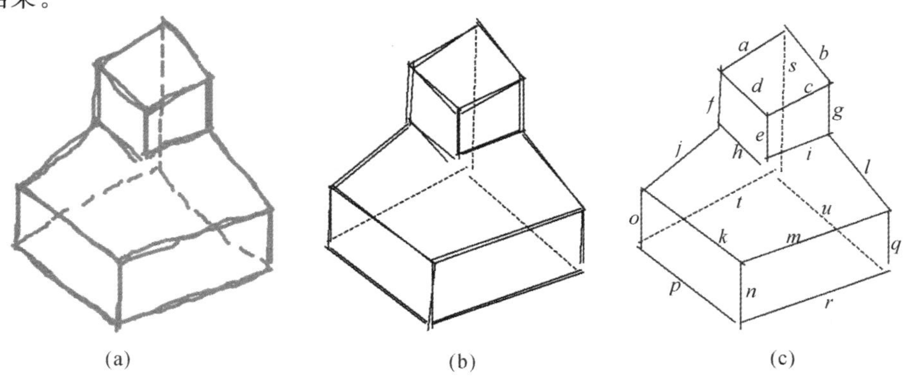

图 5-14 手绘投影图的识别及标号

(a)手绘平面立体草图； (b)单一线元识别结果； (c)多笔画识别及线段标号

表 5-7 给出了单一线元识别得到的线元信息，共计 39 条线段；表 5-8 给出了多笔画识别得到的线元信息，共计 21 条线段。

表 5-7　单一线元识别得到的线元信息

编 号	起点(x, y)	终 点(x, y)	线 型	编 号	起点(x, y)	终点(x, y)	线 型
1	603.325 1,194.063 4	522.974 0,251.964 0	实	21	417.857 1,403.186 9	552.282 8,505.938 3	实
2	604.133 7,195.229 5	518.495 8,245.134 8	实	22	421.937 4,402.826 9	549.190 6,504.510 0	实
3	603.519 8,190.572 0	664.303 3,264.397 0	实	23	741.054 1,434.142 8	661.359 8,336.147 1	实
4	603.316 0,185.007 1	661.259 9,261.803 9	实	24	662.026 0,332.209 7	739.897 6,433.308 6	实
5	665.358 0,262.618 8	584.299 4,309.517 4	实	25	740.793 1,434.440 5	550.551 3,504.786 5	实
6	582.334 1,302.616 2	663.767 1,262.526 9	实	26	545.107 7,500.684 5	735.597 4,432.869 2	实
7	584.619 5,305.427 1	516.293 1,244.548 7	实	27	551.183 5,504.225 9	542.123 5,591.805 9	实
8	577.158 0,309.598 1	520.788 3,247.936 0	实	28	548.000 0,501.000 0	548.000 0,588.000 0	实
9	580.000 0,303.000 0	580.000 0,362.000 0	实	29	420.000 0,405.000 0	420.000 0,476.000 0	实
10	582.000 0,302.000 0	582.000 0,368.000 0	实	30	419.896 9,409.041 9	416.302 8,486.014 1	实
11	518.765 5,241.986 2	514.117 2,321.006 9	实	31	539.098 6,582.875 8	412.607 7,482.494 4	实
12	524.128 5,240.106 9	519.816 4,325.990 8	实	32	541.292 6,580.891 2	419.572 3,484.278 9	实
13	663.000 0,261.000 0	663.000 0,332.000 0	实	33	739.000 0,434.000 0	739.000 0,503.000 0	实
14	658.000 0,258.000 0	658.000 0,334.000 0	实	34	737.067 3,434.002 1	734.860 2,504.995 7	实
15	567.449 7,372.483 3	517.039 3,315.087 2	实	35	549.922 9,580.789 8	736.806 6,512.197 7	实
16	518.384 4,319.544 9	576.298 7,368.462 5	实	36	547.410 1,583.173 2	739.998 8,515.857 6	实
17	585.239 1,362.513 9	665.750 0,330.910 7	实	37	603.201 9,200.005 4	598.310 4,383.981 7	虚
18	658.731 0,330.338 9	577.207 2,363.509 2	实	38	415.203 5,476.741 6	592.802 0,378.827 0	虚
19	517.638 4,322.387 2	417.756 6,406.711 7	实	39	729.239 2,512.257 9	593.859 2,389.677 6	虚
20	422.621 1,408.894 7	517.315 9,327.875 6	实				

表 5-8　多笔画识别得到的线元信息

编 号	起点(x, y)	终点(x, y)	线 型	编 号	起点(x, y)	终点(x, y)	线 型
a	603.733 8,194.615 7	520.795 7,248.664 1	实	*l*	740.891 7,434.271 2	660.868 7,333.125 3	实
b	602.023 7,186.024 6	663.953 2,264.672 7	实	*m*	740.244 6,432.929 0	546.088 1,503.386 2	实
c	665.176 0,262.278 8	582.662 1,306.459 7	实	*n*	547.326 8,501.000 0	547.326 8,591.805 9	实
d	581.536 3,308.533 7	516.675 6,244.163 3	实	*o*	419.049 9,405.000 0	419.049 9,486.014 1	实
e	581.000 0,302.000 0	581.000 0,368.000 0	实	*p*	540.385 5,582.034 1	413.519 1,481.346 0	实
f	521.716 9,239.976 2	517.065 0,325.841 7	实	*q*	737.481 9,434.000 0	737.481 9,504.995 7	实
g	660.500 0,258.000 0	660.500 0,334.000 0	实	*r*	547.178 1,582.525 8	739.231 8,513.716 7	实

续 表

编 号	起点(x, y)	终点(x, y)	线 型	编 号	起点(x, y)	终点(x, y)	线 型
h	572.774 8,372.016 2	516.209 0,315.924 6	实	*s*	603.201 9,200.005 4	598.310 4,383.981 7	虚
i	577.579 0,364.439 4	665.159 4,329.433 0	实	*t*	415.203 5,476.741 6	592.802 0,378.827 0	虚
j	518.924 5,323.900 4	419.322 1,408.553 7	实	*u*	729.239 2,512.257 9	593.859 2,389.677 6	虚
k	418.735 4,402.063 3	552.029 9,506.261 8	实				

图 5-15 对 Lipson 方法和本节方法的端点融合进行比较。其中图(a)为采用 Lipson 方法得到的端点融合结果,图(b)为采用本节方法得到狭义端点融合及对节点进行标号的结果,共 14 个节点。从图中可以看出,由于 Lipson 方法没有对线型加以区别,因此在端点密集区发生了过融合问题,而本节方法得到了准确的融合结果。表 5-9 给出了本节狭义端点融合得到的节点信息。

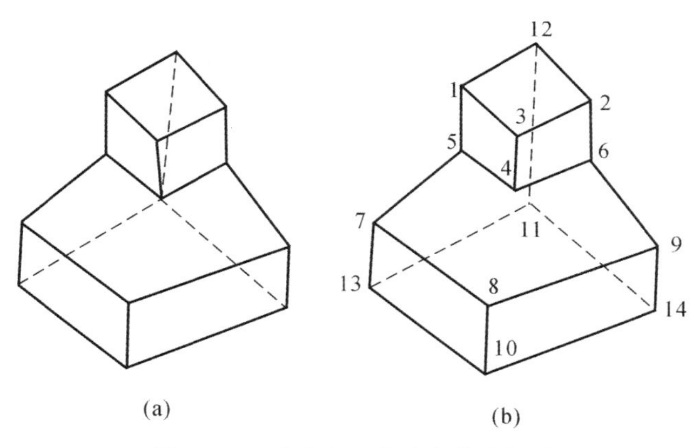

图 5-15　端点融合方法比较及标号

(a)Lipson 方法融合；(b)本文方法及节点标号

表 5-9　狭义和广义端点融合得到的节点信息比较

节点序号	狭义端点融合得到的节点坐标(x, y)	连线数	所连直线信息				广义端点融合得到的节点坐标(x, y)
			线号	起点 0 尾点 1	线型	对应节点号	
1	519.729 4,244.267 9	3	*a*, *d*, *f*	1,1,0	实,实,实	12,3,5	518.312 9,247.554 2
2	663.209 7,261.650 5	3	*b*, *c*, *g*	1,0,0	实,实,实	12,3,6	664.261 7,266.346 4
3	581.732 8,305.664 5	3	*c*, *d*, *e*	1,0,0	实,实,实	2,1,4	582.130 6,304.022 0
4	577.117 9,368.151 8	3	*e*, *h*, *i*	1,1,0	实,实,实	3,5,6	579.016 8,360.313 5
5	517.399 5,321.888 9	3	*f*, *h*, *j*	1,0,0	实,实,实	1,4,7	514.608 4,306.464 0
6	662.176 0,332.186 1	3	*g*, *i*, *l*	1,1,1	实,实,实	2,4,9	662.979 0,317.432 1
7	419.035 8,405.205 7	3	*j*, *k*, *o*	1,0,0	实,实,实	5,8,13	421.958 7,375.288 1

续 表

节点序号	狭义端点融合得到的节点坐标(x, y)	连线数	所连直线信息				广义端点融合得到的节点坐标(x, y)
			线号	起点0 尾点1	线型	对应节点号	
8	548.481 6,503.549 3	3	k, m, n	1,1,1	实,实,实	7,9,10	548.622 2,495.059 7
9	739.539 4,433.733 4	3	l, m, q	0,0,0	实,实,实	6,8,14	741.397 9,409.945 8
10	548.481 6,503.549 3	3	n, p, r	0,1,0	实,实,实	8,13,14	544.403 7,587.370 8
11	594.990 5,384.162 1	3	s, t, u	1,1,1	虚,虚,虚	12,13,14	594.824 7,388.319 7
12	602.986 5,193.548 6	3	a, b, s	0,0,0	实,实,虚	1,2,11	601.823 9,189.847 2
13	415.924 2,481.367 2	3	o, p, t	1,1,0	实,实,虚	7,10,11	418.562 0,490.951 0
14	735.317 6,510.323 4	3	q, r, u	1,1,0	实,实,虚	9,10,11	735.727 6,522.045 0

通过对图 5－15(b)进行标记可知，端点融合后得到的线图是完整的，因此直接对其进行三维重构，将三维物体的投影图作为广义端点融合结果，如图 5－16 所示。其中图(a)为重构得到的三维立体；图(b)为三维物体的投影线图，即广义端点融合结果，其节点参数见表 5－9；图(c)为规整前后端点融合得到的线图比较；图(d)图(e)给出了各条线段的距离和角度误差分析。

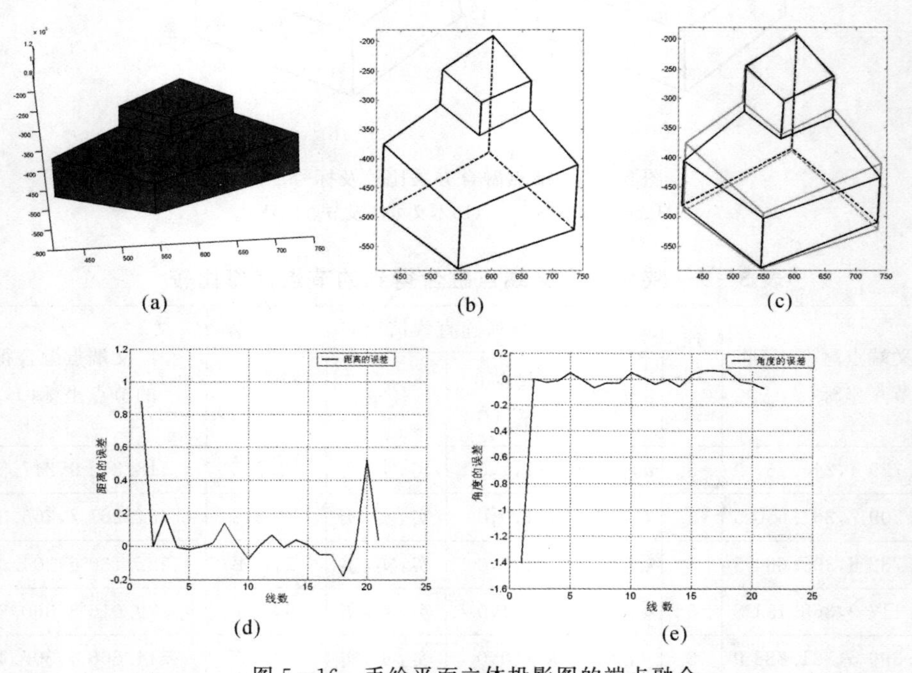

图 5－16 手绘平面立体投影图的端点融合

(a)重构得到的三维立体； (b)三维物体的投影线图； (c)规整前(浅色)后(深色)线图比较； (d)距离误差分析； (e)角度误差分析

通过实验 3 再一次证实，在手绘平面立体投影图的端点融合方面，本文方法比 Lipson 方法更高效，本文方法得到的最终结果是符合用户的设计意图和投影要求的线图。

实验 4：图 5－17 给出了由 22 条笔画构成手绘曲面立体投影图。其中图(a)为手绘曲面立体图；图(b)为手绘图中各笔画的识别结果与原笔画的比较；图(c)按笔画顺序对各线段进行标号。

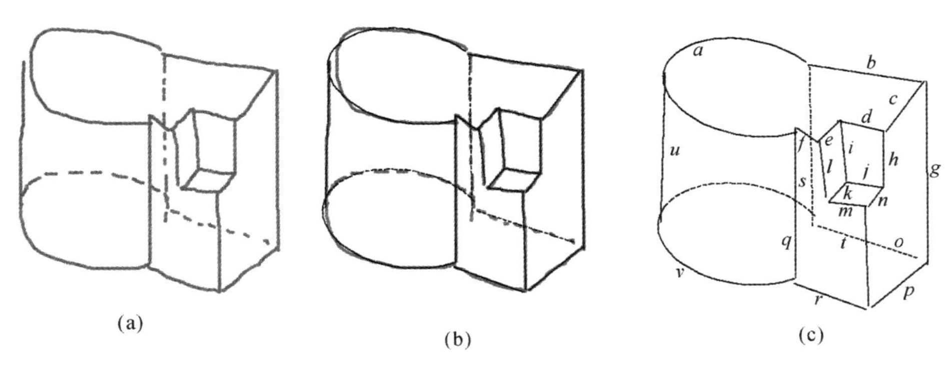

图 5－17　手绘投影图的识别及标号

(a)手绘曲面立体草图；　(b)识别结果(深色)与原图(浅色)比较；　(c)按笔画顺序对线段标号

表 5－10 给出了笔画识别得到的各线元信息，共计 22 条，其中二次曲线一般方程系数的小数点后均仅保留 4 位数字。从表中可以看出，识别结果是由直线段和二次曲线构成的，直线段中包括虚线和实线，二次曲线中包括多线型二次曲线。

表 5－10　笔画识别得到的线元信息

<table>
<tr><th>序　号</th><th>类　型</th><th>线　号</th><th>线型数</th><th colspan="2">起点(x, y)</th><th>终点(x, y)</th><th>线　型</th></tr>
<tr><td rowspan="8">1</td><td rowspan="8">C</td><td rowspan="8">a</td><td rowspan="8">1</td><td colspan="2">575.522 5,326.782 8</td><td>588.474 9,222.238 5</td><td rowspan="8">实</td></tr>
<tr><td rowspan="6">二次曲线一般方程系数</td><td>A</td><td>−0.506 6</td></tr>
<tr><td>B</td><td>0.353 6</td></tr>
<tr><td>C</td><td>−1.296 5</td></tr>
<tr><td>D</td><td>418.088 1</td></tr>
<tr><td>E</td><td>496.741 1</td></tr>
<tr><td>F</td><td>−163 194.561 2</td></tr>
<tr><td colspan="2">旋转方向</td><td>顺时针</td></tr>
<tr><td>2</td><td>L</td><td>b</td><td>1</td><td colspan="2">591.734 9,226.678 9</td><td>752.824 6,252.111 2</td><td>实</td></tr>
<tr><td>3</td><td>L</td><td>c</td><td>1</td><td colspan="2">701.824 0,326.608 9</td><td>756.969 3,251.977 3</td><td>实</td></tr>
<tr><td>4</td><td>L</td><td>d</td><td>1</td><td colspan="2">632.255 8,309.934 3</td><td>698.783 0,325.903 9</td><td>实</td></tr>
<tr><td>5</td><td>L</td><td>e</td><td>1</td><td colspan="2">605.289 7,340.286 0</td><td>634.106 4,311.092 2</td><td>实</td></tr>
<tr><td>6</td><td>L</td><td>f</td><td>1</td><td colspan="2">605.025 7,342.342 5</td><td>575.392 9,320.836 6</td><td>实</td></tr>
<tr><td>7</td><td>L</td><td>g</td><td>1</td><td colspan="2">759.098 6,251.006 9</td><td>761.184 6,524.998 6</td><td>实</td></tr>
</table>

续表

<table>
<tr><th>序　号</th><th>类　型</th><th>线　号</th><th>线型数</th><th colspan="2">起点(x, y)</th><th>终点(x, y)</th><th>线　型</th></tr>
<tr><td>8</td><td>L</td><td>h</td><td>1</td><td colspan="2">698.000 0,325.000 0</td><td>698.000 0,409.000 0</td><td>实</td></tr>
<tr><td>9</td><td>L</td><td>i</td><td>1</td><td colspan="2">637.155 0,308.985 6</td><td>645.612 2,399.849 9</td><td>实</td></tr>
<tr><td>10</td><td>L</td><td>j</td><td>1</td><td colspan="2">645.929 9,401.452 3</td><td>695.815 7,409.188 2</td><td>实</td></tr>
<tr><td>11</td><td>L</td><td>k</td><td>1</td><td colspan="2">620.130 3,430.956 7</td><td>645.282 3,401.238 9</td><td>实</td></tr>
<tr><td>12</td><td>L</td><td>l</td><td>1</td><td colspan="2">607.716 4,339.922 7</td><td>616.867 8,424.690 4</td><td>实</td></tr>
<tr><td>13</td><td>L</td><td>m</td><td>1</td><td colspan="2">620.076 9,431.290 9</td><td>673.985 2,437.136 2</td><td>实</td></tr>
<tr><td>14</td><td>L</td><td>n</td><td>1</td><td colspan="2">676.556 1,438.513 7</td><td>698.554 8,407.392 1</td><td>实</td></tr>
<tr><td>15</td><td>L</td><td>o</td><td>1</td><td colspan="2">671.524 7,436.016 0</td><td>676.569 2,585.947 2</td><td>实</td></tr>
<tr><td>16</td><td>L</td><td>p</td><td>1</td><td colspan="2">680.841 4,587.011 2</td><td>759.480 8,521.577 9</td><td>实</td></tr>
<tr><td>17</td><td>L</td><td>q</td><td>1</td><td colspan="2">573.000 0,319.000 0</td><td>573.000 0,543.000 0</td><td>实</td></tr>
<tr><td>18</td><td>L</td><td>r</td><td>1</td><td colspan="2">673.913 7,590.855 1</td><td>570.436 0,551.482 2</td><td>实</td></tr>
<tr><td>19</td><td>L</td><td>s</td><td>1</td><td colspan="2">593.286 3,229.039 0</td><td>597.000 0,468.000 0</td><td>虚</td></tr>
<tr><td>20</td><td>L</td><td>t</td><td>1</td><td colspan="2">746.322 0,514.030 2</td><td>604.371 7,466.892 0</td><td>虚</td></tr>
<tr><td>21</td><td>L</td><td>u</td><td>1</td><td colspan="2">388.718 0,237.023 6</td><td>381.353 8,460.945 9</td><td>实</td></tr>
<tr><td rowspan="9">22</td><td rowspan="9">2C</td><td rowspan="9">v</td><td rowspan="9">2</td><td colspan="2">571.576 4,544.229 6</td><td>601.322 2,452.867 5</td><td rowspan="9">实</td></tr>
<tr><td rowspan="6">二次曲线一般方程系数</td><td>A</td><td>−0.523 8</td></tr>
<tr><td>B</td><td>0.273 9</td></tr>
<tr><td>C</td><td>−1.299 3</td></tr>
<tr><td>D</td><td>389.654 3</td></tr>
<tr><td>E</td><td>1 106.169 9</td></tr>
<tr><td>F</td><td>−353 951.743 2</td></tr>
<tr><td colspan="2">线型转折点</td><td>387.219 3,436.968 8</td></tr>
<tr><td colspan="2">旋转方向</td><td>顺时针</td></tr>
</table>

图 5-18 所示为采用本节方法得到的端点融合结果。其中图(a)为端点融合结果及对节点进行标号;图(b)为端点融合结果与原笔画的比较。

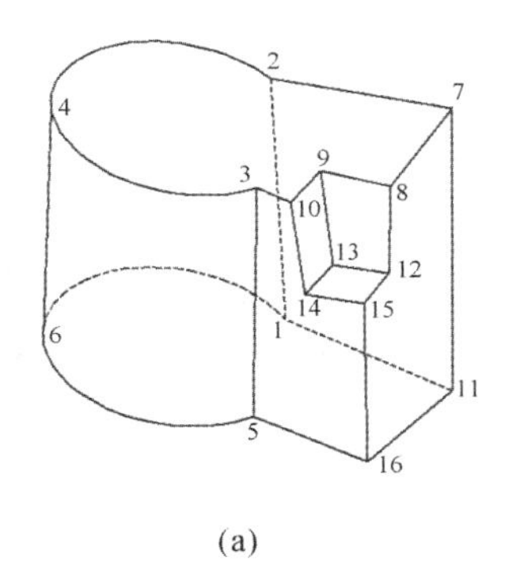

(a)

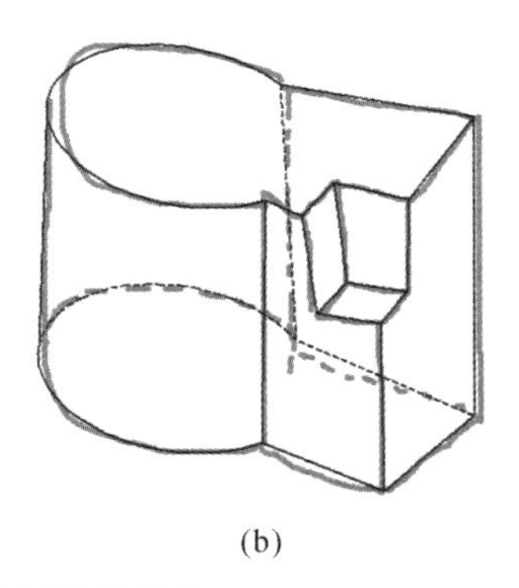

(b)

图 5-18 端点融合结果及标号

(a)端点融合及节点标号；(b)端点融合结果与原笔画比较

表 5-11 给出了端点融合及完整后得到的节点信息共 16 个，节点 4 和 6 为转向节点，由一条直线段和一条曲线段构成的。通过标记可知，端点融合后得到的线图是完整的。

表 5-11　狭义端点融合得到节点的有关信息

节点序号	节点坐标(x, y)	连直线数	所连直线信息			
			线号	起点 0，尾点 1	线 型	对应节点号
1	601.322 2,452.867 4	3	s, t, v	1,1,1	虚,虚,虚	2,11,6
2	588.474 9,222.238 5	3	a, b, s	1,0,0	实,实,虚	1,4,7
3	575.522 5,326.782 8	3	a, f, q	0,1,0	实,实,实	4,10,5
4	386.712 1,235.309 4	3	a, a, u	1,0,0	实,实,实	3,2,6
5	601.322 2,452.867 5	3	q, r, v	1,1,0	实,实,实	3,16,6
6	378.221 3,457.395 9	3	u, v, v	1,1,0	实,实,虚	4,5,1
7	756.297 5,251.698 5	3	j, c, g	1,1,0	实,实,实	2,8,11
8	699.535 7,325.837 6	3	c, d, h	0,1,0	实,实,实	7,9,12
9	634.505 7,310.004 0	3	d, e, i	0,1,0	实,实,实	8,10,13
10	606.010 6,340.850 4	3	e, f, l	0,0,0	实,实,实	9,3,14
11	755.662 5,520.202 2	3	g, p, t	1,1,0	实,实,虚	7,16,1
12	697.456 8,408.526 8	3	h, j, n	1,1,1	实,实,实	8,13,15
13	645.608 1,400.847 1	3	i, j, k	1,0,1	实,实,实	9,12,14
14	619.025 0,428.979 3	3	k, l, m	0,1,0	实,实,实	13,10,15
15	674.022 0,437.222 0	3	m, n, o	1,0,0	实,实,实	14,12,16
16	677.108 1,587.937 8	3	o, p, r	1,0,0	实,实,实	15,11,5

通过实验 4 的手绘曲面立体投影图的端点融合分析可知，本节的方法适合于曲面立体，通过标记技术可以对线图的完整性进行检测，并对不完整的线图进行完整；由于曲面立体的三维

重构还没有成熟的算法，因此无法对其进行三维重构。通过本节曲面立体端点融合方法得到的节点从结构上是符合用户设计意图的。

5.3.4 小结

针对现有三维草图端点融合方法的不足，提出通过变系数容差带进行在线手绘三面顶点物体画隐线图的端点融合方法。按聚类点类型的不同，将每个聚类中产生的节点分为三类，分别给出了节点的确定原则。为了确定 2C 型节点，详细推导了如何将二次曲线求交的问题转化为退化二次曲线与二次曲线的求交问题，最终转化为直线与二次曲线的求交问题。

给出手绘投影图中待融合点的确定方法，针对棱线和转向轮廓线的端点融合规则，提出了相应的端点融合算法；结合线图完整和 3D 重构技术给出了手绘三面顶点物体画隐线图的端点融合规整方法。

最后，通过算例对本节提出的方法加以验证并与现有方法进行对比，实验结果证明本文方法效果更好。

5.4 基于角度直方图的端点融合规整

笔画的分割及识别使得草图更加贴近用户输入的形状，但可能并不是用户最终希望得到的图形。因此手绘图的规整过程尤为重要，其目的是将拟合识别后的图形进行校正及调整，使其成为最为规整的形状，以便于吻合用户的初始输入意图。本章研究在线手绘三面顶点平面物体(画隐线图)的端点融合规整技术，将经识别拟合之后的笔画进行端点连接规整处理。该过程可以使得手绘图更加符合 3D 物体的投影要求，确保相应的笔画端点进行连接以剔除“瑕点”，从而得到一幅清晰、整洁的闭环线图。

5.4.1 端点融合规整流程

1. 参考坐标系

手绘系统 FSR_EF 为用户提供了三种不同方向的参考坐标系：正等轴测参考坐标系、斜二等轴测参考坐标系和任意坐标系。在用户进行手绘草图输入之前，首先根据自身需求进行参考坐标系的选择，随之在 FSR_EF 系统的交互界面上会出现相应的参照方向，如图 5－19 所示。一般情况下，系统默认为任意坐标系模式。

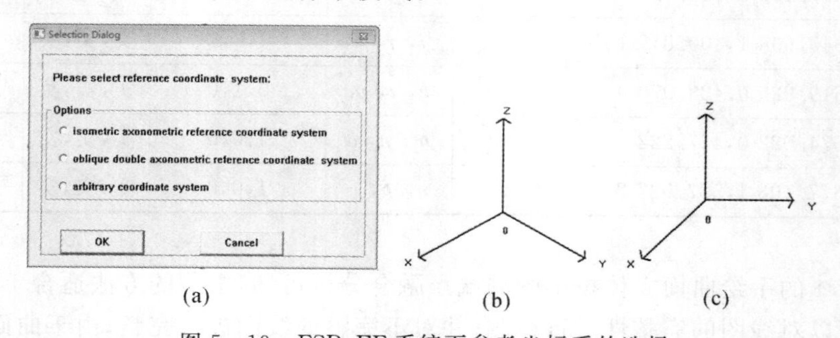

(a) (b) (c)

图 5－19 FSR_EF 系统下参考坐标系的选择

(a)参考坐标系选择窗口； (b)正等轴测参考坐标系； (c)斜二等轴测参考坐标系

在任意坐标系下，用户可以以任意方向为参考单位进行草图绘制；在正等轴测参考坐标系和斜二等轴测参考坐标系下，用户根据参考方向绘制相应的草图，然后在该系统的识别、规整处理后会得到接近标准轴测图方向的线图结果。轴测图是一种具有较强直观视觉效果的投影图表达方式，其接近人们的视觉习惯，简洁、形象、逼真且富有立体感，并作为辅助图样广泛应用于各种工程上。而且该结果可以更好的与现有的3D物体重构技术[22~25]进行联接。图5-20所示为基于本文参考坐标系的3种手绘草图表达方式及其识别规整结果。

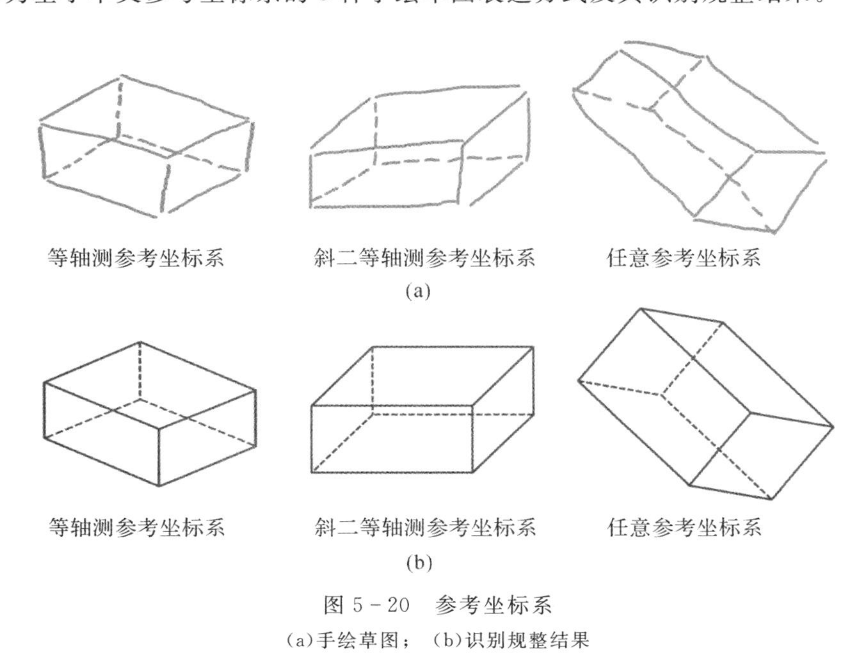

图5-20　参考坐标系

(a)手绘草图；(b)识别规整结果

2. 端点融合流程

本节对FSR系统中的端点融合算法进行了一系列的改善工作，使得端点融合模块可以更加有序、合理的进行，且改进后的模块算法实现过程如图5-21所示。针对在线手绘三面顶点平面物体，该模块的输入为经拟合、识别后的笔画数据，本节称其为手势线图，输出为完成端点融合的融合线图。

该过程主要由两个阶段组成，第一阶段为平行校正部分：根据输入手势线图的特征信息推断每条手势笔画之间的方向角相似性，并按照一定的规律对各条笔画进行平行度分组校正处理。第二阶段为端点融合：①端点聚类。根据容差圆分别确定组成每一个节点的待融合聚类笔画端点；②聚类端点融合顺序的确定。在“坐标系权重准则”的条件下确定待融合聚类端点的连接顺序，即手势线图中“坐标系”的权重分布；③待融合端点连接。按照以上步骤确定的聚类端点组以及连接顺序进行待融合端点有序连接。

5.4.2　平行校正

1. 基于草图上下文设计意图的分析

草图识别的过程将原始粗糙的笔画转化为相对比较规则的几何线元或图元，然而它们只是代替了原始草图中笔画的轨迹,它们仍然是零散的,笔画相互之间的特定几何关系并没有完全体现出来。然而,实际上用户在进行草图设计的思维过程中,这些笔画之间存在一定的几何关系,而且整个草图也是某个规则几何对象的特定描述。用户头脑中对草图笔画之间的空间位置关系以及草图所代表的3D物体的构造有着清晰的了解,但是在初步识别的手势线图中并没有很好地体现出来。智能的人类完全可以根据零散的不完全笔画信息进行草图的分析理解,但是对于计算机而言,它并不能自动理解这些零散线元之间的位置关系及规则表达。规则图形不仅仅是图元的简单组合,还应当包括它们之间的位置关系和拓扑。

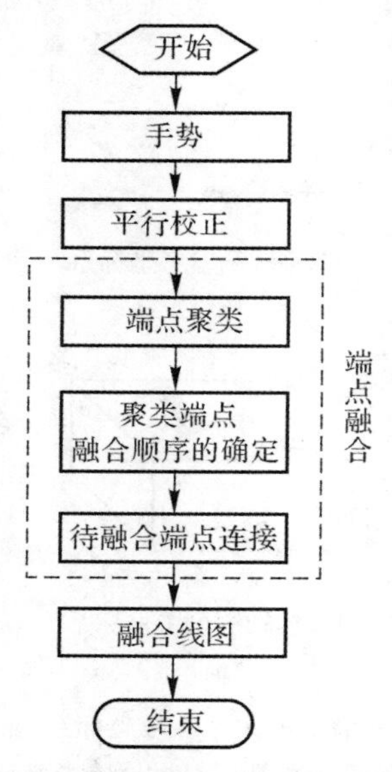

图5-21　在线手绘三面顶点物体的端点融合规整流程图

要想生成符合用户设计意图的规则几何图形并为3D实体的重构做准备,草图上下文设计意图的捕捉尤为重要。本节采用基于草图上下文的线元预规整,草图上下文是指当前各个线元所处的几何环境,它决定了每个线元当前可能的归属,线元之间并非孤立存在而是通过一定的内在关系相互关联。该方式通过系统推断各个线元之间可能存在的几何约束关系,即某一线元所处当前环境以及与其他线元之间的可能关系(包括平行、垂直、共线、同心、等长等约束)。从而利用上下文信息用户设计意图的捕捉:对相应的笔画进行分析和约束添加工作,该过程比较符合人的思维流程。这里选择笔画的平行特征进行校正,即平行校正。该特征也是所有约束关系中最为基础、最为有力的一项,其他多项约束关系也可以由平行特征推导而来。

2. 平行校正流程

平行校正是端点融合规整之前尤为重要的一个步骤,它是指通过提取手绘草图的上下文信息,根据线元之间的相对位置关系进行平行校正,进一步提高草图规整的合理性和精准度。它是一种基于知识信息的智能推理过程,是一种依赖于语境的用来描述相邻对象或状态之间的显性隐性关联。该过程不仅可以及时保留、提取原始草图中笔画之间有效的特征信息,即相对位置信息,而且可以补偿草图识别过程中的拟合误差,以避免线图处理过程中出现较大的误差积累,从而提高手绘草图正规化的合理性和准确性。

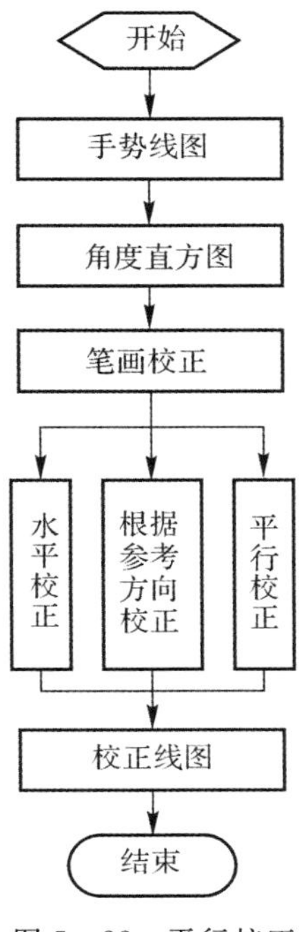

图 5 - 22　平行校正

手势线图是由 N 条零散单笔画直线段(手势笔画)组成的集合 $Ls=\{Ls_i;0\leqslant i<N\}$，将每条手势对应的方向角规定为笔画所在直线与 X 轴正方向的夹角，且其可以表示为 $\theta s=\{\theta s_i;0\leqslant i<N,0°\leqslant \theta s_i<180°\}$，该系统下的 X 轴正方向为水平向右，Y 轴正方向为竖直向下。图 5 - 22 所示为本节手势线图的平行校正具体流程。

首先提取手势线图中每条手势笔画对应的方向角 θs_i 且生成相应的角度直方图，从而得到该幅线图的笔画方向角分布情况。然后在一定的阈值范围内，对得到的方向角分布进行分析并分情况完成手势线图的校正，将具有一致方向角的笔画进行分组储存、平行度分组校正处理，并最终得到校正线图。根据多次实验测试所得，本节假定：如果两条手势笔画的角度差 $\Delta\theta$ 不超过角度阈值 $\delta(\delta=15°)$，那么可以认为这两条笔画具有方向角一致性。特别地，在轴测坐标系模式下，近似于坐标系中 X 轴方向(或 Y 轴、或 Z 轴方向)的手势笔画将被校正为与该方向一致；另外，当手势笔画与 X 轴的夹角不超过角度阈值 δ，那么将其校正为水平直线段。

3. 设计意图的捕捉-角度直方图

角度直方图广泛应用于计算机视觉和图像处理领域，是一种用于目标检测的特征描述器，可以用来计算图像中各个元素的方向信息统计值，即可以用来进行用户设计意图的捕捉与提取。

(1) 线元方向角参数提取。经识别的手势笔画 $Ls=\{Ls_i;0\leqslant i<N\}$ 所在直线参数方程为 $y=ax+b$，首先需要确定手势笔画的首尾点坐标 $\{S_i(x_S,y_S),E_i(x_E,y_E)\}$。参数方程的系数 a,b 是已知的，其中 a 为直线的斜率，$a\in(-\pi/2,-\pi/2)$。若 $|a|<\pi/4$，则采用笔画首尾点 x_S,x_E 为标准，求出 y_S 和 y_E；若 $|a|>\pi/4$，则采用笔画首尾点 y_S,y_E 为标准，求出 x_S 和

x_E。然后，设参数 $m=|y_E-y_S|$，$n=|x_E-x_S|$，按照如下规则计算笔画的方向角参数 θs_i。

情况 1：如果 $\left|a\tan\left(2(m,n)\frac{180}{\pi}\right)\right|<0.5$，则记 $\theta s_i=0°$；

情况 2：如果 $a>0$，则记 $\theta s_i=a\tan\left(2(m,n)\frac{180}{\pi}\right)$，且 $\theta s_i\in[0,90°)$；

情况 3：如果 $a<0$，则记 $\theta s_i=180-a\tan\left(2(m,n)\frac{180}{\pi}\right)$，且 $\theta s_i\in(90,180°]$；

情况 4：其他情况则表示斜率 a 不存在，即 $\theta s_i=90°$。

如图 5-23 所示，系统 FSR 的默认坐标轴方向为（$X\rightarrow,Y\downarrow$），当手势笔画 Ls_i 的斜率 a 值不同时，对应的方向角 θs_i 的计算方法不同：手势笔画 Ls_1 属于情况 3，其斜率 $a<0$，且其方向角 θs_1 满足 $90°<\theta s_1\leqslant 180°$；手势笔画 Ls_2 属于情况 2，其斜率 $a>0$，且其方向角 θs_2 满足 $0°\leqslant\theta s_2<90°$；手势笔画 Ls_3 属于情况 1，其斜率 $a>0$，且其方向角 $\theta s_3=0°$；而手势笔画 Ls_4 属于情况 4，其斜率 a 不存在，则其方向角 $\theta s_4=90°$。以此规律，依次可得整幅手势线图的笔画方向角链表 $\theta s=\{\theta s_i;0\leqslant i<N,0°\leqslant\theta s_i<180°\}$。

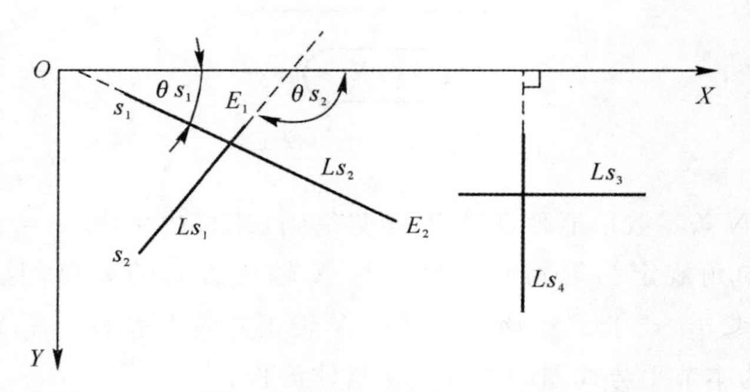

图 5-23　方向角信息提取

(2) 角度直方图的绘制。角度直方图广泛应用于计算机视觉和图像处理领域，是一种用于目标检测的特征描述器，可以用来计算图像中各个元素的方向信息统计值。本节在端点融合之前的笔画校正阶段中，采用角度直方图作为草图中笔画方向角信息的可视化表达，一方面可以清晰明了地表达草图中各条笔画的方向角分布情况，另一方面可以将其作为笔画平行性校正工作的依据，通过观察草图中各条笔画方向角的分布进一步确认笔画的聚类情况，并将每组聚类结果的平均值作为校正参考值。

如图 5-24 中示例所示，图(a) 表示由用户进行直接输入的原始草图，即手绘三面顶点平面物体，然后经笔画拟合和识别得到手势线图，如图(b) 所示。该手势线图由 15 条手势笔画组成，提取每条笔画的方向角特征信息，并生成相应的角度直方图，如图(c) 所示。该直方图中，横坐标为手势笔画的笔画序列号 1,2,3,…,N，而笔画的方向角 $\theta s=\{\theta s_i;0\leqslant i<N,0°\leqslant\theta s_i<180°\}$ 为纵坐标。手势线图的笔画方向角分布情况一目了然，且该分布可作为笔画平行性校正工作的依据，具体算法过程见下节详述。

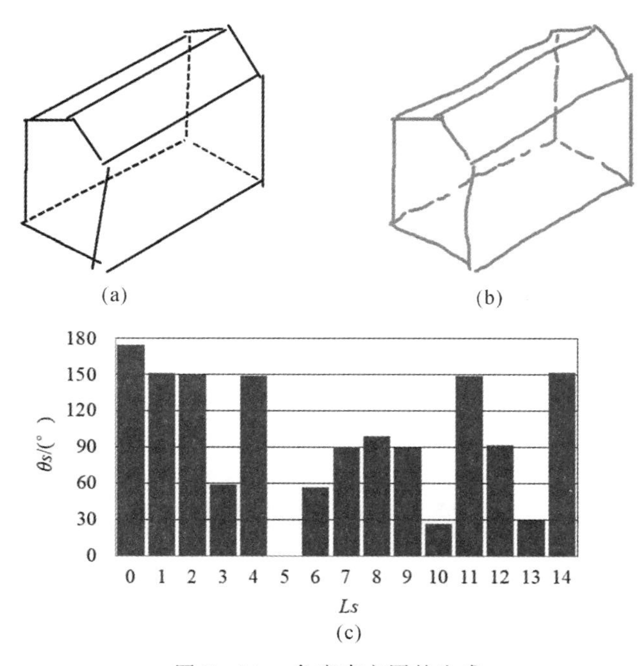

图 5-24　角度直方图的生成

(a) 输入草图；(b) 手势线图；(c) 角度直方图

(3) 平行校正算法的实现。如图 5-25 所示，本节结合该实例进行平行校正算法的描述：

输入：手势线图，即手势笔画链表 $Ls=\{Ls_i;0\leqslant i<N\}$。

输出：校正线图，即校正笔画链表 $Lc=\{Lc_i;0\leqslant i<N\}$。

Step1：初始化。令 $i=0,g=0,h=0$，新建数组 Qs[10]，$\bar{\theta}$[10]，手势笔画链表 $Lc=$ new CIList < CLINESEC * > ()，方向角链表 $\theta s=$ new CIList < double > ()。

Step2：生成角度直方图。计算每条手势笔画 Ls_i 的方向角 θs_i，并得到方向角链表 $\theta s=\{\theta s_i;0\leqslant i<N,0^\circ\leqslant\theta s_i<180^\circ\}$。以手势笔画的数字序号 $i=0,1,2,\cdots$ 为横坐标，方向角 θs_i 为纵坐标，作出该手势线图对应的角度分布直方图，如图 5-24(c) 所示。

Step3：分析直方图中的笔画方向角分布情况，完成笔画的聚类处理：

Step3.1：首先将与 X 轴夹角不超过 δ 的手势笔画校正为水平直线段，将该水平直线段笔画存入校正笔画链表 Lc 并删除 Ls 中的原手势笔画；

Step3.2：判断手势线图的绘制模式。若初始参考坐标系选择的是轴测坐标系模式(详见第五章 5.1 节)，则转 Step3.3；如果是在任意坐标系模式下，转 Step3.4；

Step3.3：将与参考坐标系中 X 轴(或 Y 轴、或 Z 轴) 方向夹角不超过 δ 的手势笔画校正为与该对该轴向一致的校正笔画 Lc_j，并存入链表 Lc 并删除 Ls 中的原手势笔画；

Step3.4：如果任意两条笔画 Ls_i,Ls_g 的角度差不超过角度阈值 δ，即 $|Ls_i-Ls_g|\leqslant\delta$，那么认为两者方向角一致，并将其分组储存。

如图 5-25 所示，根据角度阈值 δ，该手势线图中的笔画 Ls_i 可以分为 5 组：$Qs[0]=\{Ls_i;i=2,3,5,12,15\}$；$Qs[1]=\{Ls_i;i=8,9,10,13\}$；$Qs[2]=\{Ls_i;i=1,6\}$；$Qs[3]=\{Ls_i;i=4,7\}$；$Qs[4]=\{Ls_i;i=11,14\}$。

Step4：进行平行校正。分别计算每组手势笔画的组内方向角平均值 $\bar{\theta}[h]$（$h=0,1,2,\cdots$），根据该平均值对每组笔画 $Qs[h]$ 进行方向角校正。将校正处理之后的笔画存入校正笔画链表 Lc，并删除链表 Ls 中对应的原手势笔画，释放 Ls 笔画链表空间。从而最终得到完整的校正笔画链表 $Lc=\{Lc_i;0\leqslant i<N\}$，结束。

如图 5-25(b) 为该实例平行校正的结果，图 5-25(c) 为校正前后对比图，其中深色为原手势线图，浅色为校正线图。

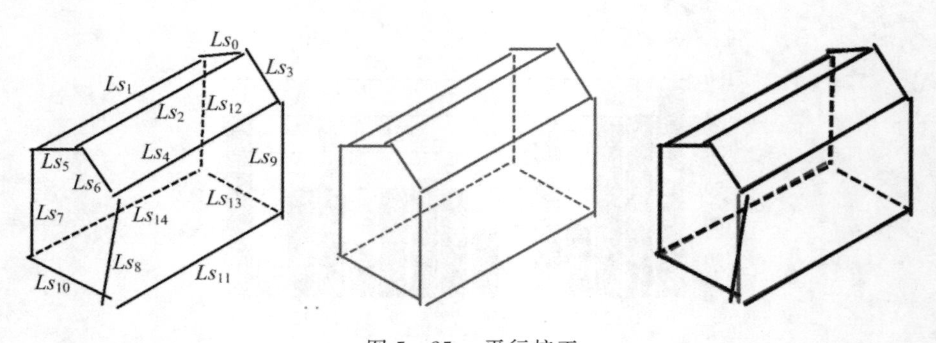

图 5-25 平行校正

(a) 手势线图； (b) 校正线图； (c) 校正前后对比图

5.4.3 端点融合

1. 端点聚类

在端点融合之前，需要知道哪些端点应该被连接在一起，因此聚类端点的判定尤为重要。将融合操作之前的所有校正笔画 $Lc=\{Lc_i;0\leqslant i<N\}$ 的零散端点称为待融合端点，且本节的待融合端点仅指手绘三面顶点平面物体中直线段笔画的首尾点，可以表示为$\{d_{i,k};0\leqslant i<N,k=0,1\}$。这里采用基于变系数容差圆[26] 的方法进行聚类端点的判定：首先提取校正线图中所有校正笔画的首尾点（即待融合端点）；然后计算每个待融合端点到所有校正笔画的首尾点距离的平均值，该计算数据包括每个端点到自身所在校正笔画首尾点的平均距离，即该校正笔画长度的一半。那么将平均距离中最小的线性函数作为该端点的容差半径，有

$$R_{i,k}=(0.5)^{\lambda}\min(\bar{l}_{i,k}) \tag{5-26}$$

式中，λ 为容差半径系数，可取 $0,1,2,\cdots,m$；$i=0,1,2,\cdots,n$ 为笔画序号；$k=0,1$ 为校正笔画首尾点的点序号；$\bar{l}_{i,k}$ 表示第 i 条笔画的第 k 个点到所有校正笔画（直线段）首尾点的平均距离。当 $k=0$ 时，$d_{i,0}(R_{i,0})$ 表示第 i 条笔画的首端点（容差半径大小），当 $k=1$ 时，$d_{i,0}(R_{i,1})$ 表示第 i 条笔画的尾端点（容差半径大小）。

根据容差半径大小得到一系列容差圆之后，如果存在几个待融合端点均互相落入彼此的容差圆区域内，则将这几个待融合端点称为一组聚类端点。反之，如果存在一个端点单方面地落入了另一个端点的容差圆内，那么不认为该两端点可以进行聚类并作为同一组待融合端点。该方法得到的容差圆大小会随着输入草图整体数据信息的变化而变化，具有良好的适应性。

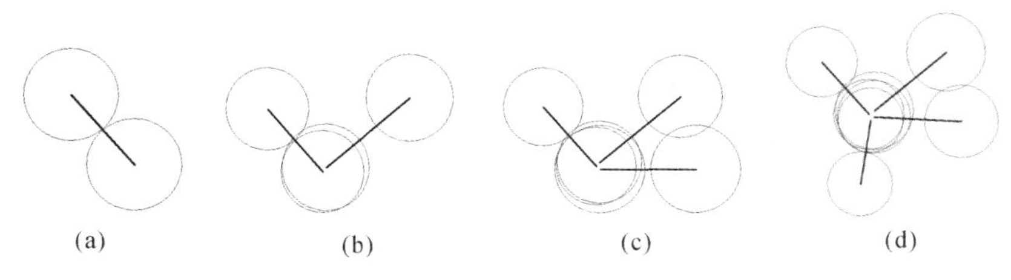

图 5-26　端点聚类

(a) 一点聚类；(b) 两点聚类；(c) 三点聚类；(d) 多点聚类

如图 5-26 所示，按照聚类端点的个数可将其分为一点聚类(孤点)、两点聚类、三点聚类和多点聚类(过聚类)。最终每组聚类端点将由一个节点所替代，从而消除校正线图中的"瑕点"，这里把校正线图中即将替代聚类端点的节点表示为$\{D_a;0 \leqslant a < A\}$，其中 A 表示节点的个数。由于本文的研究对象手绘三面顶点平面物体仅讨论三点聚类的情况，因此如果某组聚类端点的个数大于 3，那么可以通过调整容差半径系数 λ 进行二次融合，从而实现聚类端点的缩放控制。而本文将聚类端点个数小于 3 的情况归属于不完整线图的研究，详见下章描述。

图 5-27 所示为本节端点聚类实例。该手绘平面立体的校正线图由 15 条校正笔画组成，即 $Lc = \{Lc_i;0 \leqslant i < 15\}$，且待融合端点为$\{d_{i,k};0 \leqslant i < 15, k=0,1\}$。根据变系数容差圆的限定，该校正线图中所有的待融合端点最终分为了 10 组聚类端点，且每组聚类端点也终将由一个节点 D_a 所替代：$D_0 = \{d_{0,0}, d_{2,0}, d_{3,0}\}$；$D_1 = \{d_{0,1}, d_{1,0}, d_{12,0}\}$；$D_2 = \{d_{1,1}, d_{5,0}, d_{7,1}\}$；$D_3 = \{d_{2,1}, d_{5,1}, d_{6,0}\}$；$D_4 = \{d_{3,1}, d_{4,0}, d_{9,0}\}$；$D_5 = \{d_{6,1}, d_{4,1}, d_{8,0}\}$；$D_6 = \{d_{7,0}, d_{10,0}, d_{14,0}\}$；$D_7 = \{d_{8,1}, d_{10,1}, d_{11,1}\}$；$D_8 = \{d_{9,1}, d_{11,0}, d_{13,1}\}$；$D_9 = \{d_{12,1}, d_{13,0}, d_{14,1}\}$。

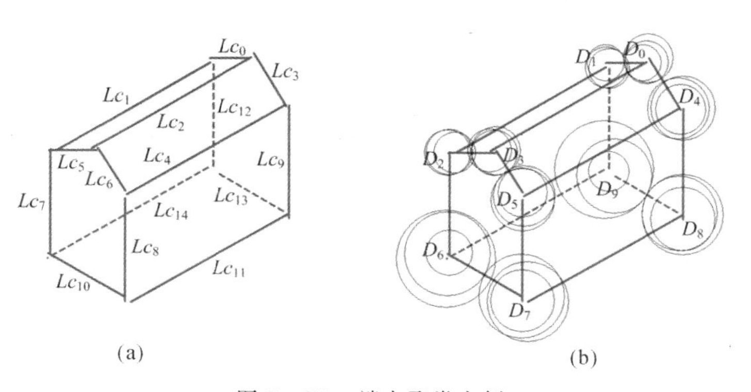

图 5-27　端点聚类实例

2. 聚类端点融合顺序的确定

在线图完整的情况下，本节假设在校正线图 $Lc = \{Lc_i;0 \leqslant i < N\}$ 中，每个节点 D_a 处均存在一个"$OXYZ$ 坐标系"$\{C_a;0 \leqslant a < A\}$，且每个节点所包含的 3 个待融合聚类端点所在校正笔画的方向分别用来表示该"$OXYZ$ 坐标系"的 3 个轴向方向(X,Y,Z 轴)。而校正笔画的方向是指在端点融合过程中，由待融合端点指向另外一个端点的方向。如图 5-28 所示，该校正线图包括 9 个节点，即存在 9 个"坐标系"$\{C_a;0 \leqslant a < 9\}$，其中节点 D_0 对应"坐标系"C_0，其坐标轴方向分别取校正笔画 Lc_0, Lc_2, Lc_3 的指向；而节点 D_6 对应"坐标系"C_6，其坐标轴方向

分别取校正笔画 Lc_7，Lc_{10}，Lc_{14} 的指向。以此类推，可以依次得到该幅校正线图中所有的“坐标系”及其方向。

首先，遍历校正线图 Lc 中的所有“坐标系”$\{C_a;0 \leqslant a < A\}$，将其中方向一致的成员进行分组储存，即“坐标系”的三个轴向方向均要求一致。其次，对得到的若干个坐标系组 $G_b(b=1,2,3,\cdots)$ 进行权重的分级衡定，将组内成员最多的坐标系组称为 1 级坐标系组 G_1，该坐标系组中包含的坐标系也称为 1 级坐标系。同理按照组内成员的总数大小，依次可得到 2 级坐标系组 G_2，3 级坐标系组 G_3 等。如果校正线图中存在不完整“坐标系”，即存在两点聚类或一点聚类，那么优先处理完整“坐标系”。

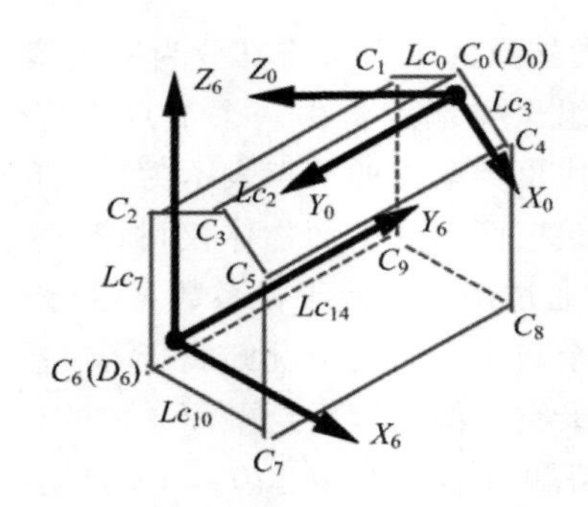

图 5-28　节点 D_a 对应“坐标系”C_a

本节提出的端点融合方法主要是通过笔画的平移操作来完成的，在此期间校正线图中各条笔画之间的相对位置特征几乎不会受到影响，而随着处理笔画的增加，开始出现融合误差并且累积。因此，这里提出优先融合具有大权重笔画特征的坐标系组，从而尽量避免用户初始输入意图的破坏。首先对具有大权重笔画特征的坐标系组，即 1 级坐标系组 G_1 进行端点融合规整，接下来是 2 级坐标系组 G_2，3 级坐标系组 G_3 等。本节将该规整原则称为“坐标系权重准则”，缩写为 CSW 准则，并将其作为聚类端点融合规整的参考顺序。

根据所占权重大小，该校正线图中的 9 个“坐标系”$\{C_a;0 \leqslant a < 9\}$ 可以分类为 1 个 1 级坐标系组和 3 个 2 级坐标系组：$G_1=\{C_a;i=6,7,8,9\}$，$G_2=\{\{C_a;i=0,3\};\{C_a;i=1,2\};\{C_a;i=4,5\}\}$，并按照 CSW 优先对 1 级坐标系组 G_1 中的 1 级“坐标系”(待融合聚类端点)进行融合规整，然后依次对 G_2 中的待融合聚类端点进行融合规整。

3. 端点融合具体算法

已知在校正线图 Lc 中，每条校正笔画 $\{Lc_i;0 \leqslant i < N\}$ 包含 2 个待融合端点，则整个线图中总共有 N 对待融合端点 $\{d_{i,k};0 \leqslant i < N, k=0,1\}$，且每个端点所对应的容差圆半径为 $\{R_{i,k};0 \leqslant i < N, k=0,1\}$。其中当 $k=0$ 时，$d_{i,0}(R_{i,0})$ 表示第 i 条笔画的首端点(容差半径)，当 $k=1$ 时，$d_{i,1}(R_{i,1})$ 表示第 i 条笔画的尾端点(容差半径)。校正线图中的节点为 $\{D_a;0 \leqslant a < A\}$，即“坐标系”为 $\{C_a;0 \leqslant a < A\}$，而每个“坐标系”由三条校正笔画 $\{Lc_u, Lc_v, Lc_w;0 \leqslant u,v,w < N\}$ 组成，其中 A 为线图中“坐标系”的总个数，u,v,w 表示校正笔画在链表中的序列号。考虑到不完整线图的端点不完整可能性，用 $K(K=1,2,3)$ 表示手绘三面顶点平面物体的校正线图中每组聚类端点的个数，$M(M=0,1,2,3)$ 用来记录在笔画端点融合的过程中已参与过融合的校正笔画数。

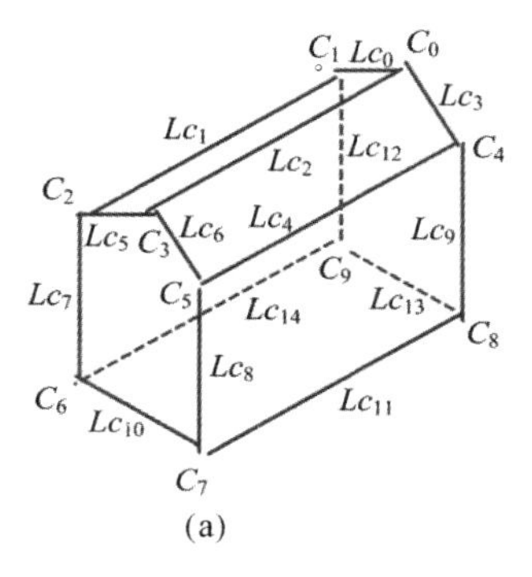

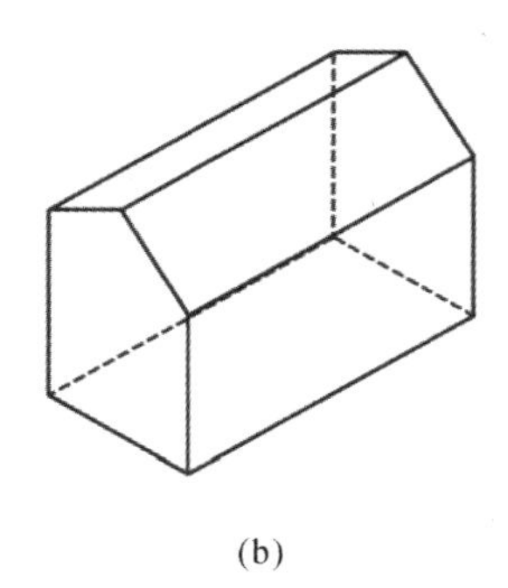

图 5－29　端点融合算法的实施

(a) 校正线图；(b) 融合线图

如图 5－29 所示，本节结合实例进行端点融合具体算法的描述：

输入：校正线图，即校正笔画链表 $Lc=\{Lc_i;0\leqslant i<N\}$。

输出：融合线图，即融合笔画链表 $Lf=\{Lf_i;0\leqslant i<N\}$。

Step1：初始化。令 $k=0,b=1,u=0,v=0,w=0$，新建校正线图坐标系链表 $C_a=$new CIList＜int＞()，坐标系组链表 $G_b=$new CIList＜int＞()，融合笔画链表 $Lf=$new CIList＜CLINESEC * ＞()，节点链表 $D_a=$new CIList＜CIPOINT * ＞()，端点链表 $d_{i,k}=$new CIList＜CIPOINT * ＞()。

Step2：提取校正线图 Lc 中所有的待融合端点 $d_{i,k}$，并根据笔画端点的容差圆 $R_{i,k}$ 将其分为 $A(A=10)$ 组聚类端点，同时分别得到 A 个节点 D_a 和 A 个"坐标系"C_a。

Step3：遍历所有的"坐标系"$\{C_a;0\leqslant a<A\}$，将方向一致的成员分组储存：

$G_1=\{C_6\{Lc_7,Lc_{10},Lc_{14}\},C_7\{Lc_8,Lc_{10},Lc_{11}\},C_8\{Lc_9,Lc_{11},Lc_{13}\},C_9\{Lc_{12},Lc_{13},Lc_{14}\}\}$，

$G_2=\{\{C_0\{Lc_0,Lc_2,Lc_3\},C_3\{Lc_2,Lc_5,Lc_6\}\};\{C_1\{Lc_0,Lc_1,Lc_{12}\},C_2\{Lc_1,Lc_5,Lc_7\}\};\{C_4\{Lc_3,Lc_4,Lc_9\},C_5\{Lc_4,Lc_6,Lc_8\}\}\}$，其中 1 级坐标系组 G_1 包括 4 个成员坐标系$\{C_6,C_7,C_8,C_9\}$，且该 4 个"坐标系"的三个轴向方向均分别一致；而 2 级坐标系组 G_2 包括 3 小组$\{C_0,C_3\}$，$\{C_1,C_2\}$，$\{C_4,C_5\}$，每组成员个数均为 2，且该 3 组"坐标系"分别组内轴向方向一致。

Step4：按照 CSW 准则依次对 1 级坐标系组 $G_1=\{C_6,C_7,C_8,C_9\}$、2 级坐标系组 $G_2=\{C_0,C_3;C_1,C_2;C_4,C_5\}$($G_3$ 等) 中的待融合端点所在校正笔画进行连接：

Step4.1：计算"坐标系"C_a 中的已参与过融合的校正笔画数 M，提取每个"坐标系"中的三条待连接校正笔画$\{Lc_u,Lc_v,Lc_w;0\leqslant u,v,w<N\}$并优先存储已经参与过融合的校正笔画，如 Lc_u；

Step4.2：当 $K=1$ 时，仅保存该笔画但是不做处理；

Step4.3：当 $K=2,M=0,1,2$ 时，延伸校正笔画 Lc_u,Lc_v 使两者相交从而得到节点 D_a，并将处理过的校正笔画 Lc_u,Lc_v 进行更新存储；

Step4.4：当 $K=3,M=0,1,2$ 时，存在 3 种情况：①"坐标系"C_a 中三条待连接校正笔画均未参与过融合处理，$M=0$；②"坐标系"C_a 中仅有笔画 Lc_u 之前已参与融合处理，$M=1$；③"坐标系"C_a 中笔画 Lc_u,Lc_v 之前均参与过融合处理，$M=2$。

针对以上 3 种情况可以进行统一操作：延伸校正笔画 Lc_u,Lc_v 使两者相交并得到节点 D_a，

然后平移笔画 Lc_w 使其待融合端点与节点 D_a 相重合。最后将处理过的校正笔画 Lc_u, Lc_v, Lc_w 进行更新存储。如图 5-29 所示,"坐标系"$\{C_6, C_0\}$ 属于情况 ① 且 $M=0$,"坐标系"$\{C_7, C_8, C_3\}$ 属于情况 ② 且 $M=1$,"坐标系"$\{C_9, C_1, C_4\}$ 属于情况 ③ 且 $M=2$,最终分别得到节点 $\{D_6, D_7, D_8, D_9, D_0, D_3, D_1, D_4\}$。

跳转至下个"坐标系"并转到步骤 Step4.1,当所有"坐标系"完成处理时停止,并转 Step5。

Step4.5:当 $K=3, M=3$ 时,"坐标系"C_a 中三条待连接校正笔画 Lc_u, Lc_v, Lc_w 均参与过融合处理。这时,延伸校正笔画 Lc_u, Lc_v 使两者相交并得到节点 D_a,然后将校正笔画 Lc_w 旋转至使得其待融合端点与节点 D_a 相重合,而 Lc_w 的另一个端点保持不变。最后将处理过的校正笔画 Lc_u, Lc_v, Lc_w 进行更新存储。如下图实例所示,"坐标系"$\{C_2, C_5\}$ 属于该情况且 $M=2$,并最终得到节点 $\{D_2, D_5\}$。

跳转至下个"坐标系"并转到步骤 Step4.1,当所有"坐标系"完成处理时停止,并转 Step5。Step5:完成校正笔画的端点融合,最后将处理过的笔画统一存入到融合笔画链表 $Lf=\{Lf_i; 0 \leqslant z < N\}$,并得到新的融合线图,如图 5-29(b) 所示。结束。

以上端点融合过程中,Step1 ~ Step3 为校正线图融合工作之前的准备工作,包括数据初始化、待融合端点和校正线图"坐标系"的提取及聚类、融合顺序的确定等部分。在此基础上,Step4 则开始根据 M 的数值大小依次进行端点连接。该算法过程按照 M 值的不同也可以分为两个阶段:① 零融合误差阶段。当 $M=0,1,2$ 时,每组聚类笔画均处于不完全融合状态,且规整操作仅涉及求交和平移 2 种形式,因此该规整不存在融合误差(笔画的旋转现象)。② 带融合误差阶段。当 $M=3$ 时,每组聚类笔画之前均参与过融合处理,因此在处理待融合端点过程中校正笔画会进行非平移操作,则产生融合误差,且误差会依次积累。其中,本节中的融合误差是指在端点融合过程中,校正笔画之间相对平行位置改变所产生的误差。由于平行校正的目的在于保留线图中原有笔画间的相对位置关系,因此这里认为端点融合过程中笔画方向角的变动即为出现融合误差的过程。

5.4.4 案例分析

图 5-30(a) 所示为一个三面顶点平面物体完整的手绘草图。该草图由 18 条笔画组成,经笔画拟合得到手势线图 $Ls=\{Ls_i; 0 \leqslant i < 18\}$,如图 5-30(b) 所示。本章节以该手势线图为例进行端点融合规整过程的详述和介绍。

1. 算例 1

(1) 平行校正。首先,读取手势线图 $Ls=\{Ls_i; 0 \leqslant i < 18\}$ 中各条手势笔画的特征信息,包括笔画的虚实线型、笔画的首尾点坐标 $\{Ss_i(x_S, y_S), Es_i(x_E, y_E)\}$ 等等;然后,根据手势笔画的首尾点坐标计算笔画的方向角 $\theta s=\{\theta s_i; 0 \leqslant i < 18, 0° \leqslant \theta s_i < 180°\}$,并以此数据集绘制该线图的角度分布直方图,如图 5-30(d) 所示,从而得到该手势线图的笔画分布情况:$Qs[0]=\{Ls_i; i=0,3,9,13,16\}$;$Qs[1]=\{Ls_i; i=4,7\}$;$Qs[2]=\{Ls_i; i=1,2,8,12,17\}$;$Qs[3]=\{Ls_i; i=5,6,10,11,14,15\}$;最后,将该方向角分布情况作为笔画平行校正工作的依据,分别计算每组手势笔画的组内角度平均值 $\bar{\theta}[h]$ $(h=0,1,2,\cdots)$,并按照该参考数据值对每组笔画 $Qs[h]$ 进行方向角校正,得到校正线图,如图 5-30(c) 所示。

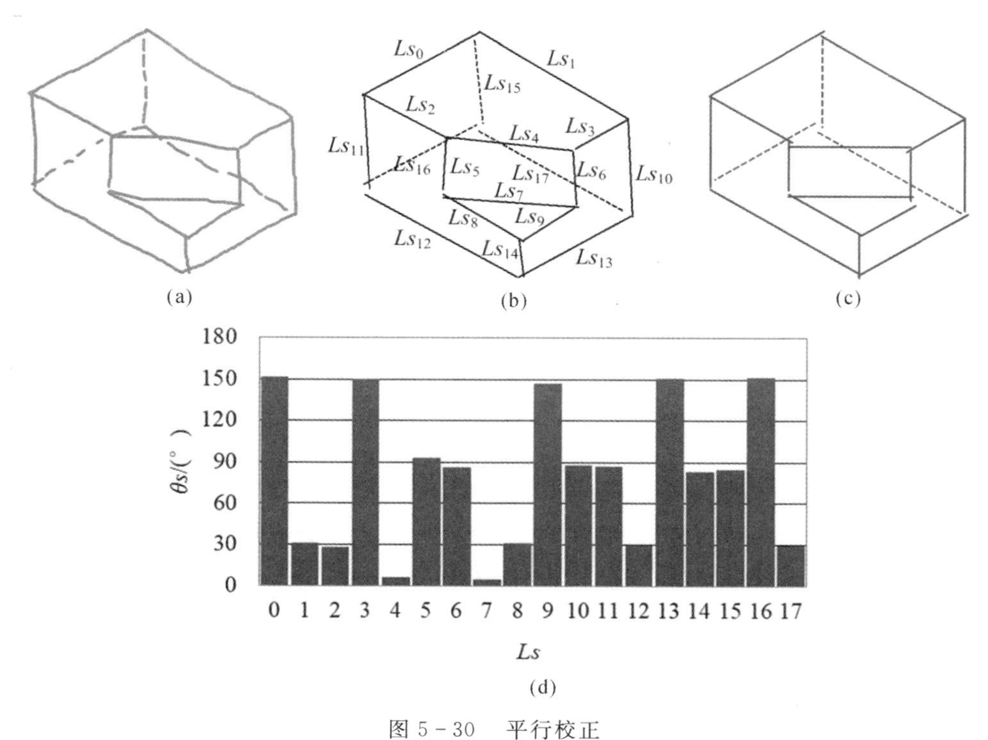

图 5－30　平行校正

(a) 手绘草图输入；(b) 手势线图；(c) 校正线图；(d) 角度直方图

表 5－12 展示了手势笔画在各项规整过程中的数据信息的变化，其中第一列表示的是手势笔画 Ls_i 到校正笔画 Lc_i 过程中位置信息的变化，而第二列为手势笔画到校正笔画过程中线图方向角信息的变化。$\{Ss_i, Es_i\}$ 和 $\{Sc_i, Ec_i\}$ 分别表示笔画 Ls_i 和 Lc_i 的首尾点坐标，而 θs_i 和 θc_i 分别表示笔画 Ls_i 和 Lc_i 的方向角。

表 5－12　手势笔画规整过程中的数据信息的变化

笔画序号 i	笔画首尾点				笔画方向角		笔画虚实	笔画分组
	Ls_i		Lc_i		Ls_i	Lc_i		
	起点 Ss_i	终点 Es_i	起点 Sc_i	终点 Ec_i	θs_i/(°)	θc_i/(°)		
0	(297, 182)	(299, 349)	(298,182)	(298, 349)	89.313 9	90	实	▲
1	(446, 266)	(295, 181)	(295, 180)	(446, 267)	29.375 8	30	实	◆
2	(295, 172)	(506, 67)	(503, 61)	(298, 178)	153.544	150	实	★
3	(754, 218)	(496, 70)	(496, 70)	(754, 218)	29.840 5	30	实	◆
4	(652, 286)	(754, 219)	(756, 222)	(650, 283)	146.701	150	实	★
5	(440, 263)	(658, 285)	(439, 274)	(659, 274)	5.7626 3	0	实	◎
6	(433, 355)	(445, 266)	(439, 266)	(439, 355)	97.679 0	90	实	▲
7	(657, 284)	(659, 373)	(658, 284)	(658, 373)	88.712 7	90	实	▲

续 表

笔画序号 i	笔画首尾点				笔画方向角		笔画虚实	笔画分组
	Ls_i		Lc_i		Ls_i	Lc_i		
	起点Ss_i	终点Es_i	起点Sc_i	终点Ec_i	$\theta s_i/(°)$	$\theta c_i/(°)$		
8	(439, 357)	(662, 376)	(439, 367)	(662, 367)	4.869 94	0	实	◎
9	(569, 436)	(439, 363)	(439, 362)	(569, 437)	29.315 9	30	实	◆
10	(570, 440)	(667, 381)	(668, 382)	(569, 439)	148.69	150	实	★
11	(559, 514)	(302, 347)	(298, 354)	(563, 507)	33.016 0	30	实	◆
12	(754, 220)	(759, 392)	(757, 222)	(757, 392)	88.334 9	90	实	▲
13	(569, 519)	(758, 392)	(762, 399)	(565, 512)	146.101	150	实	★
14	(567, 436)	(565, 517)	(566, 436)	(566, 517)	91.414 4	90	实	▲
15	(505, 76)	(494, 239)	(500, 76)	(500, 239)	93.860 7	90	虚	▲
16	(304, 333)	(489, 232)	(488, 230)	(305, 335)	151.368	150	虚	★
17	(748, 400)	(493, 243)	(490, 246)	(750, 396)	31.62	30	虚	◆

（2）聚类端点的判定。根据校正笔画的首尾点计算每个笔画端点$\{d_{i,k};0\leqslant i<18,k=0,1\}$对应的容差圆半径$R_{i,k}$，并通过容差圆的限定进行端点聚类，如果存在几个待融合端点均互相落入彼此的容差圆区域内，则将这几个待融合端点进行聚类。

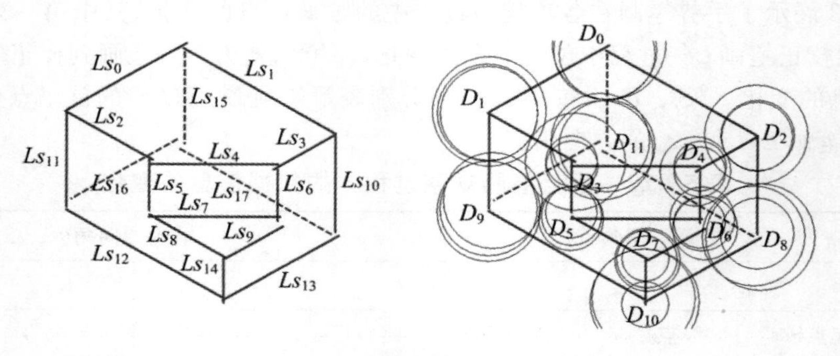

图 5-31　端点聚类

图 5-31 所示为该算例端点聚类的过程，且该校正线图中所有的待融合端点最终分为了 12 组聚类端点，且每组聚类端点也终将由一个节点$\{D_a;0\leqslant a<12\}$所替代：$D_0=\{d_{0,0},d_{1,0},d_{15,0}\}$；$D_1=\{d_{0,1},d_{2,0},d_{11,0}\}$；$D_2=\{d_{1,1},d_{3,0},d_{10,0}\}$；$D_3=\{d_{2,1},d_{4,0},d_{5,0}\}$；$D_4=\{d_{3,1},d_{4,1},d_{6,0}\}$；$D_5=\{d_{5,1},d_{7,0},d_{8,0}\}$；$D_6=\{d_{6,1},d_{7,1},d_{9,0}\}$；$D_7=\{d_{8,1},d_{9,1},d_{14,0}\}$；$D_8=\{d_{10,1},d_{13,0},d_{17,1}\}$；$D_9=\{d_{11,1},d_{12,0},d_{16,1}\}$；$D_{10}=\{d_{12,1},d_{13,1},d_{14,1}\}$；$D_{11}=\{d_{15,1},d_{16,0},d_{17,0}\}$。

（3）融合顺序的确定及端点融合。如图 5-32 所示，根据所占权重大小，该校正线图中的 12 个节点所对应的“坐标系”$\{C_a;0\leqslant a<12\}$可以分为 1 组 1 级坐标系组和 2 组 2 级坐标系组：

$G_1=\{C_0\{Lc_0,Lc_1,Lc_{15}\},C_1\{Lc_0,Lc_2,Lc_{11}\},C_2\{Lc_1,Lc_3,Lc_{10}\},C_7\{Lc_8,Lc_9,Lc_{14}\}$

$C_8\{Lc_{10}, Lc_{13}, Lc_{17}\}, C_9\{Lc_{11}, Lc_{12}, Lc_{16}\}, C_{10}\{Lc_{12}, Lc_{13}, Lc_{14}\},$
$C_{11}\{Lc_{15}, Lc_{16}, Lc_{17}\}\}$；

$G_2 = \{\{C_3\{Lc_2, Lc_4, Lc_5\}, C_5\{Lc_5, Lc_7, Lc_8\}\}; \{C_4\{Lc_3, Lc_4, Lc_6\}, C_6\{Lc_6, Lc_7, Lc_9\}\}\}$。其中 1 级坐标系组 G_1 包括 4 个成员坐标系$\{C_0, C_1, C_2, C_7, C_8, C_9 C_{10}, C_{11}\}$，且该 8 个“坐标系”的三个轴向方向均分别一致；而 2 级坐标系组 G_2 包括 2 小组$\{C_3, C_5\}, \{C_4, C_6\}$，每组成员个数均为 2，且组内成员的轴向方向保持一致。

最后，按照“坐标系权重准则”依次对 1 级坐标系组 $G_1 = \{C_0, C_1, C_2, C_7, C_8, C_9 C_{10}, C_{11}\}$、2 级坐标系组 $G_2 = \{C_3, C_5; C_4, C_6\}$ 中的待融合端点所在校正笔画进行连接，并最终得到融合线图。

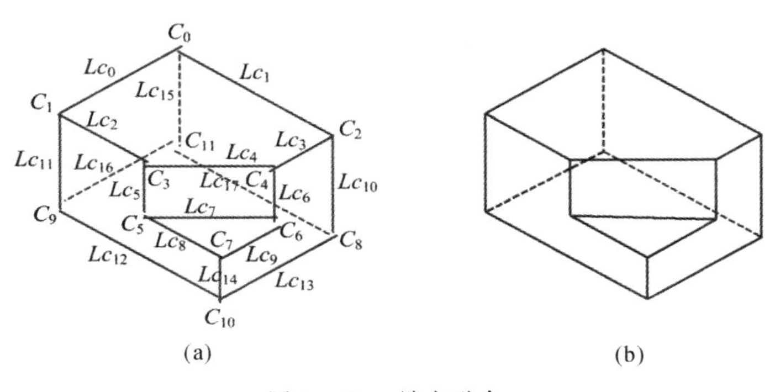

图 5 - 32　端点融合

(a) 校正线图；(b) 融合线图

2. 算例 2

在 FSR_EF 系统的正等轴测参考坐标系模式下，输入三面顶点平面物体的手绘草图，其笔画总数 $N = 19$ 条，节点数 $A = 15$ 个，如图 5 - 33(a) 所示。经数据采集、笔画分割、笔画识别及拟合各模块处理之后得到手势线图 $Ls = \{Ls_i; 0 \leqslant i < 19\}$，如图 5 - 33(b) 所示。下文将结合该案例进行端点融合以及线图完整模块过程的详述，且手势线图即为手绘草图规整模块的输入数据信息。

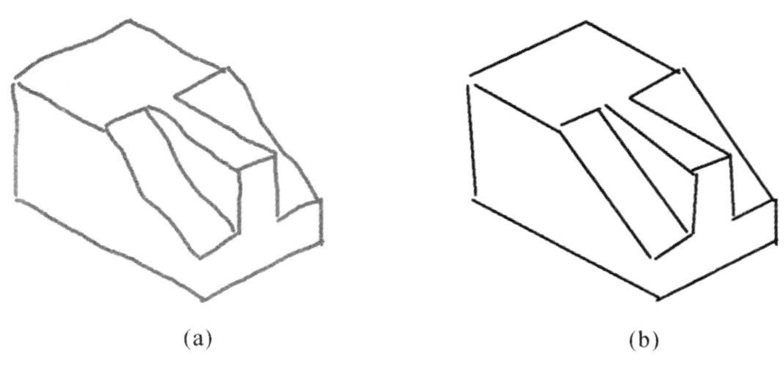

图 5 - 33　案例

(a) 输入草图；(b) 手势线图

(1) 平行校正。首先，读取手势线图 $Ls = \{Ls_i; 0 \leqslant i < 19\}$ 中各条手势笔画的特征信息，

包括笔画的虚实线型、笔画的首尾点坐标$\{Ss_i(x_S,y_S),Es_i(x_E,y_E)\}$等等；然后，根据手势笔画的首尾点坐标计算笔画的方向角$\theta s=\{\theta s_i;0\leqslant i<19,0^\circ\leqslant\theta s_i<180^\circ\}$，并根据此数据集信息绘制该线图的角度分布直方图，如图 5-34(c) 所示，从而得到该手势线图的笔画分布情况：$Qs[0]=\{Ls_i;i=0,6,10,11,13,16,18\}$；$Qs[1]=\{Ls_i;i=1,9,14,17\}$；$Qs[2]=\{Ls_i;i=2,3,4,8,12\}$；$Qs[3]=\{Ls_i;i=5,7,15\}$。最后，将以上笔画分布情况作为平行校正的依据，分别计算每组手势笔画的组内角度平均值$\bar{\theta}[h](h=0,1,2,\cdots)$，并按照该参考数据值分组对$Qs[h]$中成员进行方向角校正处理，最终得到图 5-34(b) 中校正线图。

在平行校正过程中，手势线图所包含各条笔画的数据信息变化见表 5-13，第 1 列表示手势笔画Ls_i转化为校正笔画Lc_i过程中位置信息的变化，而第 2 列为手势笔画转化为校正笔画过程中线图方向角信息的变化。第 3 列为笔画的虚实性表达，第 4 列则为手势线图中笔画的角度分布情况。其中，$\{Ss_i,Es_i\}$和$\{Sc_i,Ec_i\}$分别表示笔画Ls_i和Lc_i的首尾点坐标，其中参数$\theta s_i,\theta c_i$分别表示笔画Ls_i和Lc_i的方向角。

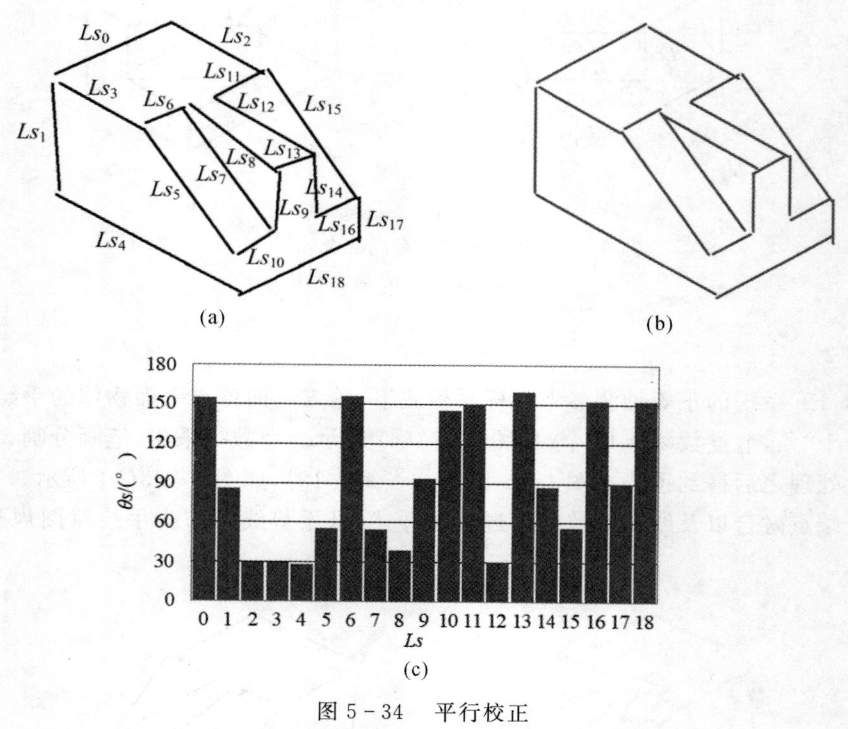

图 5-34　平行校正

(a) 手势线图；(b) 校正线图；(c) 角度直方图

表 5-13　手势笔画规整过程中的数据信息的变化

笔画序号 i	笔画首尾点				笔画方向角		笔画虚实	笔画分组
	Ls_i		Lc_i		Ls_i	Lc_i		
	起点Ss_i	终点Es_i	起点Sc_i	终点Ec_i	θs_i/(°)	θc_i/(°)		
0	(271, 154)	(442, 73)	(275, 161)	(438, 66)	154.654	150	实	▲
1	(267,169)	(279, 335)	(273, 169)	(273, 335)	85.865 3	90	实	◆

续 表

笔画序号 i	笔画首尾点				笔画方向角		笔画虚实	笔画分组
	Ls_i		Lc_i		Ls_i	Lc_i		
	起点 Ss_i	终点 Es_i	起点 Sc_i	终点 Ec_i	$\theta s_i/(°)$	$\theta c_i/(°)$		
2	(580,151)	(442, 72)	(580, 151)	(442, 72)	29.789 6	30	实	★
3	(402, 239)	(278, 168)	(402, 239)	(278, 168)	29.794 6	30	实	★
4	(274, 342)	(549, 492)	(276, 339)	(547, 495)	28.610 5	30	实	★
5	(537, 431)	(403, 238)	(537, 431)	(403, 238)	55.227 7	55.480 6	实	◎
6	(406, 229)	(463, 204)	(408, 232)	(461, 201)	156.318	150	实	▲
7	(591, 392)	(461, 207)	(590, 393)	(462, 206)	54.904 2	55.480 6	实	◎
8	(601, 304)	(471, 199)	(608, 293)	(464, 210)	38.927 5	30	实	★
9	(606, 304)	(600, 394)	(603, 304)	(603, 394)	93.814 1	90	实	◆
10	(544, 433)	(598, 396)	(543, 431)	(599, 398)	145.582	150	实	▲
11	(508, 187)	(580, 146)	(508, 187)	(580, 146)	150.341	150	实	▲
12	(655, 275)	(507, 189)	(655, 275)	(507, 189)	30.160 1	30	实	★
13	(599, 298)	(653, 278)	(601, 302)	(651, 274)	159.677	150	实	▲
14	(656, 274)	(661, 367)	(659, 274)	(659, 367)	86.922 5	90	实	◆
15	(720, 345)	(586, 144)	(721, 344)	(585, 145)	56.309 9	55.480 6	实	◎
16	(659, 374)	(719, 343)	(660, 375)	(718, 342)	152.676	150	实	▲
17	(724, 343)	(724, 412)	(724, 343)	(724, 412)	90	90	实	◆
18	(725, 405)	(546, 497)	(723, 401)	(548, 501)	152.798	150	实	▲

(2) 聚类端点的判定。根据校正笔画的首尾点计算每个笔画端点$\{d_{i,k};0\leqslant i<19,k=0,1\}$对应的容差圆半径$R_{i,k}$,并通过容差圆的限定进行端点聚类,图 5－25 所示为校正线图的端点聚类过程及其结果。该校正线图中的所有待融合端点可以分为 15 组聚类端点,且每组聚类端点也终将由一个节点$\{D_a;0\leqslant a<15\}$所替代:$D_0=\{d_{0,0},d_{2,0}\}$;$D_1=\{d_{0,1},d_{1,0},d_{3,0}\}$;$D_2=\{d_{1,1},d_{4,0}\}$;$D_3=\{d_{2,1},d_{11,1},d_{15,0}\}$;$D_4=\{d_{3,1},d_{5,0},d_{6,0}\}$;$D_5=\{d_{4,1},d_{18,1}\}$;$D_6=\{d_{5,1},d_{10,0}\}$;$D_7=\{d_{6,1},d_{7,0},d_{8,0}\}$;$D_8=\{d_{7,1},d_{9,1},d_{10,1}\}$;$D_9=\{d_{8,1},d_{9,0},d_{13,0}\}$;$D_{10}=\{d_{11,0},d_{12,0}\}$;$D_{11}=\{d_{12,1},d_{13,1},d_{14,0}\}$;$D_{12}=\{d_{14,1},d_{16,0}\}$;$D_{13}=\{d_{15,1},d_{16,1},d_{17,0}\}$;$D_{14}=\{d_{17,1},d_{18,0}\}$。其中,完整节点包括$\{D_1,D_3,D_4,D_7,D_8,D_9,D_{11},D_{13}\}$,不完整节点包括$\{D_0,D_2,D_5,D_6,D_{10},D_{12},D_{14}\}$。

(3) 融合顺序的确定及端点融合。如图 5－36 所示,首先根据所占权重大小,该校正线图中的 15 个节点所对应的"坐标系"$\{C_a;0\leqslant a<15\}$中可以分为 2 个完整坐标系组:

$G_1=\{C_1\{Lc_0,Lc_1,Lc_3\},C_9\{Lc_8,Lc_9,Lc_{13}\},C_{11}\{Lc_{12},Lc_{13},Lc_{14}\};\{C_3\{Lc_2,Lc_{11},Lc_{15}\},C_4\{Lc_3,Lc_5,Lc_6\},C_7\{Lc_6,Lc_7,Lc_8\}\}\}$;

$G_2=\{C_8\{Lc_7,Lc_9,Lc_{10}\},C_{13}\{Lc_{15},Lc_{16},Lc_{17}\}\}$。

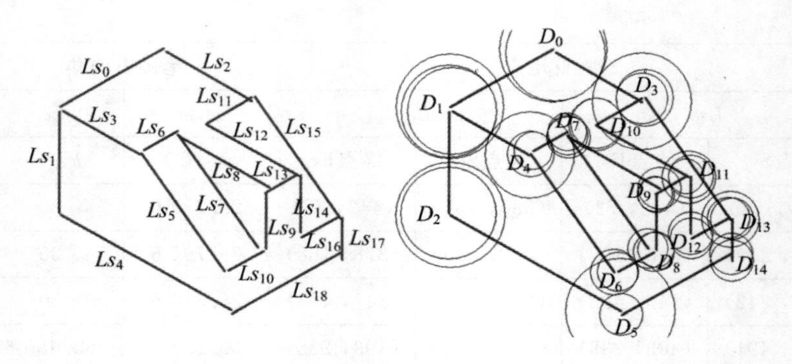

图 5-35　聚类端点的判定

3 个不完整坐标系组：

$G_3 = \{C_0\{Lc_0, Lc_2\}, C_5\{Lc_4, Lc_{18}\}, C_{10}\{Lc_{11}, Lc_{12}\}\}$；$G_4 = \{C_{12}\{Lc_{14}, Lc_{16}\}, C_{14}\{Lc_{17}, Lc_{18}\}\}$；$G_5 = \{C_2\{Lc_1, Lc_4\}; C_6\{Lc_5, Lc_{10}\}\}$。

在完整坐标系组中，1 级坐标系组 G_1 包括 2 小组$\{C_1, C_9, C_{11}\}$；$\{C_3, C_4, C_7\}$，每组成员个数均为 3，且其组内三个轴向方向均分别一致；而 2 级坐标系组 G_2 则由$\{C_8, C_{13}\}$组成，且组内成员的轴向方向保持一致。而在不完整坐标系组中，3 级坐标系组 G_3 包括 3 个成员坐标系$\{C_0, C_5, C_{10}\}$；4 级坐标系组 G_4 包括 2 个成员坐标系$\{C_{12}, C_{14}\}$；5 级坐标系组 G_5 则包括 2 小组$\{C_2\}$；$\{C_6\}$，每组成员个数均为 1，且组内成员轴向方向保持一致。

最后，按照 CSW 准则依次对 1 级坐标系组 $G_1 = \{C_1, C_9, C_{11}; C_3, C_4, C_7\}$、2 级坐标系组 $G_2 = \{C_8, C_{13}\}$、3 级坐标系组 $G_3 = \{C_0, C_5, C_{10}\}$、4 级坐标系组 $G_4 = \{C_{12}, C_{14}\}$、5 级坐标系组 $G_5 = \{C_2; C_6\}$ 中的待融合端点所在校正笔画进行连接，并最终得到融合线图 $Lf = \{Lf_i; 0 \leqslant i < 19\}$。

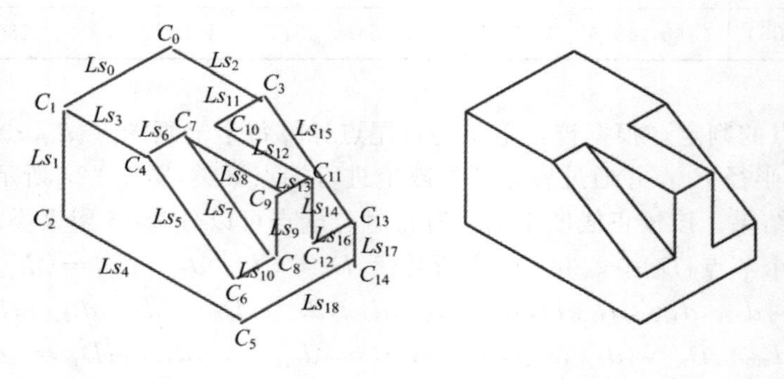

图 5-36　端点融合

(a)校正线图；(b)融合线图

5.4.5　小结

本节研究手绘三面顶点平面物体的端点融合规整，首先介绍了端点融合规整的整体流程，然后对每个阶段依次进行了描述，包括平行预处理、聚类端点的判定和融合顺序的确定，接下来详述了端点融合的具体算法过程。最后结合算例对本节提出的端点融合算法进行了验证，

并得到了令人满意的结果。本节改善了现有的基于聚类端点中心直接相连接的端点融合方法，提出新的基于有序平移求交的算法。前者简单地将各条聚类笔画直接连接到聚类端点的中心位置，这种连接机制很有可能使得各条笔画之间的相对位置发生改变，或会破坏草图中各笔画实体之间的相互关系。而本节改善后的端点融合方法保留了线图中各个实体之间的相对位置关系，从平行校正到“坐标系权重准则”也都是对原始草图中上下文信息的保护。

参考文献

[1] Pavlidis T, Van Wyk C J. An automatic beautifier for drawings and illustrations[C]// An automatic beautifier for drawings and illustrations. ACM SIGGRAPH Computer Graphics. 1985:225 - 234.

[2] Chen Q, Grundy J, Hosking J. An e - whiteboard application to support early design - stage sketching of UML diagrams[C]. Human Centric Computing Languages and Environments, 2003 Proceedings 2003 IEEE Symposium on. 2003:219 - 226.

[3] Stahovich T F, Peterson E J, Lin H. An efficient, classification - based approach for grouping pen strokes into objects[J]. Computers & Graphics, 2014, 42:14 - 30.

[4] Simhon S, Dudek G. Learning refinements on curve - strokes[C]. Tools with Artificial Intelligence, 2003 Proceedings 15th IEEE International Conference on. 2003:306 - 315.

[5] Igarashi T, Matsuoka S, Kawachiya S, et al. Interactive beautification:a technique for rapid geometric design:263525, Banff, Alberta, Canada:ACM, 1997:105 - 114.

[6] Qin S F, Wright D K, Jordanov I N. From on - line sketching to 2D and 3D geometry: a system based on fuzzy knowledge[J]. Computer - Aided Design, 2000, 32(14):851 - 866.

[7] 孙正兴，徐晓刚，孙建勇，等. 支持方案设计的手绘图形输入工具[J]. 计算机辅助设计与图形学学报，2003，15(9):1145 - 1152.

[8] Kara L B, Stahovich T F. An image - based, trainable symbol recognizer for hand - drawn sketches[J]. Computers & Graphics, 2005, 29(4):501 - 517.

[9] Wolin A, Smith D, Alvarado C. A pen - based tool for efficient labeling of 2D sketches [C]. Proceedings of the 4th Eurographics workshop on Sketch - based interfaces and modeling. 2007:67 - 74.

[10] Shpitalni M, Lipson H. Classification of sketch strokes and corner detection using conic sections and adaptive clustering[J]. Transactions of the ASME - R - Journal of Mechanical Design, 1997, 119(1):131 - 134.

[11] Deufemia V, Risi M, Tortora G. Sketched symbol recognition using Latent - Dynamic Conditional Random Fields and distance - based clustering[J]. Pattern Recognition, 2014, 47(3):1159 - 1171.

[12] Broelemann K, Jiang X, Schwering A. Automatic understanding of sketch maps u-

sing context - aware classification[J]. Expert systems with applications, 2016, 45: 195 - 207.

[13] Belongie S, Malik J, Puzicha J. Shape matching and object recognition using shape contexts[J]. IEEE Transactions on Pattern Analysis & Machine Intelligence, 2002, 24(4):483 - 507.

[14] Broelemann K. A system for automatic localization and recognition of sketch map objects[C]. Workshop of Understanding and Processing Sketch Maps. 2011:11 - 20.

[15] Costagliola G, Rosa M D, Fuccella V. Local context - based recognition of sketched diagrams[M]. Academic Press, Inc. , 2014:955—962.

[16] Kato O, Iwase H, Yoshida M, et al. Interactive hand - drawn diagram input system [C]. Proc IEEE Conference on Pattern Recognition and Image Processing (PRIP 82). 1982:544 - 549.

[17] Fatos Bengi Durgun, ÖZGüç B. Architectural Sketch Recognition[J]. Architectural Science Review, 1990, 33(1):3 - 16.

[18] 孙建勇,金翔宇. 一种快速在线图形识别与规整化方法[J]. 计算机科学, 2003, 30(2):172 - 176.

[19] Shuxia W, Suihuai Y. Endpoint fusing of freehand 3D object sketch with Hidden - part - draw[C]. 2009 IEEE 10th International Conference on Computer - Aided Industrial Design & Conceptual Design 2009.

[20] Ku D C, Qin S - F, Wright D K. Interpretation of overtracing freehand sketching for geometric shapes[J]. 2006.

[21] 董黎君. 遗漏节点的不完整线图补线和标记[J]. 图学学报, 2009, 30(2):63 - 68.

[22] Hao Y, Zhangping L. Reason the Hidden Elements Based on Connected Edges to Reconstruct 3D Model from Isometric Drawing[J]. Journal of Image and Graphics, 2004, 9(2):178 - 183.

[23] Ku D C, Qin S - F, Wright D K. A sketching interface for 3D modeling of polyhedron [C]. 2006.

[24] Cheon S - U, Han S. A template - based reconstruction of plane - symmetric 3D models from freehand sketches[J]. Computer - Aided Design, 2008, 40(9):975 - 986.

[25] Tian C, Masry M, Lipson H. Physical sketching:Reconstruction and analysis of 3D objects from freehand sketches[J]. Computer - Aided Design, 2009, 41(3):147 - 158.

[26] 王淑侠,高满屯,齐乐华. 在线手绘投影线图的端点融合[J]. 计算机辅助设计与图形学学报, 2009, (1):81 - 87.

第6章 线图的完整性分析及补线规整

6.1 引 言

要想判断一幅2D线图是否为某个3D物体的真实投影图，首先它必须要求是完整的。但是由于噪声、阴影、光照或纹理等因素的影响，从图像中提取的线图往往不是完整的，可能提取出多余的棱线或者遗漏一些棱线。另外，设计人员在概念设计阶段进行草绘设计时，或根据习惯绘制自然线图，或在绘制完整草图过程中多画了一些辅助笔画、遗漏了一些笔画，这些都给后阶段的草图识别解释带来了很大难度。因此，对于不完整线图的分析和规整是线图解释过程中尤为重要的一部分。上一章已经介绍了线图规整的国内外研究现状，本节重点介绍不完整线图的国内外研究现状。

6.1.1 国内外研究现状

Falk[1]首次对不完整线图展开研究，提出了一套初始模型，并对其形状尺寸进行了精确的规定。Falk的程序允许输入几类特定不完整线图，如图6-1所示，并按照假设验证的方法对输入的物体进行辨别以及匹配。同样的方法，Grape[2]进一步发展了基于模型的线图解释，可以针对不完整线图进行处理。Ding[3]根据Sugihara的线图标记技术[4]，提出一种基于格式塔理论的线图完整方法。通过对物体3D信息和2D投影信息的分析以及对不完整线图中节点特性的解析，完成了对不完整线图和部分被遮挡的物体进行处理。但是由于Sugihara的线图标记技术中隐藏线的绘制表达方法有些方面不符合人们的绘图习惯，因此按照Ding的补线方法完整的线图也不符合人们一般的观察习惯。在对不完整线图的规整研究过程中，发展出一个新的辅助技术一线图外轮廓搜索技术。关于工程图轮廓，典型的自动识别方法包括角度判别、交点判别以及滚圆判别等方法。这些方法都需要进行大量的求交、求角度运算，会影响计算速度且产生较大计算误差。另外，判断过程中辅助线的引入也会增加算法的不稳定性。高纬[5]提出基于活动局部坐标系的轮廓线自动识别方法。该方法不仅实现了对内、外轮廓线的统一识别，而且克服了以往复杂的计算，从而使算法更加简洁、稳定、直观和高效。董建甲[6]提出了线图外轮廓线夹角的比较识别算法。首先确定初始搜索点、初始搜索边以及与其相关联的其他候选边，并计算出候选边在搜索方向的矢量。通过直接比较参考矢量和各矢量之间的夹角大小来进行轮廓边的判断，最终得到闭合的轮廓边。和活动局部坐标系法相比较，该算法的判别算法更为直接简单。陈益林[7]通过判断遮挡棱进行线图外围轮廓的搜索，该算法比较复杂，且需要处理大量数据。鲁宇明[8]结合坐标变换法和角度判断法进行线图的外围轮廓线搜索，不仅简化了搜索过程，而且可以正确获取外围轮廓线并对其进行标记。

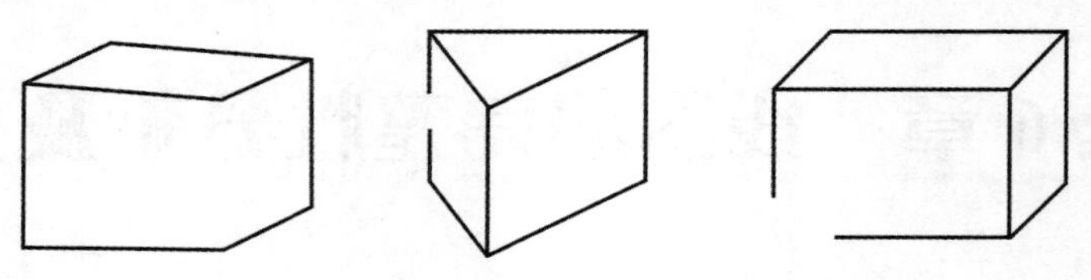

图 6－1　Falk 提出的不完整线图

基于外围轮廓搜索的补线方法在许多不完整线图的规整研究中被大量应用。如 Dong[9] 根据鲁宇明的线图标记技术，首先对最外轮廓线进行搜索标记；其次根据约束传播原则进行线图内部节点、线段的标记；然后对不完整节点进行分析、并和节点库中的节点结构进行一一对比、匹配，最终完成线图的完整性规整。陈益林[10] 提出基于遮挡棱向非遮挡棱传播标记的补线方法。根据一定的约束条件和匹配规则确定可以和不完整节点（某个 L 型节点）进行匹配的所有节点，再进行整体范围内的正确度测试从而确定最终的匹配结果。王勇[11] 总结了一般不完整画隐线图的 3 种不完整情况（悬线、peak 型节点、L 型节点），并结合算例论述了每一种不完整情况的具体解决方法。类似地，师祥利[12] 对各种缺线情况下的异常节点进行了详细的分析，并根据不完整条件下 8 种一型节点和 36 种 V 型节点的标记类型提出了相应的补线方法。董黎君[13-15] 针对曲面立体、平面立体的不完整线图中的几种特殊节点情况分别进行了完整性规整的研究。发现不完整曲面立体线图中的 L 型节点、I 型节点是由完整线图中 Y，W，S，A，C 型节点退化而来，然后找出两者之间的对应关系，并对其进行完整处理；对不完整平面立体线图中存在悬线和节点遗漏等情况进行了详细研究分析，并针对具体些情况提出合理处理方法。

6.1.2　存在问题

线图解释的最终环节为由 2D 线图进行 3D 重构，即得到物体的 3D 场景表达。而线图的规整美化程度对其 3D 重构阶段有重大影响，规整较好的 2D 线图可以直接作为 3D 重构的输入，其也基本满足 3D 物体的投影规律；而规整失败的 2D 线图（线图产生变形或绘制意图的误解）会对重构工作造成很大的困难。

这里讨论基于标记理论的线图完整技术。随着研究者对标记理论的不断扩展，所得节点库也得到大量的特征扩充，因此，庞大的节点库对于节点的搜索、匹配工作造成很大的难度。而且其算法复杂度也在随着线图笔画的增多而不断增长，这时急需提出一种简洁、高效的匹配方法对其进行改善（或者通过合理、有力的约束条件对搜索、匹配过程进行简化）。规整后的 2D 线图是否符合 3D 物体的投影关系，是否存在对应的 3D 物体模型，目前也并没有很好的方法可以对其进行判断。如果可以对 2D 线图的可实现性进行提前判定，若线图存在较大的重建误差，那么可以判定该线图无法进行三维重建；若该线图可以找到与其对应的 3D 物体模型，那么 3D 重构工作也将更加顺利展开。

要想判断一幅 2D 线图是否为某个 3D 物体的真实投影图，首先必须要求该线图具有完整性。然而，设计人员在概念设计阶段进行草绘设计时，或根据习惯绘制自然线图，或常常不可避免地出现多画一些笔画、遗漏一些笔画的现象；另一方面，由于噪声、阴影、光照或纹理等因素的影响，从图像中提取到的线图往往不是完整的，可能提取出多余、或遗漏一些棱线。该类问题给后期阶段的线图解释工作带来了很大难度。因此，不完整线图的分析规整是线图解释过程中尤为重要的一部分，本章节将针对线图标记及完整模块进行详细介绍。

6.2　基于坐标系权重准则的在线手绘平面立体的规整

6.2.1　不完整线图

不完整线图是指存在遗漏笔画、或多余笔画，或者既存在遗漏笔画也存在多余笔画的线图，遗漏节点的情况也属于不完整线图的范畴。作为研究对象，不完整线图中遗漏的笔画、节点或多余的笔画应该是少量存在的。如果不完整线图缺失太多的信息，这种情况不仅给计算机解释带来较大的难度，而且有可能在人类的视角下也难以恢复线图的本来面目，即该线图不存在以其对应的某个 3D 物体。

根据隐藏线是否被画出可以将不完整线图分为：包括隐藏线的不完整线图和不包括隐藏线的不完整线图。前者也可称为不完整画隐线图，后者为不完整自然线图，且后者为前者的特例。如图 6－2 所示，图 6－2(b)是从图像 6－2(a)中提取出的 2D 线图，由于 2D 图像不能反映出 3D 物体的不可见部分，因此该线图可以用来表示缺少部分笔画的不完整自然线图；如果将其看作不完整画隐线图，那么该幅线图还缺少了所有的不可见节点和笔画。线图 6－2(c)则表示设计人员完成的手绘草图，而图 6－2(d)为经识别、端点融合规整后的融合线图，该不完整线图案例中设计人员遗漏了一些节点和笔画。

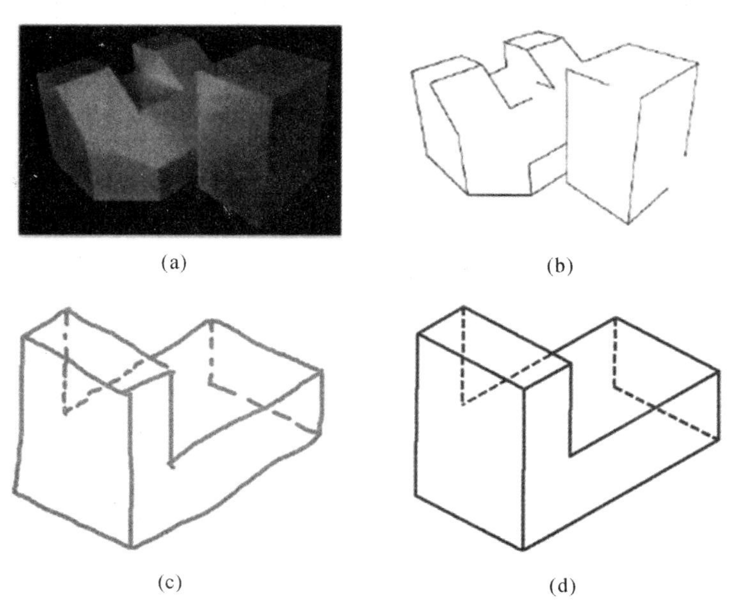

图 6－2　不完整线图

(a)2D 图像；（b)提取线图；（c)手绘图；（b)融合线图

本章节主要针对手绘三面顶点平面物体的不完整画隐线图展开研究，且该模块的输入数据为融合线图，经过平行校正和端点连接后的笔画更趋向规整化，有利于线图定性分析进程的顺利展开。下文将根据线图标记理论进行不完整融合线图的分析及完整工作，这里仅考虑遗漏笔画或遗漏节点的线图不完整情况，且不包括多个物体互相遮挡的情况，可以是单个物体的自身遮挡。

6.2.2 线图标记与节点类型

1. 标记样式

作为对于线图解释的一种定性分析，线图标记技术已经形成了一套较为完整的标记理论。这里采用该理论[16]进行手绘三面顶点平面立体的节点结构分析，以便于完成手绘草图后期不完整线图的补线工作。由第 2 章节的理论基础可知，针对完整线图的棱线标记分为 8 种，而节点标记包括 24 种合法节点，由 16 种 W 型节点和 8 种 Y 型节点组成，如图 6－3 所示，本书将 24 种合法节点称为完整节点库。

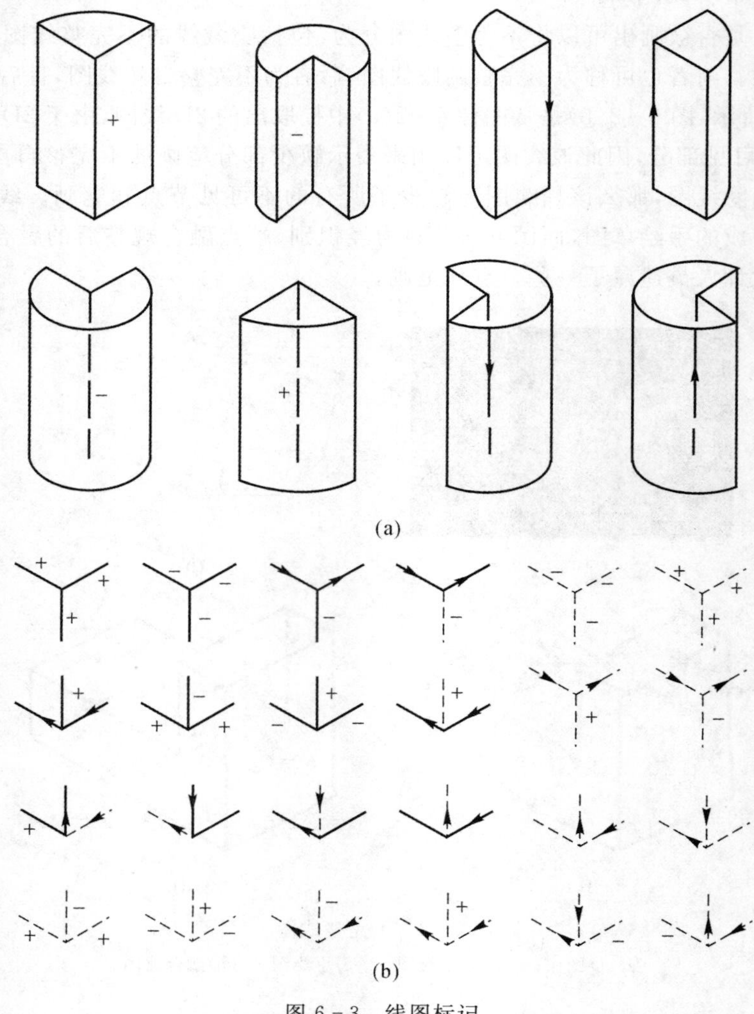

图 6－3 线图标记

(a)棱线标记； (b)节点标记

结合以上棱线标记和节点标记，得到针对融合线图的标记准则：

(1)线图中每条笔画必须具有笔画8种标记方式中的一种；

(2)线图中的外围轮廓线为实线，且其箭头指向顺时针方向；

(3)线图中实线笔画标记为图6-3(a)中的前四种方式，而虚线则为后四种；

(4)线图中的X型节点处，共线的笔画应有相同的标记；

(5)在一幅三面顶点平面物体线图中，属于每个节点的3条笔画必须具有图6-3(b)中任一种标记样式。

每幅线图都存在对应的多种标记方式，根据线图标记准则可以排除大量没有物理意义的标记结构，从而缩小每幅线图对应的标记样式的子集，得到线图的唯一标识。然后利用线图的标记样式进行定性的结构分析，获得该线图中各个节点与笔画之间的对应附属关系。给定某个三面顶点平面物体的手绘线图，则一定存在符合线图标记准则的一致性标记；如果该线图确定存在具有符合线图标记准则的一致性标记，然而并不能保证一定存在某个三面顶点平面物体与其对应，即线图具有符合线图标记准则的一致性标记是该线图是某个三面顶点平面物体投影线图的必要条件，而非充分条件。

2. 节点类型

(1)完整节点。在一幅三面顶点平面物体对应的完整画隐线中，可能存在Y，W，X三种节点类型，每个节点由3条笔画构成。其中Y和W型节点表示2D线图所对应3D物体的顶点，X型节点则是由于线图对应3D物体的自身遮挡现象所产生的，即线图中的笔画相交所得，因此并未将其列入标准节点标记。

在合法的标记范围内，Y，W型节点的所有可能样式均如图6-3中所列举。这里对节点所包含笔画的精确方向角并不作要求，只需要判别两两相邻笔画之间的夹角和180°的大小关系。其中，对于Y型节点而言，其3条相邻笔画之间所形成的3个夹角均小于180°；而W型节点的3条笔画所形成的3个夹角中，有且仅有1个大于180°。对于X型节点，只有出现在线图外围轮廓上的X型笔画交点可以作为节点研究，线段的虚实分隔点即为节点位置，其中虚实交替的笔画称为遮挡笔画。其他情况下的X型交点不存在研究意义。如图6-4所示，仅有图(a)可作为有效X型节点，而图(b)(c)(d)不作节点研究。节点之间的结构差异可以用来作为节点匹配过程中的判定依据，且每种节点的命名是根据其形态结构而来。

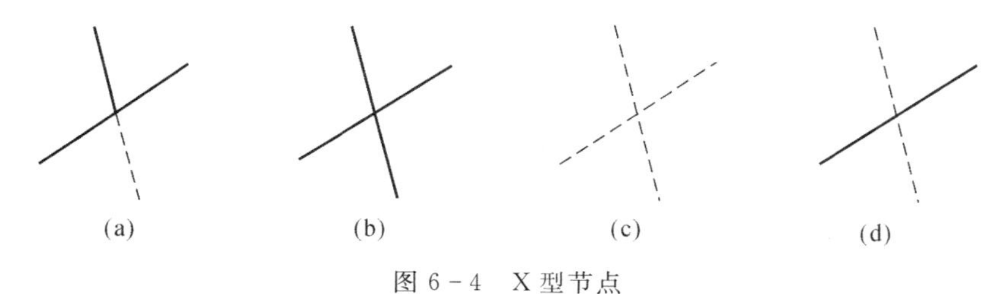

图6-4　X型节点

(2)不完整节点。一幅三面顶点平面立体对应的不完整画隐线图不仅包括Y，W，X型完整节点，而且还包括经完整节点退化所得的V，一等类型节点，甚至存在遗漏节点的情况，这里称其为O型节点，见表6-1。Y，W，X型节点在不完整线图中的作用和在完整线图中的作用是一致的，而V，一等类型不完整节点是不同的，其结构取决于它是由哪一种完整节点退化而来，这里分别称其为子节点和父节点。本小节主要针对各种不完整节点展开讨论，由于 X 节点的退化比较复杂，这里对其本身进行讨论，且不包括 X 节点的退化情况。

表 6－1　不完整节点列举

不完整节点类型	V	—	O
退化笔画数/(条)	1	2	3

1)V 型节点。V 型节点是由 Y,W 型节点退化而来，其包括两条笔画，且每条笔画存在 8 种标记，排除两条笔画标记相同的 8 种重复标记情况后，则理论上 V 型节点总共有 $8^2-8=56$ 种标记样式。而根据 24 种合法 Y,W 型节点分别退化 1 条笔画之后所得到的各种 V 型节点的标记情况，可以归纳总结得到 36 种有效、合法的 V 型子节点，如图 6－5 所示。

表 6－2　V 型子节点对应的 Y,W 型父节点

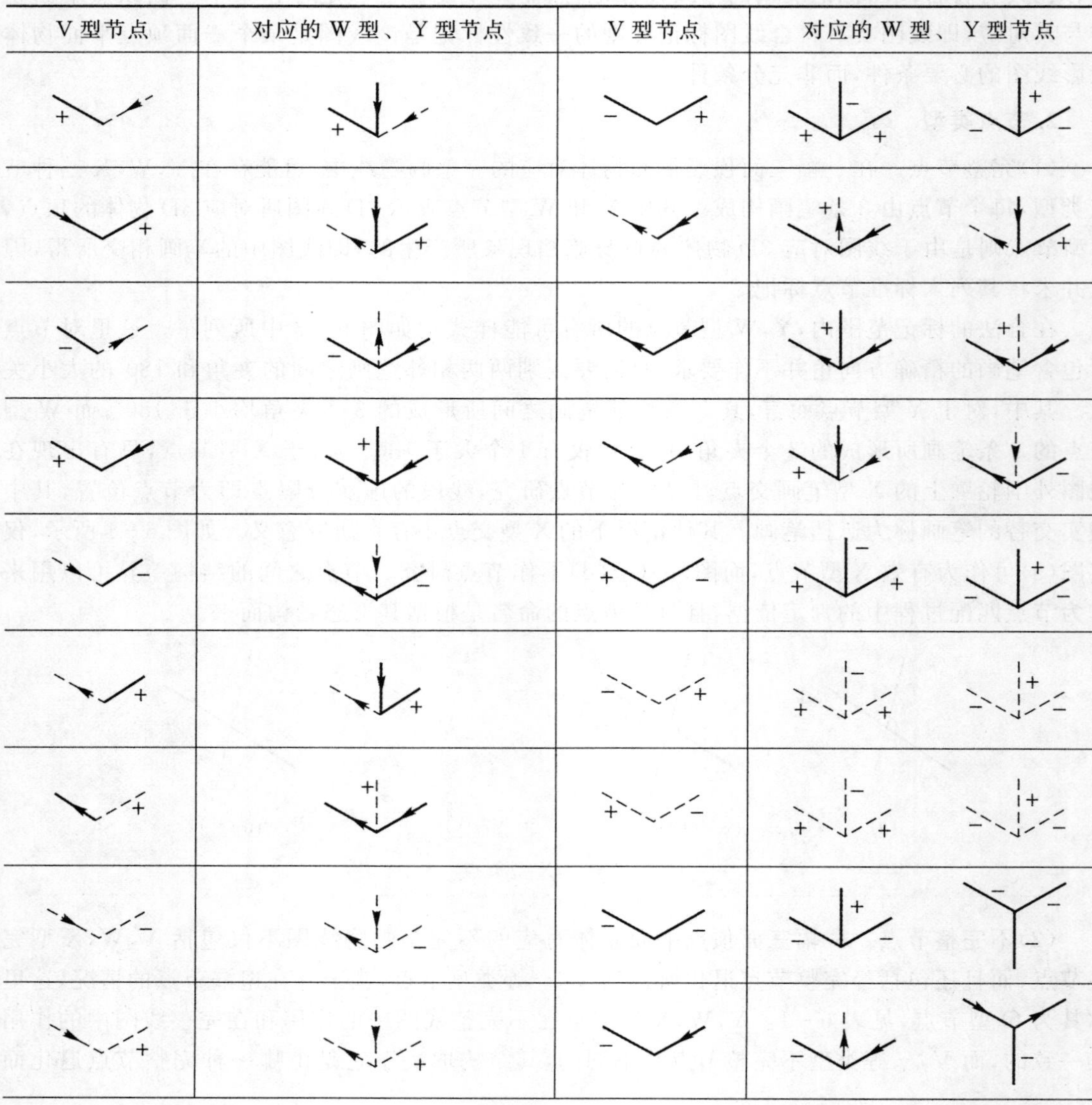

V 型节点	对应的 W 型、Y 型节点	V 型节点	对应的 W 型、Y 型节点

续表

V型节点	对应的W型、Y型节点	V型节点	对应的W型、Y型节点
+	+|	+ +	|− + + ; + + |+
−	−	− −	|+ − − ; − − |−
+	+	−	− ; |−
+	+		|+ ; |−
+	+		|− ; |−
−	|−	+	+ ; + ; |+
−	|−	−	− ; − ; |−
+ +	− + + ; + + |+	+	+ ; + ; |+
		−	− ; − ; +
	+| ; −| ; − ; − ; + ; +		

每一种子节点对应存在若干个候选父节点，且子节点与其相应父节点之间的对应关系见表6-2。其中16种V型节点存在唯一对应的父节点(Y或W型节点)；15种V型节点均存在对应的2个父节点；另外4种V型节点均存在对应的3个父节点；仅有1种V型节点存在对应6个父节点。

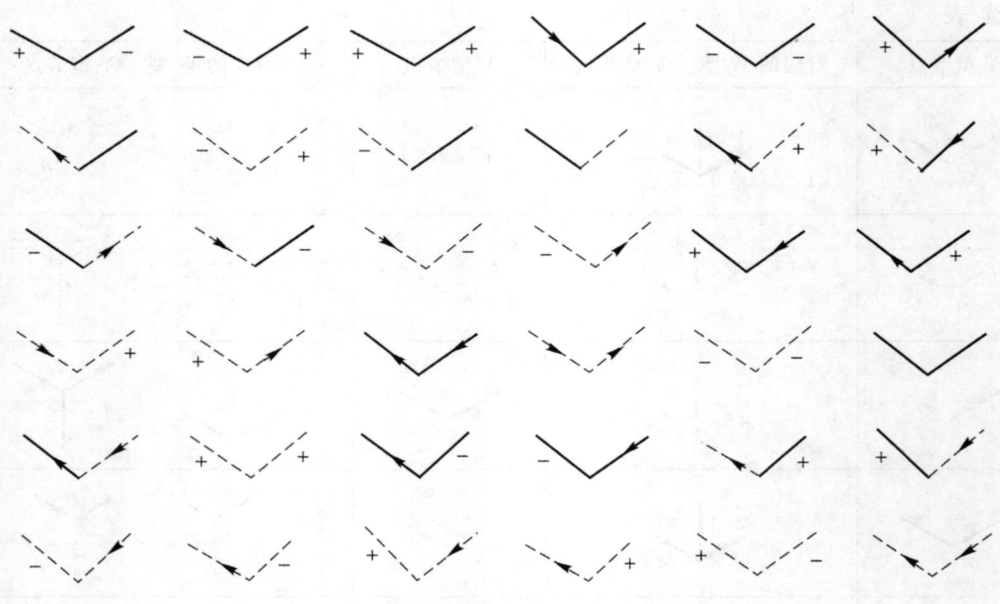

图 6-5　36 种合法 V 型子节点

图 6-6 为某个三面顶点平面立体的画隐线图，图(a)表示其完整线图，图(b)为不完整线图。可以发现图(a)中的 J_1 节点为完整 W 节点，且构成该节点的 3 条笔画的标记可以记作为(←，＋，→)；而图(b)中的 J_1 节点为 V 型节点，构成该节点的 2 条笔画的标记为(←，→)。对两幅线图中的 J_1 节点进行比较可得，不完整线图(b)的 J_1 节点处缺少一条标记为"＋"的虚线笔画。同理，J_2 Y 型节点(＋，＋)处也缺少了标记为"＋"的虚线笔画。其中，符号"→"表示由外部指向节点的方向，"←"则表示以节点的位置为基准指向外部的方向，而"＋"、"－"仍表示笔画在此处的凸凹性。

图 6-6(a)中的 J_3 节点为完整 Y 节点，属于该节点的 3 条笔画的标记样式为(→，←，－)；而图(b)中的 J_3 节点为 V 型节点，且其标记为(→，←)。对两幅线图中的 J_3 节点进行比较可得，不完整线图(b)的 J_3 节点处缺少一条标记为"－"的实线笔画。同理，J_4 W 型节点(＋，＋)处也缺少了标记为"－"的实线笔画。

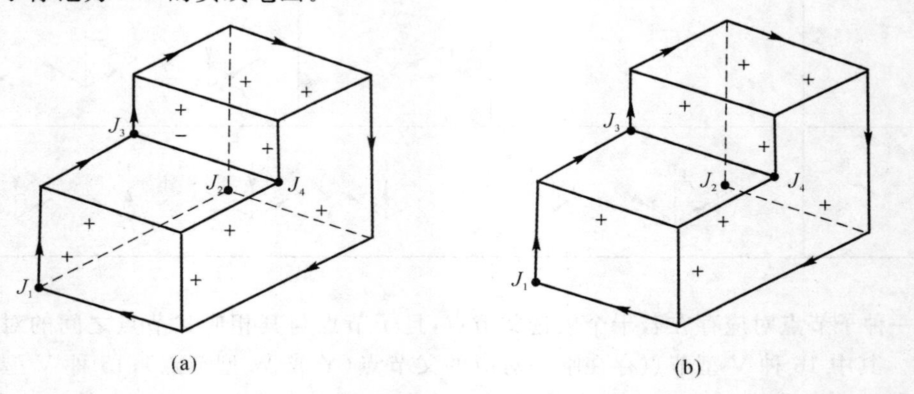

图 6-6　V 型节点实例分析

(a)完整线图；(b)不完整线图

2)一型节点。一型节点是由Y,W型节点退化2条笔画而得到的,其只包括了1条笔画,这里也称该条笔画为悬线笔画。由于每条笔画存在8种标记方法,那么该类节点的标记样式也有8种,且该8种一型子节点与其相应父节点之间的对应关系见表6-3。其中4种一型节点存在对应的6个父节点(Y或W型节点);2种一型节点均存在对应的8个父节点;另外2种一型节点均存在对应的10个父节点。

表6-3　一型子节点对应的Y,W型父节点

一型节点	对应的Y型和W型节点

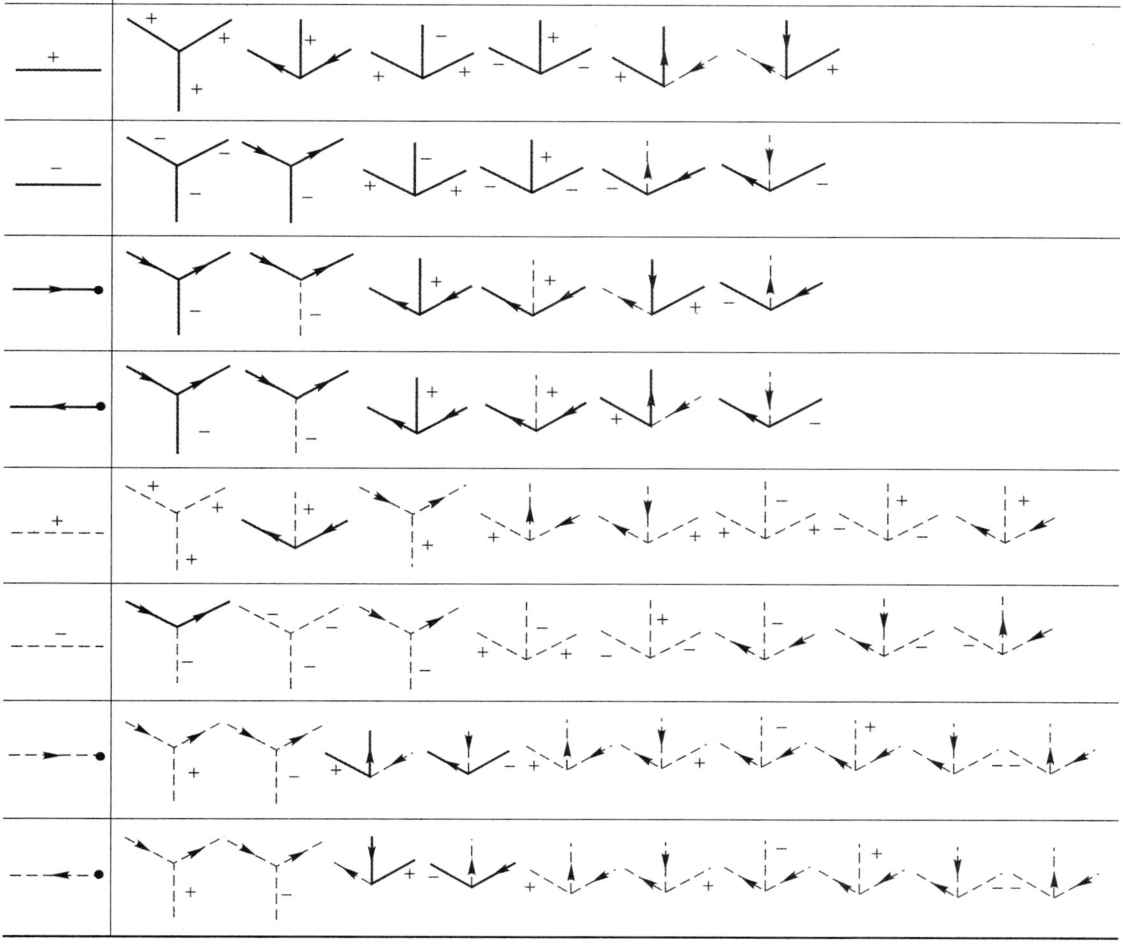

图6-7(a)(b)分别表示某个三面顶点平面立体的完整画隐线图和不完整画隐线图。图(a)中的J_5节点为完整W节点,且构成该节点的3条笔画的标记可以记作为(+,-,+);而图(b)中的J_5节点为一型节点,对应笔画的标记为(+)。对两幅线图中的J_5节点进行比较可得,不完整线图(b)中的J_5节点处缺少2条标记为"+"和"-"的实线笔画。

同理,图(a)中的J_6节点为完整W节点,且构成该节点的3条笔画的标记可以记作为(←,+,→);而图(b)中的J_6节点为一型节点,对应笔画的标记为(←)。对两幅线图中的J_6节点进行比较可得,不完整线图(b)中的J_6节点处缺少2条标记为"+"和"→"的实线笔画。

且该线图中还包括 3 个 V 型不完整节点 J_7,J_8,J_9，其分别缺少标记为“+”(实)、“−”(实)、“+”(虚)的笔画。

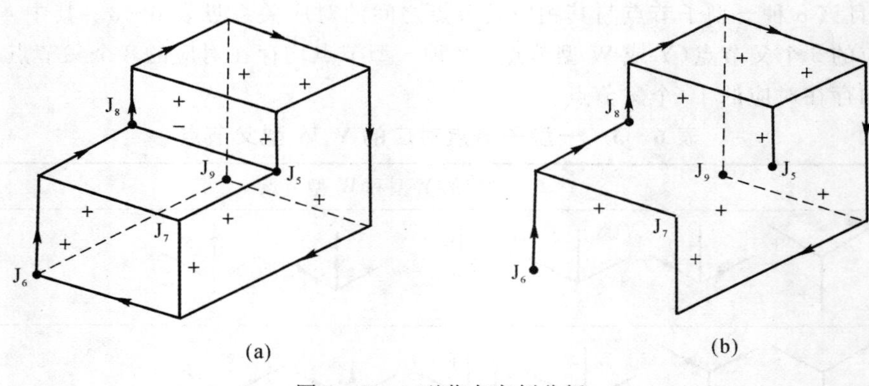

图 6-7　一型节点实例分析

(a)完整线图；（b)不完整线图

3)O 型节点。O 型节点表示节点被遗漏的情况，节点遗漏是一项出现在整个线图完整工作中比较困难的问题，它的出现造成线图中更多重要信息的丢失。本节通过首先对 V 型或一型节点进行补线操作，在得到更多关于待补充 O 型节点的特征信息后，从而可以将 O 型节点一步一步地转化为一型节点、V 型节点，最后再依次完成在对 V 型或一型节点的进一步处理。

如图 6-8(b)中的节点 J_{10} 为 O 型节点，图(a)中的 J_{10} 节点为完整 W 节点，且构成该节点的 3 条笔画的标记可以记作为(+，+，+)；而图(b)中的 J_{10} 节点为 O 型节点，对应笔画数为 0。对两幅线图中的 J_7 节点进行比较可得，不完整线图(b)中的 J_{10} 节点处缺少 3 条标记为“+”虚线笔画。且该线图中还包括 3 个 V 型不完整节点 J_{11},J_{12},J_{13}，三者都缺少 1 条标记为“+”的虚线笔画。

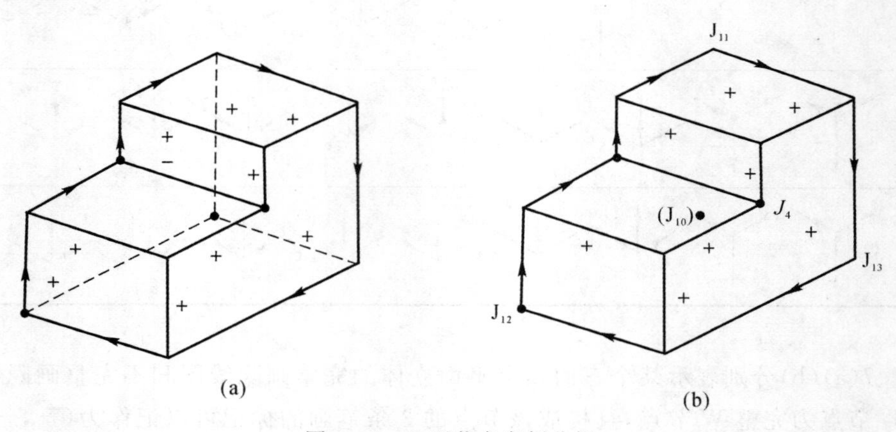

图 6-8　O 型节点实例分析

(a)完整线图；（b)不完整线图

在一幅三面顶点平面立体的不完整画隐线图中，如果某一节点仅包括 1 条笔画，那么该节点则属于一型节点；如果某一节点包括 2 条笔画，那么该节点则属于 V 型节点。在确定了不完整节点的所属类型之后，根据各自与其候选父节点的对应关系进行候选笔画的确定，从而开始进行线图的完整工作。其中，V 型或一型子节点与其父节点之间的对应关系见表 6－2 或表 6－3。

6.2.3　融合线图的补线规整流程

本章节主要针对手绘三面顶点平面物体的不完整画隐线图展开研究，且该模块的输入数据为融合线图，经端点融合后的笔画更趋向规整化，有利于线图定性分析进程的顺利展开。下文将根据线图标记理论进行不完整融合线图的分析及完整工作，且讨论对象可以存在自身遮挡的情况，不包括多个物体互相遮挡的情况。

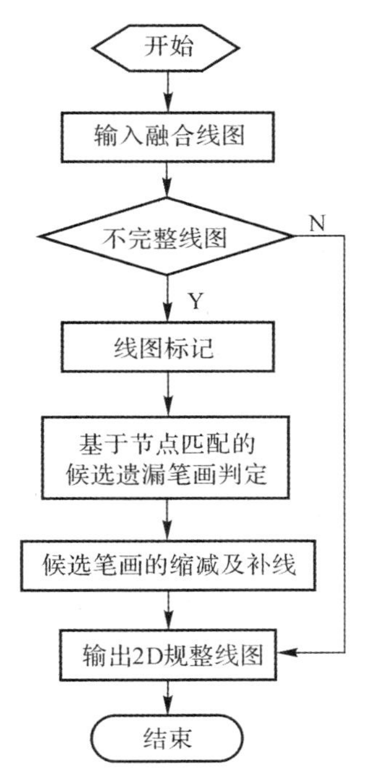

图 6－9　在线手绘三面顶点平面立体的补线规整流程

不完整线图的补线规整是线图解释过程中尤为重要的一部分，本节针对线图的标记及补线规整进行详细介绍。该规整部分的数据输入为上一章节中经端点融合规整后的融合线图 $Lf=\{Lf_z;0\leqslant z<N\}$，其主要可以分为 4 个处理阶段，如图 6－9 所示。① 线图的完整性分析。根据线图的完整性判别条件确定输入融合线图是否完整。如果线图完整，则直接输出该线图；反之，进行下一步处理。② 线图标记。整合融合线图的特征信息，并根据标记样式完成线图的外轮廓和内部的标记工作。③ 基于节点匹配的候选遗漏笔画判定。根据节点的不完整类型与其相对应的节点库进行匹配，从而可以得到各个节点的候选待补遗漏笔画。④ 候选遗漏笔画的确定及补线。该部分包括基于线图结构的候选节点结构缩减和基于 *CSW* 准则的候选笔画方向确定，并最终进行线图的补线规整。

6.2.4　线图的完整性分析

作为研究对象，不完整线图中遗漏的笔画、节点或多余的笔画应该是少量存在的。如果不完整线图缺失太多的信息，这种情况不仅给计算机解释带来较大的难度，而且有可能在人类的视角下也难以恢复线图的本来面目，即该线图不存在以其对应的某个 $3D$ 物体。

1. 线图的完整性判定

假设某个三面顶点平面立体上有 m 个顶点、n 条棱线，而对应融合线图中的节点数为 A，其中存在有效 X 型节点 s 个，且棱线对应的笔画数为 N，理论上则可以得到以下等式组：

$$\left.\begin{aligned} m &= A - s \\ n &= N - 2s \\ m &= 2/3n \end{aligned}\right\} \tag{6.1}$$

一般来说，在一幅三面顶点平面立体相应的手绘画隐线图中，每个节点包括 3 条笔画，每条笔画又包括 2 个节点，因此，在不考虑 X 型节点的情况下，根据等式组(6-1)可得手绘画隐线图的节点数为

$$A = \frac{2(N - 2s)}{3} + s \tag{6.2}$$

如果某幅三面顶点平面立体画隐线图中的笔画数 N、节点数为 A 和有效 X 型节点数 s 满足式(6-2)，那么该线图不一定就是完整线图；如果不满足式(6-2)，则该线图一定为不完整线图，且不完整线图中的节点并不都是完整节点。因此，式(6-2)的成立是三面顶点平面立体画隐线图为完整线图的必要非充分条件。

2. 线图的遗漏情况分类

根据上文中现有的完整线图判定理论[17]，本节对其进行补充完善，并得到一系列关于线图笔画或节点的遗漏情况及分类。

在一幅融合线图中，已知总节点数 A、有效 X 型节点数 s 和笔画数 N，而棱线数 n 可以通过式(6-3)式计算得到。根据等式组(6-1)还可推导得到三面顶点平面立体中的棱线数为

$$n = 3/2(A - s) \tag{6-3}$$

因此，这里可以采用参数

$$\Delta = n - N = 3/2(A - s) - N \tag{6-4}$$

来表示某个三面顶点平面立体对应融合线图中遗漏的笔画数。

按照 Δ 计算值的不同，可以对线图的笔画遗漏情况进行分类，如图 6-10 所示。如果 $\Delta = 0$，则表示该线图没有遗漏笔画，即线图完整；如果 $\Delta \neq 0$ 且 n 为整数，则表示该线图遗漏了 Δ 条笔画；如果 $\Delta \neq 0$ 且 n 不为整数，则表示该线图遗漏了 $\Delta + 3/2$ 条笔画和 σ 个节点。

$$\begin{cases} \text{遗漏笔画 0 条,} & \Delta = 0\text{(完整线图)} \\ \text{遗漏笔画 } \Delta \text{ 条,} & \left.\begin{aligned} &\Delta \neq 0 \text{ 且 } n \text{ 为整数} \\ &\Delta \neq 0 \text{ 且 } n \text{ 不为整数} \end{aligned}\right\}\text{(不完整线图)} \\ \text{遗漏笔画 } \Delta + 3/2 \text{ 条,节点 } \sigma \text{ 个,} & \end{cases}$$

图 6-10　线图的笔画、节点遗漏情况分类

其中，当遗漏节点数 $\sigma = 1$ 时，线图中的笔画会减少 3 条；当 $\sigma = 2$ 时，线图中的笔画至少减少 5 条；当 $\sigma = 3$ 时，线图中的笔画至少会减少 7 条……，如图 6-11 所示。随着节点数减少的同时，线图的特征信息也在缺失，这种情况不仅给计算机解释带来较大的难度，而且有可能在人类视角下也难以恢复线图的本来面目，甚至不存在与该线图对应的 $3D$ 物体。因此，为了保证线图的可恢复性，本节仅针对 $\sigma < 2$ 的情况展开下文的讨论，且要求输入草图不能遗漏太多

外轮廓笔画。根据人们的绘图习惯，当 $\sigma=1$ 时，默认线图遗漏不可见节点，如图 6－11(b)所示。

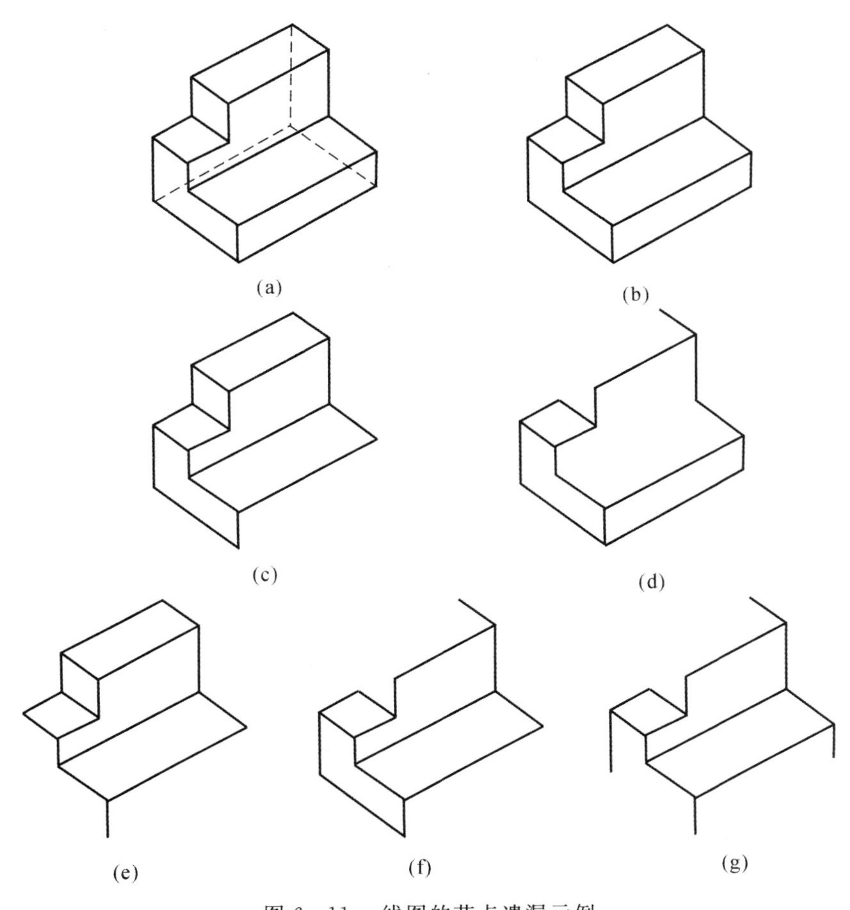

图 6－11　线图的节点遗漏示例

(a) 完整线图；(b) $\sigma=1,\Delta=3$；(c) $\sigma=2,\Delta=5$；(d) $\sigma=2,\Delta=6$；(e) $\sigma=3,\Delta=7$；(f) $\sigma=3,\Delta=8$；(g) $\sigma=3,\Delta=9$

6.2.5　线图标记

结合上一章的研究内容，已知在线手绘三面顶点平面立体的融合线图 $Lf=\{Lf_z;0\leqslant z<N\}$ 由 N 条单笔画直线段构成(这里称其为融合笔画)，线图包括 A 个节点 $D_a\{Lf_u,Lf_v,Lf_w;0\leqslant u,v,w<N\}$ 和 A 个“坐标系”C_a，且每个节点和坐标系分别都包含 3 条笔画。根据以上已知条件对融合线图进行标记，以便于对线图的结构定性分析，进而完成下一步节点的匹配进程：① 首先，判断 D_a 所属的节点类型，按其结构特征分为 X 型、Y 型、W 型、V 型和一型；② 然后，搜索外围轮廓笔画并对其进行标记；③ 最后，由外及内地依次完成整幅融合线图的笔画和节点标记，并得到标记线图。该过程的流程图如图 6－12 所示。

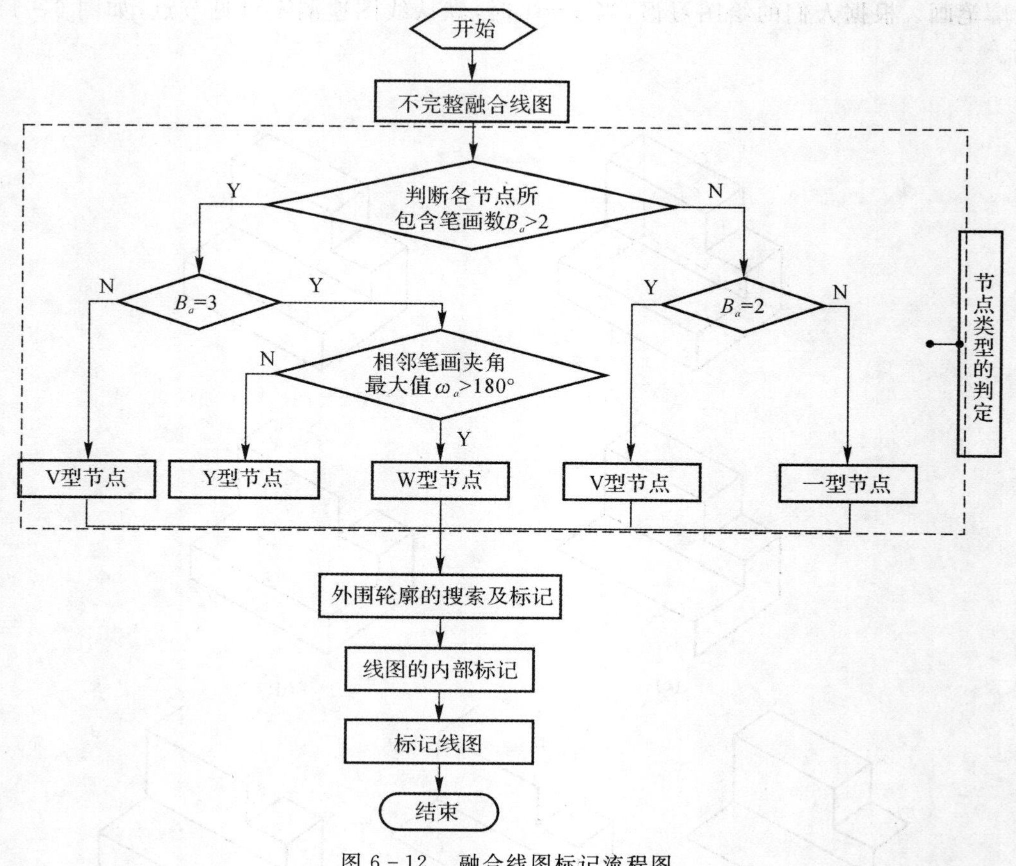

图 6-12　融合线图标记流程图

1. 节点类型的判定

如图6-13中虚线框中对应的节点类型的判定部分。首先，提取线图中所有节点的结构特征：计算每个节点 $D_a\{Lf_u, Lf_v, Lf_w; 0 \leqslant u, v, w < N\}$ 所包含的笔画数 B_a；然后在FSR系统下，计算各条融合笔画的方向角，并得到融合线图对应的方向角链表 $\theta f = \{\theta f_i; 0 \leqslant i < N, 0° \leqslant \theta f_i < 180°\}$；然后，根据节点 D_a 所包含笔画数 B_a 的大小将其分为：X型(包括4条笔画)、Y型和W型节点(3条笔画)、V型(2条笔画)和一型(1条笔画)；最后，根据节点所包含的笔画之间夹角的最大值 ω_a 来区分Y型和W型节点：如果 ω_a 大于180°，则为W型，否则为Y型。

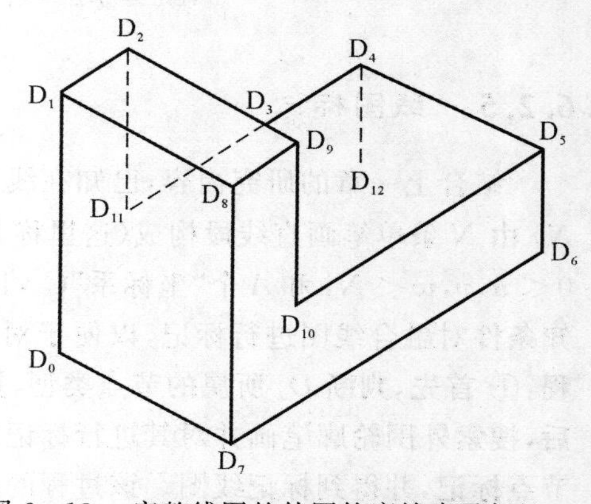

图 6-13　完整线图的外围轮廓搜索及标记

如图6-13所示线图中，根据以上节点类型判定原则可得，节点 D_3 为X型节点，节点 D_8 为Y型节点，节点 $D_1, D_2, D_4, D_5, D_7, D_9$ 均为 W 型节点，而节点 D_0, D_6, D_{10}, D_{11} 为V型节点，节点 D_{12} 为一型节点。

2. 线图的外围轮廓搜索及标记

外围轮廓线对于一个 3D 物体而言是至关重要的，它不仅决定了物体的主要形状，而且通常也是用户在进行手绘草图时的起始笔画，因此本文的线图标记顺序从其外围轮廓开始，那么首先需要对外围轮廓进行搜索。根据人们的绘图习惯总结得到以下 5 点关于外围轮廓搜索的参考理论。

参考理论 1　在一幅完整的融合线图中，位于最上方、最下方、最左方和最右方的笔画为该线图的外围轮廓（轮廓线不为虚线），且人们在画图的过程中常常习惯于从左向右绘制。

参考理论 2　在一幅完整的融合线图中，位于线图中最上方、最下方、最左方和最右方的点一定也是线图中外围轮廓笔画上的节点，且分别称其为上极限节点、下极限节点、左极限节点和右极限节点。

参考理论 3　在一幅完整的融合线图中，上极限节点、下极限节点、左极限节点和右极限节点一定属于 W 型节点；对于不完整线图，各个极限点则可能属于 W 型、或 V 型节点、或一型节点，而 Y 型节点可能位于线图的外围轮廓线上，但是其一定不属于极限节点。

参考理论 4　构成一型极限节点的悬线即为不完整线图的外围轮廓线。

参考理论 5　为了保证线图的可恢复性以及本书算法的可实施性，默认在一幅不完整线图中，任一方位的外围轮廓笔画不会出现完全缺失的情况，且外围轮廓不能和内部结构完全分离。

(1) 完整线图的外围轮廓搜索及标记。本节结合坐标变换法和角度判断法进行完整线图的外围轮廓线搜索，由参考理论 1) 可得，选取融合线图中的左极限节点作为外围轮廓搜索的起始点最为合理。如果线图中存在多个左极限节点，且均分别由 3 条笔画组成，则选取其中最低的左极限点为搜索起始节点。

Step1：以左极限节点 D_0 为原点，向下的竖直线为 X_0 轴正向建立直角坐标系 $O_0X_0Y_0$，计算该节点中每条笔画与 X_0 轴正向的夹角（夹角为逆时针指向，范围为 $(0, 360°]$）。并选取其中夹角最大 α_{0MAX} 的那条笔画作为该线图的首条外围轮廓线，如图 6－14 所示。

Step2：再以该条轮廓笔画的另一节点 D_1（端点）为原点，以该条笔画上 D_1 指向 D_0 的方向为 X_1 轴正向建立直角坐标系 $O_1X_1Y_1$，计算 D_1 节点中每条笔画与 X_1 轴正向的夹角，同样地，将夹角最大 α_{1MAX} 的笔画作为该线图的下一条外围轮廓线。同理可得，可以依次得到所有的外围轮廓笔画，直到重新回到线图的搜索初始节点 D_0，搜索工作结束。

Step3：在得到线图的外围轮廓笔画 $\{Lf_4, Lf_0, Lf_1, Lf_7, Lf_8, Lf_{11}, Lf_{12}, Lf_6\}$ 之后，按照顺时针方向依次给每条轮廓笔画标记"→"，最终完成完整线图的外围轮廓搜索及标记工作。

(2) 不完整线图的外围轮廓搜索及标记。不同于完整线图，不完整线图中的笔画遗漏现象，使得线图的外围轮廓常常会出现 V 型或一型节点，因此不完整线图的外围轮廓线很难直接搜索获得，而且其外围轮廓线也不一定是完整、封闭的。结合参考理论 5，本节提出搜索外围极限节点的方法完成不完整线图的外围轮廓判定。

Step1：对不完整融合线图 $Lf = \{Lf_z; 0 \leqslant z < N\}$ 进行各方位极限节点 Dn_i $(0 \leqslant i < A)$ 的搜索，从而得到左极限节点、上极限节点、右极限节点和下极限节点。

其中，同方位可以允许出现多个极限节点 Dn_i，但是一个节点不能同时作为 2 个方位的极限节点。如果某一个节点可以同时作为 2 个方向的极限节点，那么按照左、上、右、下的顺序进行保留，且另一个方位的极限节点按照第二极限位置搜索。例如，某个节点同为上方和右方的极限节点，那么该节点须作为上极限节点，在线图右侧继续搜索第二极限节点作为线图的右极限节点。如果上极限节或下极限节点中包含1条近似水平笔画（与水平线夹角小于10°），那么将该条笔画连接的另一节点也作为上或下极限节点；如果左极限节或右极限节点中包含1条近似竖直笔画（与水平线夹角小于10°），那么将该条笔画连接的另一节点也作为左或右极限节点。

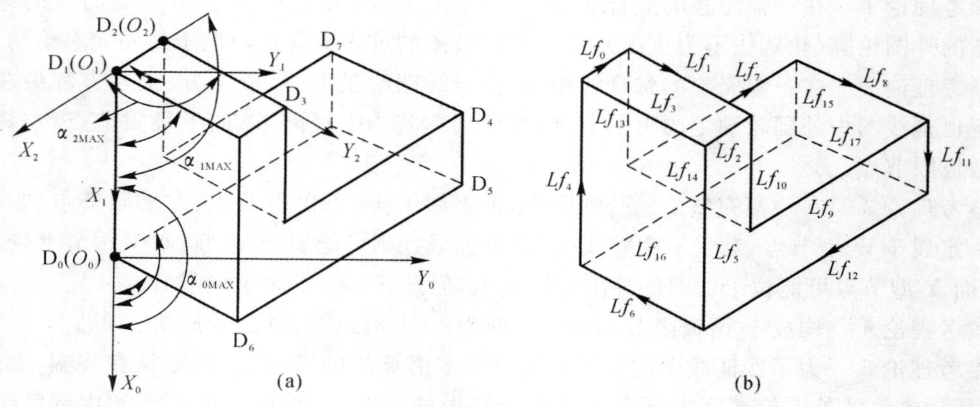

图 6－14　完整线图的外围轮廓搜索及标记

(a) 外围轮廓搜索；(b) 外围轮廓标记

如图 6－15(a) 所示，在该不完整融合线图中，可以得到一系列极限节点搜索结果$\{D_0, D_1, D_2, D_4, D_5, D_6\}$，且这些极限节点均位于该线图的外围轮廓线上，其中极限节点$\{D_6\}$属于W型节点，极限节点$\{D_0, D_1, D_2, D_4\}$属于V型节点，而$\{D_5\}$则属于一型节点。

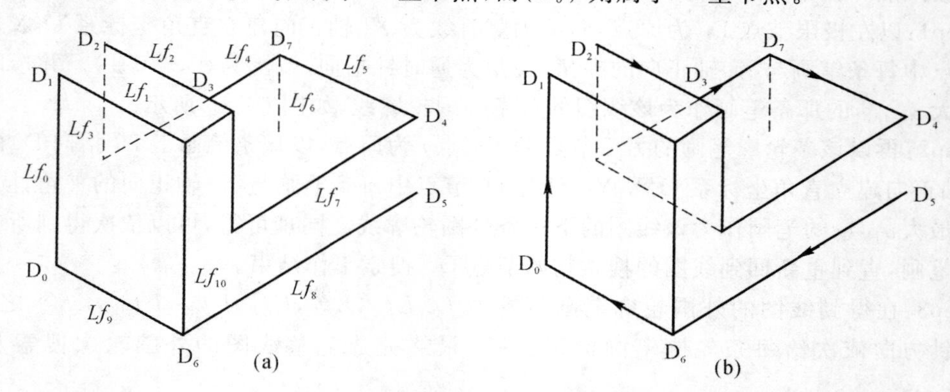

图 6－15　不完整线图的外围轮廓搜索及标记

(a) 外围轮廓搜索；(b) 标记结果

Step2：按照W型节点、V型节点、一型节点、X型节点的顺序，依次提取各个极限节点Dn_i中的线图轮廓笔画。

1）针对由3条笔画构成的W型极限节点Dn_i，其中存在2条笔画为线图的外围轮廓线，即W型节点中夹角最大的两条笔画；

如以上实例中的W型极限节点D_6，其中夹角最大的两条笔画Lf_8和Lf_9可以判定为该线图的外围轮廓线。

2）针对由2条笔画构成的V型极限节点Dn_i，其中至少存在1条笔画为线图的外围轮廓线。如果V型极限节点处有一条为虚线笔画，那么另外一条则为该线图的外围轮廓线；如果V型极限节点包含的2条笔画分别与其它极限节点相连，那么这2条笔画均可判定为该线图的外围轮廓线；

如以上实例中，V型极限节点D_2由实线笔画Lf_2和虚线笔画Lf_3构成，则实线笔画Lf_2可以判定为该线图的外围轮廓线；V型极限节点D_0分别通过笔画Lf_0，Lf_9与极限节点D_1，D_6相连，因此这2条笔画Lf_0、Lf_9可以判定为该线图外围轮廓线。

3）针对由1条笔画构成的一型极限节点，根据参考理论4）可知，该类节点所包含的悬线即为线图的外围轮廓线；

如以上实例中，一型极限节点D_5处悬线Lf_8即为该线图的外围轮廓线；

4）对于线图中出现的X型节点，根据其结构分析可知，构成该节点的2条笔画均为线图的外围轮廓线，且其中遮挡线笔画实线一端的节点也为线图外围轮廓上的点，根据其具体类型判定其所包含的外围轮廓线；

如以上实例中的X型节点D_3处所包括的笔画Lf_2和Lf_4均为线图的外围轮廓线，且其中遮挡线笔画Lf_4的另一端节点D_7也为线图外围轮廓上的W型节点。因此，节点D_7其中夹角最大的两条笔画Lf_4和Lf_5可以判定为该线图的外围轮廓线。

Step3：依次对各个节点D_a处的外轮廓笔画$\{Lf_8, Lf_9, Lf_2, Lf_0, Lf_4, Lf_5\}$按照顺时针方向进行标记“→”，从而完成不完整线图的外围轮廓标记，标记结果如图6-15(b)，且在标记X型节点时，笔画的标记为从实线笔画转向遮挡笔画。

3. 线图的内部标记

得到融合线图的外围轮廓标记之后，需要对其内部节点和笔画进行搜索标记。参考节点标记的24种样式，即完整节点库，进行节点标记的对比标记。本节根据线图中完整节点（W型或Y型节点）进行对比标记，从而将标记信息传递至不完整节点（V型或一型节点）。

如图6-16(a)所示，具体描述了线图的内部标记顺序。优先对含可见笔画的、标记信息较多的节点进行标记，并实时记录、更新标记信息。且本节以图6-16(*b*)中线图为例进行线图的内部标记。

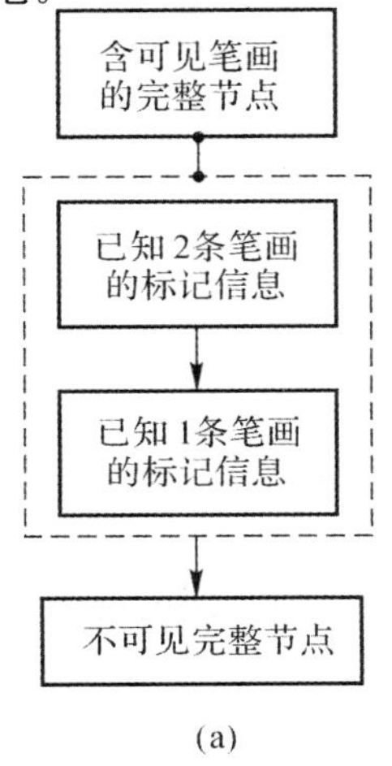

(a)

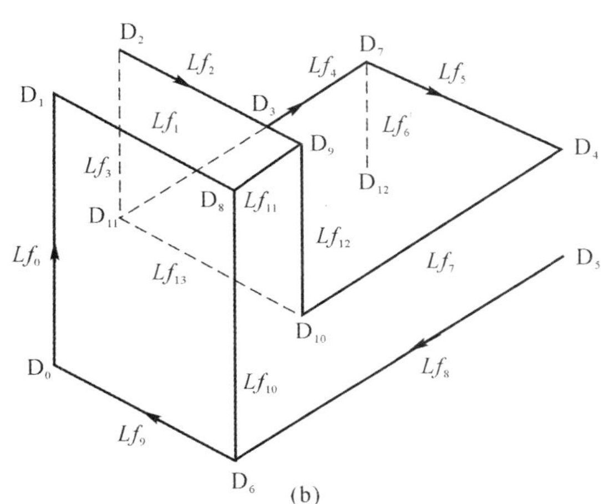

(b)

图6-16　线图的内部标记

(a) 线图的内部标记顺序；(b) 线图的内部标记实例

(1) 含可见笔画的完整节点。

第一步：首先对已知2条笔画标记信息的完整节点D_6，D_7进行标记。对于W型节点D_6的标记可以记作(←，?，←)，其中，? 代表未知标记。其表示融合笔画Lf_9，Lf_8的标记分别为“←”和“←”，而Lf_{10}为标记类型未知的可见笔画，未注明情况下笔画均默认为可见的实线。与完整节点库中的W型节点进行一一对比之后，可得节点D_6的标记只能为(←，+，→)，即笔画Lf_{10}的标记为“+”。这时与节点D_6共用笔画Lf_{10}的Y型节点D_8标记可更新为(+，?，?)。

对于W型节点D_7，其标记可以记作(←，?$_{(虚)}$，→)。其表示融合笔画Lf_5和Lf_4的标记分别为“←”和“→”，而融合笔画Lf_6为隐藏虚线，且标记类型未知，同样与完整节点库的W型节点进行对比，得到节点D_7的标记为(←，+$_{(虚)}$，→)，即笔画Lf_6的标记为“+”。这时与节点D_7共用笔画Lf_{12}的一型节点D_{12}标记可更新为(+$_{(虚)}$)。

第二步：对已知1条笔画标记信息的完整节点D_8、D_9进行标记。Y型节点D_8的标记为(+，?，?)，其包括3条可见笔画，仅已知其中一条笔画Lf_{10}的标记为“+”。与完整节点库中的Y型节点进行对比，可得节点D_8的标记只能为(+，+，+)，即笔画Lf_1和笔画Lf_{11}的标记均为“+”。这时与节点D_8共用笔画Lf_1的V型节点D_1标记可更新为(+，→)；另外，与节点D_8共用笔画Lf_{11}的W型节点D_9的标记可以更新为(?，+，→)。

W型节点D_9的标记为(?，+，→)，其包括3条可见笔画，已知其中Lf_2和Lf_{11}的标记分别为“+”和“→”。与完整节点库中的W型节点进行对比，可得节点D_9的标记只能为(←，+，→)，即笔画Lf_{12}的标记为“←”。此时与节点D_9共用笔画Lf_{12}的W型节点D_{10}标记可更新为(?$_{(虚)}$，→，?)。

第三步：对已知1条笔画标记信息的完整节点D_{10}进行标记。该W型节点的最新标记为(?$_{(虚)}$，→，?)，其仅已知中间笔画Lf_{12}的标记为“→”。与完整节点库中的Y型节点进行对比，可得节点D_{10}的标记只能为(←$_{(虚)}$，→，+)，即笔画Lf_{13}和笔画Lf_7的标记分别为“←”和“+”。此时与节点D_{10}共用笔画Lf_{13}的W型节点D_{11}标记可更新为(?，←，→)$_{(虚)}$；另外，与节点D_{10}共用笔画Lf_{13}的V型节点D_4标记可更新为(+，→)。

(2) 不可见完整节点。

第四步：对已知2条笔画标记信息的W型完整节点D_{11}(?，←，→)$_{(虚)}$进行标记。该节点中已知笔画Lf_4和Lf_{13}的标记分别为“←”和“→”，对比完整节点库可得，节点D_{11}的标记可能为(+，←，→)$_{(虚)}$或者(−，←，→)$_{(虚)}$。此时与节点D_{11}共用笔画Lf_3的V型节点D_2标记可更新为(←，+$_{(虚)}$)或(←，−$_{(虚)}$)，且该线图的各个节点完成标记，如图6-17所示。

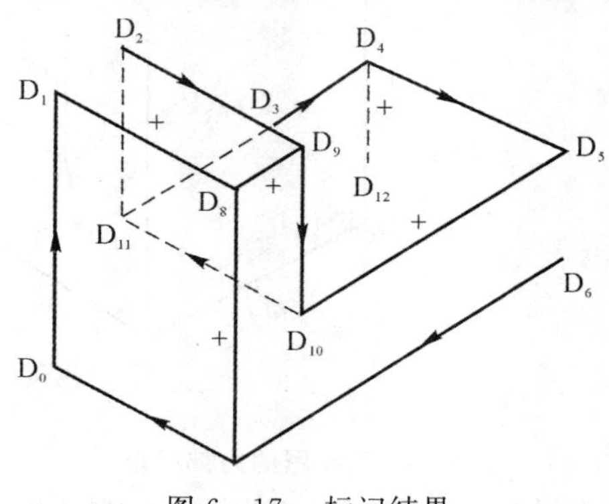

图6-17　标记结果

对于该实例的标记过程可总结见表 6－4。由于线图的缺失信息程度不一，即使在完成整个线图的标记工作之后，仍然可能存在标记样式不唯一、或标记不完全的情况，如该实例中的 W 型节点 D_{11} 和 V 型节点 D_2 的标记样式不唯一。

表 6－4　线图的内部标记过程

节点	初始标记	第一步（D_6，D_7）	第二步（D_8，D_9）	第三步（D_{10}）	第四步（D_{11}）
$D_0(V)$	(←，→)	——	——	——	——
$D_1(V)$	(?，→)		(+，→)	——	——
$D_2(V)$	(←，?(虚))				(←，+(虚)) 或(←，－(虚))
$D_3(X)$	X 型节点，不参与标记				
$D_4(V)$	(?，→)			(+，→)	——
$D_5(-)$	(←)	——	——	——	——
$D_6(W)$	(←，?，→)	(←，+，→)	——	——	——
$D_7(W)$	(←，?(虚)，→)	(←，+(虚)，→)	——	——	——
$D_8(W)$	(?，?，?)	(+，?，?)	(+，+，+)	——	——
$D_9(W)$	(?，?，→)		(←，+，→)	——	——
$D_{10}(W)$	(?(虚)，?，?)		(?(虚)，→，?)	(←(虚)，→，+)	——
$D_{11}(W)$	(?，←，?)(虚)			(?，←，→)(虚)	(+，←，→)(虚) 或(－，←，→)(虚)
$D_{12}(-)$	(?(虚))	(+(虚))	——	——	——

注：①表格中的空白部分表示，改节点在该标记步骤中没有产生变化；②表格中的符号"——"表示该节点已经在上一步骤完成标记；③X 型节点不用进行单独标记，而是由与其共用笔画的非 X 型节点完成。

6.2.6　基于节点匹配的候选遗漏笔画判定

节点匹配是指通过参考表 6－2、表 6－3，将子节点与父节点进行对比，从而得到各个不完整节点的候选遗漏笔画，匹配顺序为 V 型节点、一型节点、O 型节点。其中 O 型节点，即遗漏节点会在 V 型节点和一型节点的补线规整之后转化为可补充节点（V 型或一型节点），然后再对其进行补线规整。

如图 6－18 所示，在该不完整融合线图 $Lf=\{Lf_z;0\leqslant z<14\}$ 中，笔画数 $N=14$，节点 D_a 总数 $A=13$，其中有效 X 型节点数 $s=1$。已知该不完整线图不满足式（6－5），即

$$A=13\neq\frac{2(N-2s)}{3}+s=9 \tag{6-5}$$

因此，计算参数式（6－6），即

$$\Delta=3/2(A-s)-N=4 \tag{6-6}$$

可知，$\Delta=4\neq0$ 且 $n=3/2(A-s)=18$ 为整数，则表明该线图遗漏了 $\Delta=4$ 条笔画，且并未遗

漏节点。

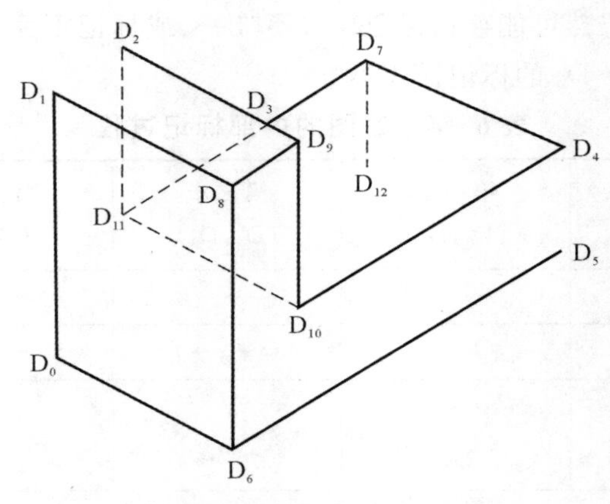

图 6-18　候选笔画的判定

表 6-5　不完整节点及其候补笔画

不完整节点	节点样式	匹配完整节点结构	候补笔画
D_0(V)			
D_1(V)			
D_2(V)			
D_4(V)			
D_5(—)			
D_{12}(—)			

要进行该不完整线图的候选遗漏笔画的判定，首先提取线图中的各个不完整节点{D_0，

D_1,D_2,D_4,D_5,D_{12}},并根据不完整子节点与完整父节点之间的对应关系,见表 6-2、表 6-3 节点库,进行不完整节点的匹配,从而得到该线图中 V 型节点、一型节点对应可能存在的完整节点结构,见表 6-5 所示。其中,第一列表示该线图中的不完整节点及其类型,第二列表示每个不完整节点在该线图中的具体样式,第三列则为与节点库进行匹配,从而得到的不完整节点对应的可能完整结构,最后一列为每个不完整节点需要补充的候选遗漏笔画。

由表 6-5 可得到,V 型节点包含较多的标记信息,因此其对应存在的可能完整结构也比较少。V 型节点 D_0 存在 2 种可能完整 W 型节点结构,其中候选遗漏笔画的标记可能为"+"、"—"$_{(虚)}$;节点 D_1 对应仅存在 1 种完整 W 型节点结构,候选遗漏笔画的标记为"←";节点 D_2 的标记方式不唯一,当其标记为(←,+$_{(虚)}$)时,对应存在 1 种完整 W 型节点结构,候选遗漏笔画的标记为"→"。而当其标记为(←,—$_{(虚)}$)时,对应存在 1 种完整 Y 型节点结构,候选遗漏笔画的标记仍为"→";节点 D_4 对应存在 1 种完整 W 型节点结构,候选遗漏笔画的标记为"←"。

而对于一型节点,其包含的有效信息则比较少,相应地也存在更多的可能性完整结构。节点 D_5 存在 6 中可能完整节点结构(2 种 Y 型和 4 种 W 型),且对应 6 种可能的候选遗漏笔画标记情况(—,→)、(—$_{(虚)}$,→)、(+,→)、(+$_{(虚)}$,→)、(+,→$_{(虚)}$)、(→$_{(虚)}$,—);节点 D_{12} 存在 8 种完整 W 型节点结构,且对应存在 7 种可能的遗漏笔画标记情况(+$_{(虚)}$,+$_{(虚)}$)、(→$_{(虚)}$,←$_{(虚)}$)、(←,→)、(←$_{(虚)}$,→$_{(虚)}$)、(+$_{(虚)}$,—$_{(虚)}$)、(—$_{(虚)}$,+$_{(虚)}$)、(—$_{(虚)}$,—$_{(虚)}$)。

得到线图中不完整节点的候选遗漏笔画之后,按照可能完整结构数由少至多的顺序进行匹配补线,但是如果对所得候选成员笔画一一进行基于约束传播的节点匹配[18],会极大消耗计算时间,降低线图的补线效率。以上实例线图较为简单,且其中不存在遗漏节点的情况,如果针对较为复杂的,甚至缺失节点的线图将会存在更多补线方式,大大增加了算法负荷。因此,需要提出一种可以有效缩减不完整节点中候补遗漏笔画的方法。

6.2.7　候选笔画的缩减及补线

为了提高线图的补线效率,本节提出基于线图结构的候选笔画缩减以及基于 CSW 准则的候选笔画方向确定,前者是针对不完整节点对应的可能完整节点结构进行缩减,而后者则是利用第 3 章提出的 CSW 准则进行待补笔画方向的确定。

1. 基于线图结构的候选节点结构缩减

一幅线图的结构决定了其形状走向,同样也决定了该幅线图中节点的结构样式。本小节通过线图的结构来限制不完整节点对应的可能完整节点的样式,并结合本章实例对该部分进行详细描述。如图 6-18 所示,该线图包括 14 条笔画和 13 个节点{D_a;$0 \leqslant a < 13$},其中完整节点 7 个{D_3,D_6,D_7,D_8,D_9,D_{10},D_{11}},不完整节点 6 个{D_0,D_1,D_2,D_4,D_5,D_{12}}。

Step1:按照节点的可能完整结构数目由少至多的顺序,对线图中每个不完整节点的可能连接方式进行结构分析,即对节点之间相连的合理性进行讨论;

根据表 6-5,对该实例中节点之间相连的合理性进行讨论可得,结果见表 6-6。

(1) 只有 1 种可能完整结构样式{D_1,D_4}。V 型节点 D_1 的可能完整结构仅有 1 种 W 型节点,且遗漏笔画为 W 型的左侧笔画。结合线图结构可得,节点{D_2,D_4,D_5,D_{12}}都可能与其相连接。

V 型节点 D_4 只有 1 种可能完整结构,且遗漏笔画为 W 型的左侧笔画。结合线图结构可得只有节点{D_5}可与其相连。

(2) 存在2种可能完整结构样式{D_0,D_2}。V型节点D_0的可能完整结构有2种W型节点，遗漏笔画均为W型的中间笔画。结合线图结构可得，与D_0可能有连接关系的其它节点为{D_2,D_4,D_5,D_{12}}。

V型节点D_2存在2种可能完整结构，但是由于极限节点不能为Y型结构，因此节点D_2的候选结构仅剩1种W型节点，且遗漏笔画为W型的右侧笔画。结合线图结构可得只有节点{D_1}可与其相连。

(3) 存在多种可能完整结构样式{D_5,D_{12}}。对于一型极限节点D_5，首先排除可能完整结构中的2种Y型结构；结合线图结构分析，节点D_5的悬线只能为W型节点的最左侧笔画，且对应表6-6中的第3,4,6种候选W型节点有效，因此与其可能相连的节点包括{D_0,D_1,D_2,D_4,D_{12}}。

节点D_{12}有8种可能完整结构，且节点{D_0,D_1,D_2,D_4,D_5}可能与其相连。

Step2：对每个节点的可能连接方式求取交集得到D_b，从而达到缩减可能连接结构的效果。如果节点D_a的可能连接结构中不包括节点D_c($0 \leqslant b < A$)，那么说明两者不可能相连，即节点D_c的候选连接节点中也不应该有节点D_a；如果线图不遗漏节点，那么Step2中求取交集的"一对一节点"即可以直接进行补线操作。

在本章节实例中，节点D_0的可能连接节点为{D_2,D_4,D_5,D_{12}}，但是节点D_2,D_4的可能连接节点都不包括D_0，因此节点D_0的可能连接节点可更新为{D_5,D_{12}}。同理可得其他节点的可能连接节点，见表6-6。

Step3：对求取交集之后的节点连接结果再次进行结构检测，分析各节点的可能的完整节点结构是否发生变化，并保存、更新每个节点的可能完整结构，结果见表6-6。且该表中最后一列展示了各个节点与可能连接节点的具体连接情况。

表6-6 基于线图结构的候选节点结构缩减

不完整节点 D_a	Step1 可能连接节点	Step2 交集 D_b	Step3 可能完整结构	图示
D_0(V) 	D_2,D_4,D_5,D_{12}	D_5,D_{12}		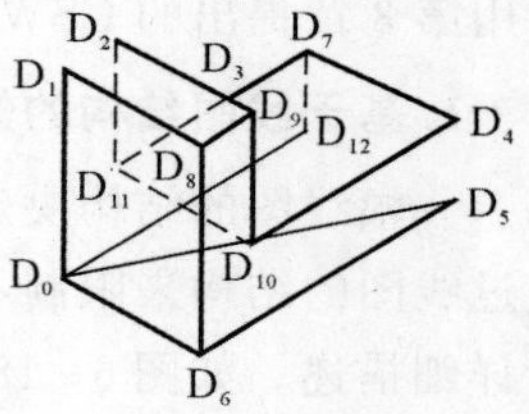 D_0 D_1 D_2 D_3 D_4 D_5 D_6 D_7 D_8 D_9 D_{10} D_{11} D_{12}
D_1(V) 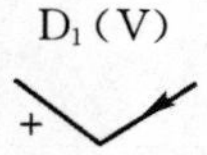	D_2,D_4,D_5,D_{12}	D_2,D_5,D_{12}		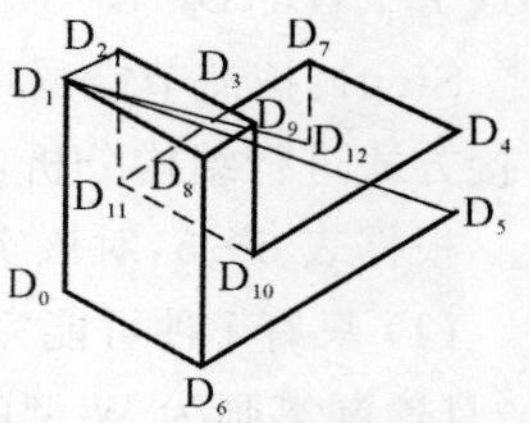 D_0 D_1 D_2 D_3 D_4 D_5 D_6 D_7 D_8 D_9 D_{10} D_{11} D_{12}

续表

不完整节点 D_a	Step1 可能连接节点	Step2 交集 D_b	Step3 可能完整结构	图示
D_2(V) 	D_1	D_1		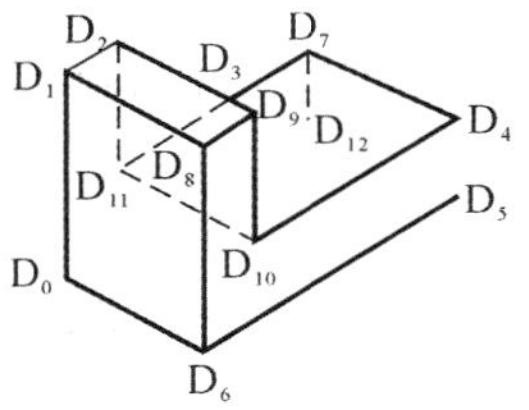
D_4(V) 	D_5	D_5		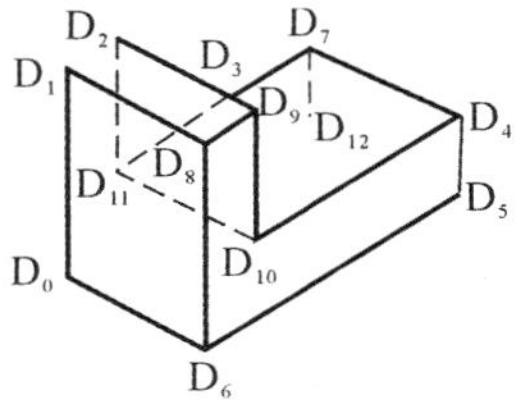
D_5(—)	D_0,D_1,D_2,D_4,D_{12}	D_0,D_1,D_4,D_{12}	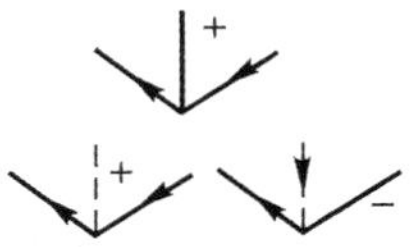	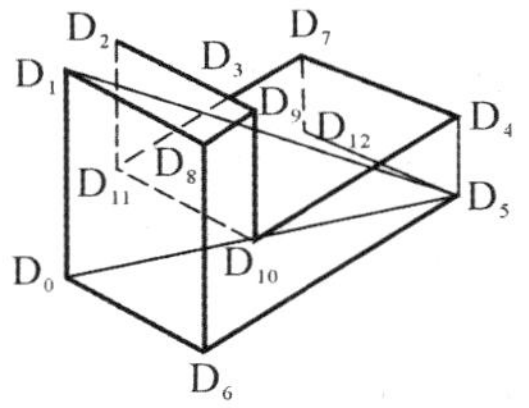
D_{12}(—) 	D_0,D_1,D_2,D_4,D_5	D_0,D_1,D_5	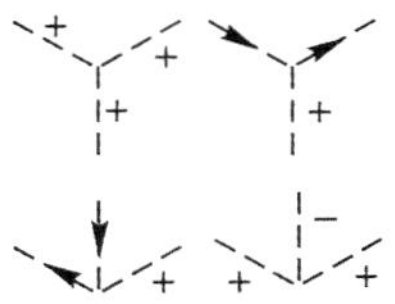	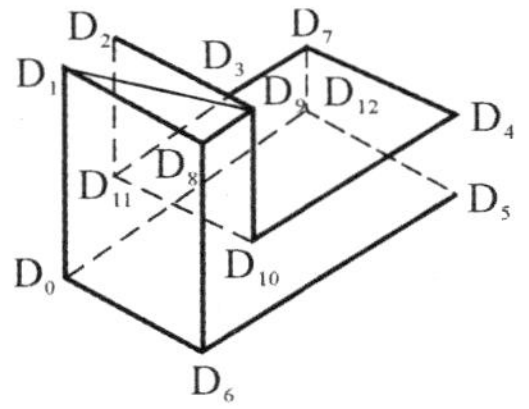

2. 基于 CSW 准则的候选笔画方向确定及补线

经过对不完整线图中不完整节点的候选结构进行缩减,可以进一步缩小节点之间相连的样式。如果可以将候选成员准确定位至唯一样式,那么将会在极大程度上快速地完成一幅不完整线图的补线工作。本节通过再次利用线图中的有效上下文信息,即基于 CSW 准则的候选笔画方向确定,从而获得不完整线图的最可能完整结构。

(1)CSW 准则回顾。CSW 准则("坐标系权重准则"),是指将一幅线图中占最大权重的"坐标系"作为优先处理的考虑对象,从而达到保留线图大多部分原始信息的目的,详见第 5.4 节。首先,将三面顶点平面物体对应手绘线图中各个节点 D_a 看作是一系列的"OXYZ 坐标系"C_a,并对方向一致的"坐标系"进行分组储存,即"坐标系"的三个轴向方向分别要求一致;其次,对得到的若干组坐标系进行权重衡定,按照成员数目从多到少的原则将其分为 1 级坐标

系组 G_1、2 级坐标系组 G_2 和 3 级坐标系组 G_3 等等。最后，按照 $G_1, G_2, G_3, \cdots$ 的顺序进行线图的相关处理。不同于第 5 章，这里仅提取线图中完整节点对应的"坐标系"进行权重衡定。

（2）候选笔画方向的确定及补线。

Step1：首先依次利用 1 级坐标系组 G_1、2 级坐标系组 G_2 和 3 级坐标系组 G_3 等与各个 V 型不完整节点进行比较，比较两者所包含笔画方向角的一致度，从而得到每个 V 型不完整节点的匹配坐标系组；

若某个 V 型节点的 2 条笔画的方向角分别与坐标系组 G_1（或 G_2 或 G_3）的其中 2 个轴向方向角一致，那么这时优先考虑该坐标系组 G_1（或 G_2 或 G_3）的第 3 个轴向方向角作为此 V 型节点的第 3 条笔画的方向角，且称其为匹配坐标系组，一个 V 型不完整节点可能对应多个匹配坐标系组。

Step2：其次按照线图是否遗漏节点进行不同的补线操作。如果该不完整线图的遗漏笔画数 $\Delta \neq 0$ 且 n 为整数，即该线图没有遗漏节点，转至步骤 Step3；如果该不完整线图的遗漏笔画数 $\Delta \neq 0$ 且 n 不为整数，则表示该线图遗漏了 $\Delta + 3/2$ 条笔画和 σ 个节点，转至步骤 Step4。

Step3：依次连接 V 型节点 D_a 与其对应的可能连接节点 D_b，选择其中可以使得节点 D_a 与其匹配坐标系组具有方向角一致性的节点 D_b 作为最终的连接节点，并连接节点 D_a 和 D_b 从而形成新的笔画 $Lf_{N+i}(0 \leqslant i < \Delta)$。

Step4：一般情况下，不可见节点更容易被遗漏，且其与极限节点相连。因此，如果 V 型节点属于非极限节点，则转至步骤 Step3；如果 V 型节点属于极限节点，那么转至步骤 Step5。

Step5：依次对比 V 型节点 D_a 与其匹配坐标系组，沿着匹配坐标系组的第 3 个轴向方向，直接从 V 型节点 D_a 引出一条直线。且将该从 3 个极限节点引出的前两条相交得到新的节点 $D_{A+\delta}(\delta = 1)$，再连接节点 $D_{A+\delta}$ 和第 3 个节点，从而得到遗漏笔画 $Lf_{N+i}, Lf_{N+i+1}, Lf_{N+i+2}(0 \leqslant i < \Delta + 3/2)$。

Step6：提取线图中经以上步骤由 — 型节点转变而来的 V 型节点，并转至步骤 Step2（随着存在匹配坐标系组节点的补线处理，不存在对应匹配坐标系组的节点也会被完整）。

Step7：根据原不完整节点存在的可能完整结构数目的不同，利用不同的处理方法确定该节点中已补笔画的虚实性，且优先对前者进行处理：

Step7.1：如果该节点仅存在 1 种可能完整结构，则利用每个原不完整节点的可能完整结构中对应遗漏笔画的标记来确定该节点中已补笔画的虚实性；

Step7.2：如果该节点存在多个可能完整结构，那么通过约束传播原理检测其局部标记一致性（详见第 2 章 2.1.2 节），从而确定该节点中已补笔画的虚实性；

最终得到完整的 2D 规整线图 Lf，补线工作结束，如果出现多种满足要求的标记结果，那么通过人机交互的方式判断出所有标记中的用户所需结果。

3. 算例

结合该章节实例，如图 6-19 所示，该线图 $Lf = \{Lf_i; 0 \leqslant i < 14\}$ 包括 13 个节点 $\{D_a; 0 \leqslant a < 13\}$，其中完整节点有 6 个 $\{D_6, D_7, D_8, D_9, D_{10}, D_{11}\}$，且对应该线图中存在 6 个"坐标系"$\{C_a; a = 6,7,8,9,10,11\}$，V 型节点 4 个 $\{D_0, D_1, D_2, D_4\}$，— 型节点 2 个 $\{D_5, D_{12}\}$，且 X 节点 D_3 不参与补线。

第一步：根据 CSW 准则可以得到该线图仅包括一个 1 级主坐标系组：$G_1=\{C_a;i=6,7,8,9,10,11\}$，且其方向为 。

第二步：依次将每个 V 型节点$\{D_0,D_1,D_2,D_4\}$与 1 级坐标系组 G_1 的 3 个轴向方向进行匹配，可得这几个节点均具有与 G_1 一致的 2 个笔画方向，即坐标系组为 V 型节点$\{D_0,D_1,D_2,D_4\}$的匹配坐标系组。

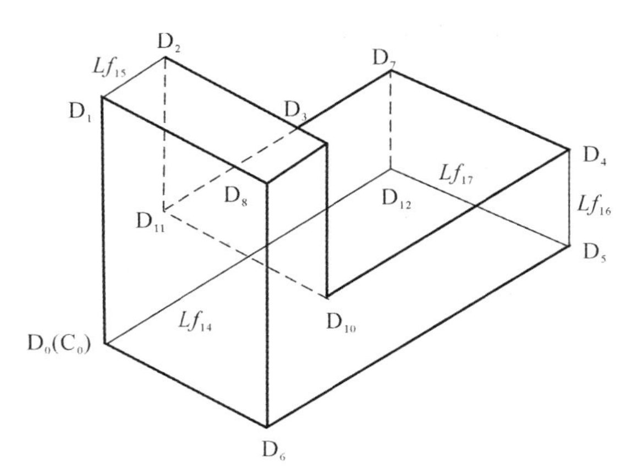

图 6－19　基于 CSW 准则的候选笔画方向确定及补线

第三步：在该线图中，$\Delta=4\neq0$ 且 $n=18$ 为整数，因此其不存在遗漏节点的情况，则结合表 4－3 中不完整节点对应的可能连接节点 D_b，按照匹配坐标系组的方向依次对每个 V 型节点进行补线。

1）原始融合线图中的 V 型节点$\{D_0,D_1,D_2,D_4\}$。对于节点 D_0，可能的连接节点为$\{D_5,D_{12}\}$，其中连接节点 D_0 至 D_{12} 可以使得节点 D_0 与匹配坐标系组 G_1 具有具有方向角一致性，则通过连接节点 D_0 和 D_{12} 从而形成新的笔画 Lf_{14}，同时节点 D_0 更新为完整 W 型节点，节点 D_{12} 更新为 V 型节点。

对于节点 D_1，可能的连接节点为$\{D_2,D_5,D_{12}\}$，其中连接节点 D_1 至 D_2 可以使得节点 D_1 与其匹配坐标系组 G_1 具有方向角一致性，则通过连接节点 D_1 和 D_2 从而形成新的笔画 Lf_{15}，同时节点 D_1，D_2 均更新为完整 W 型节点。

对于节点 D_2，已为完整 W 型节点。

对于节点 D_4，可能的连接节点为$\{D_5\}$，且连接该两节点可以使得节点 D_4 与其匹配坐标系组 G_1 具有方向角一致性，则通过连接节点 D_4 和 D_5 从而形成新的笔画 Lf_{16}，同时节点 D_4 更新为完整 W 型节点，节点 D_5 更新为 V 型节点。

2）由一型节点转变而来的 V 型节点$\{D_5,D_{12}\}$。对于 V 型节点 D_5，初始可能连接节点为$\{D_0,D_1,D_4,D_{12}\}$，而其中节点$\{D_0,D_1,D_4\}$已处理为 W 型节点，且连接该节点 D_5，D_{12} 可以使得节点 D_4 与其匹配坐标系组 G_1 具有方向角一致性，则通过连接节点 D_5 和 D_{12} 从而形成新的笔画 Lf_{17}，同时节点 D_5 更新为完整 W 型节点，节点 D_{12} 更新为完整 Y 型节点。

对于节点 D_{12}，已为完整 W 型节点。

第四步：确定原不完整节点中已补笔画的虚实性。

1）存在 1 种可能完整结构：

W 型节点 D_1 的对应完整结构为(←,+,→),且已补笔画 Lf_{15} 为位于最左侧的实线笔画;

W 型节点 D_2 的对应完整结构为(←,$+_{(虚)}$,→),且已补笔画 Lf_{16} 为位于最右侧的实线笔画;

W 型节点 D_4 的对应完整结构为(←,+,→),且已补笔画 Lf_{17} 为位于最左侧的实线笔画。

2)存在多个可能完整结构。这种情况经常发生在一型节点与其已补笔画分别连接的 2 个节点之间,这是需要利用约束传播原理对节点中已补笔画的虚实进行确定。

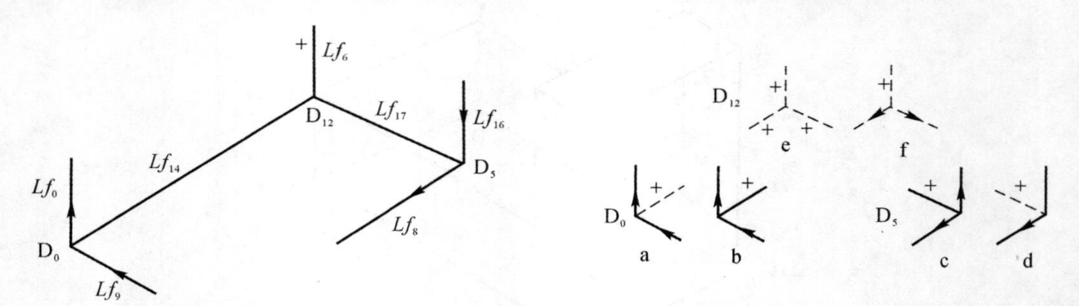

图 6-20　基于约束传播理论的笔画标记确定

如图 6-20 所示,W 型节点 D_0 包含 a,b 2 种可能完整结构(←,$+_{(虚)}$,→)和(←,+,→),W 型节点 D_5 包含 c,d 2 种可能完整结构(←,$+_{(虚)}$,→)和(←,+,→),同样,Y 型节点 D_{12} 也包含 e,f 2 种可能完整结构$(+,+,+)_{(虚)}$和$(←,→,+)_{(虚)}$。

笔画 Lf_{14} 在节点 D_0 中的标记样式为"$+_{(虚)}$""+",在节点 D_{12} 中的标记样式为"$+_{(虚)}$""←",两者的重合标记为"$+_{(虚)}$"。

笔画 Lf_{17} 在节点 D_5 中的标记样式为"$+_{(虚)}$""+",在节点 D_{12} 中的标记样式为"$+_{(虚)}$""→",两者的重合标记为"$+_{(虚)}$"。

因此满足要求的标记结构对为:a-e 和 e-d,即 W 型节点 D_0 的对应完整结构为(←,$+_{(虚)}$,→),且已补笔画 Lf_{14} 为位于中间的虚线笔画;W 型节点 D_5 的对应完整结构为(←,$+_{(虚)}$,→),且已补笔画 Lf_{16},Lf_{17} 为右侧一虚一实线笔画;Y 型节点 D_{12} 的对应完整结构为$(+,+,+)_{(虚)}$,且已补笔画 Lf_{14},Lf_{17} 均为虚线笔画。

最终得到该线图的完整 2D 规整线图 $Lf=\{Lf_i;0\leqslant i<18\}$,其中包括 18 条笔画,13 个节点$\{D_a;0\leqslant a<13\}$,如图 6-21 所示。

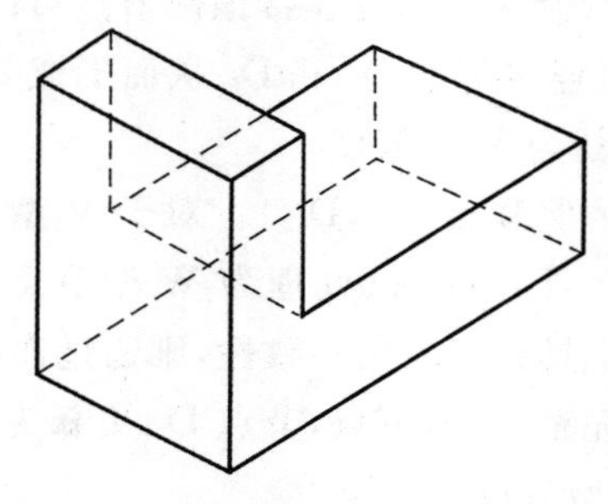

图 6-21　完整 2D 规整线图

6.3　案例分析

6.3.1　不完整线图分析与完整

不完整线图的分析和规整是线图解释过程中尤为重要的一部分。目前的线图补线规整均采用完全基于线图标记理论的方法[18]，其主要是通过在节点库中搜索与不完整节点相匹配的完整结构，并一一进行基于约束传播的节点匹配连接，最终得到最合适的唯一完整线图。该线图完整方法会极大地消耗计算时间，大大增加了算法负荷，且具有较低的补线效率。因此，在已有理论基础上，本节提出了基于线图结构的候选节点结构缩减和基于 CSW 准则的候选笔画方向确定，从而完成线图的补线规整，并最终在 FSR_EF 手绘系统中进行了案例验证。本节补线算法通过合理、有力的约束条件对搜索、匹配过程进行简化，可以高效有效地缩减不完整节点中候补遗漏笔画的方法。

表 6－7　融合线图的补线规整

<table>
<tr><th>不完整草图</th><th>融合线图</th><th>完整线图</th></tr>
<tr><td rowspan="2">1 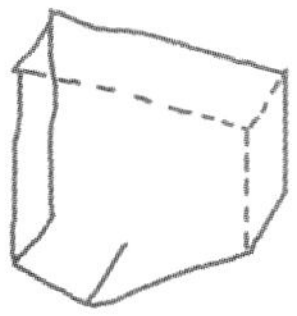</td><td>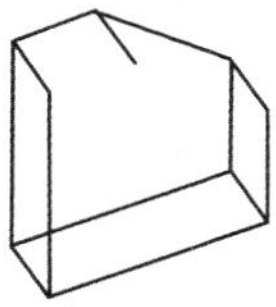</td><td>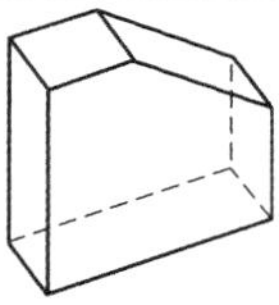</td></tr>
<tr><td colspan="2">$N=13, A=10, s=0, n=15, \Delta=2, t=4, \alpha=3$</td></tr>
<tr><td rowspan="2">2 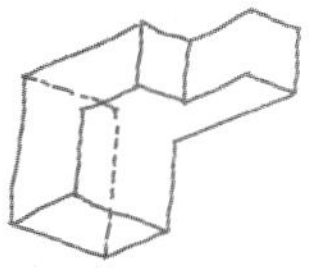</td><td>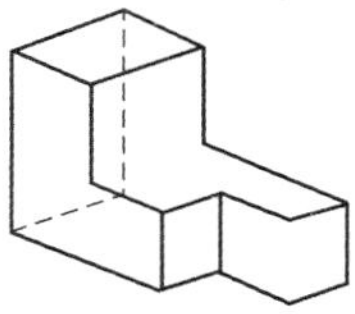</td><td>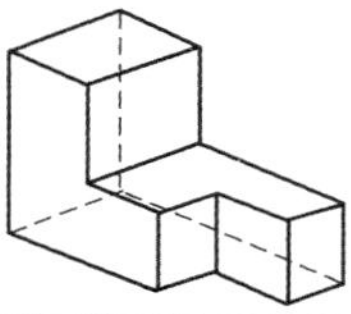</td></tr>
<tr><td colspan="2">$N=21, A=16, s=0, n=24, \Delta=3, t=2, \alpha=6$</td></tr>
<tr><td rowspan="2">3 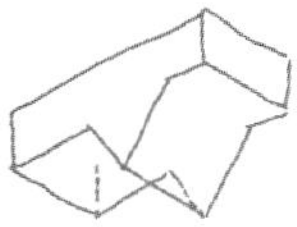</td><td>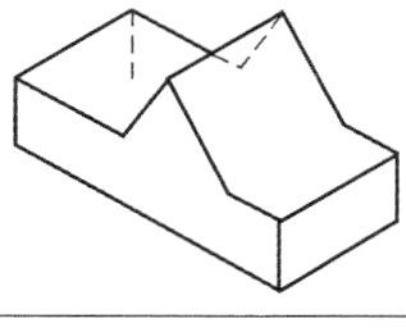</td><td>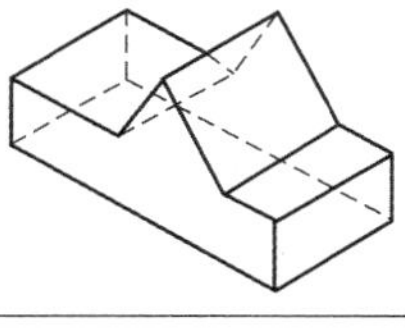</td></tr>
<tr><td colspan="2">$N=17, A=14, s=0, n=21, \Delta=4, t=3, \alpha=6$</td></tr>
<tr><td rowspan="2">4 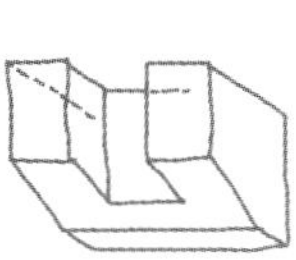</td><td>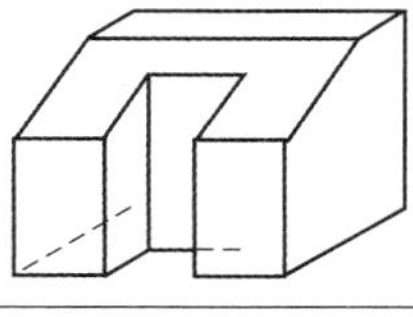</td><td>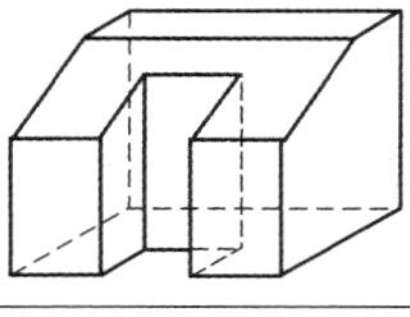</td></tr>
<tr><td colspan="2">$N=22, A=18, s=0, n=27, \Delta=5, t=5, \alpha=7$</td></tr>
</table>

由表 6－7 可知，通过不完整手绘三面顶点平面物体的补线案例进行，并计算 2 种不同补线

方法的算法复杂度，从而得到本节补线算法更具简洁、高效的特性，且这里取遗漏节点一致的情况进行讨论($\sigma=0$)。其中，参数 N 表示不完整融合线图 $Lf=\{Lf_i;0\leqslant i<N\}$ 总笔画数，A 表示节点个数，参数 s 则表示有效 X 型节点个数，n 表示线图所对应三面顶点平面物体的棱线数，$\Delta=n-N$ 表示线图中的遗漏笔画数，t 表示各个不完整节点可能完整结构数的平均值，α 表示不完整节点数。

根据上表分析可得，文献[15]中完全基于线图标记理论的补线规整方法的算法复杂度为 t^{α}，且其呈指数增长趋势；而本文提出的基于候选节点结构缩减及基于 CSW 准则的候选笔画方向确定的方法的算法复杂度为 $O(2t\alpha)$，且其呈线性增长趋势。原因是文献[15]中的补线方法依赖于庞大节点库的搜索、匹配，不仅计算效率低，而且其算法复杂程度也随着线图笔画的增多而不断增长。因此，本节补线规整算法在算法复杂度方面优于文献[15]的补线算法，通过两次合理缩减候选成员从而高效、快速地在众多可能结构中找到原始线图对应最可能的结构结果。

6.3.2 线图端点融合与规整

在手绘系统 FSR_EF 下，线图完整模块的数据输入为经端点融合规整处理之后的融合线图 $Lf=\{Lf_i;0\leqslant i<N\}$。如图 6-22(a) 所示，该案例融合线图包括 $N=19$ 条笔画，$A=15$ 个节点，$s=0$ 个有效 X 型节点数。

(1) 线图的完整性分析。由已知可得，该融合线图包含的特征信息不满足线图的完整性判别条件式(6.2)：

$$A=15\neq 2(N-2s)/3+s=38/3$$

那么该融合线图不完整，且遗漏一定的笔画或者节点。因此，计算线图的遗漏笔画数 $\Delta=3/2(A-s)-N=3.5$ 可知，$\Delta=3.5\neq 0$ 且 $n=3/2(A-s)=22.5$ 不为整数，则表明该线图遗漏了 $\Delta+3/2=5$ 条笔画和 1 个节点。

(2) 线图标记。首先，判定该线图中所有节点的类型。如图 6-22(a) 所示，根据各节点所包含的笔画数及各条笔画之间夹角结构可得，节点 $D_1,D_3,D_7,D_8,D_{11},D_{13}$ 为 W 型节点，节点 D_4,D_9 为 Y 型，而节点 $D_0,D_2,D_5,D_6,D_{10},D_{12},D_{14}$ 为 V 型。

然后，外围轮廓的搜索及标记。根据搜索线图外围极限节点的方法完成其外围轮廓判定。如图 6-22 所示，该不完整融合线图中的极限节点搜索结果为 $\{D_0,D_1,D_2,D_5,D_{13},D_{14}\}$，且其均位于该线图的外围轮廓线上。按照 W 型节点、V 型节点的顺序，依次提取各个极限节点中的线图轮廓笔画 $\{Lf_0,Lf_1,Lf_4,Lf_{15},Lf_{17},Lf_{18}\}$，并按顺时针方向对各条笔画进行标记"→"，结果如图 6-22(b) 所示。

最后，线图的内部标记。参考完整节点库，按照 $\{D_1,D_{13},D_3,D_4,D_7,D_8,D_9,D_{11}\}$ 的顺序依次进行完整节点的对比标记，从而将标记信息从完整节点传递至不完整节点。该线图标记过程见表 6-8，最终结果如图 6-22(c) 所示，由于节点 D_{11} 存在两种可能标记结构，因此与之相连的节点 D_{10},D_{12} 也分别对应两种标记可能。

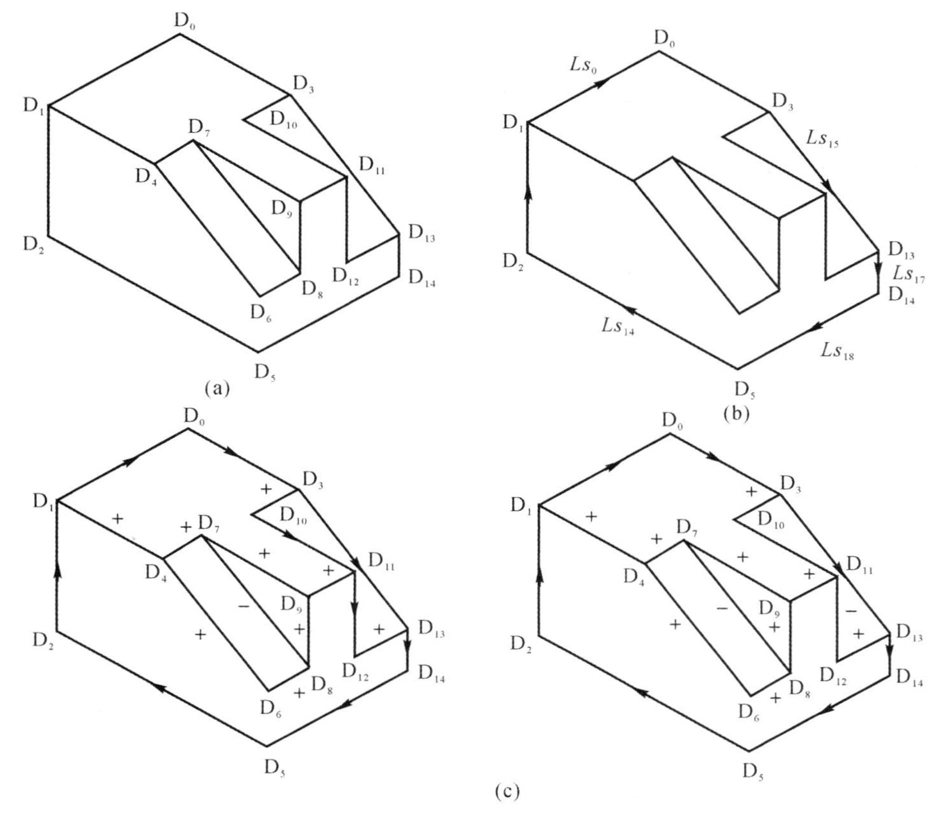

图 6-22　线图标记

(a)节点类型判定；(b)线图的外围轮廓标记；(c)线图的内部标记

表 6-8　案例融合线图的内部标记过程

节　点	初始标记	第一步 (D_1,D_{13})	第二步 (D_3,D_4)	第三步 (D_7)	第四步 (D_8,D_9)	第四步 (D_{11})
D_0(V)	(?,→)					
D_1(W)	(←,?,→)	(←,+,→)	——	——	——	——
D_2(V)	(←,→)	——	——	——	——	——
D_3(W)	(←,?,?)		(←,+,→)	——	——	——
D_4(Y)	(?,?,?)	(+,?,?)	(+,+,+)	——	——	——
D_5(V)	(←,→)	——	——	——	——	——
D_6(V)	(?,?)		(+,?)		(+,+)	——
D_7(W)	(?,?,?)		(?,?,+)	(+,−,+)	——	——
D_8(W)	(?,?,?)			(?,−,?)	(+,−,+)	——
D_9(Y)	(?,?,?)			(+,?,?)	(+,+,+)	——

续表

节　点	初始标记	第一步 (D_1，D_{13})	第二步 (D_3，D_4)	第三步 (D_7)	第四步 (D_8，D_9)	第四步 (D_{11})
D_{10}(V)	(?,?)		(+,?)			(+,←) (+,−)
D_{11}(W)	(?,?,?)				(?,+,?)	(←,+,→) (−,+,−)
D_{12}(V)	(?,?)	(?,+)				(→,+) (−,+)
D_{13}(W)	(←,?,→)	(←,+,→)	——	——	——	——
D_{14}(V)	(←,→)	——	——	——	——	——

(3)基于节点匹配的候选遗漏笔画判定。该案例融合线图中的不完整节点包括 D_0，D_2，D_5，D_6，D_{10}，D_{12}，D_{14}，根据以上不完整子节点与完整父节点之间的对应关系，进行不完整节点的匹配，从而得到该线图中各个不完整节点对应可能存在的完整节点结构，匹配结果见表 6-9。其中，第一列表示该线图中的不完整节点及其类型，第二列表示每个不完整节点在该线图中的具体样式，第三列则为与节点库进行匹配，从而得到的不完整节点对应的可能完整结构，最后一列为每个不完整节点需要补充的候选遗漏笔画。

该不完整融合线图中的不完整节点均为 V 型结构。由表 6-9 可得，V 型节点 D_0，D_2，D_5 结构一致，且均存在 2 种可能完整 W 型节点结构，其中候选遗漏笔画的标记可能为“+”“$+_{(虚)}$”；节点 D_6 对应存在 2 种完整节点结构(一种 W 型节点、一种 Y 型节点)，候选遗漏笔画的标记为“+”或“−”；节点 D_{10} 存在 3 种可能标记方式，当其标记为(+，←)时，对应存在 1 种完整 W 型节点结构，候选遗漏笔画的标记为“$\rightarrow_{(虚)}$”。而当其标记为(+，−)时，对应存在 2 种完整 W 型节点结构，候选遗漏笔画的标记为“+”或“−”。

同样，节点 D_{12} 也存在 3 种可能标记方式，当其标记为(→，+)时，对应存在 1 种完整 W 型节点结构，候选遗漏笔画标记为“$\leftarrow_{(虚)}$”。而当其标记为(−，+)时，对应存在 2 种完整 W 型节点结构，候选遗漏笔画的标记为“+”或“−”；节点 D_{14} 对应 2 种可能完整 W 型节点结构，且候选遗漏笔画标记为“+”或“$+_{(虚)}$”。

表 6-9　不完整节点及其候补笔画

不完整节点	节点样式	匹配完整节点结构	候补笔画
D_0(V)		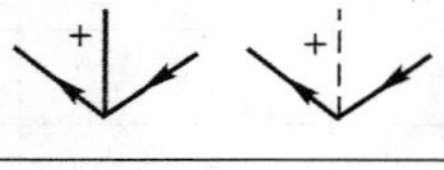	
D_2(V)		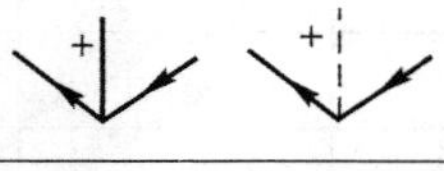	
D_5(V)		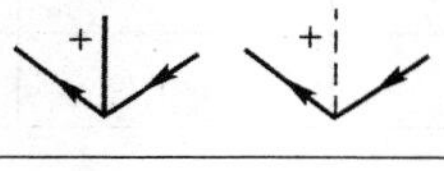	

续 表

不完整节点	节点样式	匹配完整节点结构	候补笔画
D_6(V)		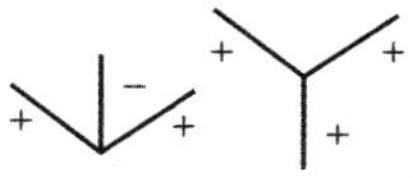	
D_{10}(V)			
		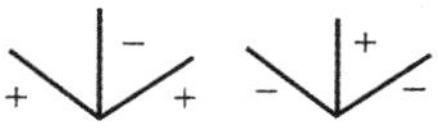	
D_{12}(V)			
		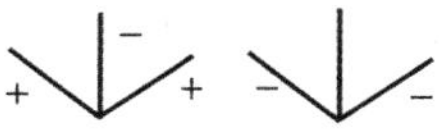	
D_{14}(V)			

(4)候选笔画的缩减及补线：

1)基于线图结构的候选节点结构缩减。通过线图的结构来限制不完整节点对应可能完整节点的样式。

Step1：按照节点可能完整结构数目由少至多的顺序，对每个不完整节点的可能连接方式进行结构分析，即对节点之间相连的合理性进行讨论。结果见表6-10。

a. 存在2种可能完整结构样式{D_0，D_2，D_5，D_6，D_{14}}

V型节点D_0的可能完整结构有2种W型节点，且遗漏笔画为W型节点的中间笔画。结合线图结构可得，节点{D_2，D_5，D_6，D_{10}，D_{12}，D_{14}}都可能与其相连；

V型节点D_2的可能完整结构有2种W型节点，且遗漏笔画为W型节点的中间笔画。结合线图结构可得，节点{D_0，D_6，D_{10}，D_{12}，D_{14}}都可能与其相连接；

V型节点D_5的可能完整结构有2种W型节点，且遗漏笔画为W型节点的中间笔画。结合线图结构可得，节点{D_0，D_6，D_{10}，D_{12}}都可能与其相连接；

V型节点D_6的可能完整结构有2种，包括1种W型节点和1种Y型节点。结合线图结构可得，节点{D_0，D_5，D_{10}}都可能与其相连接；

V型节点D_{14}的可能完整结构有2种W型节点，且遗漏笔画为W型节点的中间笔画。结合线图结构可得，节点{D_0，D_2，D_6，D_{10}，D_{12}}都可能与其相连接。

b. 存在3种可能完整结构样式{D_{10}，D_{12}}

V型节点D_{10}的可能完整结构存在3种。当节点D_{10}的标记为(+，←)时，其对应存在1种W型节点，且遗漏笔画为W型节点的右侧笔画。结合线图结构可得，节点{D_2，D_5，D_6，D_{12}，D_{14}}都可能与其相连接；当节点D_{10}的标记为(+，-)时，其对应存在2种W型节点，且遗漏笔画分别为W型节点的左、右侧笔画。结合线图结构可得，节点{D_0，D_2，D_5，D_6，D_{12}，D_{14}}

都可能与其相连接。

同样，V 型节点 D_{12} 的可能完整结构也存在 3 种。当节点 D_{12} 的标记为（→，＋）时，其对应存在 1 种 W 型节点，且遗漏笔画为 W 型节点的左侧笔画。结合线图结构可得，节点{D_0，D_2，D_6，D_{10}}都可能与其相连接；当节点 D_{12} 的标记为（－，＋）时，其对应存在 2 种 W 型节点，且遗漏笔画分别为 W 型节点的左、右侧笔画。结合线图结构可得，节点{D_0，D_2，D_6，D_{10}，D_{14}}都可能与其相连接。

Step2：对每个节点的可能连接方式求取交集。

节点 D_2 的可能连接节点为{D_0，D_6，D_{10}，D_{12}，D_{14}}，但是节点 D_6 的可能连接节点中不包括 D_2，因此节点 D_2 的可能连接节点可更新为{D_0，D_{10}，D_{12}，D_{14}}。同理可得其它节点的可能连接节点，见表 6－10。

Step3：对求取交集之后的节点连接结果再次进行结构检测，分析各节点的可能完整节点结构是否发生变化，并保存更新各节点的可能完整结构，结果见表 6－10。

表 6－10　基于线图结构的候选节点结构缩减

不完整 节点 D_a	Step1 可能连接节点	Step2 交集 D_b	Step3 可能完整结构	图　示
D_0（V） 	D_2，D_5，D_6， D_{10}，D_{12}，D_{14}	D_2，D_5，D_6 D_{10}，D_{12}，D_{14}		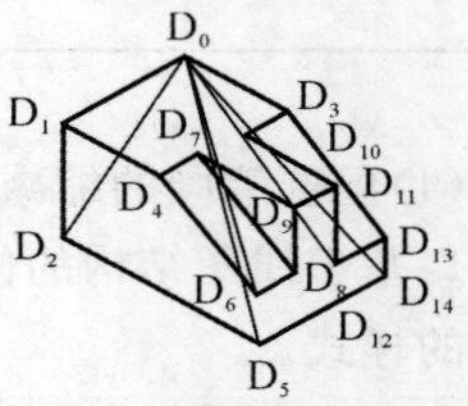
D_2（V） 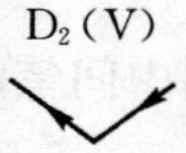	D_0，D_6， D_{10}，D_{12}，D_{14}	D_0，D_{10}， D_{12}，D_{14}		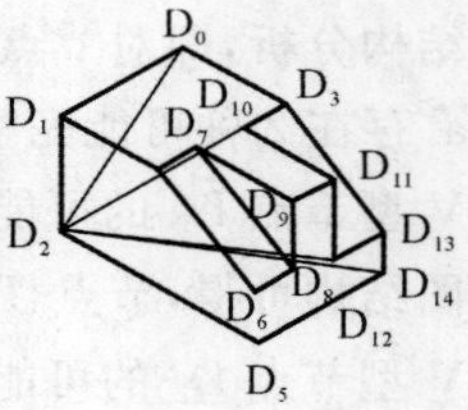
D_5（V） 	D_0，D_6， D_{10}，D_{12}	D_0，D_6，D_{10}		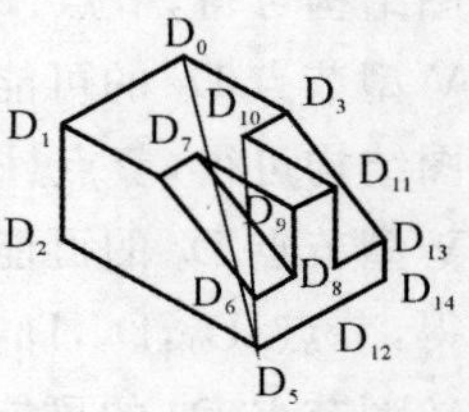
D_6（V） 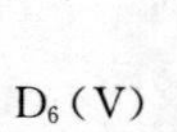	D_0，D_5，D_{10}	D_0，D_5，D_{10}	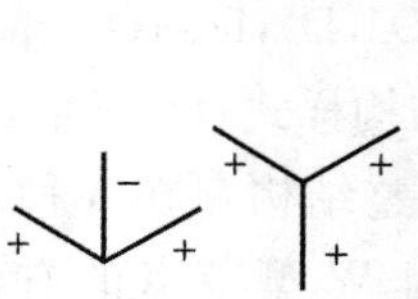	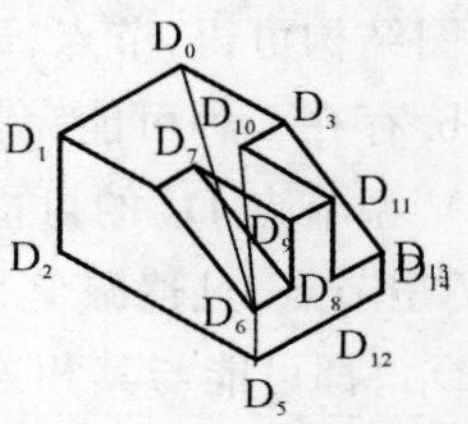

续 表

不完整节点 D_a	Step1 可能连接节点	Step2 交集 D_b	Step3 可能完整结构	图　示
D_{10}(V) 	D_2,D_5,D_6,D_{12},D_{14}	D_2,D_5,D_6,D_{12},D_{14}		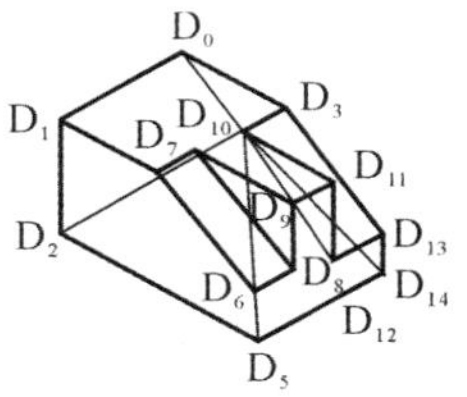
	D_0	D_0	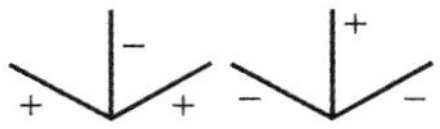	
D_{12}(V) 	D_0,D_2,D_6,D_{10}	D_0,D_2,D_6,D_{10}		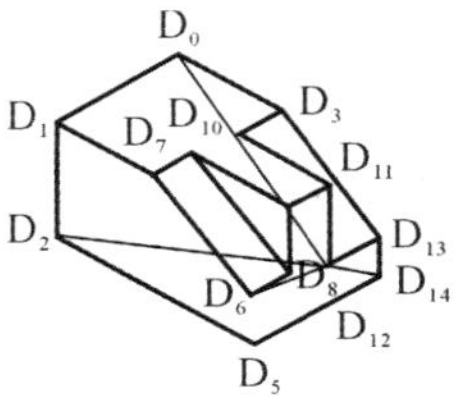
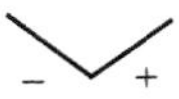	D_{14}	D_{14}	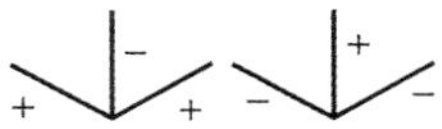	
D_{14}(V) 	D_0,D_2,D_6,D_{10},D_{12}	D_0,D_2,D_{10},D_{12}		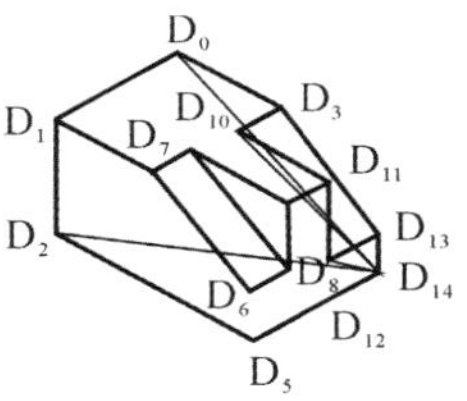

2)基于 CSW 准则的候选笔画方向确定及补线。由上一章可得，该案例融合线图中的"坐标系"$\{C_a;0 \leqslant a < 15\}$ 分为 2 组完整坐标系和 3 组不完整坐标系。其中完整坐标系组如下所示，且每个小组内部具有组内成员轴向方向一致性：

$$G_1 = \{\{C_1\{Lc_0,Lc_1,Lc_3\},C_9\{Lc_8,Lc_9,Lc_{13}\},C_{11}\{Lc_{12},Lc_{13},Lc_{14}\}\};\{C_3\{Lc_2,Lc_{11},Lc_{15}\},C_4\{Lc_3,Lc_5,Lc_6\},C_7\{Lc_6,Lc_7,Lc_8\}\}\}$$

$$G_2 = \{C_8\{Lc_7,Lc_9,Lc_{10}\},C_{13}\{Lc_{15},Lc_{16},Lc_{17}\}\}$$

Step1:将各个 V 型不完整节点$\{D_0,D_2,D_5,D_6,D_{10},D_{12},D_{14}\}$依次与 1 级坐标系组 G_1、2 级坐标系组 G_2 和 3 级坐标系组 G_3 的方向进行比较，如果某个 V 型节点包含的 2 条笔画的方向角分别与坐标系组 G_1(或 G_2 或 G_3)的其中 2 个轴向方向角一致，那么这时优先考虑该坐标系组 G_1(或 G_2 或 G_3)的第 3 个轴向方向角作为此 V 型节点的第 3 条笔画的方向角，且称坐标系组 G_1(或 G_2 或 G_3)为该 V 型不完整节点的匹配坐标系组，该融合线图中的不完整节点的匹配结果见表 6 - 11。

表 6 - 11　坐标系组匹配

不完整节点	匹配结果
D_0(V)	$G_1\{C_1,C_9,C_{11}\}$或 $G_1\{C_3,C_4,C_7\}$
D_2(V)	$G_1\{C_1,C_9,C_{11}\}$

续 表

不完整节点	匹配结果
D_5(V)	$G_1\{C_1,C_9,C_{11}\}$或$G_1\{C_3,C_4,C_7\}$
D_6(V)	$G_1\{C_3,C_4,C_7\}$或G_2
D_{10}(V)	$G_1\{C_1,C_9,C_{11}\}$或$G_1\{C_3,C_4,C_7\}$
D_{12}(V)	$G_1\{C_1,C_9,C_{11}\}$或G_2
D_{14}(V)	$G_1\{C_1,C_9,C_{11}\}$或G_2

Step2:已知该线图遗漏了5条笔画和1个节点。根据每个V型节点是否属于极限节点作出不同的操作。对于非极限节点$\{D_6,D_{10},D_{12}\}$,依次连接与其对应的可能连接节点D_b(见表6-11),选择其中可以使得节点D_a与其匹配坐标系组具有方向角一致性的节点D_b作为最终的连接节点。从而得到与节点D_6相连的为节点D_5,与节点D_{10}相连的为节点D_{12},从而得到遗漏笔画$\{Lf_{19},Lf_{20}\}$。如图6-23(a)所示。

对于剩余的3个极限节点$\{D_0,D_2,D_{14}\}$,依次对比每个节点与其匹配坐标系组,沿着匹配坐标系组的第3个轴向方向,分别从V型极限节点$\{D_0,D_2,D_{14}\}$引出一条直线。并将该3条直线中从节点$\{D_0,D_2\}$引出的两条相交得到新的节点D_{15},再连接节点D_{14}和D_{15},从而得到遗漏笔画$\{Lf_{21},Lf_{22},Lf_{23}\}$,如图6-23(b)所示。

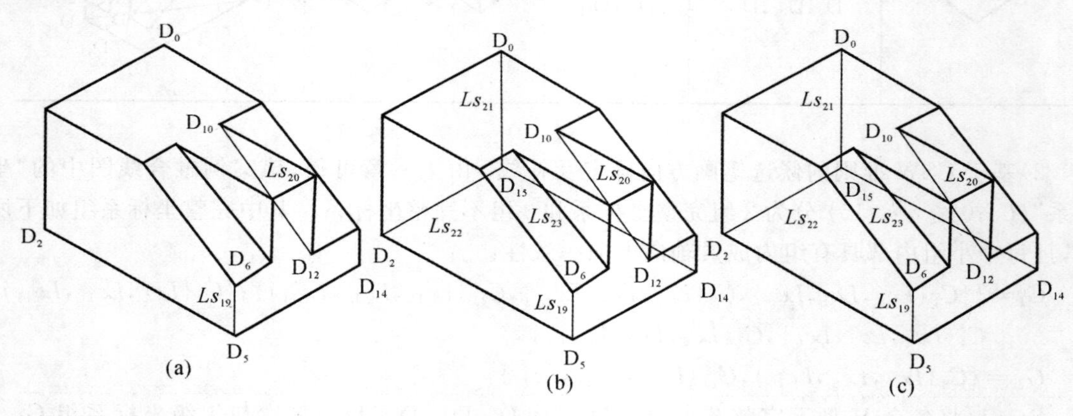

图6-23 补线

(a)非极限节点补线; (b)极限节点补线; (c)极限节点融合

Step3:最后,确定已补笔画$\{Lf_{19},Lf_{20},Lf_{21},Lf_{22},Lf_{23}\}$的虚实性标记。

对于不可见节点$\{D_{15}\}$,其所包含的笔画$\{Lf_{21},Lf_{22},Lf_{23}\}$均为虚线笔画。

对于可见节点$\{D_5,D_6,D_{10},D_{12}\}$:

1)存在1种可能完整结构$\{D_6\}$。Y型节点D_6对应的可能完整标记为(+,+,+),因此已补笔画Lf_{19}为实线;

2)存在2个可能完整结构$\{D_5,D_{10},D_{12}\}$。W型节点D_5所包含的笔画虚实性均已确定;而节点D_{10},D_{12}相连且存在2种可能完整结构,这时需要利用约束传播原理对节点中已补笔画的虚实进行确定。如图6-24(a)所示,W型节点D_{10}包含a,b 2种可能完整结构(+,←,

$\rightarrow_{(\text{虚})}$)和(+,−,+),而 W 型节点 D_{12} 包含 c,d 2 种可能完整结构($\leftarrow_{(\text{虚})}$,→,+)和(−,−,+)。

当节点 D_{11} 为标记为(−,+,−)时,节点 D_{10} 对应结构 b,节点 D_{12} 对应结构 f,笔画 Lf_{20} 在节点 D_{10} 中的标记样式为"+",在节点 D_{12} 中的标记样式也为"+",两者一致,因此该标记结构对 b - f 符合要求;同理,标记结构对 a - e 也满足要求。由此也进一步证实,如果该线图确定存在具有符合合法标记类型的一致性标记,并不能保证该线图是一个合法的 3D 平面物体手绘图[4]。这时通过人机交互的方式判断出其中用户满意的结果。最终标记结果为:W 型节点 D_{10} 的对应完整结构为(+,←,$\rightarrow_{(\text{虚})}$),W 型节点 D_{12} 对应完整结构为($\leftarrow_{(\text{虚})}$,→,+),且已补笔画 Lf_{20} 实线笔画,并得到该线图的完整 2D 规整线图 $Lf=\{Lf_i;0\leqslant i<24\}$,其中包括 24 条笔画,16 个节点$\{D_a;0\leqslant a<16\}$,如图 6 - 24(b)所示。

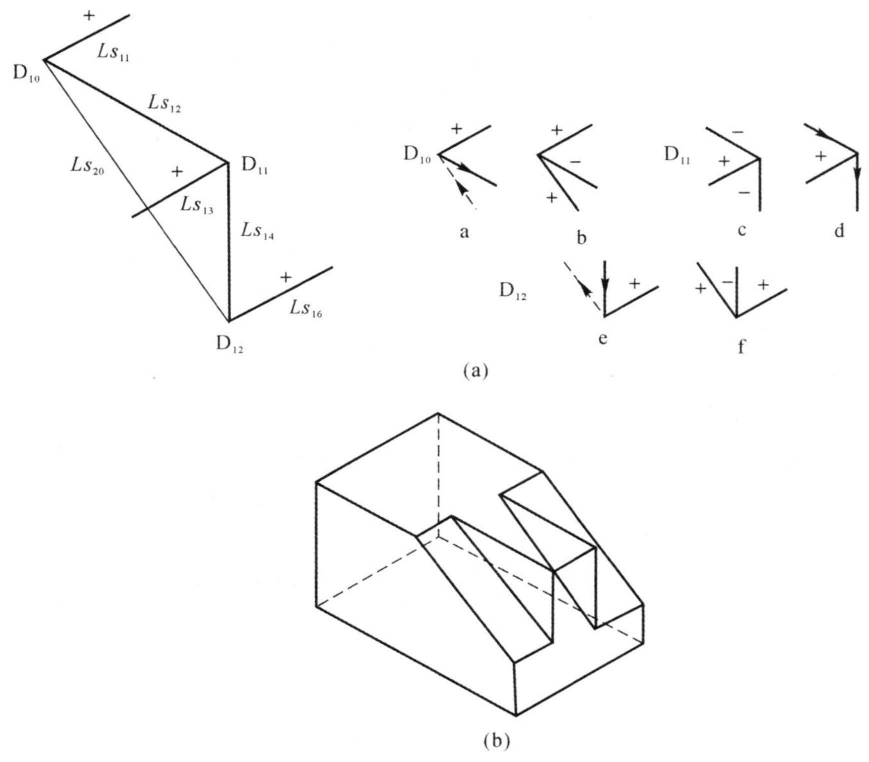

图 6 - 24　补线笔画虚实性确定及结果

(a)基于约束传播理论的笔画标记确定;　(b)完整 2D 规整线图

目前关于线图规整技术的大部分研究主要是基于容差阈值的方法。确定某一个足够小的数值作为可信赖容差阈值是远远不足够的,而采用具有相对适应性的阈值来判定两线元端点的融合性才是可靠的措施,如果阈值选取过大,则会导致细节信息的忽略从而造成冗余融合;而采用过小容差阈值,则可能会使得本该相融合的端点未能连接。容差阈值的大小应该根据具体每个实体线元端点对其邻域细节的"敏感度"来确定。文献[19]沿用容差阈值的概念,并提出变系数容差圆的概念,不仅提高了容差阈值的可靠性,而且可以根据需要提取相应的融合特征。但是该文献在利用容差圆进行手绘草图的端点聚类之后,直接将各端点聚类小组中的所有端点中心作为了最终连接节点。该连接方法很有可能使得各笔画之间相对位置发生改变，或误解草图的原始形状，甚至破坏草图中各实体之间的相互关系，从而对用户的绘制意图产生一定的理解偏差。如果端点融合阶段已对原始草图的形状产生较大影响，那么校正也不一定可以恢复草图的内部几何约束细节，甚至可能增加一些不存在的约束关系。因此，本节在该方法基础上，提出基于 CSW 准则的端点融合方法，并在 FSR_EF 手绘系统中进行了案例验证。

本小节通过对本文以及文献[20]的端点融合方法进行比较，从而证明本节提出的融合方法更具适应性、更加合理有序。这里提出采用 3D 重构—再投影的验证方法[21]完成对 2 种端点融合方法的优良性对比，该方法允许融合线图存在一定的重构误差，此误差并不会影响线图的本质形态结构，即经端点融合规整后具有误差的 2D 线图与经 3D 物体投影所得 2D 线图都是表达了同一个 3D 物体，可以称它们是同源线图。首先，根据线图中笔画与平面之间的从属关系建立线性系统，对其进行求解并完成线图的 3D 重构；然后，对重构所得 3D 结果进行再投影得到 2D 投影线图(本文称其为广义融合线图)；最后，对比经端点融合规整后所得 2D 线图(本文称其为狭义融合线图)以及广义融合线图，如果两者之间差距较小，即规整结果近似于广义融合线图，那么就可以证明该狭义融合线图具有良好的端点融合效果，且对应的融合方法更加合理、有效。

为了更好地完成该验证过程，本节采用一系列完整线图案例作为端点融合模块的输入进行算法对比及演示。此外，这里提出广义融合结果与狭义融合结果之间的差距可以利用距离和角度误差 2 个参数进行具体量化描述。

(1)算法的可视化对比。表 6 - 12 为手绘平面立体草图的输入、拟合、端点融合规整及其 3D 重构过程。用户通过 FSR_EF 手绘系统的交互界面进行手绘平面立体草图输入，如表格第 1 行，其中草图 1,2 为正等轴测参考坐标系模式下的输入，而草图 3 为斜二等轴测参考坐标系模式下的输入，草图 4 为任意坐标系模式；表格第 2 行为经识别拟合所得手势线图；第 3 行为 2 种不同端点融合方法所得融合线图；最后 1 行则为 3D 重构结果。

表 6 - 12　基于 FSR_EF 系统的草图端点融合规整

	1 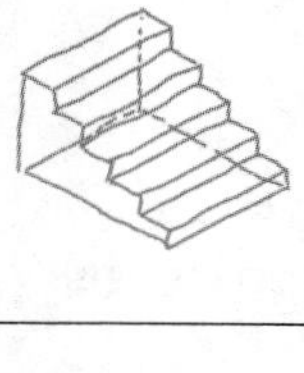	2 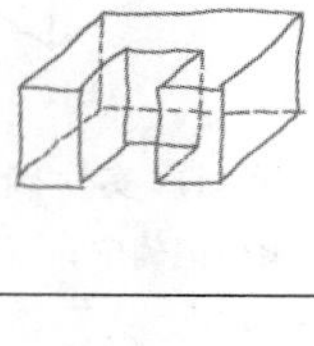	3 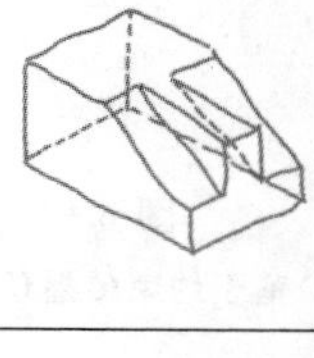	4 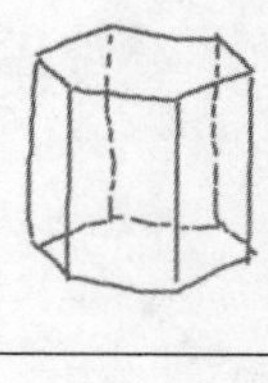
草图输入				
手势线图	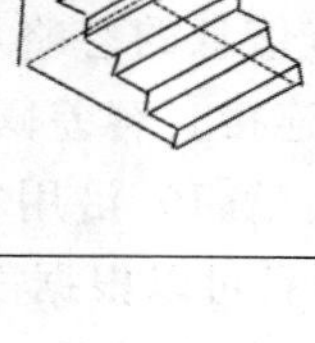	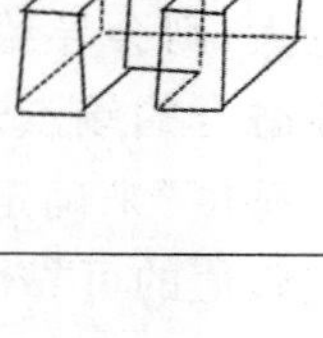	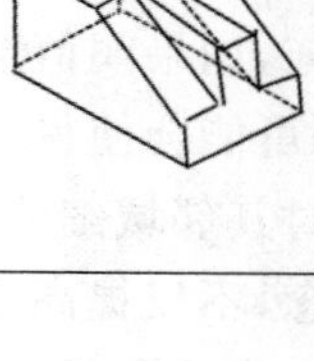	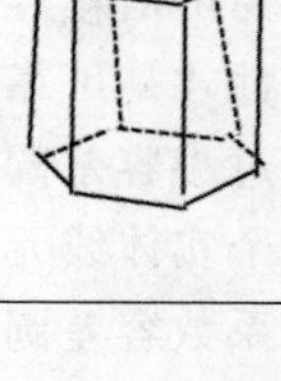

续 表

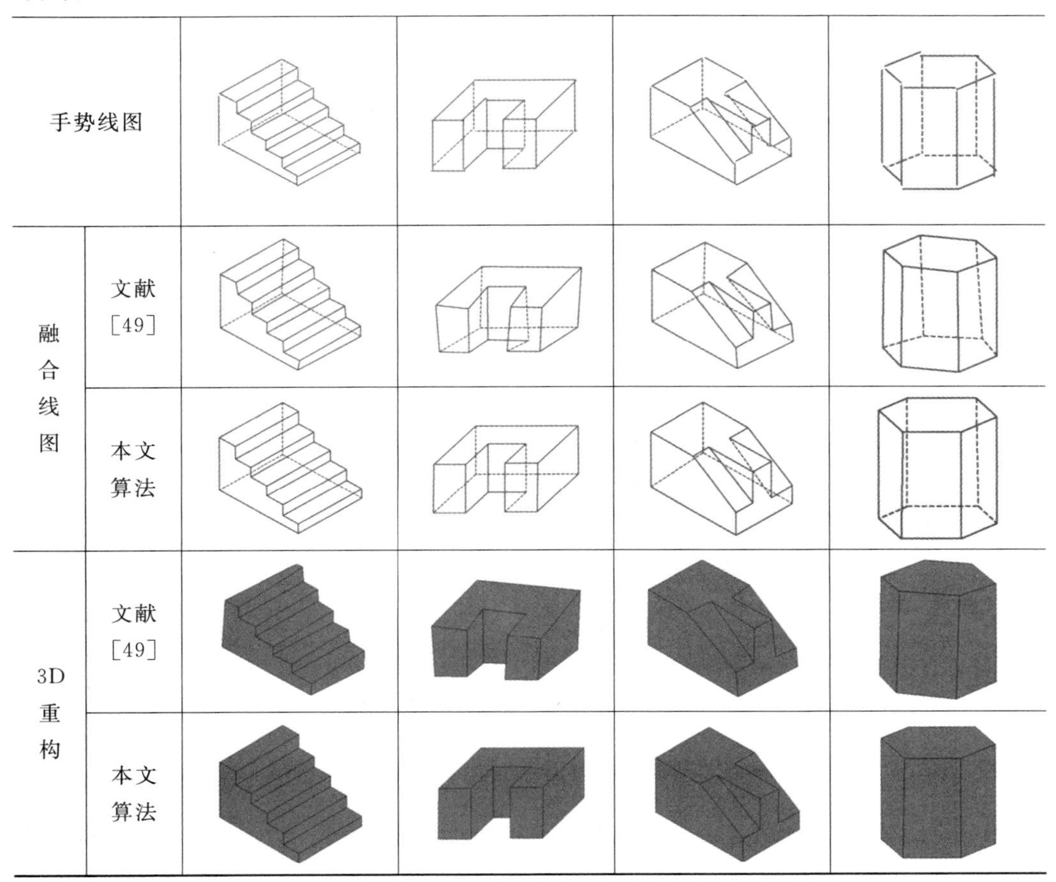

手势线图
融合线图
文献[49]
本文算法
3D重构
文献[49]
本文算法

在草图笔画的识别拟合过程中，原始输入草图与手势线图之间存在不可避免的拟合误差，如表 6 - 12 中草图 2，4 尤为明显。因此，本节在端点融合之前对手势线图进行了校正处理，该操作在修正线图形状方面起着至关重要的作用。根据本节的端点融合算法，采用平移相交的操作完成端点的连接，从而使得大部分融合笔画之间的平行度关系依然维持着校正处理后的相对位置关系；而文献[20]采用聚类端点中心作为节点的方法进行端点连接，使得各条笔画的方向角再次发生变化，很有可能造成各笔画之间相对位置发生改变，从而改变草图的原始形态，甚至会破坏草图中各笔画实体之间的相互关系，或者添加一些原本不存在的约束关系。

结合表 6 - 12 中两种端点融合算法下的规整结果，显然可得，本节端点融合算法得到的融合线图及其对应的 3D 重构的结果都更加规整化，且与原始输入草图的形状也更加贴近，即可以更加直观地表达用户的原始设计意图。

(2)算法的定量对比。为了更深一步定量评估端点融合方法的优良性，通过分别对比本节以及文献[20]中 2 种不同方法下的狭义融合线图和广义融合线图，将产生较小差异的融合线图作为较好的端点融合结果，其对应的融合方法也可判定为较好，更加合理、有效的一方。下文将以表 6 - 12 中草图 2，3 为例进行 2 种算法的定量对比，图 6 - 25(a)(c)分别表示由草图 2 经文献[20]及本节中 2 种不同端点融合方法所得狭义融合线图对应的 3D 重构结果，而图 6 -

25(b)(d)则分别表示2种不同方法所得狭义融合线图与其对应广义融合线图的对比结果，其中深色线图为广义融合线图，浅色为狭义融合线图。显然可得，基于本文端点融合算法的草图2的3D重构结果更加规整，且其对应狭义融合线图与广义融合线图差异也较小，两者几乎完全重合。

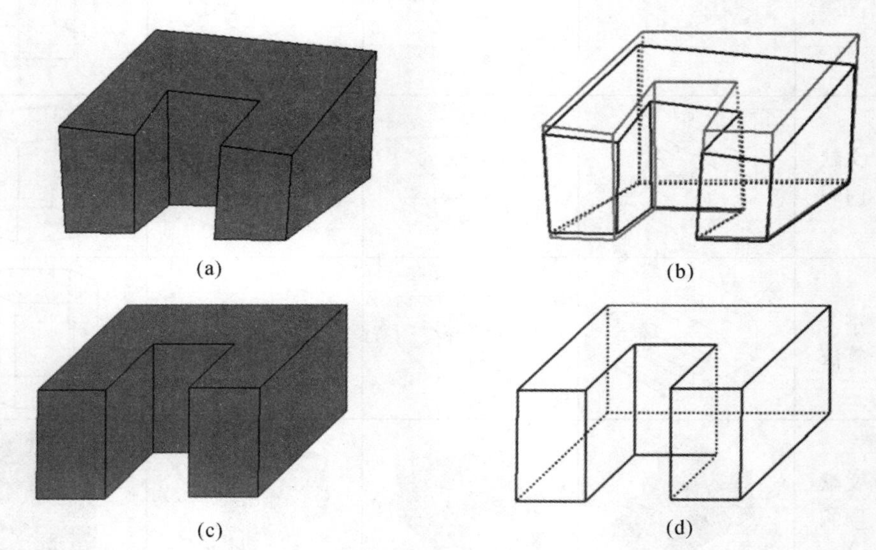

图6-24　(草图2)融合线图的3D重建及再投影

(a)基于文献[49]融合线图的3D重构；　(b)狭义、广义融合线图对比；
(c)基于本文融合线图的3D重构；　(d)狭义、广义融合线图对比

计算狭义融合线图与广义融合线图之间的距离误差和角度误差，并得到误差分析曲线，如图6-25所示。通过提取各曲线中的平均误差值和最大、最小误差值对2种方法下的狭义、广义融合线图差异进行详细定量分析，详见表6-13。其中，分别基于本节算法、文献[20]的角度平均误差为−2.1e−06，−4.0e−03；距离平均误差为4.7e−07，−2.2e−02；角度误差最大值分别为−2.5e−05，0.16，角度误差最小值分别为−1.3e−08，−1.7e−03；距离误差最大值分别为1.0e−05，−0.6，距离误差最小值分别为3.8e−09，−9.9e−04。显然本节算法下，所得角度、距离误差结果更小一些。

表6-13　2种方法下的误差分析

评估参数	不同方法	平均误差	最大误差值	最小误差值
角度误差/°	本节方法	−2.1e−06	−2.5e−05	−1.3e−08
	文献[49]	−4.0e−03	0.16	−1.7e−03
距离误差/mm	本节方法	4.7e−07	1.0e−05	3.8e−09
	文献[49]	−2.2e−02	−0.6	−9.9e−04

同理，对草图3对应2种算法下的融合线图结果进行3D重建及再投影的定量分析，如图6-26和图6-27所示。提取距离误差曲线和角度误差曲线中的平均误差值，最大、最小误差值，从而对2种方法下的狭义、广义融合线图差异进行详细定量分析，详见表6-14：分别基于

本节算法、文献[20]的角度平均误差为－7.9e－04，－2.5e－03；距离平均误差为2.7e－03，5.2e－02；角度误差最大值分别为－3.4e－02，－5.8e－02，角度误差最小值分别为1.7e－04，5.3e－04；距离误差最大值分别为0.23，0.8，距离误差最小值分别为9.6e－05，5.5e－04。显然在本节算法下的角度、距离误差结果更小。

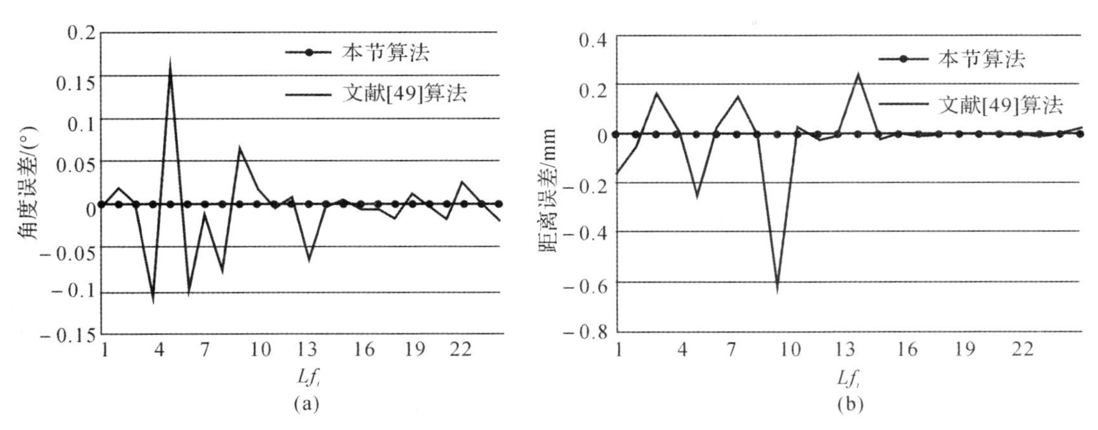

图6－25　误差分析曲线

(a)角度误差曲线；(b)距离误差曲线

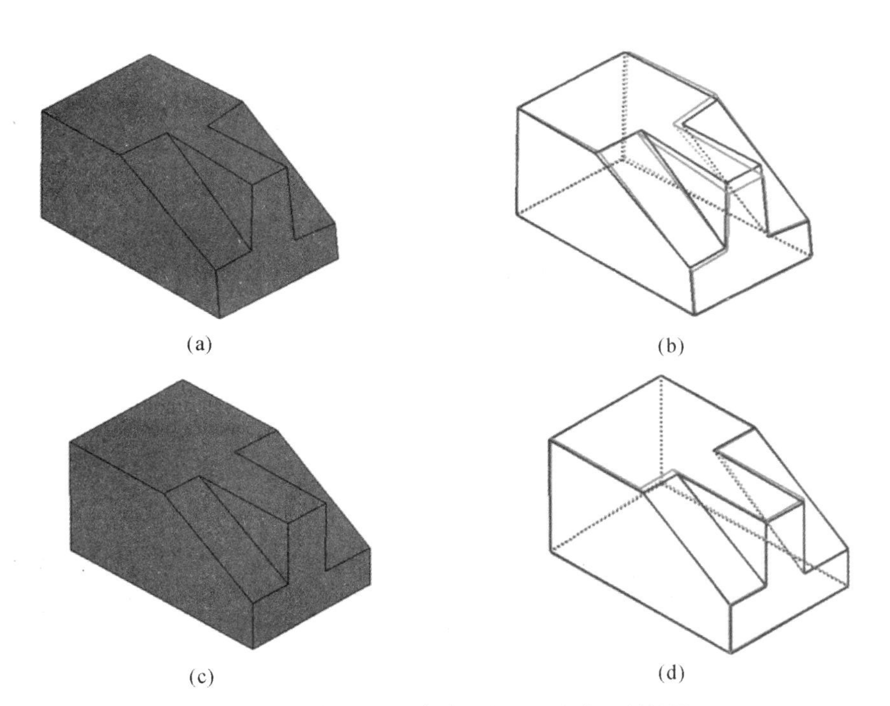

图6－26　(草图3)融合线图的3D重建及再投影

(a)基于文献[49]融合线图的3D重构；(b)狭义、广义融合线图对比；

(c)基于本文融合线图的3D重构；(d)狭义、广义融合线图对比

表 6-14　2 种方法下的误差分析

评估参数	不同方法	平均误差	最大误差值	最小误差值
角度误差/°	本文方法	−7.9e−04	−3.4e−02	1.7e−04
	文献[49]	−2.5e−03	−5.8e−02	5.3e−04
距离误差/mm	本文方法	2.7e−03	0.23	9.6e−05
	文献[49]	5.2e−02	0.8	5.5e−04

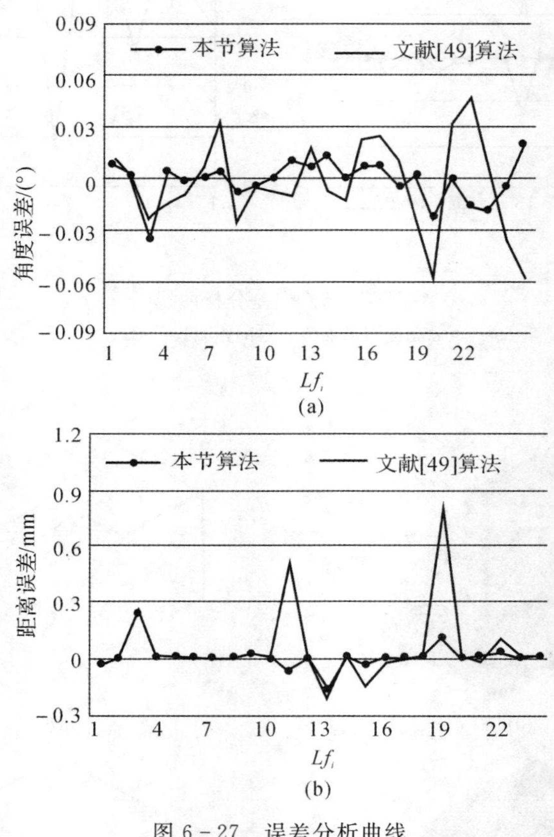

图 6-27　误差分析曲线

(a)角度误差曲线；(b)距离误差曲线

综上所述，通过对狭义融合线图与广义融合线图之间距离误差和角度误差曲线图的观察和定量分析，很明显本节算法下的距离误差或角度误差均小于文献[20]算法下的结果，即本文端点融合方法的规整化结果与广义融合结果最为贴近，更加可靠、合理地恢复 3D 物体。其主要原因在于聚类端点连接机制的改进、平行校正及 CSW 准则的提出，不仅有助于保留原始笔画之间的相对位置信息，而且可以补偿草图在拟合过程中产生的拟合误差，从而避免了较大的误差积累。因此，本节认为本节端点融合算法所得 2D 规整线图以及 3D 重构结果都更加规整化，可以更加直观地表达用户的原始设计意图，且便于与当前 3D 重建方法相联接。

6.4　本章小结

本章节研究手绘三面顶点平面物体的完整性分析及补线规整，章节开始介绍了关于不完整线图补线的基本理论，包括不完整线图的现象、标记样式以及不完整线图中不完整节点的样式分类各自特征；接下来在已有的补线技术基础上，本节提出基于FSR系统线图的补线规整，该过程包括线图的完整性分析、线图标记、基于节点匹配的候选遗漏笔画判定以及候选笔画的缩减及补线。

参考文献

[1] FALK G. Interpretation of Imperfect Line Data as a Three - Dimensional Scene[J]. Artificial Intelligence, 1972, 3(1):101 - 144.

[2] GRAPE G R. Model based (intermediate - level) computer vision[J]. Stanford University Artificial Intelligence Laboratory Memo, 1973.

[3] DING Y, YOUNG T Y. Complete Shape from Imperfect Contour:A Rule - Based Approach[J]. 1998, 70(2):197 - 211.

[4] SUGIHARA K. Machine interpretation of line drawings[M]. City:MIT Press, 1986: 423 - 423.

[5] 高玮，吴中奇. 工程图轮廓线自动识别的新方法[J]. 计算机应用与软件，1996，(6):49 - 52.

[6] 董建甲，王小椿. 二维图形轮廓线的夹角比较识别法[J]. 机械，2003，30(1):48 - 49.

[7] 陈益林，杨茂奎，张桂梅. 一种新的立体线图标记算法[J]. 南昌航空大学学报(自然科学版)，2004，18(1):94 - 98.

[8] 鲁宇明，曾接贤，张桂梅. 线画图的外围轮廓线搜索和标记[J]. 中国图像图形学报，2003，(s1).

[9] DONG L, GAO M T, CHEN G. Method for labeling and completing imperfect line drawing[J]. Proc Spie, 2003, 5286(1):437 - 440.

[10] 陈益林. 不完整立体线图的补线算法[J]. 图学学报，2007，28(1):99 - 104.

[11] 王勇，高满屯. 不完整立体线图的完整技术研究[J]. 科学技术与工程，2007，7(7): 1482 - 1485.

[12] 师祥利. 线画图标记中的异常节点处理研究[D]. City:西北工业大学，2004.

[13] 董黎君，高满屯，陈国定. 曲面立体线图的补线技术研究[J]. 计算机应用，2004，24(6):99 - 101.

[14] 董黎君，DONGLI - JUN. 具有悬线的不完整线图补线和标记[J]. 图学学报，2008，29(5):115 - 120.

[15] 董黎君. 遗漏节点的不完整线图补线和标记[J]. 图学学报，2009，30(2):63 - 68.

[16] 鲁宇明. 线画图标记理论和方法的研究[D]. City:西北工业大学，2001.
[17] 董黎君. 遗漏节点的不完整线图补线和标记[C]// 遗漏节点的不完整线图补线和标记. 华东六省一市工程图学学术年会. 63 - 68.
[18] 董黎君，高满屯，陈国定. 不完整立体线图的补线技术研究[J]. 西北工业大学学报，2004，22(1):80 - 83.
[19] SHUXIA W，SUIHUAI Y. Endpoint fusing of freehand 3D object sketch with Hidden - part - draw[C]// Endpoint fusing of freehand 3D object sketch with Hidden - part - draw. 2009 IEEE 10th International Conference on Computer - Aided Industrial Design&Conceptual Design.
[20] WANG S，YU S. Endpoint fusing of freehand 3D object sketch with Hidden - part - draw[C]// Endpoint fusing of freehand 3D object sketch with Hidden - part - draw. IEEE International Conference on Computer - Aided Industrial Design & Conceptual Design，2009 Caid & Cd. 586 - 590.
[21] 储珺，高满屯，陈国定. 从单幅正轴测投影线图建立平面立体的模型[J]. 中国图像图形学报，2004，9(8):972 - 977.